I0032023

Edmund Stengel, Hugues Faidit

Die beiden ältesten provenzalischen Grammatiken Lo Donatz

Proensals

und La Rasos de Trobar nebst einem provenzalische-italienischen Glossar

Edmund Stengel, Hugues Faidit

Die beiden ältesten provenzalischen Grammatiken Lo Donatz Proensals
und La Rasos de Trobar nebst einem provenzalische-italienischen Glossar

ISBN/EAN: 9783337308551

Hergestellt in Europa, USA, Kanada, Australien, Japan

Cover: Foto ©berggeist007 / pixelio.de

Weitere Bücher finden Sie auf **www.hansebooks.com**

DIE BEIDEN ÄLTESTEN

PROVENZALISCHEN GRAMMATIKEN

LO DONATZ PROENSALS und LAS RASOS DE TROBAR,

NEBST EINEM

PROVENZALISCH-ITALIENISCHEN GL

VON NEUEM GETREU NACH DEN MSS. HERAUSGEGEBEN

VON

EDMUND STENGEL.

―――

MIT ABWEICHUNGEN, VERBESSERUNGEN UND ERLÄUTERUNGEN SOWIE
VOLLSTÄNDIGEN NAMEN- UND WORTVERZEICHNISS.

―――――

MARBURG.

N. G. ELWERT'SCHE VERLAGSBUCHHANDLUNG.

1878.

Alle Rechte vorbehalten!

Die Verlagsbuchhandlung.

Seinen geehrten Collegen

den Professoren

Ernesto Monaci

und

Pio Rajna

in treuer Freundschaft und dankbarer Gesinnung

gewidmet vom

Herausgeber.

Vorwort.

Die nachstehend von neuem abgedruckten Texte sind uns in folgenden Hss. überkommen:

A MS. No. 187 (früher 226 und 183) fondo di Santa Maria del Fiore in der Laurenziana zu Florenz 13. Jh. 33 Pergamentblätter in 8°. Die Seiten sind nicht gespalten. Blatt 1 bis 28 steht der *Donatus Provincialis* und zwar der provenzalische Text desselben mit lateinischer Interlinearversion. Die Schrift der letzteren ist bedeutend feiner als die des ersteren. Oft sind die Schriftzüge verblichen und schwer leserlich.

B MS. No. 42 Plut. 41 derselben Laurenziana. Besteht aus drei im Anfang des 14. Jh. in Italien geschriebenen Abtheilungen mit zusammen 92 Pergamentblättern. Die erste enthält eine provenzalische Liedersammlung und *Coblas esparsas* (𝔓 𝔓ᵇ im Arch. Bd. 49 und 50 nach meiner Abschrift aber ohne meine Mitwirkung abgedruckt), sowie den lat. Text des *Donat*, nebst den provenzalischen Verballisten und der zweiten Hälfte des Rimariums, ferner ein prov.-it. Glossar und die *Rasos de trobar*. Der Schreiber dieser Abtheilung und zugleich muthmasslich der Verfasser des Glossars nennt sich Blatt 83ᶜ: *Petrus Berzoli de Eugubio*. Wegen des Inhalts der zwei anderen Abtheilungen der Hs. verweise ich auf meine Beschreibung im Arch. 49 S. 53 ff.

C MS. No. 2814 (alt 486) der Riccardiana zu Florenz. Besteht ebenfalls aus drei gegen Ende des 16. Jh. geschriebenen Theilen, die schon durch verschiednes Format kenntlich sind. Zusammen enthält die Hs. 172 Papierblätter in 4°. Ich will den Beschreibungen

Grützmachers (Arch. 33, 427) und Bartschs (Jahrb. XI S. 11 ff.) einige weitere Notizen hinzufügen und bemerke, dass ich eine vollständige Copie der Hs. besitze.

Theil I reicht bis S. 166*** und besteht aus 5 Lagen von verschiedner Stärke, welche zusammen 88 Blätter enthalten. Die Seitenzählung widerspricht, weil 126 doppelt gesetzt ist, 3 ungezählte Blätter vorauf gehen und 3 ungezählte Seiten auf S. 166 folgen. Die Seite 166*** sowie die 3 Anfangsblätter sind von anderer Hand beschrieben; diese hat auch in die Texte aller drei Theile der Hs. Verbesserungen eingetragen, die ihr eine Collation mit dem Original ergab. Von der Hand dieses Correctors, der, wie sich zeigen wird, mit dem einstigen Besitzer unserer Hs. mit Piero di Simon del Nero identisch ist, rührt auch der Vermerk auf S. 166**** 'riueduto' her. Der erste Schreiber hat augenscheinlich anfangs grosse Mühe gehabt, das Original zu entziffern, nach und nach wird seine Schrift aber flüssiger und kleiner.

Theil II reicht bis S. 251** und enthält 11 vierblättrige Lagen. Es ist dabei zu berücksichtigen, dass S. 184 durch falsche Zählung fehlt, S. 167 ein ungezähltes Blatt vorausgeht und S. 251 ein solches folgt. Das letztere ist leer, auf der Vorderseite des ersteren steht links oben 'Conc¹⁰ 1589' d. h. doch wohl: geschrieben im Jahr 1589, rechts davon etwas tiefer steht '2 Jaques Tessier de Tarascon' d. h. Heft 2 vom Schreiber *Jaques Tessier* (oder *Teissier, Jacopo Teissier* wie er sich auf derselben Seite nochmals und auf S. 251 schreibt) *de Tarascon* (S. 251 *de Tharascone*). Die Schriftzüge des Namens stimmen zu denen des zweiten und auch des ersten Theiles. Theil I und II gehören somit unmittelbar zusammen und Theil I ist das erste Heft von Jaques Tessier. Das dem so ist, bestätigt das alte Dichterverzeichniss des Originals von Theil I und II in Theil III. Zu der Inhaltsangabe der uns durch Tessiers Copie erhaltenen Liedersammlung, welche Grützmacher Arch. 33, 428 ff. gab, ist nachzutragen: Bl. 2ᵃ oben folgende, für den Zustand des Originals zur Zeit der Copie wichtige, ital. Notiz des Correctors: '*Questa canzone era quasi scancellata e così il principio de la seguente et si è copiata conietturando dall ombre e uestigi delle lettere però ci può esser qualche errore*'. — S. 74: Eine Notiz darüber, dass die Biogr. Bernarts del Ventador bereits im Original fehlte: '*Per la vita di B. d. V. ui è lasciato lo* *spatio come qui'.* — S. 166*** folgende Notiz: '*Era scritto ina'zi al principio del originale nelle carte che si soglion lasciar bianche per conservare i libri cosi imperfetto*' und nachstehendes Fragment eines sonst nicht erhaltenen *Planh* einer Frau um ihren Geliebten (Bartsch G. 461, 2):

I.

Ab [lo] cor trist enuironat desmay
Plorant mons nulls[1] e rompen los cabels
Sospirant fort lasse conget[2] pendray
De fin amor & de totz sonz coussells[3]
Car ia nom platz aymar hom q'l mo' sie
De arc nauant[4] ne portar bon voler
Pus mort crusel ma tolt cel qeu uolic
Trop mais que me sens negun mal sauber

II.

E per aiso fauc lo capteniment
Desesperatz e farai chascun iorn
Ab trist semblans & darai en tenen

A totz aicels que' vey anar entorn
Que' me nols[5] qual aver nul esperance
Ans podon be serear en autre part
Dona qels am o qels don samistance
Car en damor e de joi(e) me depart

III.

E si del mon po(l)gres pendre coiniat[6]
Ab grat de deu axi' eu' fau damor
Totz mo's parens sequer ....
Plandrie' pauc aitant vist ab dolor
E per aico prec la mort sans demore
Gengua de faitz .....[7]

S. 167: Ein auch bei Bartsch G. 366, 31 übersehenes Gedicht Peirols.

Das Original selbst, welches der Sammler Bernart Amoros zusammenstellte, ist allerdings verloren, das erhaltene Dichterverzeichniss lässt aber deutlich erkennen, dass die beiden Hefte von Jaques Tessier nur etwa die ersten zwei Fünftel desselben wiedergeben. Nicht ersichtlich war aus dem Dichterverzeichniss, ob die 81 ersten Blätter des Originals vollständig von Tessier copiert seien. Bartsch hatte bereits angenommen, dass die Lieder einiger Dichter nur zum Theil abgeschrieben seien und angegeben, dass *Jordan de Bonel* wie *Peire de Maenzac* ganz ausgelassen seien. Von 37 dieser ausgelassenen Lieder sind uns wenigstens Varianten erhalten, welche von dem Corrector unserer Hs. Piero di Simon del Nero in für ihm angefertigte Copien der Liedersammlungen c (= cᵃ in meinem Besitz) und 𝔉 (in der Hs. 2981 der Riccardiana = 𝔉ᵃ s. Varianten zu No. 156 meines Abdrucks der Blumenlese von 𝔉) eingetragen worden sind. Dass

---

1 = dels uels. — ·2 = las ieu comiat. — 3 = sos consels. — 4 = Doren avant. — 5 *Hs. unterpunktirtes* n *und darüber* u. — 6 = comiat.

7 Bemerkenswerth sind die französischen Schreibungen dieses bisher ungedruckten Textes, welche auf einen franz. Schreiber der Vorlage deuten, so dass das Original Tessiers vormals im Besitze eines Nordfranzosen gewesen sein mag.

diese Varianten wirklich demselben Original entnommen sind wie die
Copien Tessiers, wird nach folgender Darlegung nicht bestritten
werden können. Heft 1 von Tessiers Copie beginnt mit der von
Piero del Nero geschriebenen und mehrfach abgedruckten Vorbemerkung
des Sammlers Bernart Amoros. Diese selbe Vorbemerkung findet
sich nicht nur nochmals von anderer Hand im dritten Theil unserer Hs.
Bl. 28^b, sondern auch auf einem losen Blatte, welches zu der erwähnten
Copie von c gehört und ihr gegenwärtig vorgebunden ist. Die Schrift-
züge sind die Piero del Neros. Eine wichtige it. Notiz Pieros ist
hier aber noch vorausgeschickt: *'Principio del libro di poeti provenzali,
il cui originale è del Sr. Lione Strozzi.'* Die Sammlung von Bernart
Amoros befand sich also zu jener Zeit im Besitz Lione Strozzis und
wird wohl von ihm aus Frankreich mit nach Italien gebracht worden
sein. Mancherlei Nachforschungen über den Verbleib der Hs., welche ich
in Folge dieser Notiz seiner Zeit in Florenz (c u. ℱ oder ℱ^a gehörten später
Carlo Strozzi) anstellte, sind leider vergeblich geblieben. Aber die
Varianten in c^a und ℱ^a werden ausdrücklich als aus Bern. Amoros
Sammlung geschöpft bezeichnet, indem von Pieros Hand die Notiz:
Riscontra col libro del s^t Lione Strozzi (später meist nur: L. S.)
beigefügt ist. Solche Varianten finden sich zu den auf Bl. 1^b—3^b,
6^a—8^a, 9^b—14^a von c stehenden 19 Liedern Guirauts de Borneill, zu
2 Liedern Arnaut Daniels in c Bl. 37^a 40^a, zu 8 Peire Vidals in c
Bl. 60^a, 62^a, 63^a, 65^b, 66^b, 69^b, 71^b, 74^a, zu 2 Peire Raimons de
Tolosa in c Bl. 76^b, 78^a, zu 1 Peire Bremons in c Bl. 82^b, zu 5
Peires d'Alvernhe: c 86^{ab}, 87^b, 88^b, 89^a und zu 1 Jordan Bonels in
ℱ No. 156 (s. meinen Abdruck). · Nur das Lied Peire Bremons gehört
einer späteren Stelle des Originals als Tessiers Copien an (doch folgt
Peire Bremon = Ricas Novas unmittelbar auf Raimon Jordan, mit
dem das zweite Heft von Tessier schliesst. Keines der 38 Lieder befindet
sich in diesen Copien. Bartschs Annahme von der Unvollständigkeit
der Copien muss somit noch bedeutend erweitert werden. Das er-
giebt sich auch aus einer Vergleichung der Lieder- und Blatt-Zahlen.
Erhalten sind uns 230 + 37 Lieder der ersten 81 Blätter. Die
Gesammtzahl der Lieder betrug 705, davon standen 73 Tenzonen auf
den ungezählten Blättern, auf den Bll. 82 bis 174 d. h. auf 93 Blättern
müssten demnach 365 Lieder gestanden haben, wenn die Liederzahl

der ersten 81 Blätter nur 267 betragen hätte. Durchschnittlich enthielt von den 174 Blättern jedes 3,632 Lieder, danach würde jedes der ersten 81 Blätter aber nur je 3,296, jedes der letzten 93 Blätter dagegen je 3,924 enthalten haben müssen, ein Verhältniss, welches um so unwahrscheinlicher ist, als die 93 Blätter Sirventesen enthielten. Auf die Untersuchung Groebers über die Quellen Bernarts Amoros einzugehen ist hier nicht am Platze.

Theil III der Hs. zeigt eine selbständige Blattzählung und besteht aus 40 weitläufig geschriebnen Blättern. Die Schriftzüge scheinen dieselben zu sein, welche in einem Namens-Vermerk auf S. 166*** des ersten Theiles: Antonio Martellino vorliegen. Dies wird also der Name des Schreibers von Theil III unserer Hs. sein. Desselben Schreibers Hand verdanken wir die bereits erwähnten Copien von c und F (c* und F*). Vielleicht war der Schreiber ein Verwandter der ehemaligen florentiner Besitzer von F, des M. Marcello Adriani, der in einer F* vorausgeschickten Notiz (Arch. 33, 425), und des M. Gio. Battista Adrian Marcellino, der in der älteren unvollständigen Copie von F, in No. 25 der Ambrosianischen Hs. D 465 inf. zu Mailand (Arch. 32, 423), genannt wird. Unseres Schreibers Name würde dann allerdings Antonio Marcellino lauten müssen, was indess wegen der Aehnlichkeit der Schriftzüge c und t keine Bedenken erregt. Da Antonio 1593 die Copie F* anfertigte und in Theil I und II unserer Hs., welche 1589 geschrieben waren, seinen Namen eintrug, so wird er Theil III unserer Hs. ebenfalls etwa um 1594 copiert haben und zwar wie F* im Auftrag von Piero di Simon del Nero (s. die Vorbemerkung desselben zu F* Arch. 33, 425. Salviati bezeichnet Piero in seinen *Avvertimenti della lingua, Venez.* 1584 S. 106 als 'nobile e virtuoso giovane della mia patria'. Piero heiratete 1585 Elena di Domenico Boresi. Seine reiche Hss.-Sammlung kam nach seinem Tode an Poggioli und später in die Palatina zu Florenz*). Unser

---

) Ich verdanke diese Notizen durch Vermittlung meines Freundes Monaci dem Herrn Senator Taburrini. Ausser a, c und F* scheint auch die Ambrosianische Hs. D 465 inf. in Pieros Besitz gewesen zu sein, da ich auch in Ergänzungen dieser Hs. Pieros Hand erkannt zu haben glaube. Piero besass unter anderen Hss. auch eine it. Liederhs. der Riccardiana sowie eine angeblich von Petrarca geschriebene Dante-Hs. s. Carducci Studj. Lett. p. 349 Anm.

Theil III hatte ursprünglich einen eignen aber jetzt verlorenen Umschlag, auf welchem eine Textlücke der *Rasos* (s. unten S. 71, 34) von Piero ergänzt war. Auch andere Aenderungen und Nachträge desselben finden sich hier, doch hat sonderbarer Weise weder er noch der Schreiber die falsche Blattlage des Originals bemerkt, (s. Abw. zu 10, 43.) Ausser dem prov. Text des *Donat* (dem aber die Verballisten und das Rimarium fehlen) und ausser den *Rasos*, welche auf den ersten 28 Blättern dieses Theiles von 𝔊 stehen, enthalten die folgenden Blätter Copien. der Vorbemerkung des Bernart Amoros und der kürzeren Biographien, von welchen eine Anzahl in den ersten Theilen der Hs. stehen, einige aber auch aus späteren, in diesen nicht copierten Stellen der Sammlung des Bernart Amoros entnommen sind. Zum Schluss steht das mehrfach erwähnte Dichterverzeichniss dieser Sammlung *).

𝔇 MS. D 465 inf. der Ambrosianischen Bibliothek zu Mailand, eine Sammelhandschrift, welche nach Mussafia, Del cod. Est. p. 341 aus der Bibliothek Pinelli stammt und wie ich oben erwähnte vielleicht auch Piero del Nero zugehörte. Der Inhalt der Hs. ist noch nicht hinreichend beschrieben. Grützmachers kurze Angaben Arch. 32, 424 ff. erheischen mehrfache Berichtigungen, so soll No. 29 der Hs. auf 2 Blättern prov. Phrasen mit it. Erklärung enthalten, in Wirklichkeit stehen daselbst aber 19 Coblen des Gedichtes von Guillem de Figueira *Dun siruentes far* (B. G. 217, 2), welches sich nur noch in 𝔅𝔊𝔑 findet und nach 𝔅𝔑 in Bartschs Chr.³ Sp. 197 und wohl nach 𝔊 in R. Ch. IV 309 gedruckt ist. Unser Text scheint von denen der andern Hss. unabhängig. Ich theile Cobla 1 und 2, welche ich mir seiner Zeit copiert habe, als Probe mit:

---

*) In Bartschs Abdruck desselben (Jahrb. 11, 13 ff.) haben sich einige Fehler eingeschlichen. Lies: 35 (st. 33) *Peire Vidals; 44 Gaucelms* (st. *Gaucelins*) *Faiditz;* (69 st. 65)*G. de P.* (schon Groeber in Boehmers Rom. St. II 505 hat hier einen Fehler vermuthet); 93 *Naunerics = Naimerics* (st. *Haunerics*) 162 (st. 161) *Jaufre R.;* 173 *Giugo* (st. *Diugo*); 152 *Arnautz* (st. *Arnauts*). Unter den Tenzonen: *Raimon e Lantelm* (st. *Lautelm*); *Gaucelm Faidit e N Aimeric* (st. *N Aumeric*), darauf folgt, ist aber im Druck ausgefallen: *Guillem de bergadan c naumeric; Naugo* (st. *Haugo*) *e Bauzan; Nelias* (st. *Helias*) *e son cozin; Nebles* (st. *Nables*) e. s. s.; *Jaurel* (vielleicht st. *Taurel*) e F. Unter den in a enthaltenen Biografien befindet sich auch eine *Blacassets,* was Bartsch *Gr.* p. 61 nicht angiebt.

1) D'uu siruentes far.
En es ço qe magensa.
Non uueill plus tardar.
Ni far long atendenza.
E sai ses doptar.
Qan n'haurai maluolensa.
Car fatz siruentes.
Dels fals mals apres.
De Roma de en cui es.
Cap de la decadensa.
Qe dechai totz bes.

2) Nom merauill ges.
Roma si la gens erra.
Qe segle haues mes.
En trabaill et en gerra.
Don preç e merces.
Mor per uos e saferra.
Roma engairitz.
Qe totz mals seguitz.
Car es de cima e raitz.
Lo pro rei d'englcterra.
Fo per uos traitz.

Die ersten Reimworte der 17 weiteren Coblen sind: *trichaitz, pccs, suchatz, saben, saraçis, razon, decern, grantz, aon, conort, hauer, tenetz, lutz, cardenals, enics, labor, glorios.* Ganz unerwähnt geblieben ist No. 31, deren Schlussvermerk lautet: *Lultimo foglio dell' opera di Frà Ramondo di Cornet in lingua Catelana riueduto e glosato da Giouanni di Castelnuovo. L'archetypo era in berg* (d. h. *bergamina*) *in f° magg. a colonne in mano di Pietro Galesio.* Es liegt hier offenbar dasselbe Werk vor, welches sich in einer Madrider Sammelhs. findet und nach Meyer (Rom. VI 342) sonst nicht erhalten ist. Vielleicht hat unsere Mailänder Hs. noch andere Stücke mit der Madrider Hs. gemeinsam. Ich habe leider keine Zeit gehabt, seiner Zeit den Inhalt von D eingehend zu prüfen. Wegen No. 25 verweise ich auf die Bemerkungen hinter meinem Abdruck von F (S. 65). No. 24 trägt die Ueberschrift: *Il sugetto del libro delle rime provenzali del Barbiero.* Es ist ein Brief Lodovico's dei Barbieri vom 28. Juli 1581 aus Modena an Giacobo Corbinello in Paris geschrieben, offenbar derselbe Brief wie der von Mussafia (Die prov. Liederhss. des Giovanni Maria Barbieri, Wien 1874 S. 202) erwähnte, welcher allerdings den 18. Juli 1581 als Datum trägt. Ausserdem liegt wohl hier der Originalbrief vor (vgl. Mussafia, Del cod Est. S. 341 Anm. 3). Barbieris bekanntes unvollendetes Werk, welches Tiraboschi mit dem Titel *Dell' origine della poesia rimata* 1790 veröffentlichte, sollte also eher *libro delle rime provenzali* betitelt werden.

Für die nachstehende Ausgabe der provenzalischen Grammatiken sind mehrere Nummern von Interesse. Den provenzalischen Text des *Donat* bietet No. 35. Die lat. Uebersetzung fehlt hier gänzlich auch für die Verballisten, das Rimarium ist durch ein ganz verschiedenes Reimwörterbuch ersetzt. Ich verdanke der Freundlichkeit Pio Rajnas Abschrift des letzteren und Collation des übrigen Textes. Von der Hand Piero del Neros (s. ℭ) rührt muthmasslich die . dem Rimarium voraufgeschickte Notiz und der Anfang des Rimariums Z. 1—17 her (s. unten S. 105).

Die Nummern 27 und 36 enthalten zwei von einander unabhängige ital. Uebersetzungen des *Donat,* die erstere scheint nach dem Text 𝔇 angefertigt, da auch hier nur die Verballisten stehen, die letztere entbehrt auch diese. Mussafia, die prov. Hss. des G. M. Barbieri S. 206, spricht die Vermuthung aus, dass eine dieser Uebersetzungen von Barbieri herrühren könnte. Ich habe leider seiner Zeit verabsäumt, genauere Kenntniss von ihnen zu nehmen, da mir bei meinem kurzen Aufenthalt in Mailand der Gedanke an eine neue Ausgabe der Grammatiken noch fern lag. Von Interesse dürften noch die Nummern 26: *Vocab. d. lingua prouenz. di Honor* [10] *Drago* und 34: *Reimfolgen bei Peire d'Aluerne, zusammengestellt von Veniero* (nach Grützmacher) sein, ich habe indess keine nähere Kenntniss von denselben.

ℭ = Hs. 80 Plut. 45 der Barberinischen Bibliothek zu Rom besteht aus 2 Theilen. Der erste von Bl. 3 bis 33 ist von Federico Ubaldini dem Herausgeber der *Documenta amoris* des Francesco da Barberino (Rom 1640) geschrieben, wie aus einem Autograph desselben auf Bl. 1 hervorgeht. Er enthält ausser kürzeren Citaten, Trobadorbiographien und Kreuzlieder, welche bis auf eines einer verlornen Schwesterhs. von 𝔎, auf die auch 𝔟 hinweist, entnommen sind. Das Gedicht Sordels ist, scheint es, aus 𝔉 (𝔉ᵃ), welches es allein noch bietet, copiert. Die Blätter 34—85 enthalten eine Copie des *Donat* und der *Rasos de trobar*, welche auf unserer Hs. 𝔅 beruht. Ich verdanke Monacis Freundlichkeit eine Collation der Verballisten und des Rimariums dieser Copie.

𝔉 = Hs. der florentiner Marucelliana Trib. 2 Scaf. B Vol. 17. Ebenfalls eine Copie des Textes 𝔅 von *Donat* und *Rasos* s. Arch. 33, 412 und 368.

𝔊 = Hs. 7534 fonds latin der Pariser Nationalbibliothek. Ebenfalls eine Copie desselben Textes von *Donat* und *Rasos* s. Romania II 338 Anm.

$\mathfrak{H}$ = eine Hs. der Nationalbibliothek zu Madrid, welche erst im vergangnen Jahr aufgefunden und von Milá y Fontanals in der *Revista de Archivos Bibliotecas y Museos* beschrieben worden ist. Es ist eine im 18. Jh. angefertigte Copie einer verschollnen Hs., welche Jaime de Villanueva in einer Klosterbibliothek Barcelonas sah. Sie enthält unter anderen interessanten Tractaten (s. Rom. VI 341 ff.) auch die *Rasos*. Dieser Text ist von Meyer in der *Romania* VI 344 ff. soeben herausgegeben worden.

$\mathfrak{J}$ eine jetzt verschollne aber von Rochegude in seinem *Gloss. Occ.* (s. seine Préface S. 49. 50) benutzte Hs., wohl eine Copie unserer Hs. $\mathfrak{A}$. Rochegudes Angaben darüber sind allerdings unklar. Er sagt bei der Beschreibung von $\mathfrak{G}$: *Ce Manuscrit* ($\mathfrak{G}$) *et le suivant* ($\mathfrak{J}$?) *sont deux copies, dont les originaux existent dans la bibliothèque Laurentiane de Florence, pluteo 41 no. 34* (für diese falsche Bezeichnung verweist er auf *Montfaucon, Bibl. bibliothecarum p. 323 col. 2 B*) $\mathfrak{J}$ beschreibt er folgendermassen: *'Un glossaire lat. et prov., in — 4°* ($\mathfrak{G}$ ist nach Roch. *petit in — folio*), *sur papier, écriture du seizième siècle, imparfait au commencement. Nous l'avons fondu dans le nôtre.'* Wiewohl diese Worte eher auf das unvollständige Rimarium in $\mathfrak{G}$ als auf eine Copie des vollständigen Rimariums in $\mathfrak{A}$ passen, scheint mir dennoch nach genauer Vergleichung der Formen und Uebersetzungen in Rochegudes Glossaire mit dem Rimarium des *Donat* Rochegudes Benutzung des vollständigen Rimariums der Hs. $\mathfrak{A}$, die zu seiner Zeit bereits der Laurenziana angehörte, unleugbar. Man vergleiche Rochegude für nachstehende Reimworte: $40^1, 17, 19, 28, 32; 40^2, 3, 9, 14, 17; 41^1, 9, 12, 28; 41^2, 45; 42^1, 19; 42^2, 45; 43^1, 1, 29, 32; 43^2, 14; 44^1, 44; 44^2, 36; 45^1, 35; 46^2, 3, 6; 47^1, 18, 32; 49^1, 31; 50^2, 41; 58^2, 35; 63^2, 26; 65^1, 1.$ Dass Roch. eine Copie von $\mathfrak{A}$ vorgelegen hat, wird durch Guessards Angabe (Gr. pr. 2 éd. Préf. LXIII) noch wahrscheinlicher, wonach sich Copien von $\mathfrak{A}$ wie $\mathfrak{B}$ unter Sainte Palayes Papieren befanden, welche allerdings nicht direkt den Originalen entnommen, sondern von Abschriften, welche sich ein Herr de Mazaugues verschafft hatte, copiert waren. Diese Copien und Abschriften sind, scheint es, verloren gegangen. Vielleicht geben indess die angekündigten *Provençalistes du XVIII° siècle, lettres inédites de Sainte-Palaye Mazaugues* etc. herausgegeben von J. Bauquier darüber Aufschluss.

In wie ausser der Provenze scheinen die *Rasos* schnell zu grossem Anschen gelangt zu sein, während der *Donat* nur in Italien Verbreitung gefunden zu haben scheint. Meyer hat (Rom. VI, 353) hinter dem Texte $\mathfrak{H}$ der *Rasos* eine kurze *Doctrina de compendre dictats* veröffentlicht, welche sich als Fortsetzung der *Rasos* ausgiebt, aber sehr unvortheilhaft davon absticht. Meyer ist der durchaus zu billigenden Ansicht, dass die *Doctrina* jedenfalls nur als Auszug einer Arbeit Raimon Vidals anzusehen wäre, wenn nicht überhaupt gegen dessen Autorschaft an derselben mancherlei Bedenken geltend gemacht werden müssten, denen freilich andere Gründe für die Zugehörigkeit der *Doctrina* zu den *Rasos* gegenüber ständen. Weitere catalanische Abhandlungen, welche auf Raimons *Rasos* beruhen, sind in unserer Hs. $\mathfrak{H}$ enthalten und werden von Meyer demnächst veröffentlicht werden. Ich verweise indess auf *Rom.* VI 341 ff. und F. Wolf's *Studien z. sp. Nat. Lit.* S. 237 ff. Die älteste Erwähnung der *Rasos* findet sich in den *Leys d'Amors* T. II p. 402. Diez I^3 4 91 vermuthet von Seiten der *Leys* auch eine Bekanntschaft mit dem *Donat*, welche mir indess nicht nachweisbar erscheint. Es wäre interessant, liegt mir aber gegenwärtig fern, eingehend zu untersuchen, wie weit die *Leys* sich Raimon anschliessen und in welchen Fällen sie ihm widersprechen. So billigen sie die von Raimon geforderte Scheidung der 1 s. prt.: *parti sufri, trahi, noyri, vi* u. s. w. von der 3 s. prt. *partic* u. s. w. (II, 376), vertheidigen aber gegen Raimon den Gebrauch von *tenir, retenir* neben *tener, retener* (II, 402) und den von *cre* für *crei* (II, 370). An einer andern Stelle erklären sie *liau* (für *leals*) als 'mots gasconils' und wollen nur *vila, chanso* zulassen, *fin* neben *fi* nur ausserhalb des Reims besonders vor Vocalen (II, 208).

In Italien waren *Donat* und *Rasos* ziemlich gleich verbreitet, etwas mehr wohl der *Donat*. Die Hs. $\mathfrak{A}$, welche den *Donat* allein bietet, ist älter, als $\mathfrak{B}$, welche zugleich auch die *Rasos* enthält, die Hs. $\mathfrak{D}$ kennt nicht nur den prov. Text des *Donat*, sondern auch zwei ital. Uebersetzungen desselben, deren eine, wie oben erwähnt, von G. M. Barbieri herrühren könnte. Dieser ist auch, so viel mir bekannt, der erste Italiener, welcher die *Rasos* erwähnt (*Origine della poes. rim.* p. 28). Nach ihm wird von den Italienern fast ausschliesslich der *Donat* erwähnt, so von Federigo Ubaldini in der *Tavola* zu seiner

Ausgabe der *Documenta amoris* Rom. 1640, nach Guessard bei den
Worten: *accolto, atiera, bigordare, gautata, moscarc, ostare, trovare*
etc. Wir sahen oben, dass der erste Theil unserer Hs. E von Ubal-
dini herrührt. Auch Francesco Redi *Bacco in Toscana* Napoli 1687
Bl. 111, 194, 252, 253, 254, 256 und 262 bezieht sich nach Guessard
auf den *Donat*, ebenso Anton Maria Salvini in seinen *Prose Toscane
lez. 224* car. 312 und Crescimbeni *Istoria della volg. poesia* Roma
1710 vol. II parte 1 p. 28, 75. Antonio Bastero war der erste, welcher
in seiner *Crusca provenzale* Roma 1724 aus *Donat* wie *Rasos* Proben
mittheilte. Ihm waren die Hss. 𝔄 und 𝔅 bekannt. 𝔄 befand sich
damals noch in Santa Maria del Fiore. Die Autorschaft Uc Faidits
ist ihm unbekannt (s. *Crusca* p. 2), wiewohl er S. 110 den lat.
Schlusspassus der Hs. 𝔄 mittheilt. Ebenso sagt er vom *Donat*:
'*Questa grammatica credo, che sia la prima, che sia stata fatta tra le
lingue volgari*'. S. 139. 140 giebt Bastero bereits die wichtige Regel des
Donat über den Unterschied der Casus im Provenzalischen, deren Auf-
findung später mit Unrecht Raynouard zugeschrieben wurde (s. unten
2, 46 bis 3, 23 und Schlegel *Observations sur la littér prov.* Note 16 in
seinen *Essais littéraires* Bonn 1842 S. 297). Von Bastero rührt
auch der sowohl von Diez, *Poesie der Tr.* S. 314 wie von Guessard
(erste Ausgabe) und Galvani adoptirte Titel des Schriftchens von
Raimon Vidal her: *La dreita Maniera de trobar.* Er ist dem Ein-
gang entnommen. Später geschieht unserer Texte und zwar der
Hs. 𝔅 im *Catalogus codd. Mss. Bibl. Mediceae Laurentianae ed. Ban-
dini*, Florentiae 1778 in fol. Band V p. 166 Erwähnung. Tiraboschi
identificirt in der Ausgabe von Barbieris *Origine della poesia rimata*
1790 S. 170 bereits den Verfasser der *Rasos* mit dem Novellendichter.
Sainte Palaye, der eigentliche Begründer provenzalischer und altfranz.
Studien, war der erste Franzose, welcher unsere Texte beachtete.
Er hatte sich in der 2. Hälfte des 18. Jh. Copien der Hss. 𝔄 und 𝔅
verschafft (s. Beschreibung der Hs. 𝔍), hat dieselben aber, scheint
es, für sein handschriftlich gebliebnes *Glossaire de la langue des
Troubadours* nicht verwerthet, dafür vielmehr nur 𝔊 benutzt. Nur
kurz bespricht auch Raynouard im Jahr 1817 (*Choix* II S. CL ff.)
unsere Abhandlungen, citirt aber bereits ausser 𝔄𝔅𝔊 die Hss. E𝔇
und aus letzterer den Eingangspassus (s. unten S. 130) auf Grund

dessen nach Guessards bis jetzt allgemein gebilligter Ansicht Uc Faidit als
Verf. des *Donat* anzusehen wäre (Vgl. dagegen unten S. 130). Raynouard
hebt hervor, dass beide Werke, *'indiquent la règle qui distingue les sujets
et les régimes soit au singulier, soit au pluriel'* und erkennt auch bereits
die Wichtigkeit des Reimlexicons: *'Ce qui rend le Donatus Provin-
cialis un monument très précieux et très utile, c'est qu'il y est joint
un dictionnaire de rimes pour la poesie romane; non seulement il
indique un très-grand nombre de mots romans, mais encore il présente,
dans la plupart des rimes, differentes inflexions des verbes, et toutes
les terminaisons qui fournissent les rimes sont distinguées en brèves,
'estreit' et en longues 'larg'.* Gleichwohl beruft sich Raynouard weder
in seiner *Grammaire* noch in seinem *Lexique Roman* auf den *Donat*
oder auf die *Rasos.* Wie schon bemerkt, hat auch Schlegel in seinen
Observations und Diez *Poesie der Tr.* S. 314 auf dieselben hin-
gewiesen. Guessard war es, welcher 1840 unter dem Titel: *Gram-
maires Romanes inédites, du treizième siècle* im ersten Band der
Bibl. de l'École des Chartes S. 125 ff. die erste Ausgabe unserer Texte
besorgte. Er druckte indess damals die Verballisten und das Rimarium
des *Donat* nicht mit ab (s. S. 146). Sein prov. Text des *Donat*
reproducirt sonst ziemlich genau den der Hs. 𝔄, abgesehen von gering-
fügigen orthographischen Aenderungen und manchen, besonders in
den Beispielsammlungen zahlreichen, Lesefehlern und Auslassungen,
welche sich aus meiner Zusammenstellung S. 92 ff. ergeben. Der lat.
Text des *Donat*, welchen Guessard auf den unteren Seitenhälften mit-
theilte, ist der der Hs. 𝔅, welchem auch der Text der *Rasos* ziemlich
genau entspricht. Die Texte der Hss. ℭ 𝔇 und natürlich auch der
der Hs. 𝔥 waren dem Herausgeber nicht zur Hand. In den ziemlich
ausgedehnten Vorbemerkungen bespricht er den schädlichen Einfluss,
welchen, wie schon aus dem Titel ersichtlich ist, auf den *Donat* sein lat.
Vorbild ausgeübt hat und giebt eine Analyse der Declinationsregeln
beider Grammatiker. Er hebt dabei S. 135 den seiner Ansicht nach
nur scheinbaren Unterschied zwischen *Donat* und *Rasos* betreffs des
Nominativs der Substantiva und Comparativa in *-aire, -eire, -ire,*
hervor: *'Le premier dit formellement que le s ne s'attache pas à
ces noms, au nominatif singulier; le second n'en dit rien, et les exemples
qu'il cite sont tous écrits avec l's final. Mais ce n'est là probablement*

*que le résultat d'une erreur de copiste, à en juger par les manuscrits
des troubadours, où les noms ainsi terminés sont généralement écrits
sans s final'.* Gegen diese auch in der zweiten Ausgabe aufrecht erhaltene
Ansicht ist jedoch zu bemerken, dass die sämmtlichen Hss. der *Rasos*
dieses *s* aufweisen, für den *Donat* aber ₵ wie 𝔄 das *s* weglassen.
Auch wiederholt sich dieselbe Erscheinung bei den Pronominibus und
hier gesteht Guessard sogar zu, dass wenigstens die Formen 'cels,
aicels, aquels' der *Rasos* in den Hss. gewöhnlicher sind als die
Formen des *Donat: 'cel, aicel, aquel'.* Hieran schliesst sich bei
Guessard eine veraltete Discussion über den Werth oder Unwerth der
Declinationsregeln und eine sehr kurze und mangelhafte Analyse der
späteren Abschnitte des *Donat.* Es folgt dann eine im ganzen richtige
Würdigung der *Rasos*, die durch die Lebendigkeit des Stils, durch
die überraschende Schärfe und Selbständigkeit des Urtheils, durch
die treffende Anwendung allgemeiner Grundsätze auf specielle Fälle,
durchaus vortheilhaft von dem schwerfälligen und ganz dem lat.
Vorbilde nachgebildeten *Donat* abstechen. Es folgt die Beschreibung
der von Guessard benutzten Hss. 𝔄𝔅, wobei jedoch irrthümlich die
Jahreszahl 1310 am Schluss der Hs. 𝔅 als für die Abfassung der
ganzen Hs. giltig angesehen wird, während die letzten Blätter ur-
sprünglich der Hs. gar nicht angehörten. Das Alter der beiden Werke
setzt Guessard in das 13. Jh. und vermuthet, dass der Verfasser der
Rasos mit dem Dichter Raymond Vidal de Besaudun identisch sein
könnte. Dass diese schon früher geäusserte Vermuthung richtig sei,
ergeben die schon erwähnte Stelle der 1841 veröffentlichten *Leys
d'Amors*, auf welche zuerst Diez R. G. I² 106 aufmerksam machte,
sowie die Zeugnisse von Santillana und Villena, (s. darüber Wolf,
Studien 237. 238). Guessard spricht ferner die Ansicht aus, dass der
lat. Text des *Donat* eine Uebersetzung des provenzalischen sei, welche
vielleicht von Uc Faidit selbst herrühre. Er beruft sich für den ersten
Theil seiner Ansicht auf die Unvollständigkeit der Hs. 𝔅, welche nur
den lat. Text bietet und die zahlreichen prov. Beispiele zumeist durch
'sic' oder gar durch das entsprechende lat. Wort ersetzt. Schliesslich
erwähnt Guessard, dass ihm die pariser Copie von 𝔅, unser ₢, hier
und da von Nutzen gewesen, dass er aber mehrere Italianismen und
Latinismen der Orthographie dadurch nicht habe beseitigen können;

Raynouards System die Affixe zu trennen habe er nach dem Vorgange Fauriels in der Ausgabe der *Chronique des Albigeois* aufgegeben. Drei Jahre nach Erscheinen der Editio princeps veröffentlichte Galvani im 15ten Band der *Memorie di Rel. Mor. e Lett.* von Modena den Tractat Raimons nach der Hs. ℬ, ohne jedoch von Guessards Ausgabe zu wissen. Im Gegensatz zu Guessard ging er mit der handschriftlichen Ueberlieferung sehr willkürlich um und stutzte sie nach seinem Gutdünken zurecht. Unter einer Menge höchst abenteuerlicher Aenderungen finden sich indess auch manche glückliche und zwar selbst solche, welche durch die neu aufgefundene Hs. ℌ bestätigt werden. Trotzdem Guessard im Avertissement zu seiner zweiten Ausgabe später gegen Galvani den gänzlich unbegründeten Vorwurf des Plagiates erhob (s. S. 132), hat er doch, wie meine Zusammenstellung der Abweichungen ergiebt, nicht verabscheut eine Anzahl Lesarten Galvanis dieser seiner zweiten Ausgabe einzuverleiben.

Nach Guessards Ausgabe sind *Donat* wie *Rasos* in Diez *Rom. Grammatik* 2. Aufl. gebührend verwerthet worden. Diez setzt die *Rasos* aus inneren Gründen der Manier in die Mitte des 13. Jh (I³ S. 106), ferner meint er mit Bezug auf Raynouards Angaben irrthümlich (I. S. 459 ff.) die Ausdrücke des *Donat* 'larg, estreit' (für welche die *Leys d'Amors* 'vocals plenisonans* und *semisonans*' anwenden), seien Bezeichnungen für prosodische Länge und Kürze, sie seien nicht im Sinne des ital. 'largo' und 'stretto' gebraucht. 1857 erschien eine Programmabhandlung von Wildermuth: *Ueber die drei ältesten süd- und nordfranzösischen Grammatiken* (d. h. *Donat, Rasos* und *Palsgrave's Esclarcissement*), Tübingen 1857, welche ich durch gütige Vermittlung meines Verlegers einsehen konnte. Dass darin über *Donat* wie *Rasos* Gesagte ist jedoch veraltet, zumal 1858 Guessard eine zweite Ausgabe unter dem Titel: *Grammaires prov. de Hugues Faidit et de Raymond Vidal de Besaudun. Deuxième édition, revue, corrigée et considérablement augmentée* (Paris A. Franck 1858 8° LXIV und 86 SS.) veröffentlichte. Guessard hat für diese Ausgabe die damals bekannten Hss. 𝔄 𝔅 ℭ 𝔇 𝔈 neu verglichen, und die bisher ungedruckten Verballisten sowie das Rimarium publicirt. Die *Préface* ist im wesentlichen dieselbe geblieben wie in der ersten Ausgabe, nur die Beschreibung der Hss. ist vervollständigt und ein kurzes *Avertissement* vorausgeschickt. Guessard sucht in dieser Ausgabe die Priorität der provenzalischen Version des *Donat* vor der lateinischen aus der Textüberlieferung der Hs. 𝔄 zu erweisen und hält die lat. Version für das Werk eines späteren Uebersetzers, von welchem eine Randnote (S. 18, 15, 16) herrühre. Er hätte sich hierfür auch auf die in seinem Druck allerdings fehlenden Worte (s. unten S. 35, 17) *'sermo meus'* berufen können. Doch scheint die frühere Vermuthung Guessards, wonach die lat. Uebersetzung vom Verfasser der prov. Version selbst herrührt, weit wahrscheinlicher, wenn man bedenkt, wie abhängig derselbe in seinem Stil vom Latein war, dass für die zahlreichen prov. Beispiele die lat. Uebersetzung auch in ℭ überliefert ist, und auch deutliche Spuren einer vollständigen lat. Version in ℭ erhalten sind, so 38, 44, 45, dass also die lat. Version sicher bereits in dem für uns erreichbaren Originale stand. Guessard spricht sich S. LXII nicht grade sehr bescheiden über diese seine neue Ausgabe aus: *'Le texte que j'ai tiré de ces cinq manuscrits, à moins qu'on en découvre quelque autre plus correct, pourra, je l'espère, être considéré comme définitif.* Seine Hoffnung ist nicht in Erfüllung gegangen, denn auch ohne Einsicht der Hss. konnte man das von ihm befolgte Verfahren nur missbilligen. Guessard verfuhr nämlich bei dem *Donat* offenbar folgendermassen (vgl. Avert. S. VIII): Er collationirte mit seiner ersten Ausgabe zunächst 𝔇 dann ℭ und zuletzt 𝔄𝔅. Eine grosse Anzahl besonders orthographischer Abweichungen der Hs. 𝔇 verdrängt deshalb in der neuen Ausgabe frühere (nur selten falsche) Lesarten. Wo der Text ℭ dem Herausgeber das richtige zu bieten schien, setzte er denselben gleichfalls an Stelle des früheren, welcher einfach beseitigt wurde. Andere ihm gewichtig erscheinende Abweichungen des Textes ℭ theilte er unter dem Text mit, aber auch nicht getreu der Ueberlieferung gemäss, sondern bald orthographisch, bald materiell zurechtgestutzt. Ein analoges Verfahren beobachtete er bei den *Rasos*, welchen er jetzt diesen von ℭ gebotnen Titel zuerkannte. Meine Collation der Hss. hat ausserdem mancherlei nicht immer geringfügige Ungenauigkeiten der neuen Ausgabe ergeben. Hieraus ersicht man, dass der Guessardsche Text für nichts weniger als *définitif* gelten kann. Eine Rehabilitirung der handschriftlichen Ueberlieferung erschien durchaus

geboten, besonders für die wichtigen Wortverzeichnisse, deren Ueber-
lieferung vielfach verderbt ist, und an denen Guessard, wie er selbst
angiebt, uncontrollirbare Aenderungen vorgenommen hatte (Avert.
IX): *'Je ne me flatte pas encore de l'avoir rétabli à la complète satis-
faction du lecteur; mais à quelques taches près, que je n'ai su faire
disparaitre, il ne me semble plus indigne d'être publié'.*

Eine Anzahl Conjecturen zu Guessards Text, namentlich zu den
Verballisten und Rimarium, veröffentlichten seitdem Diez, Galvani,
G. Paris, A. Tobler, P. Meyer, Chabaneau und soeben Bauquier,
und während Guessard den Wortverzeichnissen noch lediglich
lexicalischen Werth zuschrieb, ist seitdem die Wichtigkeit des
Rimariums auch für die provenz. Lautlehre erkannt worden. Der
erste, welcher die Raynouardsche Erklärung von *'larg'* und *'estreit'*
wenigstens theilweise aufgab, war Milá y Fontanals. In *'De
los trovadores en España* S. 461 sagt er betreffs der Verschiedenheit
von *e, o larg* und *estreit*: *'Debe ser la diferencia entre abierta y
cerrada'.* Zu demselben Resultate kam Meyer in seinem Artikel über
das prov. *o* (s. unten S. 122. Erläuterungen zu 53², 13 ff.). Noch
deutlicher sprach sich über die Bedeutung dieser Worte Chabaneau
in seiner vortrefflichen *Grammaire Limousine (Revue des langues
rom.* II, 182) aus: *'Par ces expressions, on a voulu distinguer, non
la durée du son, mais son intensité et son degré de pureté. Les
sons larges étaient les sons ouverts, pleins, sans indécision; les sons
étroits étaient les sons fermés, sourds, sans netteté sujets à s'altérer
au moindre accident'.* Diez *Rom. Gr.* I³ 494 schwankt noch zwischen
Raynouards Ansicht und der von Milá und Meyer vertretenen.

Wegen der Muthmassungen Galvanis betreffs der Personen, in
deren Auftrag der *Donat* verfasst wurde, s. S. 130, 131. Dass der
Donat in Italien und für Italiener geschrieben wurde, scheint mir
ausgemacht, ebenso wird man, seiner Sprache nach zu urtheilen, an-
nehmen dürfen, dass er älter als die *Rasos* ist, also möglicherweise
noch dem 12. Jh. angehört.

Der Anfang des provenzalischen Textes des *Donat* findet sich nach
Guessards Ausgabe sowohl in Bartschs Chrest. ³ 191 ff. wie in Meyers
Recueil 149 ff. Meyer giebt dazu in den Anmerkungen Parallelstellen
aus *Donati Ars minor*, aus *Priscian* und den *Leys d'Amors.*

Für den noch sehr der Besserung bedürftigen Text der *Rasos*
ist der so eben erfolgte Abdruck von ℌ von grosser Wichtigkeit.
Eine ital. Uebersetzung der *Rasos*, welche freilich sehr unzuverlässig
ist, hat Galvani veröffentlicht (s. unten S. 132). Verfasst sind die
Rasos nach Meyer *Rom.* II, 348 'selon toute apparence pour les
beaux esprits de la cour de Pierre II d'Aragon', d. h. im Beginn
des 13. Jh. Der Verfall der alt-provenz. Declination, welchen Raimon
in der Umgangssprache seiner Zeit constatirt, die Anfügung eines
etymologisch unberechtigten s an Nominativformen, worin die Hss.
der *Rasos* übereinstimmen, sprechen allerdings eher für eine etwas
spätere Abfassung. Was die 22 Liedercitate anlangt, welche sich bei
Raimon Vidal finden (s. das Verz. S. 144), so hält Groeber in
Boehmers Rom. Studien II S. 647 für wahrscheinlich, dass sie aus
der einen von ihm für 𝔙 und a angesetzten Quelle *Γ* geflossen seien.
Der freilich nicht vollständige Variantenapparat, welchen ich in
den Abweichungen zu den Citaten zusammengestellt habe, bietet
allerdings mehrere Fälle einer Uebereinstimmung der *Rasos* (β³) mit
𝔙a so: 75, 31 (aber auch noch 𝔏 𝔇 β); 75, 39 (aber auch 𝔘); 85, 1
(aber auch wenigstens noch 𝔘 c). Auch 77, 33 stimmt 𝔙 allein (wie
𝔏𝔐𝔘), 87, 1 (wie 𝔑) und 83, 11 zu β³, während a wie die andern Hss. liest.
86, 41 stimmt 𝔙 allein zur Lesart unserer Hs. 𝔅, während a zu 𝔑
tritt und unser ℭ mit der Mehrzahl der Hss. geht. Aehnlich verhält
es sich bei 86, 46, wo unser 𝔅 mit 𝔑𝔖𝔙, während a mit 𝔇 stimmt
und unsere Hss. (ℌ an 𝔍𝔑 anklingen. Die Cobla, welcher das Citat
83, 15 entnommen, fehlt dagegen in 𝔙a wie in 𝔍𝔑𝔐ℭ und es
stimmen zu β³ 𝔏𝔓𝔖 (fast auch 𝔊 und 𝔗). Das Citat 83. 22 und
auch das voraufgehende desselben Gedichtes (70, 7), welches in 𝔙
fehlt, stimmt genau nur zu 𝔐, freilich weicht die folgende Zeile ebenso
bestimmt wieder davon ab. Man beachte aber für diese Zeile die
etwas nähere Berührung unserer Hs. ℌ mit 𝔐. Dieselbe Berührung
wiederholt sich 84, 14. Auch 87, 35, welches Citat allerdings nur in
der Hs. ℭ steht. stimmt nur mit 𝔐 gegen 𝔙𝔅a𝔇ℭ𝔊. Bedenklich ist
besonders die Uebereinstimmung von β³ mit a im Citat 84. 21.
während sich 𝔙 zu 𝔉ℌ stellt. Nach dieser Darlegung erscheint die
Annahme wahrscheinlicher, dass Raimon seine Citate mehreren Lieder-
sammlungen entnommen habe, deren eine mit denen der Hss. 𝔙a in naher

Textverwandtschaft stand. Wichtiger als dies ist die Beobachtung, dass die Schreiber der Vorlagen unserer Hss. sich in einigen Fällen erlaubt haben, ihnen geläufigere Lesarten der Citate einzusetzen, das that 86, 41 der Schreiber der Vorlage von ℭ; 83, 22 und 84, 14 der der Vorlage von ℌ und vielleicht 86, 46 die Schreiber der Vorlage von ℭℌ. Dieser letzte Fall ist auch deshalb hervorzuheben, weil er für Verwandtschaft von ℭ und ℌ spricht. Diese Verwandtschaft lässt sich auch noch aus anderen gemeinsamen Fehlern erkennen, so 68, 16; 70, 35; 71, 29; 85, 1. Meine S. 132 ausgesprochne Ansicht von der gegenseitigen Unabhängigkeit der Hss. ℬℭℌ hätte daher genauer formulirt werden sollen. Lesarten, welche den Hss. ℭℌ gemeinsam sind, dagegen von ℬ abweichen, haben noch keinen unbedingten Anspruch auf Richtigkeit, wenn sie auch im Allgemeinen den Vorzug vor entgegenstehenden Lesarten von ℬ verdienen *).

---

*) Der Uebersichtlichkeit halber und da die aus dem Text ℌ sich ergebenden Besserungen zu den *Rasos* in den Abweichungen nur zum Theil durch vorgesetztes ═ angedeutet sind, will ich die sämmtlichen Besserungen des Textes ℬ, welche sich meiner Ansicht nach aus ℭℌ ergeben, hier zusammenstellen.

67, 6 maneira del t.   8 qual trobador an   13 que p. dir plus breu, nous   17 son   18 qu'ieu mi alongarai per tals luecs   19 porria ben leu plus b.   21 errada   23 ges   28 hom mi   30 quart non sabra   31 o trobes
· 68, 4 sabrien meilhorar   6 saber tan   7 hom fort p. no i pogues   9 d. que negun saber, pos   10. 11 b. ni b., neguns hom nol deu tocar ni mover   16 vilan, pauc e gran   22. 23 gen i a pauca o molta   26 s. qu'il an es   27 li mal e li   28. 29 son en r. et en memoria mes   30 trobaretz mot ben dig ni mal   31. 32 la dig ni mes solamen en r. que totz temps non sia en r. e t.   33 e ch. egalment son   36 li t. e li anzidor e d.   41 semblan   42 fort be l. e ia no l.   43. 44 que hom los t. per p. si dizion.
69, 1 *bis* 4 es qui vol aprendre e demandar so que no sap et assatz deu aver maior vergoigna aquel qui no sap que aquel qni demanda. E   5 auzon   18 qu'ieu   20 *bis* 22 ne que de lor enneitz se tornon per la mia paraula   23. 24 t. g. orde de error pos que om i puesca parlar e i sia ben escontatz   25 que no trobe qualque h.   28 vueill eu f.   30. 31 de t. anc mais no fo mes ni a.   33 cascus sen ac en   36 perfaitz   37 lo s.   38 dona   42 perfaitz   43 tan en dirai s. so que cuig, en a.   44 qui be l.
70, 4 es tant n. ni tant d.   5 lengatge com aquella   6 L. o de P. o   7 d'A. o de Caerci   9 aquellas t.   12 tuit li home que en aquella terra   15 dels es cissitz   20 miels o c.   21 p. r. que nul altre. E aquill no   24 lor lenga   28 la parlen d.   31 mais et es p.   32 o retroensas e p.   33. 34 mais a cansos e s. e vers e per   35 las altras terras del n.   36 son en m.   37 par-

In ähnlicher Weise gruppiren sich für den *Donat* die Hss. 𝔄𝔅ℭ zusammen, ihnen gegenüber steht mit oft stark veränderten Lesarten

---

ladura de Lemozi 40 home dizon 43 car se dizon a. 44 Lemozi 45 ques d. c. t. las p. 46 que hom ditz en Lemozi atressi com en las autras terras, atressi son de Lemozi com de las autras terras. Mas aquellas que hom ditz en Lemozi d'dautra

71, 1 guisa, *streiche* aquellas 4 *streiche ein* trobar 7 n. de la g. 10. 11 n. e dreccha p. c. e per nombres e p. g. 13 *Tilge* aissi 14 m'escoutas 15 s'entendra 19 *bis* 22 del nom o del verb o del particip o del pronom o del adverbi o del conjunctiu o de la p. o de la i. 23 Outra .. qu'ieu 24 que p. 30 son aquellas 38 per so car s.

72, 4 las p. 8 aisi com 10 sui 12 substantia v. o non v. e per aiso 16 e podes en far una razon complida ses las ajectivas aissi com qui d. 'Reis 22 con 'bos 24 en entendiment 28 aquellas 33 vau, g. 35 per aiso 36 hom las

73, 10 parlarai 17 El singulars parla d'una causa sola el 18 el d. el 20 aiso deves 21 fai cinc genres 22. 23 saber m., f., n., comus et omne. Mas en r. 25 *bis* 29 sustantivas et ajectivas son, aisi com ieu vos ai dig desus masculinas, f., c., e de lor entendiment de petitas en fora c'om pot a. 32 'bon mes.

75, 31 s'escai a dona 33 cors 44. 45 E vos, d. p. franch' e de 76, 13 = Aram c. 19 los 22 las 26 de f. — 77, 42 totas 78, 13 singulars 20. 21 los saber infinitius

79, 4 totz 17 qe son 33 Guis 34 B., Odes, catz, Esteves, Naimes 38 baron 42 Odon, caton 45 peirons, bozons, barons

80, 1 Gascons 6 *bis* 9 s. d. hom 'senhers, c., v., e., homs, nepz, abas, pastres, prestres, clergues, maz' 14 pastor, preveire, clergue, mazon' 27 de-vineires 43 Aisi

81, 4 piegers 25 *bis* 27 et el vocatiu singular d. 28 aquesta, cesta, la 33 autras, aquestas, cestas, las, mas, sas' 34. 35 A. son las paraulas que hom diz d'una guisa en totz luecs. 'Eu, me. te, se, tu, nos, vos' 36 Las autras paraulas

82, 2. 3 en alongament et en abreviament, et en semblan araus 6 pot 8 que n'aura m. 9 als o al 13 totas aquellas d'a. m. 14 *bis* 17 Las autras p. del averbi e del conjunctiu .... del interjectiu totz h. p. las deu ben gardar 21 *bis* 26 'sui', en la terza persona del plural diz hom 'son' aisi com qui volia dir 'eu sui bels' o 'aquel son bel' E per so 27 d'aquestas duas p. 31 li plus 34 d. parti 35 en a. tres paraulas 36 f. li plus 39 d. que 40 estrui r.

83, 12 et atressi en aquel qui diz 13 luzir soleil 15 en aquella c. 17 aisi ditz 'trai' e d. dir 'trac' 19. 20 Et en lautre fallic en aquella c. 23 nim bai 28 'Eu trai 32 q. d. com non pogra 33 *bis* 35 la r. anava en ai. Ad aquels deu h. r. que el 36. 37 cercar paraulas en ai que no fosson biaissadas 38 cas. Que s'estrai, atrai

84, 7 a. si devon 11 maten S. f. 13 Den non en Men vau m. 17 'cre' que es 18 'on 20 blasmi En P. 25 Et En B. de V. 36 Autresi 'parti,

ℭ. Die Hs. 𝔇 ist, wie die Verballisten zeigen, wieder am nächsten mit 𝔄 verwandt, ohne gleichwohl aus ihr geflossen zu sein. Jede der Hss. bietet natürlich eigene und zum Theil recht schlimme Fehler, am verwahrlosesten ist aber der Text von ℭ, dessen ital. Schreiber seine Vorlage offenbar wenig oder gar nicht verstand. Auch der Corrector Piero del Nero scheint nicht viel tiefergehende Kenntnisse der prov. Sprache besessen zu haben.

Als ich im Jahre 1872 in Folge meiner Beschäftigung mit der Liederhandschrift 𝔓 (unser 𝔅) eine Revision der Guessardschen Ausgabe über die florentiner Hss. unternahm, lag mir der Gedanke, die Grammatiken von neuem zu publiciren, fern. Die Wichtigkeit der Wortverzeichnisse liess mir aber die Mühe einer genauen Nachprüfung nicht unnütz erscheinen, zumal ich bald merkte, dass hier mancherlei interessante Berichtigungen zu machen waren. Am besten wäre es gewesen, ich hätte mir sogleich vollständige Copien nach den Handschriften angefertigt. Bei der mir karg zugemessenen Zeit beschränkte ich mich indess auf blosse Collationen und verglich ausserdem nur für die Wortlisten auch den lat. Text der Hs. 𝔄, ebensowenig kam ich zu einer Collation des lat. Textes der Hs. 𝔅. Als ich später auf der Rückkehr von meiner 'Romvart' wenige Tage in Mailand zubrachte, konnte ich auch die Hs. 𝔇 nur flüchtig einsehen. Zwar hatte ich

sufri   37 d'aquesta natura   40 terza persona   41 partic, sufric, feric   46 en aquella cobla

85, 8 natura. E trac   9 semblan En Peire Vidal qui diz   12 Daire 17 Et autresi   20 bis 30 provat que tant bon trobador i son fallit, li malvatz en que i podon errar, E qni ben o volra entendre o esgardar primamen, d'aquestz trobadors meteis en trobara mais de malvasas paraulas qu'ieu nous ai dichas, e d'autras mais qu'ieu non sabria dir ni conoisser, ni nuls hom prims per be conoissen que fos, si fortment no si trebailava   32 no las poiria totas dir   34. 35 e. et usar quant auzira las g. p.   36 daquellas terras, e que deman ad aquels qui   38 que esgar los bos trobadors com   43 maior entendimen   45 pot

86, 4 mas li primier   5 'talen, leal, canson'   7 alongament   10 Araus noill dir que can sun verb diz hom 'melhur' o 'pejur'   16 bis 18 t. qu'ieu vos ai dichas e que l. sapcha   20. 21 qu'ieu uos ai ditz e deu   22 que per n.   35 p. biaissadas   43 a. sidonz   44 podia p. ni s. partiria   45 c. el ditz

87, 3 E tuit cil   4 e 'mei' p.   5. 6 c 'mantenir' per 'muntener' e retenir per retener an fallit car p.   12 P. d'Alvergna   15 chastiu   17 paraulas mas es el comtat de Fores.

unter den von mir für die *Rivista di filologia romanza* bestimmten Arbeiten bereits auch eine über die beiden prov. Grammatiken angekündigt, die Ausführung derselben verzögerte sich indess, zumal ich mittlerweile zu der auch von Tobler und Meyer später ausgesprochnen Ansicht gekommen war, dass die Guessardsche Ausgabe durch eine ganz neue zu ersetzen sei, welche vor allem die handschriftliche Ueberlieferung klar stellte. Im Frühjahr 1876 wurde mir durch die gütige Vermittlung des preussischen Cultusministeriums unsere Hs. ℭ auf einige Wochen zugestellt. Nun glaubte ich nicht länger zögern zu dürfen, und da eine leihweise Ueberlassung der übrigen Hss. nicht zu erwirken war, beschloss ich, so gut es mit meiner Collation von Guessards Druck anging, den Text 𝔄 des *Donat* und den Text 𝔅 der *Rasos* zu reconstruiren, den Text ℭ aber in gegenüberstehender Spalte unmittelbar nach dem Original zu veröffentlichen. Die lat. Version des *Donat* habe ich nicht wieder abdrucken lassen, weil sie nur von geringfügigem Interesse ist, und der Paralleltext ℭ sie auch nicht bietet; die Uebersetzung zu den Beispielen und Wortlisten hingegen durfte um so weniger unterdrückt werden, als sie meist auch in ℭ vorhanden ist. Lat. Lesarten, welche in der ersten Guess. Ausg. fehlen, aber in der zweiten stehen, sind eingeklammert, sie sind von G. zumeist aus ℭ entlehnt. Für die Wortlisten, welche in ℭ fehlen, erschien mir ein Doppeltext unpractisch und habe ich deshalb die Lesarten von 𝔄𝔅 derart combinirt, dass bei Uebereinstimmung beider Hss. die gemeinsame Lesart ohne jegliche weitere Bezeichnung blieb, bei Abweichungen aber die Lesart 𝔄 stets vorangestellt wurde. Sobald ein Wort nur in einer Hs. vorkommt, ist das Siegel derselben dem prov. Texte angefügt, ebenso der Uebersetzung, sobald sie oder ein Theil derselben nur in einer Hs. überliefert ist. Provenzalischer Grundtext und die lat. Uebersetzung sind durch dazwischen gesetztes .i. (= id est s. ℭ 21, 11) geschieden. Ich habe diesen Gebrauch, welcher sich nur in 𝔅ℭ findet, auch auf 𝔄 übertragen. Die Interpunction Guessards habe ich vereinfacht, die handschriftlichen *u* und *i* für *v* und *j* wiederhergestellt; leider habe ich kein rechtes Prinzip bei Anwendung von Inklination oder Elision befolgt. Ich bin jetzt der Meinung, dass Inklination hier wenigstens nur statthaft ist, wo Elision unmöglich ist (Vgl. Mussafia Cat. Vers. der 7 w. M. § 78).

Ich stütze mich dabei auf die verschiedne Behandlung der Praep. *en* vor dem elidirten und inklinirten Artikel (*en l'*, *el* s. Wortverz.)

Der Abdruck von ℭ sowohl des *Donat* wie der *Rasos* ist eine durchaus getreue Wiedergabe der Hs. mit allen ihren Fehlern. Die Abkürzungen der Hs. sind aus typographischen Rücksichten durch Apostrophe wiedergegeben, die Nachträge zweiter Hand durch Cursivdruck kenntlich gemacht (aus Versehen sind die Worte S. 67, 30, 31 cursiv gedruckt), ein Rand-Nachtrag erster Hand auf S. 86, 41. 42 ist in eckige Klammern gesetzt. Der vollständige Abdruck des prov.-ital. Glossars von 𝔅 erschien mir besonders deshalb geboten, weil der Verfasser desselben, der Schreiber von 𝔅, dazu offenbar die Wortlisten des *Donat* benutzt hat. Ueber die Zusammensetzung der Abweichungen, Verbesserungen, Aenderungen und Erläuterungen, verweise ich auf SS. 92. 99, 105, 121, 132.

Dank der Freundlichkeit P. Rajna's, dem ich die Collation von 𝔇 schulde, und Monacis, der mir bereitwilligst ℭ collationirte, und kürzlich noch durch seinen Schüler Molteni eine Collation von 𝔄 und 𝔅 verschaffte, so wie Dank der Zuvorkommenheit Paul Meyers, welcher mir die Correcturabzüge seines Abdrucks von 𝔥 übersandte, darf ich hoffen, dass meine Arbeit für weitere Studien und Besserungsversuche einen sicheren Boden gewährt. Das beigegebne Namenregister und Wortverzeichniss wird, denke ich, willkommen sein. Die ital. Uebersetzung des Glossars habe ich darin zur schärferen Sonderung von der lat. in Klammern gesetzt. Falsche Formen sind fast nur verzeichnet, wo eine sichere Besserung fehlte, eine eigne deutsche Uebersetzung ist nur ganz ausnahmsweise beigefügt. Ich hatte anfänglich beabsichtigt, dieser Ausgabe eine vergleichende Untersuchung über die Reime der provenz. Dichter und das Rimarium des *Donat* beizugeben, habe aber davon Abstand nehmen müssen, da mir die Zeit zur Bewältigung des umfangreichen Materials fehlte. Ebenso hatte ich beabsichtigt, die muthmasslich älteste nordfranzösische Grammatik, welche sich in einer Hs. des Oxforder All Souls College befindet, den *Donait françois* von John Barton anhangsweise zu veröffentlichen. Die erhoffte Copie desselben ist aber nicht in meine Hände gelangt.

Marburg im October 1877.

E. Stengel.

Nachträge und Besserungen zu den Abweichungen, Verbesserungen, Aenderungen, Erläuterungen S. 92 ff.

2, 37 *zu* apostiza s. *Diez E. W.* I postiecio — 3, 7 *tilge:* — *vor:* steht
18 *tilge:* = *vor:* come — 4, 21 *hinter* traire *füge ein:* 22, ebenso 4, 36 *hinter*
regla: 39 — 5, 20 *tilge den Punkt nach* per *und* 11 *nach* son — 6, 18 *füge ein:*
= — 8, 4 l. raucus arundo; *vgl.* 44, 18 raucus *sollte im cas. obl.* rauc *haben*
13 *Corr.* erectus *Bau.* 450 *) s. *Wortrerz.* 27 *tilge den Punkt nach* morsus
und setze ihn hinter in ors *larg, welches zum Vorhergehenden gehört; s. auch*
Bau. 31 s. *Bau.* 450 — 12, 19 *Lies:* Ꝟ in o 28 sen ꝺ — Ꝟ 29 *füge* p.
nach quel *ein* — 13, 20 *Lies:* Ꝟ meteis 11 23 *Lies:* — Ꝟ em 34 *Lies:* Ꝟ
tilge en 45. 46 *füge hinzu:* amaram vel amariam amaraz vel amariaz ameren
ꝺ *vgl.* 15, 43 — 15, 18 *Lies:* in ut ℬ (st. Ꝟ) 21. 22 *Lies: fehlen* Ꝟ —
16, 18 *füge ein und tilge bei* 16, 19: Ꝟ = cum aia 34 *füge nach* 11 *ein:*
37 = — 17, 3 quar *Mo.* **) 6 fai *Mo.* — 18, 35 metez *Mo.* — 19, 10 scembla
Mo. 11 eu loc de *Mo.* 19 Lenfinitius *Mo.* — 20, 25 queu *Mo.* 44 lin-
finitius *Mo.* — 21, 5. 6 e la *Mo.* 12 daquest *Mo.* — 22, 33 sofrec *Mo.* 44 *in*
nota: hac sillaba ois estreit *Mo.* 45 larc *Mo.* — 23, 11 ln eus estreit *Mo.*
rgl. R. Gr. I² 459 31 ou per *Mo.* 34 e (*st.* et) *Mo.* 34 et (*st. e*) *Mo.* 32 esscemeu
Mo. — 25, 28 31 prescens *Mo.* — 26, 34 aguesetz *Mo.* — 27, 15 vel (*st.* o)
Mo. — 28¹, 24 mandiurar *Mo.* — 28², 21 *vgl.* noch 50², 9; 54¹, 8 *auch in* ℬ
findet sich i *für* r *vgl.* 53², 36. 45 39 s. *Diez E. W.* I guernı 43. 44 *corr.*
ad e. a. lignum figere *Bau.* 450 (?) 46 Blesseiar *Mo.* — 29¹, 18 s. *Diez E. W.*
24 = catiglar *Mo.* ꝺ — Risum (*für* ludum) *semblerait meilleur, puisque*
castiglar, chastilier chatouiller (*Pour d'autres formes, voir Thurot, Not.* et
Extr. des *Mss.* XXII, 528; *pour l'étymol., Flechia* Arch. glott. II, 321) *fait*
rire Bau. 451 (?) — 29², 36 = Destrigar *Mo.* — 31¹, 46 glotenciar *Mo.* —
32¹, 41. 44 P. compost *Mo.* — 33¹, 25 ramponar *Mo.* 31 Rauqueirar *Mo.*
Lies demnach: ranqueirar *und tilge meine Bemerk.* — 34¹, 12 s. *Rev.* 2ᵉ s. III, 19
36¹, 1 s. *Bau.* 451 — 36², 1 çha *Mo.* — 38, 8 bratrei *Mo.* 11 afirmandi *Mo.*
13 malemen *Mo.* 23 significa *Mo.* 33 signifien *Mo.* 36 deman *Mo.* —
39, 14 con *Mo.* 19 quar *Mo.* 22 e (*st.* et) *Mo.* 32 despolhaz *Mo.* 34
Coiunctios *Mo.* 39 atressi *Mo.* — 40¹, 1 *vgl.* ibs 51¹, 33 obs 53², 13 — 40¹, 18 *Il*
semble qu'il faudrait oris (escracar), *puisque* sanies naris *est traduit par* mocs
Bau. 451 31 s. *Diez E. W.* II⁰ caffo 15 vicecomitem — 40², 17 s. *Bau.* 451 —
41¹, 20 = dulcis cantus, d. 38 *tilge: 'oder als' u. vgl. Erl.* 54², 13 *Rev.* 2ᵉ s.
III, 22 — 41², 4 Et II 5 corea II 31 *Corr.* subseces *ou* subsectes *Bau.* 451
45 *vgl.* noch 51¹, 41 — 42¹, 17 = .i. fame c. 19 *betreffs* idem *vgl.* noch 54¹, 33;
56², 1; 58¹, 46; 61², 24, 25 *und Erl. zu* 66¹, 15 25 s. bobs *Rev.* VI, 295; *Diez*
E. W. II⁰ 30 *Corr.* cambies *Bau.* 451 — 42², 19 tantus II tants *Roch.* 28 E
(*st.* Et.) *Mo.* — 43¹, 3 estancar *ou* tancar *c'est fermer la porte en mettant la*

---

*) = J. Bauquier. Sur le Donat Proensal. Romania VI 450—3. *Emen-*
dationen zu II. Manche auf der Hand liegende Aenderung bieten die Hss.
oder sind in den Anm. oder Wortreg. vorliegender Ausg. bereits vorgeschlagen,
andere erscheinen überflüssig, einige mit (?) bezeichnete bedenklich, zum Theil
sicher irrig.

**) Collation Molteni (von ℳ für *Donat,* von ℬ für *Rasos*), die erst nach
beendetem Druck der 8½ ersten Bogen in meine Hände gelangte (s. S. 137).
Herren Molteni sage ich hiermit meinen herzlichen Dank für freundliche Ueber-
sendung derselben.

tanco, *la barre Bau.* 452 (*nebst weiteren etym. Erörterungen*)   8 arrans *Mo.*
37 onus *fehlt, steht unrichtig* 38 II *s. Bau.* 451 — 43², 5. 6 Lumbarz. Coarz
Mo. 22 *s. Bau.* 451   37 *vgl.* 58¹, 32 — 44¹, 38 *Vgl. Diez* Altrom. Gl. 36 —
44², 9 Transgitatz *Mo.*   19 In athaz *Mo.* — 45¹, 20 abbas *Mo.* — 45², 17 *s.*
Rev. 2ᶜ s. III, 142   20 *Il vaut mieux* exccces *Bau.* 451   46 *Vgl. dagegen*
Erl. zu 56¹, 26 — 46¹, 16 *Vgl. noch Erl. zu* 62¹, 40 — 46², 4 *vgl. Rev.* V 226
5 *Lisez:* escauelz *devidoir Bau.* 451   6 *Lies im Text:* (46, 2)   34 *Corr.* aparelhz
uppares *Bau.* 451   45 *tilge:* (20ᵃ) *und fuge es zu* 47¹, 1 — 47¹, 17 *Zur Ab-*
fassungszeit des Boet. gab es vermuthlich noch en larg *und* estreit. *Z.* 125
reimt zwar fe *mit lauter* en larg, *doch wird durch Umstellung* epsament *in*
den Reim zu bringen sein, da sonst keine Mischung der Reime e *und* en
begegnet — 47², 20 *Corr.* apprehendis *Bau.* 451 *s. Wortverz.*   40 *Corr.* adérs
Bau. 451 *s. Wortverz.* — 48², 11 honus *Mo.*   12 saumaliers *Mo.*   14 panatiers
Mo.   16 *füge ein:* = 36 oreum *Mo.*   39 oblicum *Mo* — 49¹, 33 *Corr.*
facit *Bau.* 451 *s. Wortverz.* — 49², 24 *s. Mey.* Crois. Alb.   38 *vgl.* adcs 50¹, 6
(*von* adhaesare) *wo* c *also auf lat.* ae *beruht, doch wird die Uebersetzung mit*
der von 49², 41 *vertauscht sein.* — 50¹, 17 *Hiernach ist ausgefallen:* repres .i.
reprehensus *Mo.*   21 *s. Diez* E. W. I breto — 50², 15 *s. Diez* E. W. cataletto
25 *s. Diez* E. W. IIᶜ bret   41 foletz *est certainement préférable Bau.* 451 *s.*
Wortverz. — 51¹, 17 *Vgl.* 56¹, 17 *dagegen* 23, 11 — 51², 8. 9 *bessere wie Tob.*
18 *Vorauf geht* Fils *ohne Uebersetz. Mo.*   19 *Sur ce mot voir Defrémery* Journ.
asiat. 1869 no. 8 (*p.* 13 *du. tir. à p.*) *et P. Meyer* Rev. des soc. sav. 5ᵉ s. V
417 *Bau.* 451   38 raçims *Mo.* — 52¹, 27 *vgl. Rev.* V 226   42 formare *ne*
parait pas convenir à fornir *Bau.* 452 — 53², 40 flocs *Mo.* — 54¹, 1 *s. Bau.*
452   45 *vgl. Tob. in* Zeitschr. f. r. Ph. 1 481 — 54², 22 *Lisez* pultes *ou pour*
micux dire puls (poutz) *En bas limousin* pous *a la même signification Bau.*
452 — 56², 37 larg *fehlt Mo.* — 57¹, 19 *s. Bau.* 452 — 58¹, 6 *On ne trouve en*
prov. mod. que clot *Bau.* 452 — 59¹, 23 *s. Diez* E. W. I gamba   29 *vgl. Rev.*
V 226 — 59², 30 uenguth *Mo.* — 60¹, 33 D'après *vgl. Bau.* 452, *Wortverz.*
61¹, 17 estrit *Mo.*   22 apodera *Mo.* — 61², 26 econsira *Mo.* — 62¹, 15 (*st.* 45)
Corr. aurea (saurs) *Bau.* 453 — 63¹, 20 afola *Mo.*   23. 31 *Ecrire une fois*
satura *Bau.* 453   33 fola *Mo.* — 63², 13 *En lat.* mora (returd) *veut dire aussi*
objet qui arrête ou retarde: morae capuli *Sil. Ital.,* venabuli morae, *Grat. Fal.*
Ici nous avons *moracula, la chose qui arrête* [la serrure] *M. Boehm.* (Rom.
St. 201), *à qui je ne l'ai prise ni empruntée, est déjà arrivé à cette étymologie*
Bau. 453 — 65², 15 *s. Bau.* 453 — 66¹, 4 (*st.* 44)   8 [deponit ... = *s.* tollit
Drei Zeilen tiefer: et (*st.* es) — *folgende Z.* que le (*st.* que) — *Anm. Z.* 1
füge ein: dass ausser Gaucelm Faidit *auch noch ein* — 66², 29 çhuchii *Mo.*
31 dissernendum *Mo.*

    Zu den folgenden Nachträgen *vergleiche* S. XXII ff. *Anm.*
67, 28 hom mi (*st.* ni)   29 aital *Mo.* — 68, 9 n. homs nol (nol *fehlte im*
Corr. Abz.) deu *u. s. w.* ℌ   12. 13 gens (*st.* gent) — 69, 27. 28 entendenz, eu si
vull f. ℌ — 70, 10 c (*st.* ct)   24 *lies:* lengages 𝔅   30 *füge an:* ℌ   31. 35 a.
s., a verses; e per (*st.* e en *Correct. Abz.*)   37 Lemozi *steht im Corr. Abz. von* ℌ
richtig, im Druck ist es fälschlich zwischen qui no *und* la sabon *Z.* 29 *gerathen.*
43 *und später* cor (*st.* car) ℌ   45 totas las p. *Mo.* — 71, 45 con *Mo.* —
72, 1. 33 amalautisch, enautisch (*im Druck*) ℌ   3 aiectiuas *Mo.*   4 en (*st.* c
Corr. Abz.) ℌ   22 con *Mo.*   45 sustantia *Mo.* — 73, 9 est aqest f.   17 Le
s. *Mo.*   21 fau *Mo.*   25 ff. entendiment (*st.* eut) — 79, 42 *Diez* R. G. II², 40
hält 'caton' *für unrichtig.* — 83, 15 = en aquella c. ℌ — 'Escontra — 84, 21
Z. 5 *Lies* q'a (*st.* Q'a) — 86, 9 *Z.* 2 era *Mey.*) ℌ   Z. 5: 9. 10 'peior'
41. 42 ℭ [ ] *am Rand von gleicher Hand nachgetragen.*

    Wortverz.: aparelha *l.* apparare *st.* apparere — departir *l.* 2 *s. prs. i.*
(*st.* c.) — escrir *füge ein* scriva *u. s. w. prs. c.* 26, 15.

A 1ª.

Incipit Donatus prouincialis

Las oit partz que om troba 3
en gramatica troba om en uulgar
prouenchal zo es, nome, pronome,
uerbe, aduerbe, particip, coniunc-
tios, prepositios, interiectios.

Nom es apelatz per ço que
significa substantia ab propria
qualitat o ab comuna, e largamen
totas las causas a las quals adam.s
pauset noms poden esser noms
apelladas. En nom a cinq causas,
species, ge'nus, numbre, figura, cas.

Species o es primitiua o es 15
deriuatiua. Primitiuus es apelatz
lo nom que es per se e no es
uenguz dalqu nome ni dalqu uerbe, 18
si cum es 'bontaz .i. bonitas'.
Deriuatius nom es aquel que uen
daltre loc, si cum 'bos .i. bonus' 21
que uen de 'bontat' que bos non
pot om esser ses bontat.

(167) Genus es de cinq maneras, 24
masculis, feminis, neutris, comus,
omnis. Masculis es aquel que
aperte a las masclas causas so- 27
lamen, si cum 'boz .i. bonus
mals .i. malus, fals .i. falsus'.
Feminis es aquel que perte a las 30
causas (1ᵇ) feminils solamen, si
cum 'bona .i. bona, bela .i. for-

C 1ª.

A q'st es le donatz proensals
faitz per la raizo de trobar

Las oit partz q' hom troba en
gramatica ditz hom en uulgar pro-
ensal zo es, Nomen pronomen
6 verbu' aduerbiu' participiu' con-
iunctio, propositio, interiectio.

Nomen es appellatz per zo q' signi-
9 fica substancia ab propria qualitat,
o ab com'una, e generalme't totas
las causas alas cals adamus pauzet
12 noms pron osset noms appelladas.
El noms a. sinc cauzas, quall.
Spe's, Genus numerus, figura, ca'us,
15 Specias zon en doas maneiras o
es primitiua, o es diriuatiua, Pri-
mitius es appellatz lo noms, qe es
18 per se, e non es uengutz. dal qu
nom ni dal qu u'be si con es 'bon-
tats'
qe bons non pot hom esset
senz bontat.

Genus es de sinc maneiras,
Masculinus, femininus neutrus,
co'is, omnis. Masculinus es aqel qe
27 apertet alas masclas causas sola-
ment. si cu' 'bons. mals. Petrus.
Martinus',
Femininus es aqel qe
aperte alas cauzas feminils sola-
men, si con 'bona besta na maria'.

A.

mosa, mala .i. mala' e 'falsa .i.
falsa'. Neutris es aquel que no
perte al un ni al autre, si cum
'gauç .i. gaudium' e 'bes .i. bonum'.
Mas aici no sec lo uulgars la
gramatica els neutris substantius,
ans se diçen aici cum se fossen
masculi, si cum aici 'grans es los
bes que aquest ma fait'. e 'grans
es lo mals que mes uengutz de
lui'. Comun sun aquelh que perten
al mascle e al feme ensems, si
cum sun li particip que fenissen
in aus uel in ens. queu pos
dire 'aquest chaual' es presans,
aquesta (4) domna es presans,
aquestz caual's es auinens, a-
questa dona es auinens'. Mas el
nominatiu plural se camia daitan
que conuen a dire 'aquelh chaual'
sun auinen. aquelas donas sun
auinens'. Omnis es aquel que
perte al mascle e al feme e al
neutri ensems, qeu posc dire 'a-
quest caualiers es plasens, aquesta
dona es plaçens' e 'aquest bes
mes plaisens'.

(168) Numbres es singulars o
plurals, singulars quan parla duna
causa solamen, plurals quan parla
de doas o de (2ª) plusors.

Figura o es simpla o conposta,
simpla si cum 'coms .i. comes',
conposta si cu' 'uescons .i. uice-
comes' ques partz conposta, zo es
apostiza de 'uez' e de 'coms'.

Li cas sun seis, nominatius,
genitius, datius, acusatius, uoca-
tius, ablatius. Lo nominatius se
conois per lo, si cum 'lo reis es
uengutz'. Genitius per de, si cum
'aquest destriers es del rei'. Datius
per a, si cum 'mena lo destrier
al rei'. Accusatius per lo, si cum:
'eu uei lo rei armat'. E no se

C.

Neutrus es aqel qe non perten
ni alun ni al altre. si con 'gaugz,
e bes',

Comunis es aqel, qe perten
al mascle, et al femel ensems, si
cun son li adiectiu qe fenisson en
anz o en ens, si cun 'presans, aui-
nens' qeu porse due 'aq'st caualiers
es prezanz', o 'aquest caualienz es
auinens', et 'aquesta do'pna es
prezans (1ᵇ) et 'aquesta donna es
auinens'.

Omnis es aqel qe perten
al mascle, et al femel, et al neutri
ensems. q'u prouest dire 'aqest ca-
ualiers es plazens, aquesta donna
es plauzens. bes mes plazens'

Numerus, o es singularis, o es
plurals, singulars qan parla duna
causa solam'.
Plurals qan parla de doas, o
de plusors

Figura o es simpla o es com-
posita
Simpla si cum es 'coms'. Com-
posita zo es apostiça de 'ues' e de
'coms'

Li cas del nom son seis lo
nominatius, el genetius el datius,
el accusatius, el uocatius, el obla-
tius. Lo nominatius si conois per
le. si cun 'le reis es uengutz' Genetius
per de si cun 'aq'est destrers el
del rei'. Datius per al si cun 'mena
lo destrier al rei' Accusatius per lo
si cun 'eu uei lo rei armat' e no

A.

pot conosser ni triar lacusatius
del nominatiu sino per zo quel

nominatius singulars quan es mas-
culis

uol s en la fi e li autre
cas nol uolen, el nominatiu plural
no uol e tuit li altre cas uolen
lo enl plural.

Pero lo uocatius deu scenblar
lo nominatiu en totas las ditios
que fenissen in ors, et en las
autras ditions queus dirai aici
'deus .i. deus, reis .i. rex, francs
.i. liber uel curialis, pros .i. pro-
bus, bos .i. bonus, caualiers .i.
miles, canç
os .i. cantio'. Et els
altres locs on lo uocatius non a
s en la fi si es el semblans al
nominatiu (169) al menhz en sila-
bas et en letras, que deu auer
aitals e tantas cum lo nominatius
trait sol s en la fi.
Pero de la regla on fo dit
desus quel (2 ᵇ) nominatius cas no

C.

se pot conoiser ni triar lacusatius
del nominatiu, si non per zo q'
3 Laccusatius uol lo u'be de nan se
el nominatius uol lo v'be deter
se, si con 'Joans ama Martin', per
6 qe Martin es cas accusatius Et
ancara se por conoiser l'accusatius
del nominatiu per zo qel nomi-
9 natius fa e, laccusatius soste, si cun
'Petre fer martin' petre per zo qel
fer zo es qel fa el nominatius cas.
12 & martin per zo, qel softre qe petre
lo bata es accusatius cas.
Et sum es est uol nominatiu
15 cas & de nanse, et de ret se, si con
'arpulins es bos homs', E deues
saber (2*) qel nominatius singularis
18 cait el masculins, si comes 'auzels',
o neutris si comes 'castels'. e'bes'. e
'gauges' uol .s. en bast eb autte
21 cas no uolun. El nominatiu's plu-
rals no uol s. en lafi e au't li
autre cas uolon lo em plural.
24 e tuit li femenin, qe fenissen en a
non uolon .s. el singular, e son en-
declinabel zo es, qe non se decli-
27 non, car finissen tuit li cas en a
en lo singular. mas en lo plural
uolun .s. per totz los cas en la fi,
30 e finissen tuit en as,
Et deues
saber qe cacscu'l uocatius es sem-
33 bla's al seu nominatiu

A.

uol s en la fi quan es plural'
numeri uoilh traire fors toiz los
feminis, (G) que non es dit mas 3
solamen dels masculis e dels neu-
tris, que sun scenblan el plural
per totz locs sitot ses contra gra- 6
matica.

E lai on fo dit del nominatiu
singular que uol s pertot a la fi 9
uoilh traire fors toiz aquelz que
fenissen en aire, si cum 'enperaire
.i. imperator, amaire .i. amator' 12
et en eire, si cum 'peire .i. petrus,
beueire .i. potator, radeire .i. qui-
radit barbas, tondeire .i. tonsor, 15
pencheire .i. pictor, fencheire .i.
fictor, bateire .i. percussor, foteire
.i. qui frequenter concubit, pren- 18
dreire .i. qui libenter accipit, teneire
.i. tenax' et en ire, si cum 'traire
.i. traditor, consentire .i. qui con- 21
sentit, escarnire .i. derisor, escre-
mire .i. cautus, ferire .i. cum
armis percussor, gronire .i. quod fre- 24
quenter grunnit', mas 'albires' uol
s e 'sconssires' e 'desires'.

E deuez saber que tut aquelh 27
queus ai dit don lo nominatius
singulars fenis en aire et en eire
fenissen totz lor cas singulars en 30
dor, trait lo uocatius qe sembla
lo nominatiu, si cum es dit desus.

E de la regla del nominatiu 36
singular que uol s a la fi uoilh
ancar traire fors: 'maestre .i.
magister, prestre .i. presbyter, 39
pastre .i. pastor, sener .i. dominus,
melher .i. melior, peier .i. peior,
sordeier .i. deterior, (170) maier 42
.i. maior, menre .i. minor, sor .i.
soror, bar .i. baro, gençer .i. pul-
chrior, leuger .i. leuior, greuger 45
.i. grauior'

C.

el ai on fon
dit del nominatiu singular qe uol.
s. per totz a la fi uoil traue fors
totz a qels qe finissen en aire, si
cum 'emperaire amaire'.

& en eire
si cun 'peire beuerze'.

.

& en ire si
cun 'traue'. qe non uolon .s. el no-
minatiu singular

Mas 'albires' uol
.s. & 'confiteres' et 'desires', e tuit a
q'l q'us ai dit q' fenissen en aire,
et eire. li cun 'peire, beueire', et en
ire fenissen totz lor cas singulars
en dor, si cun 'amaire amador' trait
lo uocatiu, qe sembla nominatiu,
si con es dig de fus, El nominatiu
plural fa' tuit en dor. si con 'li ama-
dor', et en totz los autres cas en
dors, si cun 'deis amadors all'ama-
dors' E de la re gfa del nominatiu
singular q'uol .s. ala fi uol en car
traire fors 'maistre,

pestre, paistre'
et 'tigner, meillier, peier,

sordeier
maier, sebren

(2ᵇ) Genser leuger,
grençer', qe podon haber .s. alafin
et podon esser sens .s. Et deuetz

A.

et totz los aiectius
neutris quan sun pausat sencs
sustantiu, si cum 'mal mes, (3*)
greu mes, fer mes, esquiu mes,
estranh mes quel aia dit mal de
me'.

E uoilh en traire fors encar
dels pronoms alcus, si cum 'eu
.i. ego, tu .i. tu, el .i. ille, qui .i. qui,
aquel .i. illi uel ille, ilh .i. ille, cel
[.i. ille], aitel [.i. ille], aquest .i. iste,
nostre .i. noster, uostre .i. uester
que no uolon s en la fi, e sun
del nominatiu singular.

Tres declinazos sun, en nominatius cas de la premeira fenis
en a, e tut li altre cas eissem',
del singular deuez entendre; car
el plural uolun li cas s en la fi
trastut. Tut li aiectiu (8) femini
dels quals lo nominatius singulars
fenis en a, si cum es 'bona .i.
bona, bela .i. pulchra, cointa .i.

C.

saber qe tuit li nom son o aiectiui,
o sustantiu, e tuit a qil q' per se
solam' non se podon entefidre, ni
non portan complida sentcntia son
aiectiu. si con 'bons mals pros
ualens' non se pot entendre de
cui el aissi non portairan dreira
sentencia mas si eu dic 'martins es
ualens caualiers, o 'Joans es pros',
adons es complida sentenza per
a qel nom zo es martins, et per
aq'l nom zo es Joans q' son substantiu, Et per zo son dit adiectiu.
zo es a iustantiu, car a' iustan
las soas signifiazons ab lor sustantiuis, E tuit aqill nom, qe per se
solam portan perfetta sentenza, e
qe se podon entendre per se son
substantiu, si con es 'petre na maria
homs do'pna', et per son dit substantiu. car per se solam' podon
star, e portan perfetta sentenza,
en construction

Et deuetz saber. qe tuit li adiectiu qan son pauzat sens substatiu, non uolon .s. en la fin, si
cun 'bos mes emparar estrainmes
parut daisi, greu mes car peire
non ania pueil eu lam tan fina
mens'

En cara deuetz saber qel noms
ha tres declinazons etuit aqilli
nom, qe finissen el nominatiu singular en a

si cun 'do'pna bella

A.

apta, gaia .i. leta' seguen aquella
meesma regla. E tut aquelh de
la prima declinaço sun feminini, 3
trait: 'propheta .i. propheta, gaita
[.i. speculator], esquiragaita [.i. ex-
cubie], papa .i. papa'. Pero pro- 6
pheta e papa no uolun s el no-
minatiu plural, mas en totz los
autres cas lo uolun. Celh que 9
fenissen in ans uel in ens quan
saiusten ab masculi substantiu no
lo uolun. 12

De la prima declinatio es
'sauieza .i. sapientia, cortesia .i.
curialitas, dreitura .i. iustitia, me- 15
sura .i. mensura' e tut lautre que
(171) fenissen en a, sion adiectiu
o substantiu. E la seconda 'deus 18
.i. deus, segner .i. dominus, maestre
.i. magister' e tut li nom breumen
que no uolun s el nominatiu plural 21
et en totz los autres cas lo uolun.
De la terza sun tut li particip
que fenissen 24
in ans et in
ens, e
tut li nom don lo nominatius sin- 27
gulars el nominatius plurals fenis-
sen in atz, e sun femini generis,
si cum 'bontatz .i. bonitas, beutatz 30
.i. pulchritudo, santatz .i. sanitas,
amistatz .i. amicitia' e mout autre.
33

En uulgar non trop mas daquestas 39
tres maineras declinazos q'u ai
dit desus.

Sun dautra manera nom que 42
no se declinon, si cum es 'uers .i.
uersus' ab totz sos compost e tut

C.

gaia, gaira p'pa proph'a' tuit son de
la prima declinazon,
mas prop'ha, 6
et papa non uolon .s. el nomina-
tiu plural et en totz los autres
(3') cas lo uolon 9

Della segonda declinazon es
'deus segner maestre', e tuit li nom
breumen q'. non uolon s. el no-
minatiu plural, et en totz los
autres cas lo uolon
Della 3* declinazon son tuit li
nom eli particip, qe finissen el 24
nominatiu singular en ans, et en
ens si cun 'p'zans, amans anines,
ualens', et tuit li nom qe finisson 27
in atz sun feminini, si cun 'bontz
amistatz', qel nominatiu, el uocatiu
fa't en az el singular. el plural 30
eissameri fan en az & mo' deditio
ni se mundant
Aqil qe finissen en uz si con es 33
'faluz & uenguz' fan lo nominatiu,
el uocatiu en uz. totz los autres
cas en ut in singular el plural 36
fan lo nominatiu el uocatiu i' ut
los autres cas en uz
En uulgar non trob mais senon 39
a qestas tres maneiras de decli-
nazons q'us ai dit desus
Son dautras maneiras de noms 42
q' non se declinon. sicon es
'uers' ab totz sos compotz, si con
'peruers. deuers. enuers. reuers. 45
aduers. conuers. trauers'

A.

li adiectiu que fenisscn in os. si cum 'amoros .i. amorosus, enueios .i. inuidus' trait 'pros .i. probus' e 'bos .i. bonus'. E tuit aquel que fenissen in as larg, no se declinon nis mudon sion subtantantiu o sion adiectiu, si cum: 'nas .i. nasus, pas .i. passus, uas .i. tumulus, ras .i. rasus' e 'cortes .i. urbanus' sec aquela regla meçcisma, e 'pes .i. pondus, contrapes .i. contrapondus, siruentes .i. cautio facta uituperio alicujus, cens .i. census. encens .i. incensus, deues .i. locus defensus, mes .i. mensis, borses .i. burgensis, des [.i. discus], bles [.i. qui non potest sonare nisi c], marques .i. marchio bres .i. lignum quo aues capiuntur, gles .i. glis animal. comes [i. uocatus], escomes .i. prouocatus' e 'pres .i. captus' ab totz sos compostz.

E tuit li nom prouincial que fenissen in es, si cum 'fraces .i. francigena, angles .i. anglicus, genoes .i. genuensis, polhes .i. apulus' e tut (10) aquest sobredit fenissen in es estreit. Daquelz que fenissen in es larg, 'confes .i. confessus'. Encaras daquel (172) in as (4ª) larg fenissen no se declinon 'bas .i. bassus, cas .i. casus, gras .i. pinguis, clas .i. concordia campanarum, las .i. lassus, mas [.i. mansum ubi rustici manent']. Tals es 'mescaps .i. prelium paucorum contra multos, aes. i. castrum [ciuitas], fals .i. falsus. bautz [.i. castrum], deschautz .i. discalciatus, cautz .i. pro calce, falz .i. pro falce, encautz .i. fuga, lanz .i. jactus, fars .i. farcitus, ars .i. arsus, martz .i. dies martis [uel mensis marcii], latz .i. nexus uel nodus, glatz .i. glacies, latz [.i.

C.

Etuit li adiectiu qe finissen en .s. si com 'amoros enueios. Trait 'pros ebos'. qe se declinon, Et non se declinon ni se mudon, tuit aqil, qe finissen en as
si on adiectiu, o sustantiu. si cum 'nas .i. natus. pas .i. passus uas .i. tumulus ras .i. rasus'

E 'cortes' sec aqella regola mezeisma, et 'apes .i. pondus (3ᵇ) contra pes. siruentes

cens .i. census encens .i. incensus defes .i. defensus mes .i. mensis. borses des .i. decus bles .i. q'i non pot' sonare
q̈i arqes. bres .i. lignu', quo capiuntur aues, bles .i. glis animal comes .i. uocatus est comes .i. prouocatus pres .i. captus'. ab totz sos compotz si con 'empres. apres. repres. compres. sorpres. sotz pres'. et tuit li nom prouensal .i. q' deriuantur a prouincijs, qe finissen in es si con 'frances englos genoes, eloges'

En cara non se declinon 'baus .i. castrum fals. aes .i. ciuitas des caum z i. uilis fuga fals
pro falce lanz .i. raccus farez .i. farsura ars .i. arsus marez. i. mensis uel dies martis. latet .i. nodus. glas .i. glacies. latz .i.

A.

lectus fere], patz .i. pax, aus .i.
uellus, claus .i. clausus *compost*,
laus .i. pro laude uel pro stagno,
raus [.i. arundo], ais .i. tabula, cais
.i. gena, fais .i. onus, lais .i. dulcis,
cantus, tais .i. animal, brais .i.
clamor auium, clauais .i. castel-
lum, melhz .i. melius, fems .i.
fimus, tems i. tempus, rems .i.
ciuitas'. In ers larg 'guers [.i.
strabo], dispers.i. dispersus, bezers
.i. ciuitas, lumbers .i. castellum'.
In ers estreit 'ders .i. euectus,
aers [.i. herens], aders .i. erectus
gris [.i. color], paradis [.i. paradi-
sus], sanc damis [.i. sanctus dioni-
sius], assis [.i. obsessus], paris .i.
ciuitas uel proprium nomen uiri, ris
.i. risus, uis .i. uisus, berbiz .i. ouis,
ops .i. opus, pols [.i. pulsus], aiols
.i. proprium nomen [auus], doulz
.i. dulcis, poutz [.i. pultes], soutz [.i.
pisces in aceto], gregors, gergons .i.
[gregnonum] uulgare trutanorum,

cors .i. corpus, mors .i. morsus'.
In ors larg 'cors .i. cursus, socors
.i. auxilium, ors .i. ursus, sors .i.
desurgo, resors [.i. deresurgo], bis
[.i. quidam color], lis [.i. leuis], alis
.i. azimus], crotz .i. crux, notz .i.
nux, potz .i. puteus, burcs, plus,
reclus .i. reclusus, conclus [.i. con-
clusus, confus .i. confusus, pertus
.i. foramen, dedalus .i. proprium
nomen, tantalus .i. proprium no-
men, us .i. usus, fus [.i. instrumen-
tum nendi], artus [.i. proprium
nomen], cerberus .i. ianitor inferni'.
E tut aquest q'u ai dit desus no
se declinon nis mudon ni en sin-
gular ni en eplural e coren per
totz cas egalmen.

Pronomen es aici apelatz quar

C.

lectus. fere partl
.i. pax aus .i. uellus. claus .i. clau-
3 sus Laus .i. pro laude et pro stag'o.
Raues .i. raucus ais .i. tabula
E ais .i. gena fais .i. honus lais .i.
6 dulcis canticus. tais .i. animal.
brais .i. clamor auium clauais .i.
castellu' meils .i. melius. fenis .i.
9 fumus temps .i. tempus. tenis .i.
ciuitas' iners i largz. 'buers .i. strabo,
uel guerzus desper .i. dispersus.
12 berz ers .i. ciuitas. lumbers .i.
castellu'' iners .i. estreit. 'aers .i.
erens ders. arders. .i. erectus. bris
15 paradis.

sandanis assis .i. assettatz
.i. obsessus. paris .i. ciuitas, et
18 propriu' nomen uiri. ris .i. risus
uis .i. uisus uel facies. berbis .i.
ouis. obs. pols .i. pullis. aiols .i.
21 proprium nomen douç .i. dauç .i.
dulcis pouç .i. pultes esca de farina'
'Gergonz .i. uulgare trutannor'
24 'Cors' pro corpore est indeclina-
bile. 'cors' pro corde facit in (4ª) no-
minatiuo, et uocatiuo in or. in
27 reliquis in ors 'Cors .i. corpus.
mors .i. morsus. bis .i. quidam
color. lis .i. lenis & alis .i. azimus.
30 Curs .i. cursus. secors. i. auxiliu'.
ors .i. ursus. Recors Eroz .i. crux
notz .i. nux potz. .i. puteus Plus.
33 reclus. conclus. confus. pertus .i.
foramen. dedalus .i. propriu' no-
men uiri, tantalus .i. propriu' no-
36 men us .i. sus. fus est instrume'tu'
quodda'. artus .i. propriu' nomen
celer .i. ianitor inferni'.

Et tuit aquist qeu ai dit de sus non
42 se declinon. zo es non se uarian ne
se mudon ni en singular, ni en
plural. mas corron per totz cas.
45 singulars e plurals en galmen
Pronoms es appellatz car es

A.

es en loc de propri nome pausatz,
e demostra certa persona, si cum:
'eu .i. ego, tu. i. tu, el .i. ille, cel
.i. ille, aicel .i. ille, aquel [.i. ille],
aquest .i. iste, eu meçeismes .i.
ego ipse, tu meçeis(4ᵇ)mes .i.
tu ipse, el meçeismes .i. ille ipse,
eu esteus [.i. ego ipse], tu esteus
[.i. tu ipse], el esteus [i. ille ipse],
eu eis, tu eis, el eis, meus [.i.
meus], teus [.i. tuus], seus .i. suus,
nostre .i. noster, uostre .i. uester'
e per zo es ditz pausatz en loc
de propri nome, que si eu dic 'eu
sui uengutz' no mi besogna dir
'eu jacm sui uengutz' (173) 'eu uei
qe tu es uengutz' nom besogna
dire 'eu uei que tu peire es uen-
gutz'. Seu dic 'aicel es uengutz'
el mostri ab la man o ab loilh
nom besonha dir 'ioans es uenguth'.
E per zo sun apelat pronom de-
mostratiu quar demostren certa
persona.

C.

en luec de propri nom pauzatz.
et demostra certa persona si cun
3 'eu tu cel. el
aicel. aqel
aq'st. qui
6 il. Eumez eimes .i. ego ipse. tu
mezeimes .i. tu ipse el mete ismes
.i. ille ipse.
9
Meus. teus. seus .i.
suus n'r. u'r'.

Et per zo es ditz e
pausatz en luec de proprinom. qe
15 si eu dit 'eu sui uengutz' nomi
besoigna dir 'eu nuqz sui uengutz'
'eu es uengutz' nomi besoigna der.
18 'tu peire es uengutz'. seu dic 'aicel
es uengutz' el mostri ablaman o
ab loill nom besoigna dir. 'lo hanz
21 es uenguz'
E per zo son appelat
pronom. demostratiui car de mo-
24 stran certa persona E deues saber
qe tuit aqiste pronom. si cu' es
'eu. tu el q'i. a qel. il. cel. aicel
27 aq'st. nostre u're. no uolon .s. alafi
(4ᵇ) en lo singular E deuetz saber
aq'st pronoms 'eu' es de prima
30 persona. & aissi si declina. N'to eu
Genet'o. de me D'to ame. Acc'to
m. Vocatiuo non a car nuls non
33 clama semeteus Ablatiuo a me
Et plurl'r Nom'o. nos, et aissi per
totz los cas plurals. si cu' de nos.
36 a nos. nos. ab nos
E deuetz saber qe a qest pro-
noms 'tu' es de la segunda per-
39 sona, et aissi declina
Not'o Tu gt'o de te Datiuo
a te, Accusatiuo te Voc'o. o tu
42 ablatiuo a te, et plural'r nom'o. uos,
et aissi per totz los cas plurals
si cun de uos a uos, uos o uos ab
45 uos Et deues saber qe tuit li pro-
nom della terza persona trait 'eu',

A.

C.

qe es de la prima et 'tu' qe es de
la segonda, si cun es ditz de sus
3 et tuit li uocatiui. qe tuit li uo-
catiui son de La segonda persona.
si cun 'o arpulins danza' uezetz cun
6 a qel arpulins, qe es uocatius. car
es de la segonda persona sa iusta
ab aqel uerbe. zo es danza qe es
9 dela segonda persona
    Nt'o el. Gt'o delui. Datiuo a
lui, Accus'. lo Voc'. no' a. car es
12 demonstratius de la terza persona
& al si non pot auer uocatiu. car
lo uocatius es de la segonda per-
15 sona si cu' es dig desus. Ab'to
ablui. et plurl'r n'to ill. Gt'o dels.
Dat'o aels. Act'o los Ab'to abels
18 Eissam' declino a qel. cel. aicel.
astier. q' fan. en l'accusatiu si
cun (5ª) els auttels cas. zo es
21 Genetiu. datiu, et ablatiu
    E a q'st pronom si cun 'nostre
uostre'. sun endeclinabel el singular.
24 et en lo plural fan si cun li autre
adiectiu nom. car en lo nominatiu
plural no' uol s. ni en lo uocatiu
27 & en totz los autres lo uolon. si
cun plral'r Nom'o li nostre. Gen'o.
dels nostres Dat'o. als nostres. A
30 qesti 'meus. teus. seus'. se guen a
qella metesma regola dels noms.
car. en lo uocatiu singular uolon
33 s. & en los autres cas singulars
no' Lo uolon, et en lo nominatiu
plural non lo uolon et en totz los
36 autres cas lo uolon

Sequitur de Verbo

(12) Uerbes es apelatz, quar es
cu' modis et formis et temporibus 39
e significa alcuna causa far o
suffrir, si cum 'eu bate
    cu sui 42
batutz' eu sofre alcuna causa.

Verbs es appellatz. car es cu'
maneiras, et formas et tempus, e
significa alcuna causa fa o sufrir
si cun 'eu bate martin'. seu bate
cu faz alcuna causa. seu Martis es
batutz el sufre alcuna causa
[. . . . . (10ª) . . . .]

A.

Cinc sun li modi dels uerbes, endicatius, imperatius, optatius, coniunctius, infinitius. Endicatius es apelatz, quar demostra lo faiç que om fai, si cum es 'eu chant, eu escriu'.

Imperatius es aquel que om comanda, si cum es: 'aporta pan, aporta uin'. Obtatius es quar de(5ᵃ)sira, si cum: 'eu uolria amar'. Coniunctius es quar aiusta doas raços ensens, si cum en aquest loc 'cum eu amei fortmen, torz es si no sui amatz'.

Infinitius es apelatz, quar no paúsa terme ni fi a zo qe ditz, si cum: 'eu uoilh amar'.

(174) E chascun dels .v. modi queu ai dit desus deu auer cinc tems, presen, preterit non perfeit, preterit perfeit, preterit plus qe perfeit e futur.

Quatre coniugaços sun.

Tut aquelh uerbe, linfinitius dels quals fenis en ar, si cum 'amar .i. amare, chantar .i. cantare, ensenar .i. docere' sun de la prima coniugaço. De lautras tres coniugaços sun tan confus linfinitiu en uulgar que couen a laissar la gramatica e donar autra regla nouella. Per que platz a mi que aquel uerbe que lor infinitiu fan fenir in er, si cum es 'auer .i. habere, tener .i. tenere, deuer .i. debere' sion de la segonda coniugazo, aquelh que fenissen in ire, et aquel que fenissen in endre, si cum 'dire .i. dicere, escrire .i. scribere, tendre .i. tendere, contendre .i. contendere, defendre .i. defendere' sion

C.

Modi Verborum

Li Modi del uerbs son cinc. Indicatiuus. Imperatius optatius, coniunctius. Infinitius. Indicatius es appellatz car demostra lo fait q' hom fa. si cun 'eu ta't escriu' o qe demanda si cu' 'qe fas tu mamas tu .o. qe fas tu' Imperatius es aqel qe comanda si con es 'aporta pan aporta vin'. Optatius es qar desira si cun es 'eu uolria amar'. Coniunctius es car aiusta doas razons ensems. si cun en a qest loc 'cu' eu ame fortm' et tortz si no soi amatz' e car uol totas ues un autre uerb ab lui car non pot star *per* se sol. Infinitius es appellatz car no' pauza t'me ni fin a zo q' ditz si cu' 'eu uoil amar' El quascu dels cinc. moz. q' ai dig. de sus deu au' .v. te-mpus. zo es p'zent preterit no' *per*feit preterit perfeit. preterit plusq'*per*feit. et futur. Li uerbi o son de la prima *con*iugazon, o de la segonda, o de la terza (10ᵇ) o de la quarta Tuit li uerb. linfinitiu del cas finissen en ar. si cun 'amar. cantar. ensenhar'. son de la prima coniugazon.

En sun tan confus. Linfinitiu e' uulgar, qe conuen a laissar la gramatica, e donar autra regla nouella *per*qe plaza me. aqell. uerb. qe lor infinitiu fan fenir en er. si cun es 'auer. tener. deuer'. sion de la segonda coniugazon. aqill. qe finisson en ire si cun 'dire'. et aqelle qe finissen en endre si cu' 'tendre.

contendre. defendre'. et in iure si cu' 'uiure'. 'scriure' sion

A.

tuit de la terza, aquelh que fenis-
sen in ir, si cum 'sentir .i. sentire,
(5ᵇ) dormir .i. dormire, auchir .i.
audire' de la quarta.

Lo presens tems del indicatiu
de la prima coniugaço se dobla
en la prima persona, que pos dir
'ami', o pos dir 'am', 'chanti o
chan, plori o plor, soni o so, brami
o bram, badalhi o badalh'. La
segonda persona in as fenis, si
cum 'tu amas', la terza in a, si
cum 'cel ama'. Aici fenisen las
tres personas el singular del tems
presen del indicatiu et el plural

'nos amam, (14)
                    uos amatz, celh
amen o amon',
           et aicho es generals
regla que la terza persona del
(175) plural se dobla per toz
uerbes e per totz tems, que pot
fenir o in en o in on, e la prima
persona dobla se en totz uerbes
el tems presen del indicatiu so-
lamen, si cum 'eu senti .i. ego
sentio o eu sens, eu dizi [.i. ego
dico] o eu dic'. Mas mielhz es a
dir lo plus cort quel plus long.

El preterit non perfeit del in-
dicatiu 'amaua, uas, ua,
                    amauam,
amauatz, auen o amauon'.

El preterit perfeit 'amei, est,
et, amen, ez, eren uel ameron.

El preterit plus que perfeit 'eu
auia amat, ias amat, ia (6ᵃ) amat,
iam at, iaz at, ien uel ion at'.

C.

tuit de la terza coniugazon et
a qell qe finissen en ir si cu'
'sentir. dormir' sion de la quarta
coniugazon.

lo p'zens tempus del
indiaziu de la prima coniugazon
se dobla en la prima persona qeu
pos dir 'eu ami o eu am .i. ego
amo. eu canti o eu can .i. ego
canto' La seconda persona fenis
en as si cun 'tu amas .i. tu amas'
la terza i' a si cun 'cel ama .i.
ille amat' Aissi femilen las tres
personas en singular del temps
p'zent del indicatiu El pl'al finis
la prima persona in. am si cu'
'nos amam .i. nos amamus' in atz
si cu' 'uos amatz .i. uos amatis' La
terza in en o in on '.i. illi amant'.
et aisso (11ᵃ) es generals regla
qe' la terza persona del plural se
dobla per totz uerbs, et per totz
temps q' pot o in en o in on Et
la prima persona dobla se en totz
uerbs el temps p'zent dell. indi-
catiu so
         lamen si cu' 'eu senti o
eu fei eu diçi. o eu dic'. uras meils
es ader lo plus cort qua' plus
lanc. El p'terit non perfeit zo es
non complit. 'ego amaba' .i. eu
amaua. tu amauas .i. tu amabas.
cel amaua .i. ille amabat' Et plu-
ral'r 'nos amauam .i. nos amaba-
mus. uos amauatz .i. uos amabatis
ill. amauen o amauon .i. illi ama-
bant' El preterit perfeit zo es com-
plit 'eu amei .i. ego amaui. tu
amest .i. tu amauisti. cel. amet
.i. ille amauit'. Et plural'r 'nos
amem .i. nos amauimus uos ametz
.i. uos amauistis. ill. ameren o
amaron .i. illi amaueru't. uel ama-
uere'. El preterit plus qua' perfeit.
'eu auia amat .i. ego amaueram
tu auias amat .i. tu amaueras.

A.

El futur sun senblan tuit li
uerbe en totas las coniugazos,
que tut fenissen aici 'amarai, ras,
ara, amarem, rez, ran uel amarau.

El emperatiu tut aquel de la
prima coniugaço fenissen in a
estreit, si cum 'chan'a .i. canta,
bala .i. salta, uiula .i. uiela', en
la segonda persona entendatz, car
imperatius non a prima, que om
no pot comandar a si eus. En
la terza persona fenis toztems in
e, si cum: 'dance .i. ducat cho-
ream, saute .i. saltet. tombe .i.
cadat'. In plural fenis in atz, si
cum 'caualghaz .i. equitetis, anaz
.i. ambuletis, trotaz i. trotetis,
caualguen .i. equitent, anen .i.
ambulent, troten .i. trotent'.

El obtatiu fenissen tuit li uerbe
de la prima coniugaço
                              in era
uel (176) in ia; e de totas las
coniugaços comunalmen, si cum
'uolunt's amaria.i. utinam amarem,

ras uel rias, amera uel ria'.
                              In plu-
rali 'amaram uel riam, aratz uel
riatz, amaren uel rien',

C.

cel auia amat .i. ille amauerat'
Et plural'r 'nos auia' amat .i. nos
3 amaueramus. uos auias amat .i.
uos amaueratis cill auia' amat .i.
illi amauera't' El futur son sem
6 blan li uerbi tuit entotz las con-
iugazons qe tuit finissen aissi 'eu
amarai .i. ego amabo tu amaras
9 .i. tu amabis cel amara .i. ille
amabit' Et plural'r 'nos amare' .i.
nos amabimus. uos amares. (11 ᵇ).i.
12 uos amabitis cel amaran .i. illi
amabunt' El imperatius del temps
p'zent tuit aq'll. de la prima
15 coniugazon finissen en a si cu'
'canta. balla' E de la segonda per-
sona entendatz qar imperatius no'
18 ha prima persona en singular, q'
hom non pot comandar se me-
teu't. en La terza persona fenissen
21 en e si cu' 'ame .i. amet ille' Et
plural'r zo es en lo plural finis
la prima persona in em si si cun
24 'caualguem .i. equitemus amem
nos .i. amemus nos' la segonda
persona in atz si cu' 'anatz .i. eatis.
27 amatz uos .i. amate uos' la terza
finis in en si cun 'caualguen .i.
equitent ill. amen .i. ament illi'
30 Et deuetz saber qe' tuit a qill
uerbe q' finissen en linfinitiu in
ar podon finir in aire si cun 'far
33 faire. trar traire'. fan en lemperatiu
en la prima persona del plural in
am si con 'sezam tragam' en lop-
36 tatiu finissen tuit li uerb de la
prima coniugazon del temps p'-
zent el singular la prima persona
39 in era o in ria. Et de totz coniu-
gazos generalmen si cun 'uolenters
amera uolenters amaria .i. ego
42 libenter amarem tu ameras .i. tu
amares. cel amera .i. ille amaret'
Et plural'r 'nos amaram .i. nos
45 amaremus. uos ameras .i. uos
amaretis. ill. ameran .i. illi ama-

A.

item 'dissera
.i. utinam dicerem uel diria, diceras
uel rias, disera uel diria,
diseram
uel riam, diceratz uel riatz, ren
uel rien'.

C.

rent'. Item 'eu dissera o diria .i.
dicerem (12ᵃ) tu disseras .o. dirias.
3 tu diceres. cel dissera o diria .i.
ille diceret' Et plural'r 'nos dissera'
o diriam .i. nos diceremus. uos
6 disseratz o diriatz .i. diceretis ill.
diceren, o dirien .i. illi dicerent'.
En cara finissen li ottatiu el temps
9 p'zen arsi. si cum 'deus uolgues
q'u ames .i. ut' ego amare' deus
uolgues qe tu amasses .i. ut' tu
12 amares. deus uolgues qe cel amas-
set .i. ut' ille amaret'. Et plural'r
'deus uolgues q' nos amassem .i.
15 ut' nos amaremus deus uolgues
qe uos amasses .i. ut' uos amaretis
deus uolgues qe qill amessen .i.

Pero aquelh que sun de 18 ut' illi amarent'. Pero a q'll. q'
la quarta coniu(16)gaço, don lin- son de la quarta coniugazon don
finitius fenis in ir solamen, si cum linfinitius fenis in ir. solam' si
'dormir .i. dormire' fan lobtatiu in 21 cu' 'dormir' fan loptatiu en ira o
ira uel in irria, iras (6ᵇ) uel in irias, in iria si cu' 'eu uolenters dormira.
ira uel in iria, iram uel iriam, o dormiria .i. ego libenter dor-
iratz uel iriatz, iren uel irien. 24 mire'. tu dormiras o dormirias .i.
dormires, cel dormira, o dormiria
.i. ille dormiret' et plural'r 'nos
27 dormiran o dormirian .i. nos dor-
miremus .uos dormiraz. o dor-
miratz .i. uos dormiretis. ill. dor-
30 miren, o dormirien i. illi dormirent'.
Et sun alcun altre uerbe que sun Et sun alcun autre uerbe qe sun
fors daquesta regla, si cum 'uoler fors da q'sta regla. si cun 'uoler
.i. uelle, tener .i. tenere, poder .i. 33 tener poder
posse, saber .i. sapere, auer .i. saber auer
habere, conoisser .i. cognoscere. conoiscer'.
deuer .i. debere, secher .i. sedere', 36
que 'uoler' fenis la prima persona qe finissen la prima persona del
del obtatiu en 'uolgra uel uolria', optatiu in gra o in iria si cun 'eu
la segonda, 'gras uel rias, uolgra 39 |
uel ria, uolgram uel riam, uolgraz uolgran o uolriam .i. (12ᵇ) nos
uel riatz, uolgren uel rien, tengra uellemus uos uolgras o uolriatz
o tenria, pogra o poria, auria o 42 .i. uelletis ill. uolgre' o uolrien .i.
agra, conoseria o conogra, degra illi uellent.
o deuria, segra o seigria, plagra Segra, o sciria i. sedere.'
.i. placerem o plairia, pagra .i. 45
pascerem o passeria, begra .i.

A.

hiberem o beuria, ualgra .i. uale-
rem o ualria, mogra .i. mouerem
o mouria. colgra .i. colerem o
colria, nogra .i. nocerem o noçeria,
uengra .i. ucnirem o ucnria'. E
quasqus daquel sobreditz deu fenir
en singular et en plural et per-
sonas, de tan cum saperten al
presen del obtatiu, si cum es dit
desus plenciraz de 'uoler'.

El preterit plus que perfeit
del obtatiu fenissen tuit in es
estreit, si sun de la prima con-
iugaço, si cum 'bon fora qu'eu agues
amat, tu aguesses amat cel agues
amat' et aquelh solamen (177) que
fenissen lor enfinitiu in (7') endre
et in iure, si cum 'uiure .i. uiuere,
prendre .i. capere. tendre .i. ten-
dere' que sun scenblan en aquest
loc a la prima coniugazo, et el
preterit perfeit,

et el preterit non
perfeit del coniunctiu, si cum po-
dez uezer aici 'cum eu cantes, tu
cantesses, cel cantes cantassez, can-
tassetz, cantassen ucl cantesson,
cum eu tendes, tu tendesses, cel
tendes, tendessem, tendessez, ten-
dessen uel tendesson', item in
preterito imperfecto 'cum eu ames,
tu ames, cel ames, assem, assetz,
essen ucl esson.

El futur del obtatiu fenissen
tut aquelh de la prima coniugaço
in e si cum aici 'deus uolha

C.

3 colgra o colria .i. colere' nogra o
noçeria .i. nocere' uengra. o uen-
ria .i. uenire' Et cascus da qest
6 sup'diz den finir en singular et
en plural et en personas de tan
co' sa perten al p'zent del op-
9 tatiu si cu' es dit de sus plenciram'
de 'uoler'

El preterit plusq'perfeit
12 del optatiu fenissen tuit a qell de
la prima coniugazon

15
et a q'll qe
finissen Lor infinitiu en endre et
18 in uinure si cu'
'pendre tendre'
q' sun semblan en aq'st luce a la
21 prima coniugazon finissen tuit aissi
si cun 'be fore q'u angues amat
.i. ego amauissem tu agesset amat
24 .i. tu amauisses. el agues amatz
.i. ille amauisset' Et plural'r 'nos
aguessem amat .i. nos amauisse-
27 mus uos auesset amat .i. uos ama-
uissetis ill. auesson amat .i. illi ama-
uissent' E 'ben fora q'u agues
30 tendut tu auesses tendut, cel aucs
tendut' Et aissi fan em plural 'nos
auessen tendut uo auessz tendut
33 ill. auessen tendut Et el p'terit
non perfeit del coniunctiu si cu'
podetz uez et aissi 'cu' eu cantes
36 .i. cum ego cantare' tu cantares,
ille cantaret' Et pluraliter 'cum
nos cantaremus, uos cantaretis
39 illi cantare't (13') Cum eu tendes .i.
cum ego tenderem tu tenderes.
ille tenderet', et plural'r 'nos ten-
42 desse' .i. nos tenderemus uos ten-
deretis. illi tendere't
Enlo futur
45 del optatiu flnissen tuit aq'il de
la prima coniugazon aissi si cu'

A.

queu ame, tu ames, cel ame, amem, ametz, amen uel amon'.

El presens del coniunctiu es atretals.

Pero lo preteritz non perfeiç del coniunctiu es semblans al preterit non perfeitz del indicatiu a la uengada, et es contra gramatica, si cum en aquest loc 'Seu te donaua mil marcs, serias tu mos hom?'

El preterit perfeit del coniunctiu 'cum eu aia amat, aias amat, aia amat, aiam amat, aiatz amat, aien uel aion amat'.

Lo preteritz plus que perfeitz del con(7ᵇ)iunctiu e semblans ad aquelh del obtatiu.

(18) El futur del coniunctiu 'cum eu aurai amat, ras at, ra at, rem at, auretz amat, rau at uel aurau'.

(178) El presen del enfinitiu, 'amar'. El preterit non perfeit, 'auer amat'.

Dels autres tems del enfinitiu nom entremet, qar non an loc en uulgar se non pauc.

C.

'dicus uoillja qeu ame .i. ut' ego ame' tu ames, ille amet', Et plural'r
3 'deus uoillia qe nos amem .i. ut' nos amemus uos ametis illi ament' El p'sent del coniunctiu est q'
6 laion es 'ut'' deu esset 'cu'' El preterit non perfeit 'cun eu ames .i. cum ego amare', tu amares, ille
9 amaret' Et plural'r 'cum nos amasse' .i. cum nos amare mus uos amaretis illi amarent' Pero lo preterit
12 no' perfeit de coniunctiu al p'terit non perfeit del indicatiu alauigada si tot es contra gramatica si cun
15 en a quel loc 'seu te donaua nul serias tu mes hom .i. seu te dones' El preterit p'feit del coniunctiu
18 'cu' ara amat .i. cum amauerim tu amaueris, ille amauerit' Et plural'r 'nos ara' amat .i. cu' nos
21 amauerimus uos amaueritis illi amauerint' lo preterit plusquamperfeit del coniunctiu en semblaz
24 ad aqel (13ᵇ) del optatiu estrer q' lai on es 'ut'' el optatiu el coniuntiu uol 'eu'' El futur del con-
27 iunctiu 'cun eu aurai amat .i. cum amauero, tu amaueris. ille amauerit' et plural'r 'cu' nos aurem
30 amat .i. cu' nos amauerimus uos amaueritis illi amauerint' E p'sent del infinitiu el non perfeit
33 an solam' una determinazon en singular et en plural et en totz las personas. zo es 'amar' si cu'
36 'eu uoil amar. tu uoles amar cel uol amar nos uolen amar' Et per zo es ditz infinitius zo es non
39 finitius car si cun es dit de sus non fenis ni termina certa persona ni nomer q' aissi la prima
42 cu' la segonda e cu' la terza e aissi en plural cu' en singular. Dels autres temps del infinitiu no
45 men tramet car non an gatte luce en uulgar.

A.

Ni del passiu nom besogna dir,

qar pertot se tria per aquest uerbe 'sum, es, est 'que uol nominatiu cas denan se et apres, si cum 'eu sui amatz .i. amor, tu est atz, cel es atz, nos em amat, etz at, sun at,

eu era amatz .i. amabar, ras atz, ra atz, nos eram at, eratz at, eren uel eron amat, eu fui atz .i. amatus sum uel fui, fust atz, fo atz, nos fom at, foz at, foren uel ero at,

eu auia estat amatz .i. amatus eram uel fueram, auias estat at, auia estat at, nos auiam estat at, uos auiaz estat at, cel auien uel auion estat at,

eu serai amatz .i. amabor, ras atz, ra atz, rem at, retz at, ran uel rau at'.

Imperatiu 'sias tu amatz[.i. amare], sia cel amatz. (S ᵃ) siam nos at. siatz uos at, sian uel sion celh amatz'.

C.

Del passiu non be- soinlia dir aissi con del actiu q' 3 dit de sus. q' per tot se t'ia per aqest uerbe zo es 'sum es est' que uol nominatiu cas de nan se et 6 der se si cu' 'eu fui amatz .i. ego amor tu es amatz .i. tu amaris, uel amare cel es amatz .i. ille 9 amatur'. ailli finissen las tres personas singulars del temps p'zent del indicatiu Mas en lo plural 12 finissen aissi. 'nos sem amat .i. nos amamur uos est amat .i. uos amamini ill su' amat .i. ama't" 15 (14ᵃ) El preterit perfeit 'eu fui amatz .i. ego amatus su' uelfui. tu fust amatz. tu es uel fuisti 18 amatz cel fo amatz .i. ille est uel fuit amatus', Et pluraliter 'nos fom amat .i. nos sumus, uel fuimus 21 amati uos fos amati .i. uos estis uel fuistis amati. illi foren o foron amat .i. illi sunt fueru't. uel fuere 24 amati' El preterit plusqua' perfeit 'eu era o auia estat amatz .i. ego era' uel fuera' amatus tu eras. o 27 auias estat amatz .i. tu eras uel fueras amatus. cel era o auia estat amatz i. ille erat uel fuerat 30 amatus' El pluraliter 'nos era' o auiam estat amat .i. nos eramus uel fueramus amati, uos eratz o 33 auiatz e stat amat .i. uos eratis, uel fueratis amati ill. eren o eron auien o auion estat amat .i. illi 36 erant uel fuerant amati'. El futur 'eu serai amatz .i. amabor .i. tu seratz amat .i. tu amaberis, uel 39 amabere cel sera amatz .i. ille amabitur' Et plural'r 'nos serem amat .i. nos amabimur uos seres 42 amat .i. uos amabimini ill. seran amat .i. illi amabuntur' El imperatiu 'sias tu amatz .i. amare tu. sia cel 45 amatz .i. amet' (14ᵇ) ille' Et plural'r sian nos amat .i. amemur nos sian

A.

Obtatiu 'per mo uol eu seria amatz .i. utinam amarer uel fora, rias atz, ria atz, riam uel ram at, riatz uel ratz at, rien uel ron amat'.

Preter. pl' per. 'per mo uol eu augues estat amat .i. utinam amatus essem uel fuissem (credo quod uelit dicere 'mo uolges deus que agues estat amat'), esses stat atz, es stat atz, essem stat at, essetz stat at, essen uel (179) esson stat at'.

El futur 'Deus uolha queu sia amatz .i. utinam amer, sias amatz, sia atz, siam atz, siatz at, sien uel sion at'.

Lo present del coniunctiu es autretals si metetz denan 'cum', lai on ditz 'per mo uol'.

El preterit non perfeit del coniunctiu 'com eu fos amatz .i. cum amarer, fosses atz, fos atz, em (20) at, etz at, fossen at uel fosson'.

El preterit perfeit 'cum eu aia estat amatz .i. cum amatus

C.

uos amat .i. amamini uos, sien o sion ill. amat .i. amentur illi'. El
3 optatiu' per mouol' eu seria o fora amatz.i.utina'ego amarer tu ferias o foras amatz .i. tu amareris uel ama-
6 rere, cel seria o foratz amatz .i. ille amaretur' Et pluraliter 'nos seriam amat .i. amaremur', et dobla se
9 en uulgar e cal uol pot hom dir 'uos serias amat .i. uos amaremini. ill. scrien amat .i. illi amare't'
12 El preterit perfeit, et plusq'perfeit 'deus auer uolgut qeu fos estat amat .i. ut' ego esse', uel fuissem
15 amatus tu fosses estat amat .i. esses uel fuisses amatus cel fos estat amat .i. esses uel fu'sset
18 amatus'. Et plural'r 'deus agues uolgut qe nos fosse' estat amat, .i. utina' essemus, uel fuissemus
21 amati uos fosses estat amat .i. essetis, uel fuissetis amati. ill. fossen estat amat .i. illi essent uel fuis-
24 sent amati'
[. . . . .]
el futur deus uoillia que sia amatz
27 .i. utina' amer. tu fias amatz. .i. ameris, uel amere, cel sia amatz .i. ille amet' E plural'r 'Deus
30 uoilli a qe nos siam amat .i. utina' nos amemur uos sias amat .i. amemini. illi. sian. amat .i.
33 ament'. lo p'senz del coniuncties attetuls si cun lo futurs del obtatiu si meteis denan 'cu'' lai on ditz
36 'ut''. El preterit no' perfart del coniunctiu cu' eu fos amatz .i. cu' ego amarer, tu fosses amatz
39 .i. tu amareris uel amarere, cel fossem amat .i. ille amaret' Et plurl'r (5 b) 'cun nos fossem amat .i.
42 cu' nos amaremur, uos. fossetz amat .i. amaremini, cil fossen, o . fosson amat .i. illi amarent'. el
45 preterit perfeit, 'cu' euaia estat amatz .i. cum ego amatus sim

A.

sim uel fuerim, aias stat atz, aia
stat atz, aiam stat at, aiatz
stat at, aien uel aion stat amat'.

Lo preterit plus que perfeit del
coniunctiu scenbla aquel del obta-
tiu, si metez 'Deus uola' en de
'cum'. El futur 'cum eu aurai
estat amatz .i. cum amatus ero,
auras estat amatz, aura stat atz,
rem estat at, rez estat at, ran
uel aurau estat at'.

Lenfenitius del passiu non a loc
en uulgar. Explicit .i. declinatio-
nem.

Li uerbe de la segonda, e de
la terça, e de la quarta coniugaço
sun mout diuers, si cum 'eu escriu
.i. scribo o escriui, tu escrius o
escriues, cel escri o escriu, eu dic
.i. dico o diçi, tu dis o dizes, cel
ditz. eu fenisc .i. finio o fenis.
tu fenisses, cel fenis'. In plurali
fan tut em, etç, en uel on. Et
aquelh queu ai dit sun de
terça e degra auan dir de la
segonda, si cum 'eu ai .i. habeo.
tu as, cel ha, eu tenh [.i. teneo] o
teni. tu tes o tenes, cel te, eu
sai .i. sapio, tu saps, cel sap, eu
fenh .i. fingo o fenhi, tu fenhz o
fenhes, cel fenh'. Autretals es
'penh .i. pingo, tenh .i. teneo,
cenh .i. cingo, estrenh .i. stringo,
enpenh .i. impingo' et en plural
em, etz, en uel on.

(180) El preterit inperfec del
indicatiu e futur et in futur del ob-
tatiu et el presen del coniunctiu
sun scenblan tut li uerbe de la

C.

uel fuerim. tu aias estat amatz
.i. amatus sis, uel fueris. cel aia
3 estat amatz .i. ille amatus sit, uel
fuerit'. Et plural'r 'cum nos aia'
estat amat .i. cum simus, uel
6 fuerimus amati, uos aias estat
amat .i. uos sitis, uel fueritis amati
cil aio estat amat .i. illi sint, uel
9 fuerint amati'. lo p't'it. plusq' per-
feit del coniunctiu sembla aqel
del optatiu si meteiz 'cu'' en loc
12 de 'deus uoillia' El fut'. del 'cu' eu
aurai estat. amatz .i. cum ero uel
fuero amatus, tu eris, uel fueris
15 amatus, ille erit uel fuerit amatus'.
Et plural'r 'nos auiem estat amat,
i. cu' amati erimus, uel fuerimus,
18 uos amati eritis uel fueritis, illi
amati erint, uel fuerint' Infinitius
de- uerbi passiui non aluec en
21 uulgar.

Li uerb. della seconda ede
la terza, e dela quarta coniugat'o.
24 sum ero, ut diuers, si cu' 'en
scriu oue scriui', e dobla se en la
prima persona, 'tu escrius o tu
27 escriues', e dobla se en la segonda
eissam'. 'cel escriu, cel escriue', ut
aisi se dobla. en la terza
30   Ancara uol dir de la segonda
coniugazon 'eu ai .i. ego habeo.
33 tu as .i. tu habes cel. ha .i. ille
habet (6*) eu tein. o teni .i. ego
36 teneo tu tes. cel .i. ille tenet'

El p't'it n'perfet de lindi-
catiu. et futur. el futur del op-
45 tatiu. el prezent del coniunctiu
son semblan tuit uerbe de la se-

A.

segonda et de la terçha et de la quarta coniugaço quel preterit non perfeit fan tu ia, ias, ia, el plural iam, iatz,

ien uel ion. Del ende- catiu entendat generalmen, del coniunctiu a la uegada, quan 'si' es pausatz denan, si cum aici 'seu auia mil marcs, eu seria rics (9*)om .i. si haberem mille mar- chas, ego essem diues homo'. El futur del indicatiu rai, ras, ra, rem, retz, ran uel rau.

El futur del obtatiu, et el presen del coniunctiu a, as, a, am, atz, an uel on, si cum 'Deus uolha qeu escriua .i. utinam scribam, tu es- criuas, cel escriua, escriuam, uatz, uel escriuan uel escriuon'.

In preterito perfecto indicatiui in prima persona .j., in secunda .jst., per la maior part, si cum 'eu dissi .i. ego dixi, tu dissist, eu escrissi .i. ego scripsi, tu es- crissist, eu tengui .i. tenui, tu tenguist, eu dormi [.i. dormiui], tu dormisti, eu fezi uel fi .i. feci, tu fezist, eu feissi .i. finxi, tu feissist'.

Mas en la terça persona del sin- gular sun mot diuers, si cum 'dis escris, teng, dormi, fetz, feis', e tuit aquel don linfenitius fenis en ir solamen, si cum 'auchir .i. audire, senthir .i. sentire, cubrir

C.

conda, et de la terza, e de la quarta coniugazo'. qel p'tit n'per- feit fan tuit la prima persona mia si cu' 'eu fingia .i. ego fingeba'. tu fingias .i. tu fingebas. cel fingia .i. ille fingebat', el plural La prima persona tuit en iam si cu' 'non fingiam .i. nos fingebamus. uos fingias .i. uos fingebatis cill. fin- gion .i. ill. fingebant'

Del indicatiu entendatz gene- ralm'. del coniu'ctiu ala uigada can fies pauz atz denan si cu' aissi 'seu auira mil. marchs eu feria rios hom .i. si haberem mille marchas, ego essem diues'.

E il futur del indicatiu finissen tuit enai.si cun es ditdesus del futur del indicatiu dela prima co'iugat'o. si cu' 'eu aurai. tu auras. cel aura' et plurl'r 'nos aurem. uos aures. cill. auran' El futur del optatiu el p'sent del coniunctiu tuit finissen la prima persona en a si cu' 'dieus uoillja q'u escriua .i. ut' 'ego scriba'. tu escriuas .i. tu scribas, cel escriua .i. ille scribat' E plu- ral'r 'deus uoillja qe nos escriuam .i. nos scribamus uos scribatis, illi scribant el p't'it. perfet del in- dicatiu la prima persona finis en .i. (6ᵇ) La segonda en ist per la maior part si cun 'en dixi .i. ego dixi. tu dixist. tu dissisti.

Eu dor- mi .i. ego dormiui tu dormist .i. tu dormisti Eu feçi ofi .i. ego feci tu feçist. .i. tu fecisti' mas en la terza persona singular son mout diuers. si cu' 'dis .i. dixit. escris .i. scripsit. feis .i. finxit' et tuit aqil don len finitius fenis en ir solam'. si cun 'auzir .i. audire. sentir .i. sentire cubrir. .i. coperire.

A.

.i. cooperire, sofrir .i. sustinere', que no (22) se podeu doblar, si cum se dobla 'dir, dire .i. dicere, escrir, escrire .i. scribere', fan la prima persona et la terça en i et la segonda en ist.

El preterit perfet del indicatiu et el plural (181) im, itz, iren uel iron,

el autre que no sun daqest scenblan fan em, ez, en uel on sion de la segonda o de la terça coniugaço, si cum 'aguem .i. habuimus, aguez, agren uel agron' (el (9 ᵇ) singular si cum li autre, trait la terça persona que ditz 'ag .i. habuit'). 'dissem .i. diximus, dissez, dissen uel disson.

Tres sun que fan la terça persona del preterit perfeit in oc el singular 'poc .i. potuit, noc .i. nocuit, moc .i. mouit' el quarz es 'ploc .i. pluit'. 'Decaçez .i. diuitias amisit, caçez [.i. cecidit], escaçez [.i. contigit], parec .i. apparuit, aparec [.i. aparuit], crec .i. creuit'. In ec estreit 'bec .i. bibit, lec .i. licuit, sec .i. sedit, tec .i. tenuit, dec .i. debuit'. In cup 'deceup .i. decepit, conceup .i. concepit, creup .i. conualuit'. In aup 'saup .i. sapuit, caup .i. cepit'. In eis 'teis .i. tinxit, seis .i. cinxit], feis .i. finxit, peis .i. pinxit], empeis .i. impegit, estreis .i. astrinxit, destreis .i. constrinxit, constreis .i. constrinxit, estcis .i. extendit, ateis .i. nactus est'. In enc estreit 'souenc .i. recordatus fuit, uenc .i. uenit, auenc .i. euenit, mantenc .i. patrocinatus est, sostenc .i. sustinuit'. In es estreit 'mes con-

C.

sofris .i. substinere'. qe non se podon doblar. si cun se dobla 3 'dir edire'. fan la prima. e la terza del singular in .i. et la segonda in ist si cun 'eu soffri .i. substinui 6 tu sofris .i. sustinuisti. cel sofri .i. sustinuit' El plural fan la prima persona en im si cu' 'nos sofrim 9 .i. sustinuimus, uos sufritz .i. sustinuistis cill sufriren. o sufriron, idest illi sustinueru't, uel sustinuere' 12 Eli autre q' non son da qest semblan fan en plural la prima persona in em si cum 'nos aguem 15 .i. nos habuimus, uos habuistis, illi habueru't, uel habuere' el singular si cun li autre tuit la terza 18 persona qe biz 'Ae .i. habuit nos dissem .i. diximus, uos disses .i. dixistis. illi dissen. odisson .i. 21 dixeru't uel dixere'

Tres sunt qe fan en la terza persona del singular in 24 oc. si cun 'poc. i. potuit. moc .i. mouit noc .i. nocuit' el q'tres 'ploc .i. pluit' In p'to per- 27 fetto

estreit 'bec .i. bibit. lec .i. 30 licuit. sec .i. sedit. tenc .i. tenuit. dec .i. debuit' In (7 ᵃ) eup. si cu' 'deceup .i. decepit. conceup .i. 33 concepit ereup .i. conualuit'. in aup. si cu' 'saup .i. sapuit. caup .i. cepit' In eis si cu' 'teis .i. tinxit. seis .i. 36 conci'xit. feis .i. finxit peis .i. pinxit. Empeis .i. impinxit estreis .i. strinxit destreis .i. co'strinxit. Ateis .i. 39 nactus est'.

In es. estreit si cun 'mes .i. misit. compost si cun

A.

post .i. misit, pres *con*post,

ques 3
*con*post .i. quesiuit'. In et larg
'uenquet .i. uicit, seguet .i. secu-
tus est, perseguet [.i. persecutus 6
est], conseguet .i. consecutus est,
mesquet .i. miscuit, respondet
.i. respondit, perdet .i. perdidit, 9
tendet *con*post .i. tetendit, batet
*con*post .i. percussit, pendet *con*-
post .i. suspendit, descendet .i. 12
descendit, fendet .i. diuisit,
    uendet *con*post .i. uendidit,
fotet .i. futuit, escondet .i. abscon- 15
dit, encendet .i. incendit' que fan
tu lo preterit perfeit enteiramen
si cum li uerbe de la prima con- 18
iugaço et si sun elh de la se-
gonda, e 'respondet .i. respondit'
e 'tondet .i. totondit' seguen 21
aquela eissa regla. In hac 'plac
.i. placuit, pac .i. pauit, mentac
[.i. nominauit], ac .i. habuit'. 24
(10 *) In is 'asis .i. sedit,
escris .i. scripsit, dis .i. dixit,
ris .i. risit, sumris .i. subrisit, 27
enquis .i. inquisiuit'. Pero tut
aquist scis sobredit poden
esser semblan en prima persona 30
et en terça el preterit perfeit.
In uis 'destruis .i. destruxit'.
Anquara in erc 'sufri o soferc .i. 33
qui passus est, ubri o uberc .i.
aperuit, cubri o cuberc .i. cooper-
uit (182), corec .i. cucurrit'. 36
In ers larg 'ters .i. tersit, esters
.i. extersit'. In ers estreit 'ders
.i. crexit, aders [.i. necessaria 39
dedit], aers [.i. hesit]' In ars
'espars .i. sparsit, ars .i. arsit'.
In oc estreit 'conoc .i. cognouit, 42
desconoc .i. ignorauit, reconoc .i.
recognouit'. In ois 'pois .i. per-
unxit, iois .i. iunxit'. In olc larg 45
'uolc .i. uoluit, tolc .i. abstulit,

C.

remes .i. remisit pres .i. prendit.
compost si cu' apres .i. apprehen-
dit repres .i. reprehendit qes .i.
q'siuit si cu' reqes .i. requisiuit,

uendet .i. uendidit fotet .i. fotuit
escondet .i. ascondit. encendet .i.
encendit' qe fan tot lo p'tet.
*per*feit enteiram' si cu' li uerbe
de la prima cogniugation E li
son ill de la segonda, e 'respon-
det i. respondit. etondet, i. toton-
dit' seguen a qella meteisma re-
gola.

In erc. si cu' sufri o sufrere
i. passus est. obri o ubere .i.
ape*r*uit. cubri. o cubere .i. coo-
*per*uit corri, o corre .i. cucurrit'
In ers. lans. si cu' 'ters .i. tersit
esters .i. estersit'. In ers estret. si
cun 'ders. i. esit adhers .i. adhesit'.
In ars. si cun 'espars .i. exparsit.
ars .i. arsit'.

A.

colc .i. coluit, molc .i. moluit, dolc
.i. doluit'. In os larg 'fos .i.
fodit, apos .i. apposuit, despos .i. 3
deposuit'. In os estreit 'escos .i.
excussit, escos .i. abscondit, ros
.i. segetem totondit'. In ols 6
larg 'sols .i. soluit, absols .i.
absoluit, uols .i. uoluit, reuols
.i. reuoluit'. In ors larg 'tors 9
.i. torsit, destors .i. distorsit,
retors .i. retorsit'. In eus 'teus
.i. timuit, preus .i. pressit'. In 12
ais 'conplais .i. conquestus est,
plais [.i. planxit],
(24) frais .i. fregit, refrais .i. consu- 15
latus est, afrais .i. humiliauit,
sofrais .i. defuit, trais .i. traxit,
atrais .i. attraxit, retrais .i. nar- 18
rauit, contrais .i. debellare fecit,
pertrais .i. ualde traxit, sostrais
.i. subripuit, atais .i. expediuit'. 21
In aus 'claus .i. clausit'.

E percho ai fait tant longa
paraula de la terça persona 24
del preterit perfeit, quar maier
confusios era en aquela que en
totas las autras, quar per la maior 27
part la prima persona fenis en i
e la segonda in ist, del (10ᵇ) pre-
terit perfect del indicatiu enten- 30
datz, on per la maior part la
prima e la segonda persona sun
scenblans. Del preterit non perfeit 33
de la segonda e de la terça et
de la quarta coniugaço tut sun
dun scenblan, si cum es dit desus 36
ia, ias, ia, iam, iatz, ien uel ion.

El preterit plus que perfeit, 39
tut aquelh don linfinitius fenis in
endre uel in etre uel ·in oudre
uel in otre, si cum 'tendre conpost 42
.i. tendere, prendre conpost .i. pren-
dere', in ebre, 'decebre conpost .i.
decipere, fendre conpost .i. findere, 45

C.

In os estreit si cun
'escos .i. exc'.sit. ros .i. rodit
escos .i. abscondit'. In ols. lirgz.
si cun 'sols .i. soluit. absols .i. ab-
soluit. uols .i. uoluit. reuols .i.
reuoluit'. In ers Larg. si cun 'ters.
.i. torsit. dexteters .i. destorsit'. In
eus si cum 'teus .i. timuit. preus
.i. pressit complans .i. conq'stus
est'. In ais si cun 'plais .i. planxit.
frais .i. (7ᵇ) franxit. refrais .i. re-
fransit. afrais .i. humiliauit. sofrais
.i. defuit. trais .i. traxit atrais .i.
atraxit retrais .i. narrauit. con-
urais .i. debilem facit pertrais .i.
ualde traxit sostrais .i. subripuit.
dais .i. espediuit. atais .i. pertimuit'.
In aus si cun 'claus .i. clausit'
Emper zo ai fait tan longa paraula
dela 3ª persona del p'terit perfeit.
qar maiers confuzions era en a
q'lla q'n totas las autras qan.
per la maior part. la prima per-
sona fenis en .i. e la segonda en
ist Del p'terit perfeit del indicatiu
entendaiz

o per la maior part la
prima, e la segonda persona su'
semblan si cu' es dit desus Del
preterit. non perfeit de la segonda,
e de la terza e de la quarta con-
iugazon tuit sun dun semblan si
cu' es dig desus. si cun 'eu auia.
tu auias. cel auia. Nos auiam uos
auiatz ill. auien o auion' El p'-
terit plusq' perfeit tuit aq'il.
don linfinitius fan mendre. se cun
'prendre' o en etre si cu' 'metre'.
o in atre. si cu' 'batre'. o in ondre
si cun 'escondre'. o in otre si cun
'fotre'.

A.

pendre con(183)post .i. pendere,
metre conpost .i. mittere, batre
conpost .i. percutere, respondre .i. 3
respondere, escondre [.i. excutere],
fotre [.i. coire]' et in er, si cum
'auer .i. habere, poder .i. posse,
tener .i. tenere, saber .i. sapere,
deuer .i. debere' sun scenblan a
la prima coniugaço, mudat at 9
in ut,

et aquelh don linfinitius 12
fenis in ir, mudat at in it,

trait tres que muden at in onth
'ponher .i. pungere, ionher .i. iun- 18
gere, onher .i. ungere'
e 'ueçer
.i. uidere' mudat at in ist e trait 21
'prendre .i. prendere' e 'metre .i.
mittere' ab lo conpost que muden
at in es 24

e trait 'escodre .i. excutere' at in
os e trait 'penher .i. pingere, fenher 27
.i. fingere, empenher .i. impingere,
tenher .i. tingere, cenher .i. cin-
gere' ab totz sos conpost que 30
muden at in einht et 'atenher
[.i. attingere'] eisscemen,

trait 'estrenher [i. stringere]' ab
totz sos conpost (11ª) que muda
at in eit, si cum 'eu auia amat 36
.i. amaueram, eu auia saubut .i.
sciueram, pogut .i. potueram, co-
nogut .i. cognoueram, tengut .i. 39
tenueram, degut .i. debueram, agut
.i. habueram, eu auia auçit .i.
audieram, legit .i. legeram, escrit 42
.i. scripseram, dit .i. dixeram, eu
auia pres .i. ceperam, mes .i.
miseram. poinht .i. punxeram, oinht 45
.i. unxeram, ionht .i. iunxeram,

C.

o in er. si cun 'auer. poder'
son semblan a la prima coniugazon 6
mudat ac in ut si cun 'eu auia
agut .i. ego habuera' eu auia
fotut .i. ego fotuera', tu auias agut 9
o fotut cel auia agut o fotut'. Et
plural'r 'nos auian sabut uos auias
sabut ill. auian subut'. et a qill. don 12
Linfinitius finis in r. mutar
at in it si cu' 'eu auia dormit. tu
auias dormit, cel auia dormit. nos 15
auian uos auias cil auian amat'.
Trais tres qe mudant at in hoint
zo es 'poigner loigner. hoigner' si 18
cu' 'eu auia point. eu auia ioint
tu auias ioint' e trait 'uezer' qe
muda at in ist, si cun 'eu auia 21
uist. E trait 'p'itore e metre' ab lor
compost. si cu' 'comprendre. so
metre' q' muden at in ens si cu' 24
'auia pres tu auias pres. eu auia
mes tu auias mes'. E trait 'escondre'
qe muda at in os si cun 'en auia 27
escos. tu auia escos' Et trait 'peigner
feigner. teigner. ceigner' ab totz
lor compostz si cun 'enfeigner 30
enteignher acenher'. qe mudent
at in eint si cu' 'eu auia enteint,
eu auia efeint' et 'atener' eissam' 33
Et trait 'enstrenher' ab totz sos
compost. qe muda at in eit si cun
'eu auia estreit. tu auias estreit' 36

A.

estreit .i. strinxeram, destreit,
feinht .i. finxeram, peinht .i. pin-
xeram, teinht .i. tinxeram, ceinth 3
.i. cinxeram, enpeinht .i. impe-
geram'.

El futur del indicatiu sun 6
scenblans totas las quatre con-
iugaços rai, ras. ra, rem, retz,
ran uel rau. E la segonda per- 9
sona del enperatiu fenis aici cum
la terça persona del prescen del
indicatiu singular, trait aquest 12
uerbe 'saber [.i. sapere]' que fa
(26) 'sapchas' el emperatiu. El
emperatius de la prima fenis in a, 15
en segonda persona, en terça in
e, si cum 'ama tu. ame cel, amem
nos, amatz uos, amen cel o amon'. 18

Et es lo futurs del imperatiu tals 27
cum lo presens.

Lo presens del optatiu uol en
totas coniugaços, trait la prima,
generalmen fenir en ria, rias, ria, 33
riam, riatz, rien uel rion.
El
preterit plus quamperf. fenis in 36
agues, aguesses, agues. aguessem,
aguessetz, aguessen uel aguesson,
aiustat ut en la fin, en totas 39
(184) personas, si lo uerbes es de
la segonda (11ᵇ) coniugaço o de
la terça, si es de la quarta, it. 42
Pero segon que lo preterit plus
que perfeit del indicatiu es for-
matz, sun tuit li preterit plus 45
que perfeit format, aiustat 'agues'

C.

El p'zen de limperatiu fenissen
totas las coniuga zos trait la prima
persona. la segonda persona del sin-
gular in as si cun 'digas .i. dic tu'
la terza in a si cu' 'diga cel .i.
dicat ille' El plural La p'a in am
si cun 'digan .i. dicamus nos' la
segonda in az si cun 'dicatz .i.
dicite uos' la terza in on. si cun
'digon .i. dicunt illi'. Mas aissi faill.
(8ᵇ) La regla en la seconda persona
del singular per la maior part. si
cun 'pren. repren. peitz oinh.
streinh'. e generalmen tuit finissen
si cun en lenfinitiu. trait la ulti-
ma sillaba si cun 'batre' qe fai 'bat'.
et 'audir. qe fa 'au' et 'escondre' qe
fa 'escon'. et 'ilegir' qe fa 'leg' En la
terza persona fan tuit en a si cun
es dit desus si cun 'bata. auia.
lega faza' El futur de limperaziu
detotz Las coniugazos fan tuit aissi
con lo futur del indicatiu si cun
es dit desus

Del p'zen de optatiu
de totas las coniugazos fon dit
pleneiram' laion fo dit del optatiu
de la p'a coniugazon
o dela
terza fan aissi con lo p'terit
plusq'perfeit de la p'a mutat at
in ut si cun 'deus uolgues q'u
agues agut o q'u agues uolgut o
q'u agues entendut'
Si es de la quarta coniugazo
sicun 'auzir seruir' mutat at in it.
si cun 'deus uolgues q'u aues ser-
uit o q'u aues audit'.

A.

el cap, si cum 'seu agues sabut
.i. si sciuissem, sicu agues tengut
.i. si tenuissem, tendut, perdut .i. 3
perditum, conogut .i. cognitum,
pogut seu agues auçit .i. si
audissem, escrit, dormit .i. dor- 6
mitum, delit .i. destructum, aunit
.i. uituperatum', si cum se conte
plus pleneramen desus el preterit 9
plus que perfeit del indicatiu.
El futur del obtatiu, el presens
del coniunctiu sun scenblan, que 12
fenissen a, as, a, am, atz, an uel
on, si cum 'eu sia .i. sim, tu sias,
cel sia, cum nos siam, uos siatz, 15
cel sian uel sion.'

El preterit non perfeit del
coniunctiu, si es de la segonda o
de la terça, es, esses, es, essem, 30
essetz, essen, cum de la prima, si
cum 'cum eu agues .i. cum ha-
berem, tu aguesses, cel agues, 33
cum nos aguessem, uos aguessetz,
celh aguessen uel aguesson',

                    si
es de la quarta, is, isses, is, issem, 42
issetz, issen uel isson, si cum 'eu
dormis .i. cum dormirem, tu dor-
misses, cel dormis, cum nos dor- 45
missem, uel dormisson'.

C.

                       (

                         et aissi mu-
don si con es dig pleneiram' del
p'terit plusq'perfeit delindicatiu
E futurs optatius el p'zens del
coniunctiu son semblan q' finissen
en La prima persona en a. si cu'
'deus no uoilla q'u aia. o cu' eu
ara. o cu' eu scriua o cu' eu diga'
La segonda in as 'tu scriuas o q'
tu aias. o sias' La terza si cu'
'deus uoillia q'l sia o q'l scriua .o.
(9') cum elescriua. o q'l sia' El
plural la prima persona in am.
si cun 'deus uoillja q' nos aiam.
o siam. o scriuam. o cu' nos uoil-
lam. o tengam' la segonda in az
si cu' 'deus uoillia q' uos aiaz qe
uos siaz o cum uos uoilliaz'. la
terza in an. o in on. si cun 'deus
uoillia qe ill. aian .o. sian o cun
ill. beuan' El preterit non perfeit
del coniuctiu si es de la segonda,
e de la terza coniugazon fenis la
prima persona de singular in es.
si cu' 'eu agues. cu' eu prendes
cu' eu fotes' La segonda in esses
si cu' 'tu aguesses, o tu prendesses'
La 3ª in es si cu' 'cel agues. o
tenes' E plural fan la p'a in em.
si cum 'nos aguessem. o cu' nos
prendessem' la segonda in es si
cun 'uos aguesses uos prendesses'
la terza in en si cun 'ill. aguessen'
o cu' 'ill. prendessen'. Si es de la
quarta coniugazon finis la prima
persona del singular in is si cum
'dormis cu' eu scruis', la segonda
in isses si cun 'tu dormisses'. la terza
in is si cu' 'cel dormis cun cel ser-

A.

C.

uis'. Et plural fan la p'*a* in issem si
cu' 'nos dormisse' cu' nos seruisse''.
8 la segonda in issez si cum 'uos dor-
missez'. la terza in issem o en
isson si cun 'ill. dormissen, o dor-
6 misson'

Lo preterit perfeit del con-
iunctiu aia ut, aias (12ª) ut, aia
ut, aiam ut, aiatz ut, aien uel
aion ut, si es de la segonda o de
la terça coniugaço, si cum 'eu aia
tendut .i. cum tetenderim, tu aias 12
tendut, cel aia tendut, nos (185)
aiam tendut, uos aiatz tendutz,
celh aien o aion tendut', si es 15
de la quarta, muda ut in it, si
cum 'eu aia scentit .i. cum sentierim
tu aias sentit, cel aia sentit, nos 18
aiam sentit, uos aiatz sentit, celh
aien uel aio sentit.
(28) Lo preterit plus que perfeit 21
del coniunctiu es tals cum del
obtatiu. El futur

El preterit perfeit del con-
iunctiu fan aissi cu' lo p'terit
9 perfeit del coniunctiu (9ᵇ) fan aissi
con el preterit plusq'perfeit del
optatiu auistat 'cu'' en loc de 'utina''

El futur . fan aissi con lo futurs
24 de la prima coniugazon mutat at
'cum eu aurai   in ut. si es de la segonda o de
tengut .i. cum tenuero, tu auras ten-   la terza coniugazon si es de la
gut, celh aura tengut, nos aurem 27 quarta mutat at ut. si cu' 'aurai
tengut, uos auretz tengut, celh   tu auras cel aura tengut. fotut
auran uel aurau tengut', si es de   seruit. Nos aure' prendut seruit.
la segonda o de la terça, si es 30 uos aures uolgut. auzit ill. auran
de la quarta, muda ut in it.   en rendut seruit'.
Del infinitiu es dit assatz de-   Del infinitiu es
sus al començamen des uerbes. 33 dit assatz de sus al com' sam' del
     uerbs
Lo passius de las autras coniu-   Lo passius de las autras con-
gaços, si cum es dit de la primera 36 iugazos si cun es dit de la prumeira
sia totz per ordre, fors tan quen   sia totz per orde fors tan. qan la
la segonda et en la terça muda   segonda et e'la terza coniugazon
at in ut et en la quarta at in it. 39 mutat at in ut et en la qarta at
   in it, e trait aqel q' se mudan
   si con es dit el p'terit plusq'-
42 perfeit del indicatiu del actiu

A. B.

Et aquist sun li uerbe de la prima coniugaço 𝔄.

Li uerbe de la primiera coniugazo 𝔅 (70ᵛ).

(12ᵇ) Amar .i. amare.

Adirar .i. adire 𝔄 odire 𝔅.

Albergar .i. hospitare 𝔄 ospitare 𝔅.

Ostalar .i. idem quod ospitari.

Arripar, aripar .i. de aqua ad ripam uenire.

Aspirar .i. aspirare.

Anelar .i. anhelare.

Anar .i. ambulare.

Arar .i. arare.

Adagar .i. equare 𝔄 adaquare 𝔅.

Asclar .i. findere ligna.

Alargar .i. laxare.

Uiular, uiolar .i. ucillare 𝔄 uiolare 𝔅.

Arpar .i. arpam sonare.

Citolar, sitular .i. tintariçare 𝔄 citarizare 𝔅.

Manduirar, mandurar .i. manduram sonare.

Organer .i. organizare.

Cornar .i. tubam sonare.

Trumbar, trombar .i. tubis ereis sonare.

Caramelar .i. cum fistulis 𝔅 stullis 𝔄 cantare.

Assaiar .i. temptare 𝔄 tractare 𝔅 uel probare.

Adempiar, ademprar .i. amicos rogare.

Armar .i. armare.

Amblar .i. plane ambulare.

Aiornar .i. diem assignare 𝔄𝔅 uel clarescere 𝔄.

Acorsar .i. ad cursum prouocare 𝔄 prouocare a cursum 𝔅.

Assoudar .i. stipendiare 𝔄 stipendiari 𝔅.

Agradar .i. placere.

(70ᵇ) auçelar, auzelar .i. aues uenari.

(28, 2) Agulonar .i. stimulare.

A. B.

Alongar .i. prolongare.

Abetar .i. decipere uerbis.

3 Abastar .i. sufficere.

Aprimar .i. subtilare 𝔄 subtiliare 𝔅.

Aprimairar, aprimartar .i. ad primos uenire.

Aroçhar, arezar .i. procurare uel ministrare necessaria.

9 Atainar .i. impedire.

Afiar .i. securitatem dare.

Amparar .i. ocupauit 𝔄 occupanit 𝔅.

12 Assegurar .i. securum reddere.

Albirar .i. estimare.

Adautar, adantar .i. ualde placere.

15 Auinaçar, auinazar i. uino imbuere.

Assautar .i. prouocare ad pugnam.

Aprosmar .i. appropinquare.

18 Badar .i. os aperire.

Balar, bolar .i. saltare ad 𝔄𝔅 uielam uel ad aliquid 𝔄 ludum 𝔅.

21 Bairar, borar .i. ponere serrum in hostio 𝔄.

Baronecar, baroneiar .i. uel 𝔄 signa baronis 𝔄𝔅 ostendere 𝔅 hostendere uel iactare se 𝔄.

Baronelar, baconar .i. porcos interficere et ponere in sale.

Baconar, baratar .i. stulte 𝔄𝔅 uel dolose 𝔄 expendere.

Baratar 𝔄 .i. (impetuose rapere).

(29) bateiar .i. baptiçare 𝔄 baptizare 𝔅.

33 Barutelar .i. farina 𝔄 farinam 𝔅 subtiliare.

Bracceiar, braciar .i. cum uiciis 𝔄 brachiis 𝔅 mensurare.

Blanquciar .i. candescere.

Barreiar .i. inpetuose rapere.

39 Bellar, belar .i. ad oues pertinet 𝔄𝔅, bella ferre 𝔄 belare 𝔅.

Bendar .i. cum uictis caput stringere mulieris 𝔄 ml'r bendare 𝔅.

Bresar .i. ad capiendum aues sonum faciens 𝔄 bessare 𝔅.

45 Bretoneiar .i. loqui impetuose.

Bleseiar .i. sonare C. loco S.

A. B.

Bendelar .i. oculos 𝔄𝔅 legare 𝔄 ligare 𝔅.

Buliar, bullar .i. bullare.

Bufar .i. ore insufflare.

Brusar .i. incendere.

Buscalar 𝔄 .i. ligna parua colligere.

Brisar 𝔄 .i. minutatim frangere.

Biordar .i. dicurere 𝔄 discurrere 𝔅 cum equis.

Baissar .i. osculari 𝔄𝔅 uel demittere 𝔄.

Cantar .i. cantare.

(70ᶜ) Calfar, callar .i. calefieri 𝔄, caleficere 𝔅.

Calar .i. tacere.

Caçar, cazar .i. uenari.

Caminar .i. equitare per stratas 𝔄𝔅 ad inueniendum hos. 𝔄.

Camiar .i. mutare.

Canbiar, cambiar .i. ad monetas pertinet, dare unam pro alia 𝔄 mutare uel monetas cambiare 𝔅.

Castiar .i. corrigere 𝔄 castigare 𝔅.

Castiglar .i. digitum ponere sub acella alterius ad prouocandum 𝔄𝔅 ludere 𝔄 ludum 𝔅.

(29, 2) Cauar .i. cauare.

Catreiar, carcelar .i. portare 𝔄𝔅 sarcinas 𝔄 sarcinam 𝔅 cum asinis.

Cembelar .i. hostendere 𝔄 ostendere 𝔅 auem ad capiendum aliam.

Classeiar, cleseiar .i. campanas pulsare.

Clamar .i. clamare.

Cagar .i. superflua uentris facere 𝔄 superfluum cagare 𝔅.

Cremar .i. incendere.

Celar .i. celare.

Cercar .i. inuestigare.

Cessar .i. cessare.

Cembar .i. tibias ualde mouere.

Cisclar .i. ualde clamare cum uoce subtili.

Citar .i. citare.

(13ᵃ) Cinglar .i. stringere equum cum cingla.

Cridar .i. uoce personare 𝔄 personare uoce 𝔅.

Criuelar .i. bladum purgare.

Conortar .i. consolari.

Confortar .i. confortare.

Coronar .i. coronare.

Cobeitar .i. concupiscere.

Corolar 𝔄𝔅 uel coreiar 𝔄 .i. coreas ducere.

Cobleiar .i. coblas facere.

Consirar .i. considerare.

Cobrar .i. recuperare.

Colar .i. colare.

Codeiar, condeiar .i. condiare 𝔄 ualde se in cunctis aptare.

Conselar, conselhar .i. consilium dare.

Contar .i. computare.

Concagar, congagar .i. cum stercore deturpare.

(30) Damnar .i. damnare.

Dançar, danzar .i. ad coreas saltare.

Daurar 𝔄𝔅 compost 𝔄 .i. deaurare 𝔄𝔅 compost, sobredeaurare 𝔅 sobradaurar 𝔄.

Deuinar, diuinar .i. diuinare.

Descombrar .i. ab impedimento 𝔄𝔅 loco 𝔄 locum 𝔅 purgare.

(70ᵈ) Deirocar, derocar .i. diruere.

Destorbar .i. in aliquo facto se opponere.

Distrigar, distringar .i. occasione more dare.

Deirengar, derengar .i. de serie 𝔄𝔅 militum 𝔄 militem 𝔅 exire.

Desgitar .i. eicere 𝔄 cingere 𝔅.

Despolhar .i. expoliare.

Deliurar .i. liberare 𝔄 deliberare 𝔅.

Demandar .i. requirere.

Desmandar .i. mandata 𝔄𝔅 prouocare 𝔄 reuocare 𝔅.

Deiunar .i. ieiunare.

A. B.

Deschazar, descauzar .i. discalciare 𝔄 dixalccare 𝔅.

Desarmar .i. arma deponere.

Despulçelar, despouzelar .i. corrumpere 𝔄𝔅 puellam 𝔄 uirginem.

Desirar .i. desiderare.

Degolar .i. decapitare 𝔄 precipitare 𝔅.

Desuiar, disuiar .i. deuiare.

Descargar, desgargar .i. exonerare.

Dcribar, dcripar .i. extra ripam exire.

Desclauar .i. clauos 𝔄 claues 𝔅 extrahere.

Desaiar, desarrar .i. aperire serram 𝔄 serra 𝔅 auferre.

Desflibar, desfiblar .i. palium 𝔄 pallium 𝔅 deponere.

Detirar .i. ualde 𝔄𝔅 detraere 𝔄 trahere 𝔅.

Desdeiunar .i. frangere jejunium.

Disnar .i. prandere.

Dictar .i. dictare.

Dissipar .i. dissipare.

Donar .i. donare.

Domneiar, doneiar .i. cum dominabus loqui de amore.

Doblar .i. duplicare.

Dolar .i. dolare.

Doptar .i. dubitare.

Durar .i. durare.

Estar .i. stare.

Espirar, espiar .i. inquirere.

Esquiuar, esquiar .i. deuitare.

Esperar .i. sperare.

Emblar .i. furari.

Errar .i. errare.

(30, 2) Esperonar .i. calcaribus 𝔄𝔅 equm 𝔅 equum urgere 𝔄.

Essugar .i. siccare.

Enganar .i. fallere.

(71ᵃ) Enastar .i. in ligno ad 𝔄𝔅 astam ponere 𝔄 assa deponere 𝔅.

Endurar .i. ieunare 𝔄.

Embargar, enbargar .i. impedire.

A. B.

Enanchar, enanzar .i. proficere in aliquo.

Esmaiar .i. timore deficere.

Ensenar, ensenhar .i. docere.

Enuiar .i. trasmictere.

Essauchar, essauzar .i. probare.

Effredar .i. timorem immittere.

Esforchar, esforzar .i. uires colligere.

Encolpar .i. inculpare.

Enpenhar, enpenar .i. pignore mittere.

Enumbrar .i. propter umbram timere uel sensum amittere.

Enebriar .i. inebriare.

Escampar, escapar .i. euadere.

Escoissar, escoisar .i. per coxas 𝔄 per cossas 𝔅 diuidere.

Escorigare, escortagar .i. excoriare.

Embotar .i. utrem implere.

Essaurar .i. ad 𝔄 auram exire.

Ensanglentar, ensagneltar .i. sanguinem poluere 𝔄 sanguine polluere 𝔅.

Esmendar .i. emendare.

Enchauzar, encausar .i. fugare.

Enclauar .i. clauum in 𝔄𝔅 pedem 𝔄 pede 𝔅 figere.

Escracar .i. tussiendo ǀspiritum emictere.

Essemblar, esemplar .i. exemplare.

Entamenar .i. panis partem uel panni uel alicuius rei auferre.

Esbudelar .i. intestina de uentre 𝔄𝔅 exire 𝔄 trahere 𝔅.

Enflar .i. inflare.

Enbriar .i. crescere.

(13ᵇ) Estoiar .i. reponere.

Ensachar, ensacar .i. in sachum mittere 𝔄 (reponere) 𝔅.

Enborsar .i. in bursam mittere.

Enalbar, enarbrar .i. erigere duos pedes et in duobus sustentari.

Esmerar .i. depurare.

Enrabiar .i. in rabiem uenire.

Escolar, escohar .i. castrare.

A. B.

Enlumenar .i. inluminare 𝔄 illuminare 𝔅.

(71 ᵇ) Eniuragar .i. lolio inficere.

(31) Far .i. facere.

Fadiar .i. repulsam pati.

Faiturar .i. maleficiare.

Faduiar, fadeiar .i. stultitia mfacere.

Fabregar .i. fabricare.

Fermar 𝔄 .i. firmare.

Formar 𝔅 .i. formare.

Ferrar, feirar .i. ferrare 𝔄 ferare 𝔅.

Fiar 𝔄𝔅 compost 𝔄 .i. confidere 𝔄𝔅 compost 𝔅 affiar 𝔄𝔅 desfiar 𝔄 deffiar 𝔅.

Filar .i. nere.

Follar, folar .i. sub 𝔄𝔅 pedibus 𝔄 pede 𝔅 calcare.

Afolar, affolar .i. deteriorare.

Afogar .i. ignem 𝔄𝔅 ponere 𝔄 apo'cere 𝔅.

Ofegar .i. suffocare.

Forçhar, forzar .i. uim facere.

Gardar .i. custodire uel respicere. (compost).

Garar .i. idem.

Galopar .i. inter trotare et currere 𝔄 currere intus, troctare et 𝔅 saltus paruos facere.

Gastar compost 𝔄 gastare 𝔅 .i. deuastare 𝔄 uastare compost, degastar 𝔅.

Gratar .i. scalpere.

Gadanhar, gasanhar .i. lucrari.

Gaitar .i. uigilare ad custodiam.

Gelar .i. congelare.

Greuiar, greiuar .i. grauare.

Grenar, glenar .i. spica 𝔄 spicam 𝔅 post messores colligere.

Gitar .i. iacere 𝔅 iactare.

Guidar 𝔄 .i. guidare conductum.

Galliar 𝔅 .i. fallere.

Glaçar. glazar .i. gelu constringere.

Gouernar .i. gubernare.

Gotar .i. stillare. compost, degotare.

Glotonciar .i. ingluuiem facere.

A. B.

Intrar .i. intrare.

(71 ᶜ) Inçatar, izalar .i. ad boues pertinet 𝔄 propter muscam fugere.

Iurar .i. iurare.

Iogar .i. ludere.

Iuçiar, iutiar .i. iudicare.

Iusticiar, iustiziar .i. iustitiam 𝔄𝔅 exibere 𝔄 exigere 𝔅.

Lauçar, lauzar .i. laudare.

Lauar .i. lauare.

(31, 2) Lairar, latrar .i. latrare.

Laissar, lassar .i. dimittere.

Lassar 𝔄 .i. fatigare.

Laborar .i. laborare.

Latinar .i. latine loqui.

Leuiar .i. alleuiare.

Leuar .i. leuare.

Lecar .i. lingere 𝔄 lecare 𝔅.

Listrar, listar .i. per uirgas ornare.

Liurar 𝔄𝔅 compost 𝔄 .i. libras 𝔅 dare 𝔄𝔅 compost deliurar 𝔅.

Lipsar .i. polire.

Liurar 𝔄 .i. lucrari.

Luitar 𝔅 .i. luctari.

Maniar .i. manducare.

Matar .i. matare.

Mandar 𝔄 .i. mandare.

Maridar .i. maritare.

Maçerar, mazerar .i. mazerare 𝔅 macerare, ad panificationem pertinet 𝔄.

Maleuar, malleuar .i. fideiubere.

Mascarar .i. carbone tingere.

Menar .i. minare.

Menaçar, menazar .i. minari.

Melhurar .i. meliorare.

Messurar, mesurar .i. mensurare.

Mechinar, mezinar .i. medicinam dare.

Mendigar .i. mendicare.

Mesgabar, mescabar .i. infortunio amittere.

Menbrar .i. recordari. compost 𝔄𝔅 remembrar 𝔄.

Mercadar, mergadar .i. mercari.

Meraueilhar 𝔄 .i. mirari.

A. B.

Mesclar 𝔄 .i. litigare.
Meitadar 𝔄 .i. medium facere unius coloris, medium alii.
Madurar .i. maturare.
Machar, matar .i. percutere.
Mirar .i. in speculo inspicere.
Mostrar.i. mostrare 𝔄 monstrare 𝔅.
Moschar, moscas .i. muscas abicere.
Mosciclar, moscidar .i. cum naribus insufflare.
Montar .i. ascendere.
(71 ᵈ) Monestar .i. monere.

Naueiar .i. nauigare.
Nadar .i. natare 𝔄 notare 𝔅.
Nafrai, naffrar .i. uulnerare.
Negar .i. aquis suffocare.
Neblar .i. nebula perire.
Neuar, niuar .i. ningere.
(32) Notar .i. notare.
Nombrar .i. numerare.
Nomar, nomnar .i. nominare.

Obrar .i. operari.
Onrar .i. onorare 𝔄 honorare 𝔅.
(14 ᵉ) Orar .i. orare.
Ondeiar .i. undis tumescere.
Onceiar, onzeiar .i. uncias 𝔄 untiam 𝔅 pedum curuare.
Odorar .i. odorare.
Ocaisonar, ocaissonar .i. occasiones 𝔄𝔅 inquerere 𝔄 querere 𝔅.
Oscar .i. ebeditare 𝔄 ditare 𝔅.
Ostar .i. remouere.
Ostalar .i. in ospitium intrare.
Oblidar .i. obliuiscere.

Parar 𝔅.i.parare. compost reparare.
Passeiar .i. passus magnos facere.
Parlar .i. loqui.
Pagar .i. pecuniam soluere.
Passar .i. transire. compost 𝔄𝔅 traspassar 𝔄 transpassar 𝔅.
Pausar .i. requiescere.
Pastar, campastar .i. farinam cum aqua miscere.

A. B.

Plaideiar .i. causari.
Plantar .i. plantare.
3 Placeiar, plaçeiar .i. per plateas ire.
Praticar .i. practicare.
Pantaiar.i.sopinare 𝔄 sompniare 𝔅.
6 Penar .i. penam sustinere.
(71ᵉ) Penhurar, pegnorar .i. pignus auferre.
9 Peiurar, peiorar .i. peiorare.
Pellar, pelar .i. depilare uel pilos auferre.
12 Peschar, pescar .i. piscari.
Pechar, pecar .i. peccare.
Peçeiar, penzeiar .i. minutatim
15 frangere.
Petaçar, petazar .i. reficere 𝔄𝔅 utera 𝔄 uc'ta 𝔅.
18 Perilhar .i. periclitari 𝔄 periculare 𝔅.
Pensar .i. meditare.
21 Peçugar, pezucar .i. cum digitis duobus aliquid 𝔄 cum duobus digitis aliquem 𝔅 stringere.
24 Pesar, penzar .i. ponderare 𝔄𝔅 uel moleste ferre 𝔄.
Pectenar, petenar .i. pectinare.
27 Pertusar .i. perforare.
Preçicar, presicar .i. predicare.
Prescentar, presentar .i. presen-
30 tare 𝔄𝔅 compost 𝔅.
(32, 2) Pregar .i. precari.
Preçar, prezar .i. apreciare.
33 Periurar .i. periurare.
Plegar .i. plicare.
Prestar .i. mutuare
36 Pissar .i. mingere.
Picar .i. picare.
Pistar .i. terere 𝔄 terrere 𝔅.
39 Portar .i. portare.
Ponzilar, pongilar .i. ad diruendum murum ligna ponere, uel
42 diruere murum cum ligno 𝔄.
Ponçeiar, ponzeiar .i. inprobare 𝔄 ponere beneficia aliis 𝔅.
45 Podar .i. bene putare uineas 𝔄 inprobare, uel putare 𝔅.

A. B.

Poiar .i. ascendere 𝔄𝔅 uineas 𝔅 compost.

Plorar .i. flere.

Proar, prohar .i. probare.

Plouiuar .i. frequenter pluere.

Pomelar .i pomum in aerem 𝔄𝔅 proicere 𝔄 cicere 𝔅.

Polsar .i. ualde anhelare.

Ponhtar. pontar .i. punchare 𝔄 punctare 𝔅.

(71ᶠ) Purgar .i. purgare.

Quarar .i. quadrare.

Quitar .i. inmunem reddere.

Quintar .i. quintam partem 𝔄𝔅 tollere 𝔄 coll' 𝔅.

Quartar .i. quartam partem 𝔄𝔅 id. 𝔄 coll' 𝔅.

Raubar .i. rapinam exercere.

Rancurar .i. conqueri.

Raçonar, razonar .i. rationem reddere.

Ranpoinar .i. dicere uerba contraria derisorie.

Rautar .i. subito de manu 𝔄𝔅 auferre 𝔄 auferri 𝔅.

Rasclar .i. ligno radare 𝔄 cum ligno radere 𝔅.

Raidar, raiar .i. radiare 𝔄 radere𝔅.

Rauqeirar,rauqueirar.i.claudicare.

Restaurar .i. restaurare.

Refiudar .i. refutare.

Regardar .i. respicere.

Remirar .i. ualde respicere.

Reparar .i. reparare.

Renoelar .i. renouare.

Reuelar 𝔄 rebellare.

Remandar 𝔅 remandare.

Respirar 𝔄 .i. respirare.

(33) Reuelhar 𝔄 .i. excitare.

Remembrar .i. recordari 𝔄.

Rimar .i. rimos 𝔄 rimas 𝔅 facere.

Ribar .i. repercutere clauos compost.

Rodar .i. in circuitu ire.

Romiar .i. ruminare 𝔄 romicare 𝔅.

Rotar, ructar .i. eructare.

3 Roflar .i. dormiendo 𝔄 turpiter 𝔅 insufflare.

Ronchar, roncar .i. dormiendo cum 6 gula barrire.

Rosseiar .i. rubescere.

Roilhal, roilhar .i. rubigine inficere.

9 Rogeiar, roieiar .i. groco rubescere uel nitescere 𝔄 rubescere 𝔅.

12 Rocegar .i. trahere cum equis.

Sautar .i. saltare.

15 Sadolar .i. satiare.

Saborar .i. saporare.

Sanar .i. sanare 𝔄 sana 𝔅.

18 (72ᵃ) Sairar, sarrar .i. claudere uel firmare 𝔄 firmare hostium 𝔅.

Saluar .i. saluare.

21 Saludar .i. salutare.

Sagetar i. sagittare.

Sanglentar .i. sanguinem poluere 24 𝔄 sanguine polluere 𝔅.

Sacrar, sagrar .i. sacrare.

(14ᵇ) Sacrifiar .i. sacrificare.

27 Senhar .i. signare.

Secar .i. siccare.

Seminar .i. seminare.

30 Selar .i. sternere equum.

Segar .i. resecare 𝔄𝔅 herbas 𝔅.

Senhoreiar .i. dominari.

33 Siblar .i. sibilare.

Senblar, semblar .i. similare. compositum.

36 Sebrar .i. separare.

Sonar .i. sonare.

Somnhar, sonar .i. somniare 𝔄 39 sompniare 𝔅.

Sopar .i. cenare.

Soflar .i. cum naribus spirare.

42 Sosteirar 𝔄 .i. sepelire.

Sohanar, soanar .i. recussare 𝔄.

Sospirar .i. suspirare.

45 Solachar, solazar .i. uerbis ludere.

Solar .i. soleras mittere 𝔄.

A. B.

Sogautar, sugautar .i. super gullam 𝔄 sub gula 𝔅 percutere.

Sostrar, sostar .i. inducias dare 𝔄 inducia stare 𝔅.

Soldar, sobdar .i. ex improuiso preuenire.

Sobrancciar .i. superbe se erigere.

(33, 2) Sobrar .i. superare.

Sordeiar .i. deteriorare.

Solhelar, solheiar .i. ad solem calefacere.

Souar, suar .i. sudare.

Sagitar sitar 𝔄 .i. sagitare.

Sugar 𝔅 .i. sciugare.

Taular 𝔄𝔅, entaular 𝔄 .i. inuictus manere, utrumque ludum ordinare uel fraudulenter se traere 𝔄.

Entaular 𝔅 .i. ludum ordinare.

Trainar .i. ad caudam equorum traere 𝔄𝔅 fraudulenter ad se trahere 𝔅.

(72ᵇ) Trauar .i. duos pedes equi ligare.

Entrauar .i. idem.

Trasbucar .i. ruere.

Tamboreçar, tamborezar .i. timpanizare.

Tambureiar 𝔅 .i. timpanare.

Taulciar .i. tabulas paruas sonare.

Talar .i. uastare.

Talhar .i. resecare.

Tabustar .i. tumultuare.

Tastar 𝔄 .i. tangere uel gustare.

Traucar .i. perforare.

Trauersar .i. per transuersum ire.

Entrauersar .i. in oblicum se opponere.

Tremblar .i. tremere.

Trescar .i. coream intricatam 𝔄𝔅 facere 𝔄 ducere 𝔅.

Trencar .i. secare.

Trepar .i. manibus 𝔄𝔅 ludere 𝔄 ludus 𝔅.

Treblar .i. turbare aquam uel aliquem 𝔄𝔅 liquorem 𝔄.

A. B.

Terçar, terzar .i. tertiam partem sumere.

3 Tençar, tenzar .i. litigare.

Temprar 𝔄 .i. temperare.

Temptar 𝔅 .i. temptare.

6 Treuar .i. frequentare.

Entreuar .i. treuguas facere.

Triar .i. eligere.

9 Trichar 𝔄 .i. fraudari.

Trissar .i. terere.

Tribolar .i. tribulare.

12 Tronar .i. tonare.

Tombar .i. dombare 𝔄 tomare 𝔅.

Torbar .i. turbare.

15 Tostar .i. assare.

Trobar .i. inuenire.

Tocar, toccar .i. tangere.

18 Trombar, tromba .i. tuba 𝔄 tubas 𝔅 sonare.

Trotar .i. trotare.

21 Trossar .i. post se malam ligare.

(34) Trolhar .i. in torculari premere.

24 Trufar .i. uerba 𝔄𝔅 uana 𝔄 uaria 𝔄 dicere uel 𝔄𝔅 facere 𝔄 fallere 𝔅.

27 (72ᶜ) Uanturar, uantar .i. iactare 𝔄𝔅 se 𝔄.

30 Uairar .i. uariare.

Uarar .i. nauem in pelago mittere 𝔄 mittere nauem in pelagum 𝔅.

33

Uentar .i. ad 𝔅 uentum exponere.

Uedar .i. uetare.

36 Uelhar .i. uigilare.

Uergonhar .i. erubescere.

Uernhissar, uerniar .i. uernicare 𝔅, 39 arma prout picturas illustrare.

Uespertinar .i. in uespere parum gustare.

42 (34, 2) Uengar, uengiar uel ueniar .i. uindicare.

Uerdeiar .i. uirescere.

45 Uersificar, uersifiar .i. uersificare 𝔄 uersificari 𝔅.

A. B.

Uergar 𝔄 i. uirgas faccre.
Uisitar .i. uisitare.
Uirar .i. uoluere.
Udolar .i. ululare.
Upar .i. upare.
Ucar .i. uoce sine uerbis aliquem uocare.
Usclar .i. pilos comburere, uel cixolare 𝔄 pilos bu*ere* 𝔅.
Urtar, urar .i. frontem contra frontem 𝔄𝔅 ponere 𝔄.
Usar .i. usitare.
De 𝔄 En 𝔅 la segonda coniugaço.
(34) Auer .i. habere.
Assezer .i. sedere.
Caber. i. capere 𝔄𝔅 sermo meus 𝔄.
Saber, saper .i. sapere.
Deuer .i. debere.
Tener .i. tenere.
Retener .i. retinere.
Abstener .i. abstinere.
Pertener .i. pertinere.
Mantener .i. patrocinium dare.
(15ᵃ) Cacher, cazer .i. cadere.
Dechaçer, decazer .i. depauperare.
Escaçer, escazer .i. competere.
Uoler .i. uelle.
Placher, plazer .i. placere.
Desplaçer, desplazer .i. displicere.
Ualer .i. ualere.
Traire .i. trahere.
Atraire .i. ad se trahere.
(72ᵈ) Pertraire .i. ad aliquod opus necessaria facere.
Retraire .i. referre.
Fortraire .i. furtim subripere.
Sotztraire .i. subtrahere.
Estenher .i. extinguere.
Penher, pinher .i. pingere.
Empenher, enpenher .i. inpingere 𝔄𝔅 uel pellere 𝔄.
Fenher .i. fingere 𝔄.
Cenher .i. cingere.
Tenher .i. tingere.   [mouere.
(34, 2) Destenher .i. tincturam re-

A. B.

Estrenher .i. stringere.
Destrenher .i. constringere.
3 Creisser, cresser .i. cressere 𝔄 crescere 𝔅.
Beure .i. bibere.
6 Moure .i. mouere.
Uiure .i. uiuere.
Uencher, uencer .i. uincere.
9 Percebre .i. percipere.
Decebre .i. decipere.
Recebre .i. recipere.
12 Concebre .i. concipere.
Respondre .i. respondere.
Fendre .i. findere.
15 Defendre .i. defendere.
Encendre .i. adustionem pati.
Fondre .i. fundere uel liquefieri.
18 Confondre .i. ad nichilum redigere.
Tendre .i. tendere.
Estendre .i. extendere.
21 Destendre .i. arcum uel balistam laxare 𝔄 destendere 𝔅.
Contendre .i. contendere.
24 Atendre .i. expectare uel promissum soluere.
Uendre .i. uendere.
27 Reuendre .i. iterum uendere.
Escoissendre, escoscendre .i. per conis sindere uel panos sidere 𝔄 per cossas scindere, uel pannos scindere 𝔅.
(35) Prendre .i. prendere.
33 Apprendre, aprendre .i. addiscere.
Desaprendre .i. dediscere.
(72ᵉ) Mesprendre .i. derelinquere 𝔄.
36 Sobreprendre .i. reprehendere uel subito prendere.
Enprendre .i. disponere.
39 Esprendre .i. accendere.
Esconprendre .i. simul accendere uel ualde.
42 Antreprendre .i. ante prendere.
Pendre .i. pendere media correpta 𝔄 pode media correcta 𝔅 uel producta.
Despendre .i. a suspendio deponere.

A. B.

Escondre .i. excutere granum 𝔄𝔅
de paleis 𝔄.

Secodre .i. concutere.

Corre .i. currere.

Acorre .i. succurrere.

Socore, socorre .i. idem est.

Segre .i. sequi.

Persegre 𝔄 .i. persequi.

Consegre .i. consequi.

Raire .i. radere.

Ponre .i. apponere 𝔄 ouum facere.

Aponre .i. apponere.

Desponre .i. deponere 𝔄 disponere 𝔅.

Querer, querre .i. queroir 𝔄 querere 𝔅.

Conquerer, conquerre .i. aquirere.

Uecher, uezer .i. uidere.

Escrire .i. scribere.

Dire o dir .i. dicere.

Ploure, ploire .i. plucre.

Tondre .i. tondere 𝔄𝔅 media producta 𝔄.

Deuire o deuir .i. diuidere.

Assir 𝔄𝔅 o assire 𝔅 .i. assendere 𝔄 obsidere 𝔅.

Auçire o auçir, aucir o aucire .i. ocidere 𝔄 occidere 𝔅.

Eslire o eslir, eslir o eslire .i. eligere.

Frire .i. frigere.

Refrire .i. resonare.

Rire .i. ridere.

Creire .i. credere.

(72ᵣ) Metre .i. mittere.

Prometre .i. promittere.

Entremetre 𝔄 .i. intromittere.

Sotzmetre 𝔄 .i. submittere.

Trametre .i. transmittere.

Esdemetre, esdesmetre .i. assultum facere.

Escometre .i. prouocare.

Claure .i. claudere.

Tut [Tuit] li uerbe sobredit don [dun] linfinitius fenis in er sum [sun] de la segonda coniugaço [seconda coniugazo] (15ᵇ) et tut [tuit] li altre [autre uerbe] de la

A. B.

terça [terza] daquel loc en cha o [za ou] fenissen celh [cel] de
3 la prima.

De la quarta sun.

Auchir, auzir .i. audire.

6 Aunir .i. uituperare.

Abelir 𝔄 .i. pulchrum esse.

Beneçir, benezir .i. benedicere.

9 Bondir .i. apum est 𝔄 sonare 𝔄𝔅 apd' c'z 𝔅.

Amanoir .i. preparare.

12 Bandir .i. per preconem precipere.

Brandir .i. concutere.

Blandir .i. bamboiri 𝔄 blandiri.

15 Blaçir 𝔄 .i. marcescere.

Blanquir .i. candescere.

Bruir .i. tumulum facere 𝔄 facere
18 tumultum 𝔅.

Causir, cauzir .i. eligere.

Descausir, descauzir .i. uituperare.

21 Clocir, glozir .i. galinarum est.

Cropir, gropir .i. super 𝔄𝔅 tales 𝔄 talos 𝔅 sedere.

24 Acropir, agropir .i. idem est.

Coprir uel 𝔅 cobrir .i. cooperire 𝔄 coprire 𝔅.

27 Descobrir .i. discoperire.

Recobrir .i. iterum operiri.

Culhir, cuilhir .i. colligere.i

30 (36) Aculhir, acuilhir .i. recipere aliquem benigne.

Recolhir, reculhir .i. foucre 𝔅 re-
33 colligere.

Escofir .i. sconficere 𝔄.

(73ᵃ) Delir .i. destruere.

36 Entruandir .i. mores trutani habere.

Ensaluatgir 𝔄 .i. siluestrem facere.

Enribaudir 𝔄 .i. more rabaldorum
39 uiuere.

Esbaudir 𝔄 .i. ualde letari.

Endir .i. inmitere 𝔄 inire 𝔅.

42 Espelir .i. auem de ouo exire.

Enfoletir .i. stultum facere.

Enriquir .i. ditare.

45 Enpaubrechir, enpaubrezir .i. ad 𝔄 in 𝔅 pauperiem uenire.

A. B.

Enuillanir, enuilanir .i. pro rustico
  habere.
Escarnir .i. deridere.
Escrimir .i cum ense ludere.
Escupir .i. spernere 𝔄 spuere 𝔅.
Enantir, ennantir .i. ante mittere.
Enuaçir, enuazir .i. inuadere.
Estremir 𝔄𝔅 uel eschouir 𝔄 .i.
  tremefacere
Escernir, escemir .i. perficere.
Falhir i. delinquere.
(36, 2) Fenir .i. finire.
Fremir .i. fremere.
Ferir .i. ferire.
Freiçir 𝔄 .i. fuigescere.
Flechir, fletir .i. flectere.
Flebeçhir, febletir .i. debilitare.
Florir .i. florere.
Fornir .i. necessaria dare.
Fronir 𝔄 .i. inuentare.
Fronçhir, fronzir .i. rugas facere.
Forbir .i. poligere uel tingere 𝔄
  polire uel tergere 𝔅.
Fugir .i. fugere.
Graçir, grazir .i. gratias agere.
Gandir .i. declinare cum fuga.
Glatir .i. in uenatione 𝔄 latrare.
Garir .i. sanare 𝔄 in uenatione
  sonare 𝔅.
Glotir .i. glutur 𝔄 glucire 𝔅.
Gondir, grondir .i. murmurare.
Golir .i. deuorare.
Engolir .i. auide sumere.
Giquir, gequir .i. relinquere.
Grupir, gurpir .i. idem 𝔄𝔅 est 𝔅.
Iauzir .i. emolumentum habere.
Iouenir .i. iuuenescere.
(37) Reiouenir .i. reiuuenescere.
Issir .i. exire.
(73ᵇ) Implir .i. implere.
Marrir .i. tristari.
Mentir .i. mentiri.
Desmentir .i. dicere mentiris.
Masdir, mesdir .i. dicere malum
  de aliquo.

A. B.

Merir .i. mereri.
Motir .i. motire uel 𝔄 mutire.
3 Morir .i. mori.
Noirir .i. nutrire.
Obezir .i. obedire.
6 Obrir .i. aperire.
Ofrir, offrir .i. offerre.
Partir .i. partire.
9 Departir .i. diuidere.
Palueçir, paluezir .i. pallescere 𝔄
  paluescere 𝔅.
12 Pentir .i. penitere.
Perir .i. perire.
Pleuir .i. iurare uel confidere.
15 Polir .i. polire.
Poirir .i. putrescere.
Pudir .i. fetere.
18 (37, 2) Pruir .i. scalpere 𝔄.
Raubir .i. rapere.
Rauquezir, ranquezir .i. rauqum 𝔄
21   raucum 𝔅 facere.
Raustir .i. assare.
Roizir, rotzir .i. rubescere.
24 Saçhir, satzir .i. capere contra ius.
Salhir .i. salire.
Trassalhir, trassalir .i. transilire
27   𝔄 transsilire 𝔅.
Assalhir, assalir .i. assaltum 𝔄𝔅
  dare 𝔄 facere 𝔅.
30 Sarçir, sarzir .i. sarcire.
Sentir i. sentire.
Seruir .i. seruire.
33 Deseruir .i. seruiendo offendere.
Trahir, trair .i. tradere.
Tendir i. tendere 𝔄 tinnire 𝔅.
36 Uenir .i. uenire.
Reuenir .i. melliorare.
Auenhir, auenir .i. euenire.
39 Couenir, conuenir .i. expedire.
Souenir 𝔄 .i. recordari.
Uestir 𝔄 .i. uestire.
42 Reuestir 𝔄 .i. iterum uestire.
Enuestir .i. inuestire.
(73ᶜ) Uellzir, uelzir .i. uillescere 𝔄
45   uilescere 𝔅.

A. B.　　　　　　　　　　C.

Sequitur de Aduerbio

(186) Aduerbes [aduerbiu] es 3
appellatz, quar iusta [qar iosta]
lo uerbe deu esser passatz [pau-
satz] si cum 'Eu di ueramen, se 6
tu no [si tu non] uas tost, eu te
batrei malamen .i. ego dico uera-
citer nisi uadas cito, ego te per- 9
cutiam male'. 'Dic' es uerbum,
'ueramen', aduerbium affirmandi,
'uas' es uerbe [uerbum], 'batrei' 12
uerbum, 'tost, malamen' aduerbia
qualitatis.

　　Al aduerbe [aduerbum] per- 15
tenen tres causas, species, signi-
ficatio et figura. 'Malamen' uen
de 'mal', e per çho [zo] es deri- 18
uatiue [deriuatiua] speciei, quar
uen dautre.
'Tost' es primitiue speciei [quar — 21
specici fehlt], quar no [non] uen
dautre. 'Malamen' signifia qua-
litat e [et] 'bonamen', e 'francha- 24
men' e [et 'francamen' et] temero-
samen. Mas saber deuez [deuetz]
que tut [tuit] li aduerbe [auerbe] 27
que finissen [fenissen] in en, poden
fenir in henz [en enz], si besogna,
queu [besonha. Qeu] (73ᵈ) pos dir 30
'malamen' o 'malamenz'. E sun
[Et sunt] autre aduerbe [auerbe]
que signifien tems [signifient 33
temps], si cum 'oi .i. hodie, er .i.
heri, aras o ar .i. modo, lautrer
[lautre] .i. nuper, dema .i. cras, 36
ia .i. iam, a la uegada .i. aliquando,
adonc .i. tunc, mentre .i. dum
[adonc, mentre fehlen] (16ᵇ) ogan 39
.i. hoc anno, atan [autan] .i. alio
anno, [folgt mentre .i. dum], tart
.i. sero, totztenis [totz temps] .i. 42
semper, man [mati] .i. mane [folgt
adoix .i tunc]', lautre significa
[signifia] aiustamen, si cum esse- 45
mus [com assems] .i.

Aduerbium es appellatz q' iosta
lo uerbe deu esser pauzatz. si cu'
'cu dic ueram'. si tu non uas
tost. eu te batterai malamen .i.
ego dico, nisi uadas cito percutia'
te male'. Veectz cun a q'lla dicios.
zo es 'dic' es uerbs et aqella dicios.
zo es 'ueramen'. Et aduerbiu' car
es pauzada iusta (10ᵃ) a' qella
dicion zo es 'dic' q' es uerbs.

A

laduerbi perte non tres cauzas. zo
es spe's significazons. et figura
Tuit li aduerbi sun de spe' deri-
uatiua, o primitiua Deriuatiua son
tuit aqel q' uenon dautre loc.
si cu' 'malamer' q' uen de 'mal'
[. . . . . 14ᵇ . . . .]
　　De spe' primitiua es aqel nouen
dalcun si cu' 'tost' q' nouen dautre

Et deuem saber qe tuit aq'll. q'
finisson in en podon finir in enz
et significant qualitat. si cun 'ma-
lam' o malame'z bonam' o bona-
me'z'

　　(15ᵃ) Et sun autre aduerbe
q' signifian temps si cun 'oi .i.
hodie. her .i. heri. lautreir .i. nuper
deman .i. cras ia. et ia' ala ue-
gada .i. aliquando adonos .i.
tunc. ogan .i. hoc anno. autran .i.
alio anno m'tre .i. dum. tart .i. sero
tostemp .i. semper matti' .i. mane'.

et autre significa aiustam' .i.
adiunctionem si cu' 'ens ems .i.

A. B.

simul', lautre demostramen, si cum 'neus me, uel uos .i. ecce me, ecce ille'. [folgen Alia interogatiua 'perque']. (38) lautre afermamen [affermen], si cum 'ueramen .i. ueraciter, certamen .i. certe'. lautre integratiua 'perque' .i. cur [lautre-cur fehlen]. lautre loc. si cum 'aici .i. hic, aqui, dins .i. intus, (187) defors .i. foris, delai .i. illuc, deçhai [dezai] .i. inde lai .i. idem, zai, amon .i. sursum, aual [auans] .i. deorsum, sus .i. sursum, ios .i. subtus'. lautre comparatio [comparatiua] si cum 'plus, mais .i. magis [folgt mens .i. minus] maormen [ormen] .i. maxime'.

Particep [Participiu] es ditz, qar [diz car] pren luna part del nome [nom] (73ᵉ) e lautra del uerbe. Del nom rete cas et geuus, del uerbe rete tems [reten temps] e significatio [signification] del un e del autre nombre e figura, e daicho [daizo] ai dit assatz el nome

C.

simul' lautre demostram'. si cum 'meus me .i. ecce me l'uos .i. ecce 3 ille' lautre Luce. si cu' 'aissi .i. hic. a qui .i. ibi dins .i. intus defors .i. deforis delai sai amon .i. sursu' 6 au al .i. deorsu' sus ios'. lautre interrogazion si cu' 'per qe'

9

12

e lautre 15 comparation. si cun 'plus mais maior me'

18

Participuis es ditz quan pren luna part del nom. e lautra del 21 uerbe. del nom reten cas et genus. del uerbe reten temps et significazons dellun et del autre ten nu-24 merus, et figura et daysso ai dit assaz

Il fine

A. B.

e [nom et] el uerbe; mas saber deuez [deuctz] que tuit li particip 27 fenissen en ans, o en entz [ens], o en atz, o en utz, o en itz [o en itz fehlen], si cum 'amans .i. amans, presantz [presanz] .i. apprecians, appreciatus, plasentz .i. placens, sufrens [suffrens] .i. pa- 30 tiens, conogutz .i. cognitus, retengutz .i. retentus, auçitz [ausit] .i. auditus, peritz .i. peritus, enganatz .i. deceptus, despolhatz [despolhat] .i. despoliatus'. 33

Coniunctios es apellada quar aiusta [aiosta] lun mot al autre, si cum 'eu e tu e el deuem disnar ensems .i. ego tu et ille debemus prandere simul'. E [Et] las unas (17ᵃ) sun copulatiuas (73ᶠ) [folgt si 36 cum] 'e .i. et', e las autras ordinatiuas, si cum' derenan .i. de cetero, daqui enan .i. idem, daqui en reire [rere] .i. olim, las autras asimilatiuas, si cum [assimilatiuas] 'atresi [autresi] .i. sicut, aici [aisi] cum 39 .i. sic ut, si cum .i. uerbi gratia, quais .i. quasi', [Was folgt fehlt] las autras expletiuas, si cum 'siuals .i. saltem, zo es a saber .i. uidelicet, sitot .i. quamuis', las autras disiunctiuas, si cum 'o .i. 42 uel, ni .i. neque', las autras racionals si cum 'si, neis, cora, quan .i. quando, que, quar .i. quia, mas, entretan .i. interea, esters aiço .i. preterea'. 45

(40) In abs.

Gabs .i. laus uel iactes in secunda persona.
Naps .i. cifus.
Trabs .i. genus temporum.
Caps .i. caput, arbor.
Saps .i. sapis.
Graps .i. manus curua.
Draps .i. pannus.
Claps .i. aceruus lapidum.
Taps .i. lutum.
Laps .i. gremium.
Iaps .i. uox canis.

In acs.

Bracs .i. sanies uel canis.
Abacs .i. abacus.
Cracs .i. sanies naris.
Dracs .i. draco.
Escacs .i. ligêus ludus.
Flacs .i. flexibilis.
Sacs .i. saccus.
Tacs .i. morbus porcorum.
Uacs .i. uacuus.
Escarcs .i. spuas in secunda persona.
Ensacs .i. in sacco mittas.
Estacs .i. liges.
Abracs .i. ad saniem uenias.

In af.

Caf .i. impar uox indignantis.
Baf .i. uox indignantis.

(40, 2) In aics.

Laics .i. laicus.
Aics .i. ciuitas.

In als.

Cabals .i. capitalis uel acceptabilis.
3 Cals .i. caluus.
Grazals .i. catinum.
Egals .i. equalis.
6 Leials .i. iustus.
Desleias .i. iniustus.
Mals .i. malus.
9 Pals .i. palium.
Tals .i. talis.
Sals .i. saluus uel sal.
12 Emperials .i. imperialis.
Reials .i. regalis.
Comtals .i. ad comitem.
15 Uescomtals .i. ad uescomitem.
Uenals .i. uenalis.
Nadals .i. natale.
18 Maials .i. maialis.
Iuenals .i. ienialis.
Estiuals .i. estiualis.
21 Senhals .i. signum.
Generals .i. generalis.
Uidals .i. uitalis.
24 Mortals .i. mortalis.
Comunals .i. comunis.
Cardenals .i. cardinalis.
27 Peitrals .i. pectorale.
Offitials .i officialis.
Ior'als .i. cap' unius dici.
30 Orientals .i. orientalis.
(41) Uenials .i. uenialis.
Criminals .i. criminale.
33 Infernals .i. infernale.
Celestials .i. celestialis.
Terre(17[b])nals .i. terrenalis.
36 Catedrals .i. cathedralis·

A.

Especials .i. specialis.
Censals .i. censualis.

In a is.

Ais .i. tabula.
Bais .i. osculum.
Bais .i. osculetur.
Biais .i. obliquum.
Abais .i. demittat.
Fais .i. onus.
Gais .i. letus.
Glais .i. quedam herba, uel fina
cane (?), uel gladius.
Esglais .i. timeas.
Esglais .i. timor.
Gais .i. auis quedam uaria.
Nais .i. nascitur.
Pais .i. pascitur.
Cais .i. mandibula.
Lais .i. dulcis canis, dimittat.
Eslais .i. cursus subitaneus.
Eslais .i. currat subito.
(41, 2) Mais .i. plus uel mensis.
Esmais .i. desperatio facilis uel
desperes.
Assais .i. probatio uel probes.
Rais .i. radius.
Plais .i. nemus plicatum.
Iais .i. gaudium.
Sauais .i. iners.
Tais .i. animal, taxus.
Entais .i. in luto mitatis.
Tais .i. expediuit.
Clauais .i. castrum.
Roiais .i. ciuitas.
Cambrais .i. ciuitas.

In altz.

Altz .i. altus.
Baltz .i. corea.
Baltz .i. letus.
Baltz .i. saltes ad coreaum.
Batz .i. castrum.
Caltz .i. calidus.
Caltz .i. calix.
Encaltz .i. fuga.

A.

Encaltz .i. fuget.
Descaltz .i. discalciatus.
3 Descaltz .i. discalciet.
E totz los podes uirar in autz
for 'baltz per corola .i. corea' e
6 trait 'caualtz .i. caballus, ualz .i.
uallis, antreualz .i. interuallum et
galz .i. gallus'.
9
In alcs.

Senescals .i. seneschalcus.
12 Auricalcs .i. auricalcus.

In alhz.

— 15 Alhz .i. alium.
Bralhz .i. clamor auium.
Umbralhz .i. umbraculum.
18 Escalhz .i. frustum teste.
↖ Miralhz .i. speculum.
Teiralhz .i. temptorium.
21 Trebailhz .i. labor.
Dalhz .i. falx ad secandum fenum.
↖ Malhz .i. maleus.
24 Sonalhz .i. paruum tintinnabulum.
↖ Trebalhz .i. labores.
↖ Talhz .i. secatura.
27 Talhz .i. sectes.
Retalhz .i. parua pars panni.
Retalhz .i. iterum sectes.
↖ 30 Entalhz .i. scultura.
Entalhz .i. subpas.
Coralhz .i. corallium.
33 (42) Deuinalhz .i. diuinaculum.
Egalhz .i. eques.
↖ Salhz .i. salis.
36 Asalhz .i. assaltum das.
Raspalhz .i. quod remanet de
palea.
39 Respalhz .i. coligas residuum de
paleas.

42   In alms.

Salms .i. salmus.
Palms .i. palmus.
45 Calms .i. planicies siue herba.

A.

In ams.

Brams .i. magnus clamor.
Brams .i. clauis.
Clams .i. querela.
Clams .i. conqueraris.
Reclams .i. querela.
Reclams .i. caro ad reuocandum
   accipitrem.
Cams .i. campus.
Dams .i. genus cerui.
Adams .i. adam.
Ams .i. ambos.
Ams .i. ames.
Grams .i. tristis.
Fams .i. fames.
Afams .i. a fame constringas.
Lams .i. fulgur.
Tams .i. par.

In ans.

Ans .i. annus.
Ans .i. ambules, ante.
(18ª) Bobans .i. inanis gloria.
Bobans .i. glorietur.
Brans .i. ensis.
Blans .i. blandus.
Cans .i. cantus, canites.
(42, 2) Auans .i. antea.
Cans .i. cambias.
Descans .i. cantus contra cantum.
Encans .i. incantes.
Acans .i. in locus declineus.
Dans .i. damnum.
Afans .i. fatigatio. fatiges.
Pans .i. pars uel pannus uel
   gremium.
Grans .i. grandis.
Glans .i. glans, glandis.
Engans .i. dolus.
Engans .i. decipias.
Gans .i. ciroteca.
Lans .i. iacias.
Lans .i. iactus.
Eslans .i. subito iacias.
Enans .i. profectus.

A.

Enans .i. proficiat.
Comans .i. mandatum.
3 Comans .i. mandes.
Mans .i. mandauit.
Mans .i. mandes.
6 Mans .i. suauis.
Demans .i. petitio.
Demans .i. petetas.
9 Desmans .i. mandes contra man-
   datum.
Soans .i. repudium.
12 Soans .i. respuas.
Drogomans .i. interpres.
Iaians .i. gigans.
15 Aymans .i. adams.
Uianans .i. peregrinus.
Sans .i. sanctus proprium nomen.
18 Truans .i. trutanus·
Tans .i. tantos.
Tans .i. tantes et cortex arborum
21   ad corca parauda.
Achomtans .i. eloquens.
Amans .i. amans.
24 Tirans .i. tyrannus uel durus.
Pesans .i. grauis.
Presans .i. pretio dignus.
27 Errans .i. errans.
   Et tut aquelh que fenissen in
   ans o in ens, si sun masculi, no
30 uolun s el nominatio plural a la
   fi del mot, si sun femini, uolun
   s per tot lo plural en la fi del
33 mot.

(43)   In ancs.

36 Blancs .i. candidus.
Bancs .i. scanum.
Crancs .i. crançum.
39 Dancs .i. color quidam.
Sancs .i. sanguis.
Sancs .i. sinistrarius.
42 Francs .i. mansuetus.
Afrancs .i. mansuescas.
Mancs .i. mancus.
45 Esmancs .i. auferas manum.
Fancs .i. lutum.

A.

Afancs .i. in luto intres.
Tancs .i. paruam lignum acutum.
Estancs .i. claudas.
Estancs .i. stagnum aquarum.
Rancs .i. claudus.
Rancs .i. saxum eminens super aquas.
Arrancs .i. euellas.

In ars.

Ars .i. arsus, arsit.
Blars .i. glaucus.
Cars .i. carus.
Escars .i. parcus.
Fars .i. farsura.
Afars .i. factum.
Flars .i. lumen magnum.
Esgars .i. aspectus.
Esgars .i. aspicias.
Clars .i. clarus.
Disnars .i. prandium.
Mars .i. mare.
Amars .i. amarus.
Amars .i. amare uel amor.
Pars .i. par.
Espars .i. sparsus.
Espars .i. sparsit.
Ioglars .i. ioculator uel mimus.
Uars .i. uarius.
Auars .i. auarus.
(18ᵇ) Ampars .i. ocupes uim.

In arcs.

Arcs .i. arcus.
Enarcs .i. flectas uel curues onus.
Carcs .i. oneres.
(43, 2) Carcs .i. onus.
Descarcs .i. exoneres.
Enbarcs .i. impedimentum.
Enbarcs .i. impedias.
Larcs .i. largus.
Alarcs .i. extendas.
Marcs .i. marcha.
Marcs .i. proprium nomen.

A.

In artz.

3 Bartz .i. lutum de terra.
Enbartz .i. luto inficias.
Lumbartz .i. lumbardus.
6 Coartz .i. timidus in bello.
Essartz .i. nouale.
Essartz .i. proscindas uomere.
9 Dartz .i. telum.
Gollarz .i. ardens in gula.
Garz .i. uilis homo.
12 Pifartz .i. grossus.
Estandartz .i. uexillum magnum.
Penartz .i. fasannus auis.
15 Bastartz .i. spurius.
Falsartz .i. gladius breuis et acutus.
Martz .i. mensis uel dies martis.
18 Laupartz .i. leopardus.
Mainartz .i. mainardus.
Partz .i. pars.
21 Partz .i. partiris.
Departz .i. diuidas.
Rainartz .i. uulpes uel proprium
24   nomen.
Falartz .i. castellum uel proprium
    nomen.
27 Artz .i. ars.
Artz .i. ardens.
Quartz .i. quarta pars.
30   In aucs.

Aucs .i. anser masculus.
33 Baucs .i. quod ponitur supra ma-
    nica cultelli.
Craucs .i. sterilis.
36 Glaucs .i. glaucus.
Naucs .i. illud quod porci comedunt.
Paucs .i. paruus.
39 Traucs .i. foramen uel perfores.
(44) Raucs .i. raucus.
Enraucs .i. raucus fias.
42   In aus.

Braus .i. immitis.
45 Blaus .i. bludus uel acreus.
Aus .i. uellus.

A.

Aus .i. audeat.
Caus .i. cauus.
Claus .i. clauis.
Claus .i. clausus.
Claus .i. clausit.
Enclaus .i. inclusit uel inclusus.
Contraclaus .i. clauis facta contra
   clauem.
Laus .i. laudes.
Traus .i. trabes.
Suaus .i. suauis.
Malaus .i. infirmus.
Nadaus .i. natale.
Paus .i. pauo.
Naus .i. nauis.
Baus .i. arundo.
Galengaus .i. g. speciei .i. galenga.
Praus .i. arundo.

In aurs.

Aurs .i. aurum.
Tesaurs .i. tesaurus.
Saurs .i. color aureus.
Laurs .i. laurus.
Uaurs .i. proprium nomen castri.
Taurs .i. taurus.
Semitaurs .i. semitaurus.
Maurs .i. niger.

In atz.

Blatz .i. bladum.
Emblatz .i. furatus.
Catz .i. catus.
Datz .i. taxillus.
Glatz .i. glacies.
Glatz .i. uox canis uenantis.
Glatz .i. latras.
Fatz .i. fauus.
Fatz .i. facies.
Fatz .i. facio.
(44, 2) Gratz .i. grates.
Iatz .i. lectus fere.
Iatz .i. iacet.
Matz .i. uictus ad scachos.
Natz .i. natus.
Pratz .i. pratum.

A.

Raubatz .i. spoliatus.
Segatz .i. secatus.
3 Segatz .i. secate.
Secatz .i. sicatus.
Secatz .i. sicate.
6 Talhatz .i. scissus ferro uel scin-
   dite ferro.
Trençatz .i. resecatus uel resecate.
9 Trangitatz .i. decipite, ad incan-
   tatores pertinet.
(19*) Transgitatz .i. deceptus.
12 Pagatz .i. pacatus pecunia soluta.
Pagatz .i. soluite.
Legatz .i. legatus.
15 Iuciatz .i. iudicatus.
Escoriatz .i. scoriatus.
Escoriatz .i. scoriate.
18

In athz.

21 Bathz .i. subrufus.
Escahz .i. particula panni.
Fathz .i. factus.
24 Refathz .i. iterum factus uel im-
   pinguatus.
Desfahz .i. destructus.
27 Agahz .i. insidie.
Lahz .i. turpis.
Enlahz .i. impedimentum.
30 Pahz .i. pacem uel stultus.
Enpahz .i. impedias.
Rathz .i. radius.
33 Ensahz .i. probatio uel tentes.
Platz .i. causa inter hostes.
Trahz .i. tractus.
36 Alauahz .i. morbus digiti in ra-
   dice ungule.
Escarauatz .i. scarabeus cornutus.
39 Retrahz .i. turpis recordatio bene-
   ficii.
Contrahz .i. debilis pedibus uel
42   manibus.
Pertrahz .i. apparatus alicuius
   operis.
45 Fortrahz .i. sublatus.
Esglahz .i. subitaneus timor.

A.

(45) In as larg.

Bas .i. dimissus.
Cas .i. casus.
Cas .i. cadis.
Clas .i. campanarum sonus.
Gras .i. grassus.
Las .i. fatigatus.
Ras .i. rasus uel rasit.
Uas .i. tumulus.
Mas .i. mansus rusticorum.
Nas .i. nasus.
Pas .i. passus.
Pas .i. transeat.
Transpas .i. pertranseat.
Transpas .i. momentum.

In as estreit.

Abas .i. abbas.
Degas .i. decanus.
Cas .i. canis.
Gras .i. granum.
Uilas .i. uilicus uel indoctus.
Baias .i. insipidus.
Nas .i. nanus.
Mas .i. manus.
Pas .i. panis.
Cirurgias .i. cirurgicus.
Tauas .i. musca pungens equos.
Sas .i. sanus.
Umas i. humanus.
Mundas .i. mundanus.
Escriuas .i. scriba.
Galias .i. galienus.
Uas .i. uanus.

In as estreit.

nom prouincials .i. nomina sunt
    prouincialia. .

Tolsas .i. tolosanus.
Marquesas .i. quilibet de marchia.
Catalas .i. catalanus.
Romas .i. romanus.
Toscas .i. tuscus.

A.

Troias .i. troianus.
Cecilias .i. siculus.

3 Nom de ciuitatz .i. nomina ciui-
    tatum.

6 Milas .i. mediolanum.
Fas .i. fanum.

9 (45, 2)   In hecs larg.

Becs .i. rostrum.
Cecs .i. cecus uel signum ad sa-
12   gittam.
Decs .i. terminus.
Necs .i. impeditus lingue.
15 Pecs .i. insipiens.
Tauecs .i. insultus.
Bauecs .i. baueca quod de facili
18   mouetur.
Grecs .i. grecus.
Encecs .i. exsequeris.
21 Secs .i. sequeris.
Persecs .i. persequeris.
Consecs .i. consequeris.
24

In ecs estreit.

27 Becs .i. proprium nomen uiri.
Decs .i. uitium.
Lecs .i. lecator.
30 Quecs .i. quisque.
(19ᵇ) Usquecs .i. unusquisque.
Plecs .i. plica.
33 Secs .i. siccus.
Plecs .i. plices.
Secs .i. seces.
36 Lecs .i. lambas.

In eis larg.

39 Eis .i. ciuitas.
Eis .i. exit.
42 Fleis .i. paratus.
Fleis .i. fit contentus.
Leis .i. luxus nûs.
45 Seis .i. sex.
Geis .i. genus petro moll'*is*.

A.

In eis estreit.

Leis .i. lex.
Peis .i. piscis.
Peis .i. pinxit.
Feis .i. finxit.
Teis .i. tinxit.
Ateis .i. nactus est.
Meis .i. misit.
Ceis .i. cinxit.
Reis .i. rex.
Neis .i. etiam.
(46) Eis .i. ipse.
El meteis .i. ille ipse.
Creis .i. crescit.

In els larg.

Abels i. abel.
Cels .i. celum.
Fiçels .i. fidelis.
Iezabels .i. prop. nomen mulieris.
Micaels .i. michael.
Gabriels .i. gabriel.
Rafaels .i. rafael.
Misaels .i. misael.
Mels .i. mel.
Fels .i. fel.
Gels .i. gelu.
Bordels .i. ciuitas burdigala.
Escamels .i. scabellum.

In els estreit.

Camels .i. camelus.
Pels .i. pilus.
Cels .i. cautela.
Cels .i. celes.

In elz larg.

Cabrelz .i. edus paruus.
Belz .i. pulcher.
Flagelz .i. flagellum.
Flagelz .i. flagelles.
Anelz .i. anulus uel agnus.
Porcelz .i. porcellus.
Meselz .i. leprosus.
Coutelz .i. cultellus.

A.

Tortelz .i. paruus panis.
Pomelz .i. paruum pomum.
3 Cairelz .i. pilum baliste.
Panelz .i. paruus panis uel banda.
Escauelz .i. alabrum.
6 Maçelz .i. macellum.
Portelz .i. parua porca.
Barutelz .i. stamina ad purgan-
9 dum farinam.
Cantelz .i. ora panis.
Isnelz .i. uelox.
12 Cantarelz .i. qui cantat frequenter.
Otonelz .i. proprium nomen uiri.
Ospinelz .i. nomen unius uiri.
15 Caramelz .i. fistula.
(45, 2) Cardonelz .i. auis.
Rudelz .i. proprium nomen uiri.
18 Budelz .i. intestinum.
Tonelz .i. paruum dolium.
Sordelz .i. nomen uiri.
21 Mantelz .i. mantellus.
Uerçelz .i. ciuitas quedam.
Pelz i. pellis.
24 Apelz .i. appelles.

In ielz larg.

27 Uielhz .i. senex.
Mielz .i. melius.

In elhz estreit.

30 Cabelhz .i. capillus.
Uermelhz .i. rubicundus.
33 Conselhz .i. consilium uel consulas.
Aparelz .i. apparas uel prepares
uel preparatus.
36 Desparelhz .i. paria diuidas.
Solelhz .i. sol.
Solelhz .i. ad solem ponas.
39 Telhz .i. telz, arbor quedam.
Calelhz .i. lucerna ferrea ubi oleum.
ardet.
42 Artelhz .i. articulus.
Uelhz .i. uigiles.
Espelhz .i. speculum.
45 (20*) Uentrelhz .i. uentriculum
uel stomachus.

A.

Somnelhz .i. somno seducaris.
Semelhz .i. assimiles.

In cms larg.

Ierusalems .i. ciuitas.

In cms estreit.

Fems .i. fimus.
Sems .i. semis uel munias.
Ensems .i. insimul.
Nems .i. nimis.
Rems .i. ciuitas quedam.
Temps .i. tempus.
Tems .i. times.
Per tems .i. tempestiue.

(47)   In ens estreit.

Brens .i. furfur.
Coçens .i. urens.
Calens .i prouidus.
Nocalens .i. improuidus.
Crezens .i. credens.
Descrezens .i. recedens a fide.
Creissens .i. crescens.
Descreissens .i. dissipans.
Dens .i. dens.
Dolens .i. dolens.
Fazens .i. faciens.
Desfazens .i. destruens.
Fendens .i. findens.
Defendens .i. defendens.
Fodens .i. liquesens.
Confondens .i. consumens.
Encendens .i. adurens.
Escondens .i. abscondens.
Esconprendens i. incendens.
Auinens .i. aptus uel apta.
Gens .i. pulcher uel pulchra.
Grens .i. barba.
Bens.
Lens .i. letus iuxta labia.
Offens .i. offerens.
Suffrens .i. paciens.
Dolens .i. dolens.
Couinens .i. conueniens.
Souinens .i. recordans.

A.

Mordens .i. mordens.
Sens .i. sensus.
3 Tenens .i. tenens.
Mantenens .i. fouens.
Souinens .i. recordans.
6 Iauzens .i. gaudens.
Olens .i. olens.
Pudens .i. fetens.
9 Conoissens .i. cognoscens.
Desconoissens .i. ignorans.
Parens .i. consanguineus.
12 Prendens .i. prendens.
Reprendens .i. reprehendens.
Penedens .i. penitens.
15 Contenens .i. continens.
Garens .i. custodiens uel protegens.
Sens .i. sentis.
18 Uens .i. uincit.
Mens .i. mentiris.
Prens .i. apprehendit.
21 (47, 2) Apprens .i. addiscis.
Reprens .i. reprehendis.
Escomprens .i. incendis.
24 Pens .i. pendis.
Pens .i. cogito.
Despens .i. expendis.
27 Tens .i. tendis.
Destens .i. distendis.
Atens .i. nancisceris.
30 Rens .i. reddis.
Couens .i. pactum.
Fens .i. findis.
33 Defens .i. defendis.
Ardens i. ardens.
Luçens .i. lucens.
36 Sabens .i. sapiens.
Auens .i. aduentus ante natale.
Bulens .i. bulliens.
39 Resplandens .i. resplendens.
Maldizens .i. maledicens.
Fenhens .i. fingens.
42 Penhens .i. pingens.
Talens .i. uoluntas uel appetitus.
Aculens .i. lete recipiens.
45 (20d) Iaçens .i. iacens.

A.

In eps estreit.

Ceps .i. stipes, tis.
Seps .i. sepes, is.
Greps .i. paruus.
Treps .i. ludus.
Tres .i. ludas.

In ers larg.

Cers .i. ceruus.
Sers .i. seruus.
Sers .i. seruis.
Guers .i. strabo.
Uers .i. uersus.
Uers .i. uer.
Enuers .i. inuersus.
Trauers .i. obliquus.
Conuers .i. conuersus.
Peruers .i. peruersus.
Reuers .i. reuersus.
Pers .i. genus panni.
Fers .i. ferrum.
Fers .i. ferus.
Fers .i. feris.
Bezers .i. ciuitas biterris.
(48) Lumbers .i. proprium nomen
castri.

In ers estreit.

Aers .i. aderens uel adhesit.
Sabers .i. sapere.
Poders .i. posse, nominaliter pos-
sum.
Auers .i. habere.
Deuers .i. debere nominaliter posita.
Espers .i. spes uel speres.
Ders .i. erectus.
Ders .i. erexit.
Aders .i. procuratus.
Aers .i. procurauit.
Sers .i. sero.
Uers .i. uerum.
Liçers .i. licentia.

In iers.

Caualiers .i. miles.

A.

Escudiers .i. scutifer.
Trotiers .i. cursor.
3 Parliers .i. loquax.
Lausengiers .i. bilinguis.
Bergiers .i. qui custodit oues.
6 Porquiers .i. custos porcorum.
Formiers .i. formarius.
Forniers .i. fornarius.
9 Moiniers .i. molinarius.
Saumiers .i. mulus uel asinus, uel
iumentum ferens onus.
12 Saumatiers .i. custos saumarii.
Paniers .i. canistrum.
Panatier, paniers .i. qui dat pa-
15 nem ad mensam.
Carceriers .i. carceratus.
Monestiers .i. monasterium.
18 Mestiers .i. mestarium.
Celiers .i. celarium.
Seliers .i. faciens sellas.
21 Botiliers .i. pincerna.
Diniers .i. denarius.
Encombriers .i. impedimentum.
24 Destorbiers .i. turbatio.
Feniers .i. cumulus uel amaimus
feni.
27 Palhers .i. aceruus pallarii.
Fumiers .i. fumarius.
Terriers .i. terratorium.
30 (48, 2) Semtiers .i. semita.
Colhers .i. colloquear.
Cloquiers .i. campanile.
33 Bouiers .i. bubulcus.
Oliers .i. figulus.
Sabtiers .i. calciamenta faciens.
36 Graniers .i. horreum.
Noueliers .i. qui libenter recitat
noua.
39 Trauersiers .i. qui in obliquum
uadit.
Pesquiers .i. locus ubi pisces mit-
42 tuntur.
Arquiers .i. qui cum arcu trahit.
Balestiers .i. balistarius.
45 Borsiers .i. faciens bursas.
Baratiers .i. baratator.

A.

Rainiers .i. miles qui non habet nisi unum roncinum.
Lebrers .i. canis capiens lepores.
Oliuers .i. oliua uel proprium nomen uiri.
Uerçiers .i. uiridarium.
Periers .i. pirus.
Pomiers .i. pomus.
Pruniers .i. arbor faciens brinas.
Figuiers .i. ficus.
Mandoliers .i. amigdalus.
Noguiers .i. arbor nucis.
Auelaniers .i. auellanarius.
Ciriers .i. cirarius uel citharista.
Sorbiers .i. sorbarius uel corbellarius.
Rosiers .i. rosetum.
(21*) Uiolers .i. uioletum.
Lenhiers .i. congeries lignorum.
Moriers .i. morus.
Mespoliers .i. uespo uel esculus.
Condonhyers .i. cocanarius.
Poliers .i. larius.
Soliers .i. solarium.
Mençoigniers .i. mendax.
Destriers .i. destrarius.
Talhiers .i. catinus in quo carnes ponuntur.
Teliers .i. illud quod in tela texitur.
Maçeliers .i. macellarius.
Caronhiers .i. qui cadauera sequitur uel homicida.
Esperoniers .i. qui fecit calcaria.
Tauerniers .i. caupo.
(49) Senestriers .i. sinistrarius.
Loguiers .i. merces.
Tesauriers .i. tesaurarius.
Entiers .i. integer.
Petiers .i. qui frequenter bumbicinat.
Rotiers .i. eructuator.

In erns.

Yuens .i. iems.
Esquerns .i. derisio.
Quazerns .i. quaternio.

A.

Esterns .i. uestigium.
Enferns .i. infernus.
3 Uerns .i. arbor quedam.
Salerns .i. ciuitas quedam, salernum.
6
In erps.

Serps .i. serpens.
9 Uerps .i. lupus.

In erms.

12 Uerms .i. uermis.
Erms .i. incultus.
Aderms .i. inhabitabilem facis.
15
In ertz larg.

Couertz .i. coopertus.
18 Descouertz .i. discopertus.
Desertz .i. desertum.
Offertz .i. oblatus.
21 Certz .i. certus.
Ouertz .i. apertus.
Espertz .i. propinquus.
24 Apertz .i. prouidus.
Imbertz .i. proprium nomen
Robertz .i. proprium nomen.
27 Tertz .i. tertius.
Tertz .i. terge.
Merz .i. mercimonia ad uendenda.
30
In ertz estreit.

Uertz .i. uiridis.
33 Dertz .i. erigit.
(49, 2) Adertz .i. procura uel procurat'.
36 Aertz i. inheret.

In es larg.

39 Pes .i. pes. dis.
Confes .i. confessus uel confiteatur.
Ades .i. cito.
42 Pres .i. prope.

In es estreit.

45 Pes .i. pondus.
Contrapes .i. contrapondus.

A.

Bes .i. bonum.
Fes .i. fides.
Fes .i. fenum.
Fes .i. fecit.
Des .i. discus.
Ades .i. tangat.
Mes .i. mensis.
Mes .i. misit.
Ces .i. census.
Ences .i. incensum.
Ences .i. incences.
Deues .i. locus defensus.
Borçes .i. burgensis.
Marques .i. marchio.
Pres .i. apprehensus.
Pres .i. cepit.
Mespres .i. reprehensus uel deliquit.
Repres .i. reprehendit preteriti.
Antepres .i. interceptus.
Antepres .i. intercepit.
Bres .i. lignum fixum propter aues.
Les .i. lenis.
Fres .i. frenum.
Gles .i. glis, ris.
Bles .i. qui utitur C' loco ...
Benapres .i. bene doctus.

Nom prouincial .i. nomina pro-
　　　uincialia.

Frances .i. francigene.
(50) Angles .i. anglici.
Genoes .i. gennenses.
(21ᵇ) Bordales .i. burdigalenses.
Uianes .i. uiennenses.
Ualantines .i. ualentinenses.
Carcasses .i. carcassonnenses.
Bedeires .i. biterrenses.
Agades .i. agatenses.
Marsselhes .i. massilienses.
Brianzones.
Poles .i. appulli.
Toes .i. alamanni.
Campanes .i. a campania dicuntur.
Bolonhes .i. bononienses.
Uerceles .i. uercellenses.
Paues .i. papienses.

A.

Cremones .i. cremonenses.
Tertones .i. tertonenses.
3 Saones .i. sansones.
Pontremoles .i. pontremulenses.
Luques .i. luquences.
6 Senes .i. senenses.
Uerones .i. ueronenses.
Rimenes .i. rimenenses.
9 Nouaires .i. nouairenses.
Mozenes, mutinenses.
E moutz dautres.

12
　(50, 2)　　In ethz larg.

Lethz .i. lectus.
15 Cadalethz .i. lectus ligneus altus.
Uethz .i. ueretrum.
Methz .i. medius uel contemptus.
18 Despethz .i. dispectus, tus, ui.
Respethz .i. inducie uel expectatum.
Pethz .i. pectus.
21 Pethz .i. peius.
Delethz .i. delectatio.

24　　　In etz estreit.

Bretz .i. proprium nomen uel
　　　homo lingue impedite.
27 Detz .i. digitus.
Petz .i. bombus.
Petz.
30 Setz .i. sitis.
Uetz .i. uicium.
Uetz .i. uicis.
33 Quetz .i. parum loquens.
Escletz .i. purus.
Soletz .i. solus.
36 Tosetz .i. puerus.
Fadetz .i. faduus.
Anheletz .i. agniculus.
39 Aneletz .i. anulus.
Cabroletz .i. capreolus.
Soletz .i. faunus uel stultus.
42　E totas-la segondas personas
del plural del presen del con-
iunctiu delz uerbes de la prima
45 coniugazo e tuit li nominatiu sin-
gular dels noms diminutius.

A.

In ethz estreit.

Frethz .i. frigus uel frigidus.
Drethz .i. ius uel rectus.
Adrethz .i. aptus.
Lethz .i. lex. [fructus.
Esplethz .i. supelectile uel usu-
Esplethz .i. habens usumfructum.
Plethz .i. plica.
Aplethz .i. instrumenta.
Nelethz.i. culpa. [cum dominabus.
Correhz .i. colloquium militum
Thez .i. tectum paruum.
Estretz .i. constrictus.
Destretz .i. districtus.
Corretz .i. corrigia uel çona.

In eus.

Breus .i. breuis uel carta.
Ebreus .i. hebreus.
Iuçeus .i. iudeus.
(51) Deus .i. deus.
Feus .i. feodus.
Seus .i. suus.
Meus .i. meus.
(22*) Greus .i. grauis.
Leus .i. leuis.
Romeus .i. peregrinus.
Teus .i. tuus.
Camleus .i. camleus.
Andreus .i. andreus.
Arueus .i. arueus.

In ibs.

Macips .i. puer paruus.
Tribs .i. tribus.
Rips .i. acumen claui.
Derips .i. abstraas claues.

In ics.

Brics .i. miser. [tectio.
Abrics .i. locus sine uento, pro-
Abrics .i. protegas uel operias.
Sics .i. ficns, morbz. [rostro.
Pics .i. auis perforans lignum
Pics .i. uarius.
Pics .i. percutias.

A.

Trics .i. intricatio.
Antics .i. antiquus.
3 Mendics .i. mendicus.
Amics .i. amicus.
Enemics .i. inimicus.
6 Enics .i. iniquus.
Fenics .i. auis qui dicitur fenix.
Cançics .i. increpatio.
9 Cançics .i. increpes.
Rics .i. diues.
Afics .i. uis.
12 Afics .i. conaris.
Espics .i. spica.
Colerics .i. colloricus.
15 Flecmatics .i. fleumaticus.

In ils.

18 Fils .i. filum uel neas.
Anafils .i. parua tuba cum uoce alta.
21 Abrils .i. aprilis. [lator manet.
(51, 2) Badils .i. locus ubi specu-
Humils .i. humilis.
24 Nils .i. nilus.
Senhorils .i. dominabilis.
Femenils .i. feminilis.
27 Subtils .i. subtilis.
Camzils .i. pannis lini subtilissimi.
Iouenils .i. iuuenilis.
30 Priorils .i. ad priorem pertinet.
Abadils .i. ad abbatem pertinens.
Mongils .i. monachalis.
33

In ims.

Crims .i. crimen.
36 Cims .i. summitas arboris.
Uims .i. uimen.
Racims .i. racemus.
39 Prims .i. acutus uel subtilis.
Aprims .i. subtilies.
Noirims .i. nutrimentum.
42 Caims .i. caym.

In ins.

45 Quins .i. quintus.
Esquins .i. scindat.

4*

A.

Tins .i. tempus.
Ins .i. intus.
Lins .i. lignum maris.

In irs.

Consirs .i. consideratio.
Consirs .i. consideres.
Albirs .i. estimatio.
Desirs .i. desiderium.
Sospirs .i. suspirium.
Safirs .i. safirus.
Tirs .i. tyrus, ciuitas.
Sospirs .i. suspires.
Mirs .i. speculeris.
Remirs .i. iterum speculeris.

In is.

Bis .i. color.
Robis .i. lapis.
Robis .i. proprium nomen uiri.
Clis .i. inclinatus.
Aclis .i. inclines.
(52) Roncis .i. roncinum.
Gris .i. color.
Paradis .i. paradisus.
Fis .i. ualde bonus.
Latis .i. latine uel latinus.
Longis .i. longinus.
Lis .i. lenis.
Alis .i. azimus.
Molis .i. molendinum.
Mis i. missus.
Sothzmis .i. submissus.
Mesquis .i. miser.
Fenis .i. debilis.
Sangdanis .i. sanctus donissius.
Pis .i. pinus.
Albespis .i. arbor spinosa.
Ris .i. risus.
Paris .i. parisius.
Matis .i. mane.
Uis .i. uinum.
Uis .i. facies.
Deuis .i. diuinus.
Deuis .i. diuisus.
Folis .i. ciuitas.

A.

Forlis .i. ciuitas.
Assis .i. ciuitas.
3 Nom prouincial .i. nomina pro-
uincialia.
6 Peitauis .i. pictauensis.
Aniauis .i. andegauensis.
Paregorzis .i. petragorisensis.
9 Faentis .i. fauentinus.
Spoletis .i. spoletanus.
Caersis .i. caturcensis.
12 Lemozis .i. lemoucensis.

In itz.

15 Garitz .i. curatus.
Garnitz .i. munitus.
Graziz .i. graciosus.
18 Ganditz .i. destinans (?) timore.
Gurpitz .i. derelictus.
Giquitz .i. dimissus.
21 Criz .i. clamor.
Causitz .i. electus uel curialis.
Aibitz .i. morigeratus.
24 Cabritz .i. edus.
Delitz .i. destructus.
Ad..rmitz .i. sopitus.
27 (52, 2) Coloritz .i coloratus.
Escoloritz .i. palidus.
Esperitz .i. spiritus.
30 Esditz .i. negat.
Esconditz .i. denegat.
Descausitz .i. rusticus uel iniuriosus.
33 Acrupitz .i. sedens super talos.
Saziz .i. occupatus.
Implitz .i. impletus.
36 Conplitz .i. completus.
Aunitz .i. uituperatus.
Fugitz .i. fuga lapsus.
39 Fugiditz .i. fugitiuus.
Escaritz .i. solus.
Escarnitz .i. densus. [necessaria.
42 Formitz .i. formatus uel habens
Sumsitz .i. mersus in mare uel aquis.
Sebelitz .i. sepultus.
45 Senthiz .i. sentitus.
Traitz .i. traditus proditione.

A. B.

De las rimas en itz ℬ (73ᶠ).

Transitz .i. semimortuus.
Tritz .i. minutus.
Finitz, fenitz .i. finitus uel mortuus.
Peritz .i. peritus a pereo, is.
Ditz .i. dicit.
Raubitz .i. raptus.
Berbitz .i. ouis.
Freisithz, freisitz .i. refrigeratus.
Espelitz, esperitz .i. auis de ouo
    procedens 𝔄.
Issithz, issitz .i. qui exiit.
Noirithz, noiritz .i. nutritus.
Samithz, samitz .i examitum ℬ,
    pannus sericus.
Uoutitz .i. uolubilis.
(74*) Polithz, politz .i. politus.
Poiritz .i. putrefactus.
Amanoith, amanoitz .i. promtus.
Falitz, fallitz .i. qui delinquit uel
    fallit.
Salithz, salhitz .i. saliens 𝔄.
Uestithz, uestitz .i. uestitus.
Desuestitz .i. qui reddit inuesti-
    tionem unde fuit inuestitus 𝔄.
Enuestitz .i. inuestitus.
Aueneditz .i. aliunde ueniens 𝔄
    auena ℬ.
Tortitz .i. tortitium 𝔄ℬ   multe
    candele simul iuncte 𝔄.

(53)   In ius.

Brius 𝔄. i. inpetus.
Caitius 𝔄 .i. miser uel captus.
Solorius 𝔄 .i. solitarius.
Rius 𝔄 .i. riuus.
Uius .i. uiuus.
Pius .i. pius.
Aurius, furius .i. amens.
Grius .i. quedam auis.
Senhorius .i. dominium.
Esquius .i. a uintando dictus,
    homo austerus uel delicatus 𝔄.
Beirius .i. prouincia quedam, he-
    reticus.

In ihtz, hitz.

3 Filhtz, fitz .i. fixus.
Frilhz, fritz .i. frixus.
Dithz, dihitz .i. dictus.
6 Afrithz, afritz .i. calidus amore.
Aflithz, atlitz .i. aflictus.
Escrithz, escrihtz .i. scriptus.
9 Maldithz, malditz .i. maledicus
    uel 𝔄 maledictus 𝔄ℬ uel male-
    dicto ℬ.
12 In obs 𝔄ℬ uel obz ℬ larg 𝔄.

Obs .i. opus.
15 Clobs 𝔄 .i. claudus.
Galobz .i. medium inter currere
    et trotare 𝔄.
18 Trobz, trobs .i. inuenias 𝔄.

    (23*) In 𝔄ℬ obs 𝔄 ops ℬ
            estreit.

Grobs, grops .i. nexus uel nodus.
Agrobs .i. nodes.
24 Cobs .i. testa 𝔄ℬ capitis 𝔄 cam-
    pis ℬ.
Lobs .i. lupus.
27 Globs .i. plenum os alicuius liquoris.

        In olbs larg.

30 Colbs .i. ictus.
Uols, uolbs .i. uulpis.

33   In ocs larg.

Iocs .i. iocus uel ludus.
(74ᵇ) Brocs .i. uas testeum.
36 (53, 2) Brocs, biocs .i. curas 𝔄
    curtas ℬ.
Ocs .i. etiam.
39 Focs .i. ignis.
Floxs, flocs .i. uestis 𝔄ℬ monachi
    𝔄 manici ℬ.
42 Cocs .i. coccus 𝔄 coctus ℬ.
Crocs, grocs .i. croccus 𝔄 croccus 𝔅.
Grocs, crocs .i. ferrum curuum.
45 Marrocs, mairocs .i. quedam ciuitas.
Deirocs ℬ .i. precipites.

A. B.

Badocs, baudocs .i. parisienses 𝔄 parum sciens 𝔅.
Locs .i. locus.
Iocs 𝔅 .i. ludus ligneus.
Locs .i. conducas.
Rocs .i. ludus ligneus, rochus.
Enocs .i. enoc.
Deirocs 𝔄 .i. pes ligneu' propter ludum.

In ocs estreit 𝔄 in hocs estreitz 𝔅.

Locs, bocs .i. ircus.
Zocs .i. pes ligneus propter ludum 𝔄.
Mocs .i. sanies naris.
Tocs .i. tangas.

In ols larg.

Cabrols, cabreols .i. capreolus.
- Rossinols, rossinhols .i. filomena.
Uols .i. uoluntas 𝔄𝔅 uel uis uel uoluit, preterea uoles de uolo, las 𝔄.
Uols 𝔅 .i. uis.
Uols 𝔅 .i. uolatus.
Uols 𝔅 .i. uolu*t* preterita.
- Auriols 𝔄 .i. auis aurei coloris.
Sols 𝔄 .i. solum, soles, soluit.
Moyols .i. cifus uitreus.
Aiols .i. auus.
- Peirols .i. proprium nomen uiri.
Micols .i. id. mulieris 𝔄 nomen uiri 𝔅.
Cols .i. colis.
Arestols .i. extrema pars lancee.
Rofiols .i. cibus de pasta et de ouis.
Roiols .i. genus piscis.

In ols estreit.

Sols .i. solus.
Pols .i. pulsus.
Pols 𝔅 .i. puluis.
Pol, opols 𝔄 .i. pulset pl'uis.
(54) Bols .i. equs nimis pulsans.
Cols .i. colles 𝔄 coles 𝔅.

A. B.

Princols .i. primum uinum.
(74ᶜ) Escols .i. exhaurias 𝔄 exaurias 𝔅.
Mols .i. mulsus.
Mols .i. mulsit lac.
Aiols .i. proprium nomen uiri.
Rainols .i. proprium nomen uiri.

In olz larg.

Folz .i. stultus.
Colz .i. collum 𝔄 aufers 𝔅.
Tolz .i. aufers 𝔄.
Molz .i. molis 𝔄 mollis 𝔅.
Solz .i. solidus denarius.
Solz 𝔄 .i. solutus.
Acolz .i. amplectaris ad collum 𝔄 amplectari 𝔅.

In olz estreit.

Solz .i. carnes 𝔄𝔅 uel pisces 𝔄 in aceto.
Polz .i. pulices.
Polz .i. pullus.
Uolz .i. ymago ligni.
Santolz .i. proprium nomen uiri.

In olhz 𝔄 in oilhz 𝔅 larg.

Olhz, oilhz .i. oculus.
Brolhz, broilhz .i. locus plenus arboribus domesticis.
Folhz, folz .i. folium uel carta.
Colhz .i. colligis.
Acolhz .i. bene 𝔄𝔅 receptus uel 𝔅 recipis.
Trolhz, etrolhz .i. torcular.
Recolhz .i. patrocinaris.
Escolhz .i. color.
Capdolhz .i. capitolium uel arces.
Molhz .i. illud ubi rota 𝔄𝔅 figitur, uel aqua 𝔄 fi'git' 𝔅.
Molhz, melhz .i. perfundas, umecteus (?) 𝔄.
Despolhz .i. expolies.
Rolhz .i. lignum cum quo 𝔄𝔅 furnus 𝔄 furt'i 𝔅 tergitur.
Cardolhz .i. nomen castri.

Line numbers in margin: 3, 6, 9, 12, 15, 18, 21, 24, 27, 30, 33, 36, 39, 42, 45

A. B.

(54, 2) In olhz estreit.
Colhz i. testiculus.
Tolhz .i. genus piscis.
Ueirolhs, uerolhz .i. uestes 𝔄 ue-
  ctes 𝔅 ostii.
Genolhz .i. genu.
Pezolhz .i. pediculus.
)23ᵇ) Mairolhz, mairohlz .i. ma-
  rubium, herba est.
Dolhz, colhz .i. dolium uel fora-
  men dolii.

(74ᵈ)   In oms larg.
Coms .i. comes.
Uescoms, uiscoms .i. uicecomes.
Doms 𝔄 .i. domus communis.

        In oms estreit.
Coloms .i. columbus 𝔄 columbas 𝔅.
Coms .i. equus habens cauum dor-
  sum.
Noms .i. nomen.
Soms .i. somnium 𝔄 summum 𝔅.
Ploms .i. plumbum.
Roms .i. genus piscis.
Roms .i. rumpis.
Poms .i. pomum tentorii.
Toms .i. casus.
Toms .i. cadas.
Doms .i. dominus.

        In ons larg.
Dons 𝔅 .i. dominus.
Amons 𝔅 .i. nomen uiri.
Gions .i. fluuius quidam.
Fisons .i. nomen fluuii.
        In ons estreit 𝔅.
Cons .i. uulua.
Fons .i. fons.
Fons .i. liquefacias.
Confuns, confons .i. cohfundis.
Mons .i. mons uel aceruus.
Segons .i. secundus.   [tatus.
Trons .i. nomen fluuii, uel hebe-
Pons .i. pons, tis.
Estrons .i. stercus, ris.

A. B.

Frons .i. frons, tis.
Sons .i. sopor.
3 Gergons .i. uulgare trutanorum
Rons .i. ruga.
Rons .i. facias rugas.
6 Fons .i. fundus.
Afons, affons .i. ad funduz 𝔄 fun-
  dum 𝔅 uenias.
9 (55) Escons, ascons .i. abscondis
  𝔄, absconditus 𝔅.
Preons .i. profundus.

12
    In ohtz 𝔄 in hotz 𝔅 larg.
Bohtz, bolhz .i. fundum dolii.
15 Uohtz, uohz .i. uacuus.
(74ᵉ) Mohtz, mothz .i. modius.
Cohtz .i. coctus.
18 Recohtz, rechotz .i. recoctus.
Bescohz, bescohtz .i. panis bis-
  coctus 𝔄 biscoctus panis 𝔅.
21 Dohtz .i. doctus.
Pohz, pohtz .i. podium uel mons.
  E tuit poden fenir in oitz, si-
24 cum coitz, uoitz 𝔄 in oithz. si
  cum coihtz, uoihtz 𝔅.

27 In onhz 𝔄 in onhtz 𝔅 estreit.
Onhz .i. unctus.
Onhz, onz .i. ungis.
30 Conhz .i. cuneus cum quo lignum
  finditur.
Conhz .i. cum cuneo 𝔄𝔅 claudas 𝔄.
33 Ponhz .i. manus clausa.
Ponhz 𝔄 .i. punctus.
Ponhz 𝔄 .i. punctum, pungis.
36 Perponhz .i. dig'ossa 𝔄 grossa 𝔅
  et ualde puncta uestis 𝔄𝔅
  arma' 𝔄 ad armandum 𝔅.
39 (55, 2) Gronhz .i. proprium nomen
  uiri.
Gronhz .i. rostrum animalis.
42 Besonhz .i. opus.
Lonhz i. prolonges.

45   In orcs larg.
Porcs .i. porcus.

A. B.

Ores .i. quedam herba.
Austores .i. proprium nomen uiri.

In ores estreit.

Bores .i. uicus.
Rebores .i. obtusus uel hebes.
Dores .i. anfora.
Fores .i. dicitur a 𝔄𝔅 furci 𝔅 furca uel biuium uel furca destruas 𝔄.
Estores, enfores .i. euellas 𝔄 euella uel biuium 𝔅.
Gores .i. gurges.
Engores .i. ingurges 𝔄 ingurgites 𝔅.

In ous lar o estreit 𝔄. In ous larg o en estreit 𝔅.

Ous .i. ouum.
Bous .i. bos.
Nous .i. nouus.
Renous .i. renouus.
(24*) Annous .i. annus nouus.
Mous .i. moues.
(74ʳ) Plous .i. pluis 𝔄 pluit 𝔅.

In ors larg.

Cors .i. corpus.
Ors .i. ora panni.
Mors .i. morsus.
Pors .i. portus 𝔄 porus 𝔅.
Tors .i. pars 𝔄𝔅 piscis 𝔄 parsi 𝔅.
Fors .i. foras uel preforsit 𝔄 punctus 𝔅.
Tors .i. torsit.
Elienors .i. proprium nomen mulieris.
Mors .i. momordit.
Mors .i. morsus 𝔄𝔅 aura 𝔅.

In ors estreit.

Labors .i. labor.
Tabors .i. timpanum.
(56) Cors .i. cursus.
Cors .i. cucurrit.
Acors 𝔄 .i. subuenit.

A. B.

Socors .i. idem, subuenit.
Colors .i. color.
3 Socors .i. auxilium.
Flors .i. flos.
Amors .i. amor.
6 Ors .i. ursus.
Ardors .i. ardor.
Pudors .i. fetor.
9 Calors .i. calor.
Sabors .i. sapor.
Freidors .i. frigiditas.
12 Rasors .i. rasor 𝔄𝔅 de rado, is 𝔄.
Ualors .i. ualor.
Uabors, uapors .i. uapor.
15 Umors .i. humor.
Uerdors .i. uiror.
Tors .i. turris.
18 Bestors .i. parua turris.
Comtors, contors .i. paruus comes.
Austors .i. ancipiter 𝔄 ancipiter 𝔅.
21 Odors .i. odor.
Legors .i. otium.
Honors .i. honor.
24 (75*) Deshonors, desonors .i. dedecus.
Paors .i. timor.
27 Ricors .i. diuitie.
Doucors, douzors .i. dulcor.
Auctors .i. auctor.
30 Tristors .i. tristitia.
Albors .i. albedo diei.
Sors .i. surrexit.
33 Sors .i. suscitatus uel eleuatus.
Resors .i. resuscitatus.
Resors .i. resurrexit.
36

In ortz larg.

Ortz .i. hortus.
39 Acortz .i. concordia.
Acortz .i. concordes.
Descors, discortz .i. discordes.
42 Descors, descortz .i. discordia uel 𝔄 cantilena habens sonos diuersos.
45 Conortz, conort .i. consolatio.
Fortz .i. fortis.

A. B.

Estortz .i. conamen.
Confortz .i. confortatio.
Confortz, contrafortz .i. pars
corii (56, 2) in corio apposita
𝔄𝔅 ca' confortandi sic' in scl'a-
ribus 𝔄.
Sortz .i. sors.
Tortz .i. uis illata.
Tortz .i. tortus 𝔄𝔅 uel torquet 𝔄. 9
Retortz .i. iterum torquet 𝔄𝔅 ad
filum pertinet 𝔄.
Retortz .i. retortus. 12
Estortz .i. liberatus a periculo
aliquo.
Estortz .i. liberatus 𝔄 liberat 𝔅. 15
Estortz .i. denodatus in 𝔄 desno-
datus ab 𝔅 uinctura aliqua.
Estortz 𝔅. 18
Portz .i portus.
Portz .i. portes.
Aportz .i. deferas.
Deportz 𝔄 .i. ludus in spaciando.
Deportz .i. ludas.
Mortz .i. mors. 24
Mortz .i. mortuus.

In ortz estreit.

Cortz .i. curia.
Cortz .i. curtus.
Bortz .i. ludus.
(75ᵇ) Bortz .i. manuu' 𝔄𝔅 de-
surius 𝔄 suri' 𝔅.
Sortz .i. surdus.
Tortz, bortz .i. quedam auis.
Lortz .i. parum 𝔄 rarum 𝔅 audiens.
Gortz .i. rigidus infirmitate 𝔄 ri-
gida firmitate 𝔅.
Biortz .i. cursus equorum.
Sortz .i. surgit.

In orbs larg.

Corbs .i. coruus.
Orbs .i. orbus.

In orbs estreit.

Corbs .i. curuus.

A. B.

(24ᵇ) In orns larg.
Borns .i pomum tentorii.
3 Corns .i. cornu.
(57) Corns .i. tuba uel buccina.
Corns 𝔄 .i. buccines.
6 Magorns .i. tibia sine 𝔄𝔅 pe-
dum 𝔄 pede 𝔅.

In orms larg.

Uorms ....
Dorms .i. dormis 𝔅.

In orns estreit.

Alborns .i. quedam arbor.
15 Dorns .i. mensura manus clause.
Adorns .i. aptus.
Gorns, torns .i. instrumentum tor-
natile uel reuertaris.
Morns .i. subtristis 𝔄 substrictus 𝔅.
Contorns .i. unus sulcus aratri.
21 Retorns .i. redeas.
Forns .i. furnus.

In outz larg.

Moutz, uoutz .i. quidam fluuius.
Moutz .i. tritus in molendino.
27 Uoutz .i. uersus uel reuolutus.
Reuoutz .i. idem est.
Desuoutz .i. extentus, ad filum
30 pertinet.
Arcuoutz .i. arcus lapideus.
Esmoutz .i. cladius 𝔄 ad molam
33 ductus.
Toutz .i. ablatus.
Soutz .i. solutus.
36 Coutz .i. cultus 𝔄𝔅 uel paries 𝔄.

In outz estreit 𝔄.

39 Uoutz .i. imago ligni.
Soutz .i. carnes uel pisces in aceto.
Moutz .i. multos.
42 Moutz .i. mulget lac 𝔄 in molen-
dino tritus 𝔅.
Doutz .i. dulcis.
45 Estoutz .i. de facili irascens uel
stultus.

A. B.

In otz larg.

Botz .i. ictus.
Escotz .i. lignum paruum acutum.
Escotz .i. pretium pro prandio.
Clotz, glotz .i. locus cauus.
(75ᶜ) (57, 2) Lotz .i. lentus.
Rotz .i. eructuatio.
Potz .i. labium AB permutatio A.
Cotz .i. permutatio B.
Potz .i. potest.
Trotz .i. inter passum et cursum.
Regotz .i. recuruitas capillorum.
Arlotz .i. pauper, uilis.
Galiotz .i. pirata A.
Cabotz, gabotz .i. genus piscis.
Notz .i. nocet.

In otz estreit.

Botz .i. nepos.
Botz .i. uter.
Brotz .i. teneritudo herbe.
Cotz .i. lapis ad acuendum.
Cotz B .i. paruus canis.
Cogotz .i. cuius uxor AB cum adulterat A adultera B.
Glotz .i. gulosus.
Motz .i. uerbum.
Totz .i. omnis uel totus.
Rotz .i. ruptus.
Potz .i. puteus.
Sotz A .i. locus ubi porci come- dunt.
Sotz .i. subtus.
Soptz B.
Notz, nutz .i. nux.
Fotz, fortz .i. cois A cors B.

In ucs.

Ucs, nies .i. clamor sine uerbis A.
Ucs .i. clames.
Bucs .i. brachium sine manu.
Sambucs, sabucs .i. quidam arbor A sambucus q'da' arbar B sterilis.
Sauc, saucs .i. idem.

A. B.

Trebucs .i. caligo AB tracate A tractare B.
3 Trasbucs .i. precipites.
Claucs A .i. clausis.
Ducs .i. dux uel quidam auis.
6 Calucs .i. curtum habens uisum.
Astrucs .i. fortunatus.
Desastrucs .i. infortunatus.
9 Pezucs .i. strictura facta cum duobus digitis.
Pezucs A .i. stringas cum duobus 12 digitis.
Sucs .i. succus.
(75ᵈ) Zucs .i. testa capitis.
15 Malastrucs .i. infortunium passus.
(25ª) Paorucs, paurucs .i. timidus.
Palhucs .i parua palea.
18 Festucs .i. festuca.
(58) Deuertucs .i. apostema AB extrinseca A intrinseca B.
21 Pesucs .i. onerosus.

In uf.

24 Buf .i. uox AB indigna A indignantis B.
Chuf, cuf .i. pili super AB fronte 27 A frontem B.
Buf .i. insuflatio.

In uls.

30
Muls .i. mulus.
Culs, guls .i. culus A calus B 33 uel anus.
Coguls, culs ....
Sauls A .i. saluus.
36

In ums estreit.

Fums .i. fumus.
39 Lums .i. lumen.
Agrums i. res acerba sicut fructus recentes A agrumen B.
42 Alums .i. alumen AB uel illumines B.
Albums B .i. illumines.
45 Escums .i. spumam auferas.
Betums .i. bitumen.

A. B.

In urs.

Agurs .i. augurium.
Securus 𝔄 .i. securus.
Asegurs, assegurs.i. securum facias.
Aturs .i. conamen.
Aturs, acurs .i. conaris.
Durs .i. durus.
Endurs .i. ieiunes 𝔄.
Purs .i. purus.
Murs .i. murus.
Escurs .i. obscurus.
Tafurs .i. homo parui pretii.
Surs .i. nomen ciuitatis.
Periurs .i. periurus uel periures.
Rancurs .i. conqueraris.

In urcs.

Turcs, urcs, .i. partus.
Turcs .i. genus saracinorum.
(75ᵉ) Burcs .i. nomen ciuitatis.

In utz

Cambutz .i. habens longas tibias.
Alutz .i. plenus 𝔄𝔅 alis 𝔄 aliis 𝔅.
(58, 2) Agutz .i. acutus
Cutz .i. uilis persona.
Drutz .i. procus 𝔅 qui intendit 𝔄𝔅
  in 𝔄 dominabus.
Grutz .i. farrum 𝔄.
Glutz .i glutinum.
Lutz .i. lux.
Lutz 𝔄 .i. lucet.
Salutz .i. salus.
Salutz .i. salutes.
Salutz .i. sanitas 𝔄.
Mutz .i. mutus.
Nutz .i. nudus.
Putz .i. fetes.
Romputz .i. ruptus.
Cosutz .i. consutus.
Pelutz .i. pilosus.
Menutz .i. minutus.
Canutz .i. plenus canis.
Descosutz .i. desconsutus.
Fendutz .i. fissus.
Perdutz .i. perditus.

A. B.

Saubutz .i. scitus.
Reccubutz .i. receptus.
3 Ercubutz .i. ereptus.
Aperceubutz .i. promtus.
Conougutz, conogutz .i. cognitus.
6 Desconougutz, desconogutz .i. in-
  cognitus.
Creutz .i. creditus.
9 Descreutz .i. incredibilis 𝔄 ille
  cui non creditur 𝔅.
Recreutz .i. a bono opere cessans.
12 Deceubutz .i deceptus.
Espatlutz, espalhutz .i. habens
  magnos 𝔄 magnos habens 𝔅
15 humeros.
Pendutz .i. suspensus.
Despendutz .i. uel expensus 𝔄 a
18 suspendio 𝔄𝔅 liberatus 𝔅.
Despendutz 𝔅 .i expensus.
(75ᶠ) Sospendutz, suspendutz .i.
21 suspensus.
Mogutz .i. motus.
Esmogutz .i. commotus.
24 Tendutz .i. tensus.
Atendutz 𝔄 .i. expectatus.
Destendutz .i. distensus.
27 Estendutz, extendutz .i extensus.
Tengutz .i. tentus.
Sostengutz .i. sustentatus. [uenit.
30 Ueguth, uengutz .i. ille 𝔅 qui iam
Reuengutz .i. melioratus.
Esperdutz .i. stupefactus.
33 Reconogutz .i. recognitus.
Cregutz .i. auctus.
Descregutz, descreutz .i. diminutus.
36 (59) Enbutz .i. illud cum quo
  mittit uinum uel aqua in uase
  𝔄 embutus 𝔅.
39 Batutz .i. percussus.
Abatutz 𝔅 .i. postratus.
Conbatutz .i. preliatus.
42 Tautz .i. feretrum.

(25ᵇ) In us 𝔄𝔅 dies 𝔅.

45 Lus .i. dies lune 𝔄 lun' 𝔅.
Lus .i. unus.

A. B.

Us .i. unus.
Us .i. hostium.
Us 𝔄 .i. usus.
Brus .i. fuscus.
Grus .i. granulum nue.
Reclus .i. reclusus.
Conglus, conclus .i. conclusus.
(59, 2) Negus .i. nullus.
Ius .i. deorsum.
Deius .i. iciunus.
Fus .i. lignum 𝔄𝔅 cum quo femine
　filant 𝔄 e' *quo* ueru't 𝔅.
Confus .i. confusus.
Palus .i. palus, ludis.
Pertus .i. foramen.
Crus .i. crudus.
Enfrus .i. homo insatiabilis.
Plus .i. plus.
Cerberus .i. ianitor inferni.
Dedalus i.. proprium nomen uiri.
Tantalus .i. proprium nomen uiri.
Artus .i. proprium nomen uiri.
Sus .i. sursum.
(76ª) Ihesus .i. iesus 𝔄 filius dei 𝔅.
Comus .i. communis.
　E deuetz saber que [qe] la
segonda persona del presen del
coniunctiu se dobla en la prima
coniugatzo [coniugazo] si cum
(59) 'Chans 𝔄 cans 𝔅 o chantes
　.i. cantes.
Enbares o enbargues .i. impedias.
Estancs o estanques .i. liges.
(59, 2) Ensais o ensaies .i. probes.
Bais o baises .i. osculeris.
Lais o laisses .i. dimittas'.
　Et aquesta regla es generals
per la maior part mas non de tot.

(59) In ura 𝔄𝔅 larg 𝔅.

Cura .i. cura.
Pura .i. pura.
Rancura .i. querimonia.
Rancura 𝔄 .i. conqueritur.
Iura .i. iurat.
Periura .i. degerat.

A. B.

Mesura .i. mensura.
Desmesura .i. superfluitas.
3 Desmessura, desmesura .i. facit
　contra mensuram.
Amesura 𝔄 .i. facit ad mensuram.
6 Dura .i. dura.
Dura 𝔄 .i. durat.
Endura 𝔄 .i. ieiunium.
9
　In ura estreit 𝔅.

Calura 𝔅. ....
12 Melura, melhura .i. melioret 𝔄
　meliorat 𝔅.
(59, 2) Peiura .i. peior efficitur.
15 Atura .i. conatur.
Falsura 𝔄 .i. falsitas.
Dreitura .i. iustitia.
18 Adreitura 𝔄 .i. iustitiat.
(76ᵇ) Coniura .i adiurat.
Pastura 𝔄 .i. pascua.
21 Pastura .i. pascitur.
Auentura 𝔄 .i. fortuna.
Desauentura .i. infortunium.
24 Centura .i. zona.
Escura .i. obscura.
Peintura .i. pinctura 𝔄 pictura 𝔅.
27 Agura .i. auguratur 𝔄 augitatur 𝔅.
Segura .i. secura.　[curum.
Asegeura, assegura .i. reddit se-
30 Ambladura .i. planus et uelox in-　[cessus.
Pura .i. pura.
Mura .i. facit murum.
33 (60) Natura .i. natura.
Disnatura, desnatura .i. facit con-
　tra naturam.
36 Condura, cosdura .i. sutura.

　In ara.

39 Cara .i. cara
Amara .i. amara.
Rara .i. rara.
42 Clara .i. clara.
Para .i. parat.
Ampara .i. occupat.
45 Desampara .i. derelinquit.
(60, 2) Gara .i. custodit.

A. B.

Esgara 𝔄 .i. aspicit.
Regara .i. respicit.
Ara .i. modo.
Ancara .i. adhuc.

(26*)   In era.

Fera .i. fera.
Bera .i. feretrum.
Esmera .i. depurat.
Lesquera, lesqera .i. legerent 𝔄
legerem 𝔅.
Cantera .i. cantarem.

Et totas las primas personas
del presen del obtatiu [optatiu]
de la prima coniugazo fenissen
in era o en ia.

(76ᶜ) (60) In era estreit.

Cera .i. cera.
Pera .i. pirum.
Uera .i. uera.
Appodera .i. suppeditat.

In cira.

Cadeira .i. cathedra.
Feira .i. nundine.
Feira .i. feira 𝔄 feriat 𝔅.
Teira .i. series.
Enteira .i. integra.
Ateira, areira .i. per sericm 𝔄𝔅
ponit 𝔅.
Ateira 𝔄 .i. seriatum.
Ribeira .i. planicies 𝔄𝔅 super 𝔄
iuxta 𝔅 aquas.
Sobreira .i. supera uel 𝔅 exuperans
𝔄𝔅 superbalis 𝔄.
Arqueira, arqeira .i. fenestra 𝔄𝔅
uel fissura 𝔄 ad sagittandum.
Lebreira .i. canis leporina.
Cairera, carreira .i. strata uel
uia publica.
Saleira .i. ubi sal reponitur.
Mainera, maneira .i. modus 𝔄𝔅
uel ad manum cito ueniens 𝔄.
Mezoigneira, mezongeira .i. men-
dax mulier.

A. B.

Plazenteira, plasenteira .i. placens
mulier.   [mulier.
3 (60, 2) Corseira 𝔄 .i. discurrens
Enqueira .i. inquirat.
Requeira .i. requirat.
6 Soudadera, soudadeira .i. mulier
accipiens solidum.
Detreira, derreira .i. ultima.
9 Presenteira .i. mulier audaciter
loquens.
Peteira .i. mulier bumbos faciens.
12 Meira .i. mereatur.

In ira.

15 Ira 𝔄 .i. ira.
Mira .i. aspicit.
Remira .i. ualde aspicit.
18 Tira .i. tirat 𝔄, trahit 𝔅.
Sospira .i. suspirat.
Desira .i. desiderat.
21 Adira .i. odio habet.
Uira .i. noluit.
Reuira .i. reuoluit.
24 Gira .i. idem quod supra.
Regira .i. idem quod supra.
(76ᵈ) Esconsira, escosira .i. con-
27 siderat.

E totas [Totas] las primas
personas e las terças [terzas] del
30 presen del obtatiu de la prima
coniugatzo [obtatiu de las primas
coniugazo in ira fenissen aisi] si-
33 cum 'auçira [auzira] .i. audirem
uel audiret, dormira .i. dormirem
uel dormiret'.

(61)   In ora larg.

Nora .i. nurus.
39 Flora .i. proprium nomen mulieris.
Demora .i. moratur uel ludit.
Fora .i. foras.
42 Deuora .i. deuorat.

In ora estreit.

45 Ora .i. ora.
Adora .i. adorat.

A. B.

Aora .i. modo.
Labora .i. laborat.
Plora .i. plorat.
Mora .i. morum.
Fora .i. esset.
Cora .i. quando.
Onora .i. honorat
Assapora .i. gustat quod sapit.
Odora .i. odorat.

In aura.

Aura .i. aura.
Laura .i. color laureus.
Maura .i. nigra.
Saura .i. crisca 𝔄 grisca 𝔅.
Daura .i. deaurat 𝔄 daurata 𝔅.
Sobredaura .i. idem.
(26ᵇ) Essaura .i. ad aerem ponit.
Restaura .i. restaurat.

In ala.

Ala .i. ala.
Sala .i. aula.
(76ᵉ) Pala .i. pale 𝔄 pala ad extrendum ponit 𝔅.
Tale, tala .i. deuastacio uel detrimentum 𝔄𝔅 ad extendendum panem 𝔄.
Tala, cala .i. deuastat.
Cala 𝔄 .i. tacet.
Mala .i. mala.
Mala .i. mantica 𝔄 mancia 𝔅.
Escala .i. scala.
Escala .i. ordinat 𝔄𝔅 exca't' 𝔄 exercitum 𝔅.
(61, 2) Sala .i. salem mittit.
Dessala, desala .i. salem 𝔄𝔅 tollit 𝔄 dedit 𝔅.

In cla larg.

Bela .i. pulchra.
Noela .i. nouella.
Noela .i. nouum uerbum.
Renouela .i. renouat.
Maissela .i. maxilla.
Mamella .i. mamma.

A. B.

Cembela .i. ostendit auem ad capiendum aues.
3 Apela .i. uocat uel appellat.
Caramela .i. fistula 𝔄𝔅 cantat 𝔄 canit 𝔅.
6 Puicella. punzella .i. uirgo uel pulcella 𝔄 puella 𝔅.
Despuzela, dispunzella .i. corrum-
9   pit uirginem.
Sela .i. sella.
Sela .i. sellam mittit.
12 Desella, dessella .i. sellam tollit.
Acantela .i. in 𝔅 latus declinat.
Mantela .i. uelat.
15 Cantela, cancla .i. species quedam.
Reuela .i. reuella 𝔄 reuelat 𝔅 uel rebellat.
18 Capdella, capdcla .i. ducatum 𝔄 d'r 𝔅 prebet.
Aissella, aisela .i. acella.
21 Puscella, pustela .i. morbus 𝔄 fistule 𝔅.
Padela .i. patella 𝔄 patena 𝔅 uel
24   sartago.

In cla estreit.

27 Cela .i. illa.
Cela .i. celat.
Uela .i. uelum.
30 Pela .i. pilos aufert.
Tela .i. tela.
Estela .i. stella.
33 Donzela .i. domicella.
(76ᶠ) Candela .i. candela.

In ila.

36
Uila .i. uilla.
Pila, ila .i. insula.
39 (62) Pila .i. lapis canus 𝔄𝔅 pes pontis, terit 𝔄 t'ris 𝔅.
Fila .i. net.
42 Guila .i. deceptio.
Desfila .i. extrahit filum.
Anguila .i. anguilla.
45 Afila, affila .i. acuit.
Apila .i. innititur 𝔄 inititur 𝔅.

A. B.

Esquila .i. parua campana.
Crila, grila .i. cribrat 𝔄 cribat 𝔅.

In ola larg.

Stola .i. stola.
Fola .i. stulta.
Degola .i. precipitat.
Mola .i. molat uel mola.
Dola .i. dolat.
Eescola, escola .i. scola.
Acola .i acolla 𝔄 amplectitur 𝔄𝔅
   ad collum 𝔄.
Percola .i. ualde amplectitur.
Sola .i. soleas consuit.
Desola, dessola .i. dissuit soleas.
Uiola .i. uiola.
Cola .i. uolat.
Fillola, filhola .i. que habet 𝔄𝔅
   patrinum 𝔄 patruum 𝔅.
Affola .i. destruit.

In ola 𝔄𝔅 estrit 𝔄 estreit 𝔅.

Sadola .i. saturat 𝔄.
Gola .i. gula 𝔄.
Agola .i. in gula mittit 𝔄.
Esgola .i. foramen facit in ueste
   unde caput intrat 𝔄.
Cola .i. colat 𝔄.
Escola .i. exhaurit 𝔄.
Sola .i. sola 𝔄.
Sadola .i. saturat 𝔄.
Grola .i. solea uetus 𝔄.
Sola, fola .i. sub pede calcat 𝔄.
(27ᵇ) Bola .i. meta 𝔄.
Bola .i. metas pan' 𝔄.
Meçola, mezola .i. mudulla 𝔄.
(77ᵃ) Ola .i. olla 𝔄.

(62, 2)   In ula 𝔄.

Mula 𝔄 .i. mulla.
Recula 𝔄 .i. retrograditur.
Acula 𝔄 .i. cullum ponit in terra.

In alba.

Malha .i. hamus lorice 𝔄.
Desmalha .i. spoliat 𝔄.

Malha 𝔄 .i. facit hamos in lorica.
Malha 𝔄 .i. macula in oculo.
3 Malha 𝔄 .i. maleo percutit.
Malha 𝔄 ....
Trebalha .i. labor 𝔄.
6 Trebalha .i. laborat 𝔄.
Anualha, nualha .i. inertia 𝔄.
Anualha .i. uilescit uel ad pigri-
9   tiam uenit 𝔄.
Batalha .i. prelium 𝔄.
Sarralh, seralha .i. illud ubi clauis
12   mittitur 𝔄.
Moralha .i. quod pendet in recte 𝔄.
Palha .i. palea 𝔄.
15 Buschalha .i. colligit ligna minuta 𝔄.
Talha .i. secat uel tributum 𝔄.
Rethalha .i. iterum secat 𝔄.
18 Entalha .i. sculpit 𝔄.
Eschalha, escalha .i. frangit 𝔄.
Baralh, baralha .i. contentio 𝔄.
21 Ualha .i. ualeat 𝔄.
Salha .i. saliat 𝔄.
Assalha, asalha .i. assaltum det 𝔄.
24 Tartalha, tartailha .i. loquitur
   frequenter et preciose 𝔄.
Mezalha, mesalha .i. obolum 𝔄.
27 Falha .i. facula 𝔄.
Falha 𝔄 .i. delinquat.
Falha 𝔄 .i. quidam ludus tabu-
30   larum.
Falha 𝔄.
Toalha .i. mantille 𝔄.
33 Uentalha .i. pars lorice que poni-
   tur ante faciem 𝔄.
Badalha .i. oscitat id est aperit
36   os 𝔄.
Fendalha 𝔄 .i. fissura.

39 In ela 𝔄 in elha 𝔅 estreit.

Uermelha .i. rubicunda 𝔄.
Semelha .i. similat 𝔄.
42 Somnelha .i. frequenter somniatur,
   uel dormitat 𝔄.
Uelha .i. uigilat 𝔄.
45 (63) Reuelha .i. excitat 𝔄.
Esuelha .i. euigilat 𝔄.

A. B.

Deuelha ℬ.
Reuelha ℬ.

Ouelha 𝔄 .i. ouis.　　　　[siccat 𝔄.
Solelha, sonelha .i. ad solem
Conselha, sonselha .i. consulit 𝔄.
Botelha .i. botelha, uas aquatile 𝔄.
Aparelha .i. preparat uel equat 𝔄.
Desparlha, desparelha .i. dispares
　facit 𝔄.
Pendelha .i. frequenter pendit 𝔄.
(77ᵇ) Aurelha .i. auricula 𝔄.
Pelha .i. uetus pannus 𝔄.
Relha .i. ferrum aratri 𝔄.
Selha .i. uas aquatile 𝔄.
Telha, delha .i. cortex tilie 𝔄.
Abelha .i. apis 𝔄.
Estrelha 𝔄ℬ, estelha 𝔄 .i. ferrum,
　instrumentum proprium equos
　tergendos 𝔄.
Estrelha ℬ.
Trelha 𝔄 .i. uitis in altum eleuata.

In ela 𝔄 in elha ℬ larg.

Uelha .i. ueterana 𝔄.
Amelha .i. proprium nomen mu-
　lieris 𝔄.

In ilha.

Filha .i. filia 𝔄.
Mirauilha, merauilha .i. mirum uel
　mirabile 𝔄.
Roilha .i. rubigo uel rubigine un-
　gitur 𝔄.
Desroilha .i. aufert rubiginem 𝔄.
Bilha .i. ligneus ludus 𝔄.
Essilha, esilha .i. in exilium mittit 𝔄.
Cornilha .i. cornix 𝔄.
Canilha .i. uermis comedens d'a 𝔄.
Pouzilha, ponzilha .i. pon' ligna
　supra muro 𝔄.
Ilha .i. ilia 𝔄.
Adouzilha, aduzilha .i. spinam in
　dolio mittit 𝔄.
(27ᵇ) Asotilha, asoutilha .i. sub-
　tilia 𝔄.　　　　[filiam 𝔄.
Afilha .i. adoptat in filium uel in

A. B.

(63, 2) In ola 𝔄 in olha ℬ larg.

3 Molha .i. umecta uel aqua per-
　funde 𝔄.
Remolha .i. ad humiditatem uenit 𝔄.
6 Despolha .i. expoliat 𝔄.
Uolha .i. uelit 𝔄.
Tolha .i. auferat 𝔄.
9 Destolha .i. deruct 𝔄.
Dolha .i. doleat 𝔄.
Acolha, aicolha .i. bene recipiat 𝔄.
12 Recolha .i. patrocinetur 𝔄.
Orgolha .i. superbit 𝔄.
Capdolha .i ascendit 𝔄.
15 Brolha .i. pullulat 𝔄.
Trolha, tolha .i. exprimit torcu-
　lam 𝔄.
18 Folha .i. equiuocum, folium uel
　folia producit 𝔄.

21 In ola 𝔄 in olha ℬ estreit.

Colha .i. pellis testiculorum 𝔄.
Dolha .i. foramen quo asta (?) in-
24　ferit (?) 𝔄.
(77ᶜ) Pholha, polha .i. ponitur 𝔄.
Solha .i. poluit, prouincia quedam 𝔄.
27 Uerolha .i. ugre firmat 𝔄.

In amba.

30 Camba .i. tibia 𝔄.

In enga.

33 Lenga .i. lingua 𝔄.
Lausenga .i. adulatio uel uerbum
　bilinguis 𝔄.
36 Fenga .i. fingat 𝔄.
Tenga .i. tingat 𝔄.
Estrenga .i. stringat 𝔄.

In anca.

Branca .i. frondes 𝔄.
42 Blanca 𝔄 .i. candida 𝔄.
Abranca .i. cap' ui' 𝔄.
Tanca .i. firmat 𝔄.
45 Estanca .i. retinet aquam 𝔄.
Anca .i. nates 𝔄.

A. B.

Manca .i. mulier amissa A.
Sanca .i. manu sinistra A.

(64)   In iga.

Figa .i. ficus A.
Triga .i. moram facit A.
Destrica, destriga .i. inpedit A.
Eniga .i. iniqua A.
Enemiga .i. inimica A.
Antiga .i. antica A.
Mendiga .i. mendica A.
Diga .i. dicat A.
Esdiga .i. neget A.

In ia.

Embria, embraia .i. proficit A.
Cambia .i. permutat A.
Tria .i. eligit A.
Lia .i. ligat A.
Deslia .i. soluit A.
Tria .i. discernit A.
Mia .i. mea A.
Sia .i. sit A.
Afia .i. fideiubet A.
Desfia .i. diffidit uel minatur A.
Dia .i. dies A.
Mia, amia .i. amica A.
Ria .i. rideat A.
(77 d) Aucia .i. occidat A.

In ica.

Pica .i. picat A.
Fica .i. figit A.
Afica .i. affirmat uel uincitur A.
Desfica .i. euellit A.
Rica .i. diues mulier A.

In ega.

Lega .i. leuga A.
Ega .i. equa A.
Pega .i. insipida A.
Sega .i. secat A.
Sega .i. sequatur A.
Cega .i. ceca A.
Trega .i. treuga A.
Encega .i. excecat A.

Persega .i. persequatur A.
Consega .i. consequatur A.

3 (64, 2)   In auca.

Pauca .i. parua A.
6 Auca .i. anser A.
Mauca .i. uenter grossus A.
Rauca .i. rauca A.
9 Erauca, grauca .i. terra sterilis A.

(28 a)   In esca.
12

Lesca .i. particula panis A.
Iesca B.
15 Sesca .i. arundo, secans A.
—Fresca A .i. recens.
- Bresca, bresa .i. fauus A.
18 Antrebresca .i. intermisit A.
_ Mesca .i. propinet A.
Pesca .i. piscatur A.
- 21 Cresca .i. crescat A.
—Esca .i. illud cum quo ignis acen-
ditur uel esca cara cani A.
—24 Adesca .i. inescat A.
Tresca .i. correa intricata A.
Tresca, bresa .i. coream fac' uel
27   ludum intricatum A.

In aira.

30 Laira .i. latrat A.
Uaira .i. uariat A.
Quaira .i. quadrat A.
33 Escaira .i. quadrum distrue A.
Esclaira .i. clarescit A.
Repaira .i. repatriat A.
36 (77 e) Aira .i. area A.

In ossa larg.

39 Fossa .i. cauea A.
Grossa .i. grossa A.
Trasdossa, transdossa .i. mantica
42   uel quidquid portat homo in
dorso equi A.
Ossa .i. collectio assium A.
45 Desossa .i. carnes ab ossibus re-
mouet A.

A. B.

In ossa estreit.

Rossa .i. ruta' ᴀ.
Mossa .i. sarcina que in neu' arbore nascitur super corticem ᴀ.
Trossa .i. sarcina ᴀ.
(65) Trossa .i. ligat sarcinam ᴀ.
Detrossa .i. sarcinam..... ᴀ.
Escossa .i. excussa ᴀ.
Rescossa .i. excussa ᴀ.

In osa larg.

Tosa ᴃ.
Rosa ᴀ .i. rosa.
Osa .i. ocrea de coria ᴀ.
Glosa .i. glosa ᴀ.
Prosa .i. prosa ᴀ.
In osa estreit fenissen tuit li femini que sunt [son] dels aiectius que fenissen in [en] os estreit.

In assa.

Lassa ᴃ.
Grassa .i. grassa ᴀ.
Lassa .i. fatigata ᴀ.
Passa .i. transit ᴀ.
Traspassa ᴃ.
Massa .i. nimis alicuius rei ᴀ.
Amassa .i. congregat ᴀ.

In oira.

Foira .i. fluxus ᴀ.
Esfoira .i. uentris polluit fluxus ᴀ.

A. B.

Loira .i. liccier ᴀ.
Zoira .i. uetus canis ᴀ.

3

In iscla.

Giscla.
6 Giscla .i. pluit simul et uentat ᴀ.
Ciscla, giscla .i. alta uoce clamat ᴀ.
Iscla ....
9 Explicit liber donati prouincialis ᴀ.
Et hec de ritimis dicta sufficiant, non quod plures adhuc ne-
12 queant inueniri, sed, ad uitandum lectoris fastidium, finem operi meo uolo imponere, sciens procul dubio
15 librum meum emulorum uocibus lacerandum, quorum est proprium reprehendere que ignorant. Sed
18 si quis inuidorum in mei presentia hoc opus redarguere presumpserit, de scientia mea tantum confido
21 quod ipsum conuincam coram omnibus manifeste, sciens quod nullus ante me tractauit ita per-
24 fecte super his nec ad unguem ita singula declarauit.
[Was folgt fehlt in ᴃ.] Cuius
27 Ugo nominor, qui librum composui precibus Iacobi de Mora et domini Corani Zhuchii de
30 Sterlleto ad dandam doctrinam uulgaris Prouincialis et ad discernendum uerum a falso in dicto
33 uulgare.

Bibliothèque de l'école des Chartes l, S. 189.

Grammaires provençales, S. 69.

Opuscoli religiosi leterarj e morali Serie III*, T. IV°, S. 53.

B 79 ͨ.   C 15 ᵇ.

Las rasos de trobar de
R. Vidal.

Per so qar ieu raimonz uidals 3
ai uist et conegut qe pauc domes
sabon ni an saubuda la dreicha
maniera de trobar, uoill eu far 6
aqest libre per far conoisser et
saber qals dels trobadors an mielz
trobat et mielz ensenhat ad aqelz 9
qel uolran aprenre con deuon
segre la dreicha maniera de tro-
bar. Pero sieu i alongi en causas 12
qe porria plus leumens dir, nous
en deues merauellar, car eu uei
et conosc qe mant saber en son 15
tornat en error et en tenso, qar
erant tant breumens dig. Per
qieu alongai (54) en tal lucc qe 18
porria plus breumenz hom dir et
si ren
            i lais o i fas enrada, pot 21
si ben auenir per oblit (qar ieu
non ai leis uistas ni auzidas totas
las causas del mon) o per failli- 24
mentz de pensar. Per qe totz
hom prims men deu rasonar, pois
conoissera la causa. Ieu sai ben 27
qe mant home i blasmeran o
diran 'aitan ren i degra mais
metre' qe sol lo qart non sabrian 30
far ni conoisser, si non o trobessen

Peso qe eu en raimons uidals
hai uist et conogut qe pauc dome
sabon ni an saubuda La maniera
del trobar vueil far a q'st libre,
e far conoisser e saber qal tro-
bador an meis trabat,

                        e si eu mi
alonie en cauzas qeu poiria dir
plus brieu non uos endeuetz mera-
uillar qar ieu uei e conoisce qe
mai't saber en son tornat en error
et en tenzon. qar sun tant breumen
dit per qieu mi alongerai per tals
luecs qieu poiria ben leu plus
breumen dire. Aitam ben si ren
ilais ni faz errada. pot si ben
auenir per oblit o qar ieu non
hai auzidais totas las cauzas del
mond. o en failla graₙmen de
penzar *per* qe totz homs prims
ni entendenz nomen deu *veljaizo-
nar*, pos conoissera o conois lu
caiczo E sai ben che mainz homs
blasmara. o dira q'n aital luec
idegra mais metre *qe sol lu chaizo
no sabru ni conoissera.* si nono

5 *

B.

tan ben assesinat. Autresi nos
dig qe homes prims i aura de
cui enten, sitot sestai ben, qe i
sabrian bien meilhorar o mais
mettre, qe greu trobares negun
saben tan fort ni tan primamenz
dig qe uns hom prims no i saubes
melhurar o mais metre. Per qieu
uos dig qe en neguna ren, pos
basta ni benista, non deuon ren
ostar ni mais metre.

Totas genz cristianas iusieuas 12
e sarazinas, emperador, princeps,
rei, duc, conte, uesconte, contor,
ualuasor, (70) clergue, borgues, ui- 15
lans, paucs et granz meton totz
iorns lor entendiment en trobar et
en chantar o qen uolon trobar o qen 18
uolon entendre o qen uolon dire
o qen uolon au(79ᵈ)zir, qe greu
seres en loc negun tan priuat ni 21
tant sol, pos gens i a paucas o
moutas, qe ades (190) non auias
cantar un o autre o tot ensems, 24
qe neg li pastor de la montagna
lo maior sollatz qe ill aiant an
de chantar, (55) et tuit li mal el 27
ben del mont son mes en remem-
bransa per trobadors, et ia non
troras mot un mal dig. pos tro- 30
baires la mes en rima, qe tot
iorns en remembranza, qar tro-
bars et chantars son mouemenz 33
de totas galliardias.

En aqest saber de trobar son
enganat li trobador et dirai uos 36
com ni per qe.

Li auzidor qe 39
ren non intendon, qant auzon un
bon chantar, faran senblant qe
for ben lentendon et ges no len- 42
tendran, qe cuieriant se qelz en
tengues hom per pecs, si dizon qe
no lentendesson. Enaisi enganan 45
lor mezeis, qe uns dels maior sens

C.

trobes tam ben acesinat atressi uos
dic qe homs prims iaura de cui
3 uos dic sitot estai ben. qe i sabria
meillurar o mais metre qar grieu
trobaretz negu' saber tant fort ni
6 tan (16ª) primamen dit qe fort
prims homs non i pogues meillurar
mais metre per qieu uos dic qe
9 negun dig pos basta. ni ben estai
negunz homs nol dieu tocar ni
mouer

Tota genz crestiana, e luzeus.
e serrazis emperador. Rei. Princ.
Duc. Comte Vescomte Contor.
15 Vesccontor. etuit autre cauailler e
clergues eborzes e uillan. pauc.
egran. me non tot dia en trobar
18 o en chantar. o qi. uolon entendre.
o qi uolon dir o auzir. egrieu
siretz en luec pos gen i ha pauca
21 o mouta. qades non iau ratz
contar un o autre. o totz c'sems
tzeus los pastores de las montaignas.
24 qe totz lo maier solatz qil han es
de chantar, etuit li mal e li ben
del mond son en remembranza.
27 o qais en memoria mos pels tro-
badors eia no' trobares re mal
dicha ni bendicha pos li trobador
30 lan dicha ni mes solam' en rima
qe tostemps pois non sia en re-
me'bra'za, e trobars, e cantars
33 egalment de totas autras gaillar-
dias

Da qest saber de trobar son
enganat del trobadors e dels
36 auzidors eissamentz maintas uetz
(16ᵇ) Mirai uos qom ni per qe li
auzidor qar non entendon qan
39 auziran un bon chantar. faran
semblan qe fort ben o entendan
eia nolentendran e qar cuiarion
42 qe hom los tengues per pecs sil
dizion qeil non lentendesson es-
tasen. et entaissi enganno Lurs
45 meteis qar us del maiors senz del

B.

del mont es qi domanda ni uol apenre so qe non sap.

Et sil qe entendon, qant auzion un maluais trobador, per ensegnament li lauzaran son chantar et, si no lo uolon lauzar, al menz nol uolran blasmar. Et enaisi son enganat li trobador et li auzidor nan lo blasme, car una de las maiors ualors del mont es qui sap lauzar so qe fa a lauzar et blasmar so qe fai a blasmar.

Sill qe cuion entendre et non entendon per otracuiament non aprendon et enaisi remanon enganat. Ieu non dic ges qe toz los homes del mon puesca far prims ni entendenz ni qe fassa tornar de lor enueitz senz plana paraola, pero hanc Dieus non fes tan grant error per qe ben i sia escoutatz ni ben puesca parlar que non traga alcun home qe o entendra. Per qe, sitot ieu non entent qe totz los puesca far entendentz, si uueill far aqest libre per luna partida.

Aqest saber de trobar non fon anc (80*) mais ni aiostatz tan ben ·en un sol luec mais qe cascun nac en son cor segon que fon prims, ni entendenz. Xi non crezas que neguns hom maia istat maistres ni perfaig, car taut es cars et fins le sabers qe hanc nuls (71) homs non se donet garda del tot. So conoissera totz homs prims et entendenz qe ben esgard aqest libre. Nieu non dic ges qe sia maistres ni parfaitz, mas tan dirai segon mon sen en aqest libre qe totz homs qi lentendra ni aia bon cor de trobar poira far sos chantars ses tota uergoigna.

C.

mont es qi uol aprendre e demandar zo qel no sap et assatz deu 3 auer maior uergoigna cel qi non sap qe aicel qi demanda e cil qi entendon qan auziran un mal 6 azaut trobador per ensegnam' e per cortezia. lauzaran son auol chantar o almeinz non lo blas- 9 maran et aissi tenian lo trobaire' enganatz eli auzidor en blasme qar una delas maiors ualors del 12 mon es lauzar. zo qes fai a lauzar e blasmar zo qes fai a blasmar qant es luecz e temps il qe cuidon entendre 15 Cere non entendon per outra cujame' non uolon apenre, et en aissi remanon enganal eu no' dic 18 ges qi eu puescha far prims ni entendenz totz los homes del mon. tu de lur enuers si torno per 21 raas paraulas. qe hanc dieus non fes tan grant ordre qe pos homs esconta lerror qom non trobe 24 (17*) qala com home qe lai inclina son cor. per qe si tot non sun tan entendentz qom ieu uolgra 27 per far totz entendentz si uueil eu far aq'st libre per la una par- tida

A quest sabers de trobat anc 30 non fon .... ne aiostatz totz en un sol luec. Mas qe chascuns 33 senac eson cor segon qe fon ni entendentz qe negurs hom non fon hanc maiestres ni perfettz de 36 totas canzas. car tant es cars e fis lo sabers et hanc mils hom no sen doua garda. qom nol pot. 39 tot aiostar ensemps Si qom poires auzir en a q'st libre e non dic icu ges qieu sia maestres ni per- 42 fettz. Mas tant endirai segon zo q'u cug en aq'st libre q' totz hom qi ben lentenda ni ara bon cor 45 de trobar poira far fos chantars ses tota uergoigna

B.

(56) Totz hom qe uol trobar ni entendre deu primicrament saber qe neguna parladura non es naturals ni drecha del nostre lingage mais acella de fra'za e de lemosi (191) e de proenza e daluergna e de caersun. Per qe ieu uos dic qe quant ren parlarai de lemosy qe totas estas terras entendas et totas lor uezinas et totas cellas qe son entre ellas. Et tot lome qe en aqellas terras son nat ni norit an la parladura natural et drecha, mas cant uns dels ciciz de la parladura per una rima qe i aura mestier o per autra causa

mielt conois cels q' a la parladura reconeguda e non cuian tan mal far con fan, cant la iettan de sa natura, anz se cuian qe lors legages sia. Per qieu uuell far aquest libre per far conoiser la parladura a cels qe la sabon drecha et per ensennar a cels qe non la sabon.

La parladura francesca ual mais et plus auinenz a far romanz et pasturellas, mas cella de lemosin ual mais per far uers et es cansons et seruentes, et per totas las terras de nostre lengage son de maior autoritat li cantar de la lenga lemosina que de neguna autra parladura, per qieu uos en parlarai primeramen.

(57) Mant home son qe dizon qe 'porta' ni 'pan' ni 'uin' non son paraolas de lemo(80[b])sin, per so car hom las ditz autresi en autras terras com en lemosin, et sol non sabon qe dizon, car totas paraolas qe ditz hom en lemosin dautras

C.

Totz hom qui uol trobar ni entendre dieu primeiram' saber
3 q' neguna parladura non es tant naturals ne tant drecha dels nostres lengatges con aqella de
6 franza o de lemozi o de saiṅ tonge. o re caerci o dabieruḡna per q'u uos dic qe qant ieu parlarai (17[b])de
9 lemozi totz a q'llas t'ras et entendatz et oras los uerzinas qe son en ueiron de las. Et tuit li home
12 qi. en a qella t'ra son nat ni noirit han la parladura natural. Edrecha mas qant us de lor es
15 issitz della parladura per alcuna rima o per alcun mot qi li sera mestier cui on las genz qi non
18 entendo' qe la lur lenga sia aitals, qar non sa bon lur lenga per qe miels lo conois cel qi ha la par-
21 ladura reconoguda q' sel qi non la sap e per zo non cui o' mal far qan geton la parladura de
24 sua natura. anz cui on qe sia aitals la lenga per qieu uue il far aq'st libre per far reconoisser las
27 parladuras da q'ls qi la parlon drecha e per enseignar aicels qui non la sabon
30 La parladura franchescha ual mai et es plus auinentz a far romantz Retromas e pastorellas.
33 Cella de limozi ual mais achanzos et siruentes, et uers de totz las autras dels nostres lengartes, e
36 per aizon son e maior auctoritat li cantar de la parladura de limozi qe de negun autra lenga.

Maint home dizon qe 'porta' ni 'pans' ni 'uins' non son paraulas de
42 lemozi. per zo qar si dizon en autras terras quom en lemozi. sol no sabon qe si dizon qar iot
45 las paraulas (18[a]) que hom ditz en lemozi atressi quom en autras

B.

gisas qe en autras terras aqellas son propriamenz de lemosin. Per qieu uos dic qe totz hom qi uuella trobar trobar ni entendre deu auer fort priuada la parladura de lemosin et apres deu saber alqes de la natura de gramatica si (72) fort primamenz uol trobar ni entendre, car tota la parladura de lemosyn se parla naturalmenz et per cas et per genres et per temps et per personas et per motz, aisi com poretz auzir aissi, si ben o escoutas.

(192) Totz hom qe sentenda en gramatica deu saber qe og partz son de qe totas las paraolas del mont si trason. so es a saber del nom e del pronom e del uerb e del auerbi e del particip e de la coniunctio e de la prepositio e de la interiectio.

Par tot aiso qe ieu uos dich deues saber qe las paraolas i a de tres manieras. las unas son aiectiuas et las autras substantiuas et las autras ni lun ni lautre.

Adiectiuas et substantiuas son tota acellas qe an pluralitat et singularitat et mostron genre et persona et temps o sostenon o son sostengudas, aisi con son sellas del nom et del pronom e del particip et del uerb. mas cellas del auerbi et de la coniunctio et de la prepositio et de la interiectio, per car singularitat ni pluralitat non an ni demostron genre ni persona ni temps ni sostenon ni son sostengudas, non son ni lun ni lautres et podes las appellar neutras.

Las paraulas adiectiuas son com 'bons, bels, bona, bella, fortz, uils, sotils, plagens, soffrenz, am,

C.

terras mas aq'llas qom ditz en lemozi dautra guiza qe en autras terras sun propriamen de limozi per qieu uos dic qe totz hom qi uol trobar ni entendre de saber la natura de la gramatica. si fort primame' uol trobar ni entendre qar tota la parladura de limozi si parla naturalmen a deg per cas et per nombres e per geners e per temps e per p'sonas e per moz aissi qom poires auzir si ben mes'coutares

Totz hom qi senten en gramatica deu saber qe viij partz son qe totas las paraulas del mon deuizon zo es Noms. verbs. partecips. pronoms. prepositons. aduerbis. coniunctios. et int'ietj's

O utra. tot aisso qieu uos ai dig deuetz saber qe paraulas ison detres maneiras las unas son adiectiuas, las autras substatiuas las autras ni adiectiuas, ni substantiuas

Substantiuas sun aqellas qi han singularitat e pluralitat, e demostron genus, et personas e sosteno' o son sostengudas, et han substantia

℞ (18ᵇ) *qui manca nedi insu la coperta*

B.

C.

uau, grasisc (58), engresisc‘, o
cant a o qe fa o qe suffre, et son
appelladas adiectiuas, car hom no 3
(80ᶜ) la pot portar ad enten-
dement, si sobre substantius nous
las geta. 6
Las paraulas substantiuas son
aiso com ‘bellezza, boneçza, ca-
ualiers, cauals, dopna, poma, ieu, 9
tu, mieus, tieus, sai, estau‘ et
toutas las autras del mont (193)
qe demostron substantiam uisibil 12
a non uisibil, e aiso an nom sub-
stantiuas car demonstran sub-   epodes en far una razon complida
stantia et sostenon las aiectiuas, 15 ses las adiectiuas ab lo uerbs.
aisi com qi dizia ‘rei sui daragon‘, aissi com si ieu dizia ‘reis sui da-
o ‘ieu sui rics homs‘.   ragon. Caualliers sui caual hai‘
Las paraulas adiectiuas son 18   Las paraulas adiectiuas sun
de tres manieras, las unas son   de tres maneiras Las unas sun
masculinas et las autras femini-   masculinas las autras femeninas
nas et las autras comunas. Las 21 et las autras comunas. las mas-
masculinas son aisi com ‘bons,   culinas sun aissi qom ‘bos bels
bels‘, e totas cellas qe hom ditz   gais blancz‘ e totz aq‘llas qe de-
en lantendiment del masculin, et 24 mostro’ mascle
nos las pot hom dir mas ab sub-
stantiu masculin. Las femininas   las femininas sun
son aisi com ‘bona, bella‘ e totas 27 aissi qom ‘bona bella gaia. blancha‘
cellas qe hom ditz en entendiment   e totz a qellas qe demostron
del feminin, e nos las pot hom   feminil chauza
dir mas ab substantiu feminin. 30
(73)Las comunas son aisi com ‘fortz,   Las comunas son aissi qom
uils, sotils, plasenz, suffrenz, am. ‘fort uils sobtils plazentz suffrentz‘
nan, grasisc‘ et mantas dautras 33 emaintes autras da qesta maneira
qe ni a daqesta maniera. Et son   e son per aisso appelladas comu-
per so appeladas comunas car   nas qar la pot ... ben dire al
hom la pot dir aitan ben a sub- 36 mascle qon a la femna
stantiu masculin com ab femenin,
uel a feminin com a masculin et
com ab comun, car aitan ben ni 39
a de tres manieras com de las
substantiuas.
Las paraolas substantiuas fe- 42
mininas son ‘bellezza, bonezza,
dompna, poma‘ e totas las autras
qe demonstran substantia feminina. 45
Las masculinas son ‘caualiers,

B.

C.

cauals' et totas las autras (193)
qe demostron substantia mascu-
lina. Comunas son totas aqestas 3
'ieu, sui, estau, tu' et totas las
autras don si pot demostrar aitan
ben homs com femna com 'homs' 6
aisi com 'uerges', car hom pot
ben dir 'uerges es (80⁴) aqest
homs' o 'uerges es aquesta femna'. 9
(59) Premieramentz uos parlara
del nom et de las paraolas qe
son de la sieua substantia, com 12
las ditz hom en lemosyn. Saber
deues qel nom a sinc declinations
et qascuna dellas a dos nombres, 15
so es a saber lo singular el plural.
Lo singulars parla duna duna els
nominatiu el genitiu el datiu e 18
uocatiu e lablatiu.

Apres tot aisi doues saber qe
gramatica fan genres, so es a 21
saber le masculins el feminins el
neutris e es comuns. Mas e ro-
mans totas las paraolas del mont 24
adiectiuas o substantiuas son mas-
culinas o femininas o comunas o
de luis entendemenz, aisi com ieu 27
uos ai dig desus, en petitus en
fora qe pot hom abreuiar per
rason del neutri el nominatiu el 30
uocatiu singular, aisi com qui
uolia dir 'bon mos car maues
onrat' o 'mal mes car maues ten- 33
gut' 'bel es aiso', et autresi uan
tuit cill daqest semblant. Et dar
uos nai eisemple dels masculins 36
et dels feminins. En gramatica
es 'arbres' feminins e 'cuns' es
neutris, et ditz los hom en romans 39
masculins. En gramatica fa hom
masculin 'amor' et 'mar' neutriu
et ditz los feminins en romans. 42
Autresi totas las paraulas del mont
son (74) masculinas o femininas
o comunas e de luis entendemenz 45
en romaus, daqest dos cas en

A pres tot aisso deuetz saber
qe gramatica fai V genres zo es
masculinis femininis neutris comus
et omnis Mas en roma'z totz las par-
aulas del mond substantiuas, et ad-
iectiuas su' aissi con ieu uos ai dig
de sus. masculinas. femininas et
neutras Et de lur entendimen
petitas et grandas (19ª) e pot hom
abreuiar las grandas per la razon
del neutre en lo nominatiu. en
lo uocatiu singular. aissi con qi
uolra dir 'bel mes qar mauetz
honrat. Mal mes qar mauetz
te'gut bel mes aisso bon mes aisso'.
atressi uan tuit Lautre da q'st
semblan Edonar uos trai semblan.
neis dels masculins edels femenis
edels autres en gramatica, es
femenis 'arbres'. et en romans es
masculins en gramatica fa hom
masculinas 'amors'. Et 'amar'
neutre et en romanz feminini
'amors'. et 'amar' comun et atressi
totas las autras paraulas del mon
son masculinas, o femininas. o co-
munas o de lur entendimen en ro-

B.

fora qe ie uos ai dich qe son neutriu per abreuiar. Estiers non trobaretz neguna paraula substantiua que hom puesca dir en neutri mas solamenz las aiectiuas, aisi com ieu uos ai dig el nominatiu el uocatiu singular, car ia non trobares autre cas negun.

(60) Hueimais deues saber que toutas las paraulas del mon masculinas qe satagnon al nomen et cella qe hom (81ᵃ) ditz en lentendement del masculin substantiuas et adiectiuas salongan

en .VI.

cas, so es a saber el nominatiu singular el genitiu et el datiu et en lacusatiu et en lablatiu plural, et sabreuion en .VI. cas, so es a saber lo genitiu et el datiu et el acusatiu et el ablatiu singular et el nominatiu et el uocatiu plural. Alongar apelli ieu, cant hom ditz 'caualiers, cauals'

et autresi de totas las autras paraulas del mon. Si om dizia 'le caualiers es uengut' o 'mal fes le caual' o 'bon sap loscut', mal seria dich, qel nominatius singular alongar si deu, sitot hom dis per us 'uengut es la caualiers' (194) o 'mal mi fes lo caual' o 'bon sap lescut'. Et el nominatiu plural deu hom abreuiar, si totz hom ditz en motz lueses 'uengut son los caualiers' o 'mal mi feron los cauals' o 'bo mi sabon los escutz'. Autres de totas las paraulas masculinas salongon tuit li uocatiu

C.

mans da qellas doas en foras qi. son neutras per abreuiar Ni ia
3 non trobares alquna paraula susta'tiua q' hom puesca dir el neutri mas solam' Las aiectiuas
6 aissi co' ieu uos aidit el nominatiu et el vocatiu singular

9   O Imais deuetz saber totas las paraulas del mond. qi ataignon al nominatiu et cellas qe hom
12 ditz (19ᵇ) en entendimen de masculin o de feminin substantiuas, et adiectiuas salongon en dos
15 nombres en singular. et en plural et en VI. cas zo es lo nominatius, el uocatius singulars qe se resem
18 blon, et el genitiu datiu accusatiu, et ablatiu qi se resemblan eissam' et aqist q'tre cas sun appellat
21 obliq' e deuetz saber qen aissi fai lo nominatius plurals con fai loblios singular. et aissi uai loblios
24 plurals qom lo nominatius singulars qom diz 'cauals' qi es lo nominatius singulars et 'caual' loblios
27 plurals, et 'caual' nominatius plurals qom qi uol dire 'us caual es a qi et eu hai dos bels cauals et
30 eu pueg emon caual et dus bel caual sun aqist' et autressi totas las paraulas del mond qanc hom
33 diz 'lo caualliers es uengut. mal mi fes lo cauals. o bon mi sap le scuz' et sun nominatiu singular et
36 em plural sun oblic aissi con qi dizia 'uengutz soi aqi' et es nominatius singulars et qi uolra ab
39 reuiar diria em plural 'il son uengutz' qom en peires (20ᵃ) uidals qi diz 'mont mes bon ebel qan
42 uci de nouel la flor el ramel' 'mout mes o on ebel' es nominatius neutres e per aisso lo pauzet
45 neutres per abreuiar 'Caualier mal mi feiron nostrt caual. bon mi

B.

singular et sabreuion tuit li uo-
catiu plural. Li uocatiu singular
salongon autresi com li nominatiu
el uocatiu plural sabreuion autresi
con li nominatiu.

Et en per so qe ancaras naias
maior entendement, uos en (75) tro-
barai semblan dels trobadors aisi
con o an meniat sobrel nominatiu
cas singulars et sobrel nomiuatiu
plural et sobrel uocatiu singular
et sobrel plural per so, car aqest
qatre cas son plus de leuir per
entendre a cels qe an la parla-
dura qe als autres qe non lan
dreccha, car li catre cas singular,
so es le genitius el datius et lacu-
satius (61) et lablatius sabreuien
per totas las terras del mon et
li catre cas plural, so es a saber
le genitius el datius et lacusatius
et lablatius, salongon per totas
las terras del mon, mas per so qe
li nominatiu el uocatiu singular
non salongan mas per cels que
an la drecha parladura. ni li no-
minatiu plural non sabreuion mas
per cels que an la drecha parla-
dura.

(81ᵇ) En bernartz del uentedor
dis 'Bien sestai donpna, ardimenz'.
Et dis en autre luoc
·Bona dompna, uostre cor genz'.

En G. de sain lesdier dis
·Dompna ieu uos sui messagiers·.
Et en autre luoc dis
·Non sai cals, es lo caualiers·.

(195) En G. del borneill dis
·E pos del mal nom fui le fams
E conosc cal serial bes'.
Tuit aquist nominatiu foron sin-
gular alongat.

Araus donarai senblantz dels
uocatius en un luec 'Et uos donpna
pros, franche et de bon aire·
(76) En autre luoc dis.

C.

fa bon li escut' et aiessi de totas
las paraulas del mond masculinas
3 si poon abreuiar per lo plural et
per lo neutre

6   Perzo naratz maior remem-
branza qi eu uos en pauzarai sem-
blanzas aissi qom han menat elors
9 chantars sobre lo nominatiu cas
singulars et sobre lo nominatiu
plural e sobrels uocatius per zo q'r
12
aqist cas son plus estrainz per en-
tendre acels qi non han drecha
15 parladura qe tuit li autre
                          e qar li
. patre cas singular zo es lo genitius
18 el datius e lacusat'. el ablatius

mas per zo qar lo nominatius el
24 uocatius singular non salongnon
mas per cels qan la drecha par-
ladura nil nominatius nil uocatius
27 plurals non subreuion mas per
cels q' han la drecha parladura
uos uoil donar ait al semblanza
30   (20ᵇ) En bernat de uentardon
ditz 'ben eschai ado'na ardimenz
entrauol gent emals uezis' en autre
33 Luec ditz 'domnal uostre cors ge'z'
   En guillem de saint deisler di's
'do'na ieu uos messaigiers' et en
36 autre luec diz 'non sai qals ses lo
caualers'
   En giraut de bornel diz 'e pos
39 del mal nom fui la fanz e conosc
qals serial bes' tuit aqist foron
nominatiu singular alongat
42
               araus
don arai semblanz dels uocatius
45 en un luec diz. 'e uos do'na pros
franche de bonaire' en un autre

B.

'Quieu ai de uos chantar
Ben a dos anz Bels cors prezauz'.
   Araus donrai senblanz dels
nominatius plurals com sabrcuiom.
En B. del uentadorn dis

'Saber podon peitauin et norman'
(62) Et en G. del Borneill dis
'Et sil fag son gentil'.
Araus donrai semblant dels uo-
catius plurals.
En B. del uentadorn dis
'Ar me consilhatz, senhor'.

   Estiers uos uuell far saber qe
una paraula i a masculina ses
plus qe salonga el nominatiu et
el uocatiu singular et en toz les
plurals, so es a saber 'maluag'.
   Ausit aues com hom deu menar
la paraulas masculinas en abre-
uiamen et en alongamen. Araus
parlarai de las femininas (77) et de
totas cellas qe hom dis en enten-
dement en feminin.
            Saber deues
que las paraulas femininas i a
de tres manieras, las unas que
fenissen en a, enaisi com 'dompna,
poma, bella', et mantas autras
paraulas qe fenisson en or, en-
aisi com 'amor, color, lauzor'.
Dautras ni a que feneisson en on,
enaisi com 'chanson, saison, faison,
ochaison'.
   Saber deues qe totas cellas
qe fencisson en a adiectiuas et
substan(196)tiuas (81ᵉ), aisi com
'donpna, poma', sabreuian en .VI.
cas singulars et alongan si en
los .VI. cas plurals.
   Las autras que feneisson en
or, enaisi com 'amor, color, lauzor',
et aqellas qe feneisson en on, aisi
com 'chanson, sazon, ucaison', sa-

C.

cantar diz 'eu hai de uos cantat
ben dos auz cors p'zans'
   Araus donarai semblanz. dels
nominatius plurals qom fabrenion.
en Bernat daue'tadorn diz 'li sei
bel oil trahidor' e B. de botz diz
'sabon pitaui en orman' e Giraud
de borneil diz. 'esil fag son gentil'

   Pois uos donarai senblanz del
uocatius plurals en B. dauenta-
dorn diz 'aram cosseillatz segnor
uos cauctz saber es en' aqest 'seg-
nor' fon uocatius qa breuiet en
lo plural
   (21ᵃ) Per estiers uos uoil far
saber qe una paraula hia mascu-
lina qi salonga en lo nominatiu
et en lo uocatiu singular et en
totz los plurals zo es 'maluatz'
   Auzit auetz qom den amenar
las paraulas masculinas en ab-
reuiamen et en alongamen oi
mais uos parlarai de las feminas,
e de totas cellas qe hom ditz en
entendimen de feminin
   Sauer deuctz qe paraulas femi-
ninas son de doas maneiras las
unas fenisson en a aissi com
'domna. bella. blancha. poma'.
emaintas autras daqest semblant.
las autras fenisson en .s. qon
'amors. calors. chanzos faizos'
emaintas autras da q'st semblan

   Cellas totz qi fenisson en a
son aicctiuas aisi con 'domna bella.
poma. blancha'. e sabreuion en
los .VI. cas plurals

   Las autras qom 'amors. calors.

sazos canzos' elas autras qi son

B.

longon en .VIII. cas, so es a saber el nominatiu et el uocatiu singular et en toz los cas plural, et abreuion si el genitiu et el datiu et en lacusatiu et en lablatiu singular.

Et per so car li nominatiu singlar son plus saluatge a cels que non an la dreccha parladura qe toz los autres, et darai uos en semblanz dels trobadors.

Narnautz de Merucill dis 'Sim destregues dompna uos et amors'. (63) Et manz dautres qe ni a qe ieu porria dir. Mas en una paraula o en duas qe ieu diga per senblan pot entendre toz homs prims totas las autras.

Estiers uol nuel dir qe paraulas i a qe salongon en toz los cas singulars et plurals, enaisi com 'delechos, ioios, uolontos, ris, gris, uils, lis, cors, ors, las, ras, gras, pres, confes, engres, temps, gems, fals, reclus, condus, ars, spars, conuers, enuers, ro(78)mans, enans', e noms propres domes et de terras, aisi con 'paris, pais, ponz', e mantz autres qe ni a qe remanon et esgardament domes prims. Encars i a de paraulas qe salongon per totz los cas singulars et plurals per us de parladura et car si dizon plus auinennennenz, aisi com 'emperairis, chantairis, badairis', e totat cellas qe son daqest semblant.

Autras paraulas i a qe hom pot abreuiar, car son acusatiu singular, et en aqest cas mezeis

C.

da qesta semblanza salongon en lo nominatiu et en lo uocatiu 3 singular (21ᵇ) et en totz lo plurals subreiuon. el genetiu el datiu et en laccusatiu, et en lablatiu sin-6 gular

e per zo qar lo nominatiu singular zon plus saluatge acels 9 qi non han la drecha parladura salongon per totas las parladuras del mond e li quattre cas plural 12 zo es lo genetius datius accusatius, et ablatius salongon per totas terras

15 E donarai uos en semblanz del trobadors en folq·tz diz 'sal cor plangues be' for o imais sazos'

18 Arnault de merueil diz 'sun de stregnetz domna uos et amors' et en maintz dautres qi ni dels tro-21 badors qom uos poiria dir mas en una paraula o en doas pot hom prins entendre totas las 24 autras

Per estiers uos uoil dir qe paraulas iha qi fa longon en totz 27 les caz singulars. eplurals aissi qon 'de lechos boluntos. ris. uis. lis. cors solati. Lais braz. glaz. 30 uas. nas. cas. ras. gras. pres ronfes. engres. luz. fals reclus. claus. us repaus. enuers. conuers. tra-33 uers. uers romanz' et noms propris de luec. cu' 'paris peiteus angueus'. emainz dautres qi remano' 36 en (22ᵃ) esgardamen domes prins

En qara jha paraulas qi salongon per totz los cas singulars, 39 eplurals per uz de parladura eqar se dizon plus auinen. aissi com 'em emperairitz chantantz. ballantz'. 42 etotas cellas q' son daq'esta semblanza

Autras paraulas jha qe hom 45 pot abreuiar per cas qant son accusatiu singular e qon aqel cas

B.

pot los hom alongar per us de parladura, aisi com qui uolia dir 'ieu mi fas gai‘ o 'ieu mi teng per pagat‘, et enaisi es dig per cas et dis (81ᵈ) hom ben 'ieu me fas gais‘ o 'ieu mi tenc per pagatz‘, et enaisi ditz los homs per us de parladura e toz daqels daqest semblant.

Encara uuell qe sapchatz qe el nominatiu et el uocatiu singular ditz hom 'totz‘ et en totz los autres cas singular ditz hom 'tot‘, e en nominatiu et el uocatiu plural ditz hom 'tut‘ et en totz los autres cas plurals ditz hom 'totz‘.

Saber deues qe paraula i a del uerb qe ditz hom aisi com del nom‘, so es a saber lo s i’ nominatius, aisi com qi uolia dir (197) (64) 'mal me fai lanars‘ o 'bon sap le uenirs‘, et autresi salongan et sabreuian com li mas-culin.

Las paraulas substantiuas co-munas, qant las ditz hom per masculins, salongan et abreuian aisi con li masculin et, caut si dizon per feminins, salongan et sabreuian aisi com li femenin qe non fencisson en a.

En uostre cor deuetz saber que tuit li adiectiu comun, so es a saber 'fortz, uils, sotils, plazenz, soffrenz‘, de calqe part qe sian o nom o particip salongan el nomi-natiu et el uocatiu sian o mascu-lin o feminin, aisi con qui uolia dir 'fortz es le cauals‘ o 'fortz es li donna‘ o 'fortz es li chan-sons‘, et en totz los autres cas alongan si et sabreuian aisi com li substantiu.

Sapchatz qe 'uns‘ salonga el nominatiu singlar et per totz los

C.

meteis la pot hom alongar per us de parladura. o qar se dizon plus auinen aissi qom qi uolia dir 'eu mi teing per pagatz. et eu mi teing per pagat et eu mi tieng. gai‘ e son bon per cas 'eu mi faz gai e mi faz gais‘ et aissi tuit li autre da qest semblan

Estiers tot aisso uoil qe uos sapchatz qel nominatius el uoca-tius singulars ditz 'totz‘ o en tot los autres cas singulars 'tot‘ es no-minatius, el uocatius plurals ditz 'tuit‘ els altres cas plurals dizom 'totz‘

Saber deuetz eissam‘ qe de uerb j ha qom ditz (22ᵇ) aissi qom nom e zo es a saber le feminins aissi com uolia dir 'mal mi fai la mars. bom mi sap le uenus‘. et atressi falongon efa breuion qom los noms

Las paraulas sustantiuas co-munas qan las diz hom per mas-cu linsa longon, e sabreuion com li masculin e qan se dizon per enfenitiu aissi com li feminin qe en a fenisson et en el

Dinz el cor deuetz saber qe fuit li adiectiu comun sun zo es 'fortz. uils. sotils. plase‘tz sufrentz‘ de qal part sian. nom o participi salongan el nominatiu et el uo-catiu singular ab qal qe suslancia sian aiostat ab masculina o ab feminina aisi com qi uolia dir 'plazentz caualiers plazentz domna‘

E sapchatz qe hom diz 'vs‘ el nominatiu et 'un‘ en totz los autres

B.

autres cas ditz hom 'un' et el
nominatiu et el uocatiu plural
ditz hom 'dui, trei' et en tot los
autres 'dos, tres' et en tot los
autres nombres entro a C. ditz
hom per totz cas duna guiza,
(79) mas CC. CCC. CCCC. D. DC.
DCC. DCCC. DCCCC. sabreuion
el nominatiu cas plural et alon-
gon si en totz los autres.

Parlat uos ai de las paraulas
masculinas et femininas con salon-
gon et sabreuion en cascun cas.
Araus   par(82')larai   de cellas
qen son del senblan al nominatiu
et al uocatiu singular et a tot
los autres. Primieramen uos
dirai las femininas, el nominatiu
el uocatiu singlar ditz hom 'ma
donna, sor, necza, gasca, garsa'
(65) et en tot los autres cas sin-
gulars ditz hom 'mi dons, seror,
boda, gascona, garsona' et en totz
los cas plurals dis hom 'dompnas,
serors, bodas, gasconas, garsonas'.
Dels masculins podes auzir
oimais. El nominatiu et el uoca-
tiu singular ditz hom 'conpags,
peires, bous, bailes, nebles, laires,
brezes, gasces, gars, carles, ugos,
gius, miles, gaines, folqes, ponz,
berniers, obes, catz, osses, maines,
paus' et en tot los autres cas sin-
gulars et el nominatiu et el uo-
catiu plural ditz hom 'conpaignon,
peiro, bozon, bairon, bailon, neblon,
lairon, breton, gascon. garson,
carlon, ugon, guison, milon, ga-
nellon, folcon, ponson, bernison,
don, charon (?)'. Et el genitiu,
et el datiu, et el acusatiu, et en
lablatiu plural ditz hom 'conpag-
nons, perons, bretons, barons,
bailons, neblons, lairons, bretons,

C.

cas cissamen diz hom 'dui' el no-
minatiu el uocatiu, et enls autres
3 cas totz. diz som 'dos' et en aissi
de totz los autres nombres tro a
'cent'. Verame't 'cent'. diz hom per
6 totz cas duna guiza. mas 'dosce't
trescent quattrescent d. dc. dcc.
dccc. dcccc'. abreuia som. el no-
9 minatiu et (23*) et el uocatiu
plural, et en los autres cas los a
longa hom aissi qom qi dizia 'eu hai
12 ducentz trescentz quattrecent' &
Parlat uos hai de las plurals
masculinas e femininas qom sa-
15 lungon esabreuion en cascun cas.
araus parlarai de cellas qe del
sembla zon el nominatiu, et el
18 uocatiu singulars.
                     primeirame' uos
dirai femininas el nominatiu, et
el uocatiu singular 'ma donna fa
21 donna. sor nepza gasca garza' et
en totz los autres cas singulars
diz hom 'si donz seror. boda
24 gascona. garzona et en totz los
cas plurals diz 'madonnas do'nas
sorors bodas gasconas. garzonas'
27 Dels masculins podetz auzir oi
mais el nominatiu et el uocatiu
singular qe hom ditz 'compagnos.
30 peires. bos. bailos. nebles borges.
fels. laures braz gascz larcz glotz
carles. ues. guis. boues. games fol-
33 qetz ponz b'nartz tos olos tzaunes.
steues. ratz paulz falcz' et en totz
los autres cas singulars et (23b) no-
36 minatiu, et el uocatiu plural diz
hom 'compagno peiron. bon. baron
gloton. bailon. neblon. felon Gar-
39 zon. carlon. Vgon Vuion Bouon.
Gainelon odon tzaimon. steuano.
Caton. Paulon' et en los genitius.
42 datius. accusatius. plurals. los diz
hom en ons. 'compagnos. peirons.
bons. baronz'
45

B.

cascons'. Per so car trobares
una paraula dicha en doas guisas,
deuetz seroar tot los cas.

Per totas aqestas deues saber
qe el nominatiu et el uocatiu
(198) singular dis hom 'nepos,
abas, pastres, pestres, senhers,
coms, uescoms, enfans, homs, cler-
ges, tos' et el genitiu et el datiu
et en lacusatiu et en lablatiu sin-
gular et el nominatiu et el uoca-
tiu plural ditz hom 'segnor, conte,
nesconte, enfant, home, bot, abat,
pater'.

Et el genitiu et el datiu
et en lacusatiu et en lablatiu
plural ditz hom 'segnors, contes,
enfanz, homes, botz'. Autresi si
trobas dautres a senblans daqest,
uos deues pensar et esgardar qe
enaisi los deu hom dir.

(82ᵇ) (80) Dels nomenz uer-
bals i a de tres manieras, aisi
com 'emperaires, chantaires, uio-
laires' et enaisi con 'grasieires,
iauzieires' et enaisi com 'enten-
deires, naleires, deueires' (66).
Aqest et tuit lautre daqesta ma-
niera qe ni a motz qe si dizon
enaisi el nominatiu et el uocatiu
singular, so es 'emperaires' et
'grazicires' et 'entendeires' et
autresi daqest senblan, et el ge-
nitiu et el datiu et en lacusatiu
et en lablatiu singular et el no-
minatiu et el uocatiu plural ditz
hom 'emperador, iauzidor, enten-
dedor' et el genitiu et el datiu
et en lacusatiu et en lablatiu
plural ditz hom 'emperadors, iau-
zidors, entendedors' aisi com lo
masculins.

Siso son li adiectiu comun qe
uarion el nominatiu et el uocatiu
singular ab los autres. El no-
minatiu et el uocatiu singlar ditz

C.

etotz los autres da
qella maneira deuetz trobar los
³cas de las autras

Estiers a qestas deuetz saber
qe el nominatiu et uocatiu sin-
⁶gular diz hom 'seigners co's Ves-
coms en fes. homs. nebotz. abbas
prestres clergues pastres mazos'.
⁹et el genetiu datiu accusatiu ab-
latiu singular

deuon dir 'segnor
comte. Vesconte en fan home. bot
abbat preueire clergue. pastor
¹⁵mazon'. et el genetiu, datiu accu-
satiu ablatiu plural deu hom dir
'segnors Comtes Vescontes enfantz.
¹⁸homes. abbatz preueiros clergues.
pastors' e dels autres qi son da
qesta maneira

Del nomes uerbals sapchatz
qei ha de tres maneiras. aissi qom
²⁴chantaires emperaires Volaires
(24ᵃ)et aissi qom 'jauzires. suffrires.
mentires trahires'. et aissi qon 'en-
²⁷tendeires uoleires deuencires ton-
deires' a qist tuit e li autre del
semblan se dizon el nominatiu et
³⁰el uocatiu singulars. 'Chantaires
emperaires uolaires'.

et el genitiu.
datiu. accusatiu. ablatiu 'chanta-
dor emperador uolador' et el no-
³⁶minatiu et el uocatiu plural,

et
³⁹els autres cas plurals 'chantadors.
emperadors. uoladors'. et totz Los
autres da q'sta maneira

Aissi son li aiectiu comun qis
uarion el nominatiu et el uocatiu
⁴⁵singular et atotz los autres cas el
nominatiu, et el uocatiu cas sin-

B.

hom ab qalqe substantiu sian masculin o feminin 'maires, menres, miellers, bellazers, gensers, sordiers, priers' et en totz los autres cas ditz hom 'maior, menor, melhor, bellazor, gensor, sordeior. prior' breus et loncs, aisi com els substantius masculins.

Per so qe dels uerbs uuele parlar tot dare, uos dirai aisi las paraulas del pronome con dizon en cascun cas. El nominatiu et el uocatiu singular ditz hom 'aqels, cels, els, autres, cest, mos, sos' et en totz los autres cas singulars ditz hom 'aqest cestui, lui, autrui' et el nominatiu et el uocatiu plural ditz hom 'ill, cill, aqill, aqist, autre, cist, miei, siei' et en totz los autres cas plurals ditz hom 'cels, lors, aqest, autres, aicels, cest, los, mos, sos'.

Auzit aues dels masculins, ara uos dirai dels feminins. El nominatiu et el genitiu et el datiu et en lacusatiu et el uocatiu et en lablatiu singular ditz hom 'ella, cella, autra, aqesta, la, sa, (199) ma'

e en (82) totz los cas plurals ditz hom 'ellas, cellas, autras'. Aquestas son cellas qe hom dis plus duna guiza en toz luocs.

(67) Las paraulas del pronom son aqestas 'mieus, tieus, sieus, nostres' et alongon si et sabreuion aissi con li mascolin. Las femininas son 'mieua, tieua, sieua, nostra, uostra' et alongon si et sabreuion aisi con las femininas del nomen.

En aiso qe uos ai dig entro aisi podetz auer entendut com si mena hom las paraulas del

C.

gular diz. hom qal qe sustantius sia femenis, o masculis com 'maiers menres meillers bellaires gengers piegers sordegier' en los autres cas diz hom 'maior. menor. meillor. bellazor genzor peior sordeior' breus elones aissi com lolur sustantius

Perso qe derrier uoil parlar del uerb uos dirai aissi las paraulas del pronome qom se dizon (24ᵇ) el nominatiu, et el uocatiu singular qom deu dir 'els cels. aqels a q'stres. autres. aicels. cetz. los mos. sos'. et en totz los autres cas. singular diz hom 'lui celui. cestui a q'st altrui', et el nominatiu plural diz hom. 'ill. cill. aqill. aqist autre cist li messentei' et en totz los autes cas. plurals dizon 'els lor aqels. aq'st los. mos. tos. sos

Auzit auetz dels masculins Eraus dirai dels feminis el nominatiu, et el uocatiu singular diz hom. 'ella.

cella autra a qesta cesta la. ma. sa et en los autres cas singulars 'lei celei autra, autrui. cestui. la ma. sa' et

en totz los plurals diz hom. 'ellas. cellas. autras aq'stas cestas. las. mas. sas'. Et aq'stas diz hom en una guiza el singular.

'n'ra u'ra. seua. meua teua' et el plural en as 'nostras ura's. meuas seuas teuas'. qa sabreugon e salongon qom lo noms

En aissi uos ai dig. del nome e del participi e del pronome cossi si menon las paraulas en alon-

B.

nomen et del particip et del pro-
(81) nomen et alongan si en et ab-
reuiam'. Ara uos parlarai del
auerbi et del coniunctiu et del
prepositiu et del interiectiu.

Las paraulas del auerbi po
hom dire longas o breus, segon
qe an mestier. aisi com ditz hom
'mais o mais, ab als, largamen o
largamenz, bonamen o bonamenz,
eissamen o eissamenz, autramen
o autramenz'. Autresi ditz hom
daqesta maniera

                   las paraulas del
coniunctiu e del prepositiu e del
interiectiu. e totz homs prims po
leu entendre, car tota uia et en
totz luecs las ditz hom duna guisa.

Hueimais uos parlarai del uerb.
En la premiera persona del sin-
gular ditz hos 'sui' et en la se-
gonda ditz hom 'iest' et en la
terza hom 'es'. En la primiera
persona del plural ditz hom 'em'
en la seconda 'est' en la terza
ditz hom 'sun'. Per so uos ai
parlat daqestas tres personas, car
maint trobadors an messa luna
en luec del autre.

Autras paraulas i a del uerb
en qe an faliit los plus dels tro-
badors, aisi con 'trai, atrai, estrai,
retrai, cre, (68) mescre, recre,
descre, paui, sufiri, traï, uï'. Per
so car en aqestas paraulas tres
an fallit lo plus dels trobadors
uos en parlarai a castiar los tro-
badors els entendedors.

Saber deues qeu 'trai, atrai,
esgrai, retrai' son del present et
de lindicatiu et de la terza per-
sona del singular e deu los hom
dir aisi

          con qi dizia 'aqel trai lo
caual de lestable' o 'aqel retrai
bonas nouas' o 'aqel sestrai daco

C.

gament et en abreuiament et en
semblan

              araus parlarai del ad-
uerbi et de la coniunction (25*) e
de la p'position e del interiection

   Tal nia del aduerbi qe hom
potz dire longas et brieus, segon
qe naura mestier aissi com 'mais
e mai. als. al. alliors. aillor. lonja
me'tz e lonja men. autramentz. et
autramen' et atressi dizon totas
cellas da q'sta maneira

   Las autras paraulas del ad-
uerbi. edela coniunctio. et de la
proposition. edel interiection totz
hom prim. las deu ben esgardar
car tota uia, et en totz luecs las
ditz hom duna guiza

   Hai mais uos dirai del uerbi
en la prima persona del singular
diz hom 'siu' et en laterza del
plural 'son' aissi com qi. uolia dir
'eu sui bels. et cill. son bel'

                              et per
zo uos ai parlat da qestas doas
personas qe maint trobador an
ja messa launa, en luec de sautra

   Autra niha del uerbi en qe
an faillit li plus dels trobadors.
aissi com 'retrai. estrai

                         cre recre.
mescre. descre. suffri. trahi ni' per
aizo qar en a qestas paraulas an
faillit li plus dels trobadors. Vos
en parlarai per chastiar (25 b) los
trobadors els entendetz

   Saber deuetz qe 'trahi retrai,
et estrai' sun del prezen delendi-
catiu de la terza persona e vai
en aissi. 'eu trac. tu tras. aqel
trai. eu retrac. tu retras aqel
retrai'. qon qi uolia dir 'eu trac
mon caual del ostal. tu tras la
rauba de la maizon. aqel trai lo

B.

qe a conuengut‘ et ‘aqel atrai gran ben al sieu‘. En la primiera persona ditz hom ‘ieu trac lo caual de lestable‘ o ‘ieu retrac bonas nouas‘ o ‘ieu mestrac daiquo qe ai conuengut‘ o ‘ieu atrac gran ben als mieus‘.

(200) (82) Pero en B. del uentedor mes la terza persona per prima cu dos cantars. Luns ditz ‘Ara can uei la fuella los dels arbres cazer‘. Et lautres ditz ‘Era non uei luzer soloill‘.

Del primier cantar fon li falla en la cobla qe ditz ‘Escontral dampnatge E la pena qieu trai‘ aisi atrai. Et degra dire ‘trac‘, car o dieis en prima persona on hom deu dire ‘trac‘ En lautre cantar fon li falla en la cobla qe ditz (69) ‘Ia ma dompna nos merauelh Sil prec qem don samor nim ai Contra la foudat qi retrai‘.

Autresi degra dire aisi ‘retrac‘ qe de la terza persona es ‘trai‘ et ‘retrai‘

qe aitan mal es dig ‘Ie trai per uos gran mal‘ o qi dizia ‘Aqel retrai de uos gran mal‘.

De leu po esser qe i aura domes qe diran en co si pogra dire ‘trac‘ ni ‘retrac‘, qe la rima non anaua enaisi. Als disenz po hom respondre qel trobaires degra cercar motz e rimas qe non fassan biaissas ni falsas en personas ni en cas. ‘Trai. estrai si dizon en aqella guiza mezeisa.

Aitan ben son del present endicatiu et de la terza persona del singular e ‘cre‘, e ‘mescre‘, et ‘descre‘. En la prima persona ditz hom ‘crei, mescrei, descrei‘. Aitan mal isti qi dis ‘aquel crei‘,

C.

coltel de la griazina. et eu retrai bonas nouos. et tu las retras. et aqel Las retrai‘.

Mas enb’ nat de uentadorn. mes La terza persona per la prima e‘dos seus chantars qant el diz ‘Qan uei la soilla ios des arbres chazer‘ et en a qel diz ‘era non uei hizir soleill‘

del p*i*mier chantar son en aqella cobla. qe diz ‘en contral da‘p natge e la pena qeu trai‘ edegra dir ‘trac‘.

en l’altra faillic qe diz ‘ja ma domna nos merauill. sil prec. q’m don samor nim bai contral fondat qeu retrai‘, e degra dir ‘retrac‘ qar los diz en terza persona e los degra dir en la prima. qar hom deu dir ‘eu trac. et eu retrac. tu retras. et cel retrai‘. Aitan mal di qi diz ‘eu trai gran mal *per* uos‘ qom qi dizia ‘aqels trac gran mal *per* uos‘

ben leu jhauria (26*) domes qe dirant qom non podia dir ‘trac ni retrac‘. qar la rima anaua en ai ad aqels deu hom respondre q‘l deuia cercar paraulas en ai. qi non fosson biassidas de sa natura ni falsas en personas ni en cas ‘sestrai‘ et ‘atrai‘ si dizon en a qella maneira mezeissa

Aitam be son del prenz dell indicatiu de la terza persona del singular ‘cre mescre. recre descre‘. qar en la prima persona deu hom dir ‘eu crei tu cres a q‘l cre eu mescrei tu mescres aq‘l mescre‘

B.

et qi ditz 'ieu ue' con qui ditz 'aqel uei'. En la prima persona ditz hom 'uci', en la terza ditz hom 'ue'. Autresi en la prima (83ª) persona ditz (83) hom 'ieu crei' et en la terza persona 'aqel cre' Et autresi deuon dir tut li autre daqesta razon.

(201) Mas en G. del borncill i falli en una bona chanson qe ditz 'Gen manten Ses fallimen En un chan ualen' en aqella cobla qe ditz 'De no cu mi uauc meten Per sobrardimen En bruda Mentaguda Qem trai Uas tal assai Qa la mia fe Ben cre'. (70) Aqest 'qc' es de la terza persona mes el en la prima ou hom deu dire 'crei'.

Autresi en blasmci eu pcirol qe dieis 'Et ieu am la tan A la miel fe Cant uei mon dan, Gcs mi mcseis non cre',

en B. del uentedorn que dicis 'Totas las dot et las mescre', en autre luec dicis 'A per pauc de ioi nom recre'.

Tuc aqist 'cre, mescrc, recre' son de la terza persona del singular et de lindicatiu, et car ill los an ditz (84) en la prima persona on hom deu dire 'crei, mescrei, recrei', son fallit.

Autresi 'sufri, feri, traï, noiri' et totas las paraulas daqesta maniera son del present perfag de lindicatiu et de la primiera persona del singular, et en la terza ditz hom 'partic, feric, traïc, noric'. Per qe en Folquetz i failli qe dieis en la terza persona 'traï' en aqesta canson qe ditz 'A can gent uenz et ab can pauc dafan', (202) en qella gobla qe ditz

C.

aita mal diria qi dizia 'cucre' qom qi dizia 'aqel crci' et aissi diz som 'eu uci tu uez a qel ue' et en aissi de totz los autres semblantz da q'st.

Mas en .G. de borneil i faillic en la soa bona chanzon qe diz 'gen maten ses faillimen en un chan valen'. en a qella cobla q' diz 'seu noai men uau meten per sobrar dimen enbrusda in en tauguda. qem trai uas celassai q' la mia fe ben cre' aq'st 'cre'. qes de la terza persona mes en la prima edcuiadir 'ben crei'

Atressi ne blasmi en pericol qi. diz 'et eu amc la tant (26ᵇ) a la mia fe qan uei mon da'pnages mi menteus non cre' aqest 'cre' fon de la terza persona cdegr. esser de la prima edir 'crei', et en bernart da uentadorn 'totas las dopdtelas mescre', edegra dir 'mescrei', et en autre lucc diz 'qe per pauc dctot ioi uomi recre' edegra dir 'recrei' qar tu ig aqist 'mescre erecre' son de la terza persona del singular del indicatiu, edegran esser de la prima persona e dir 'crei mescrei'

'Parti suffri feri. trahi noiri' etotas las paraulas qe son da qesta natura son de prima persona del preterit perfeit del indicatiu et en la terza persona. deu hom dir 'partic suffric. ferit. Vic trabic noiric muric' Mas en fol qetz i faillic en una seua canzon qe diz. 'Ai qant gen uentz et ab qam pauc dafan'

en aq'la cobla

B.

(71) 'On trobares mais tan de bona fe Cancmais nuls hom si meseis non traï'. Aqest 'traï' dieis el en la terza persona on hom deu dir 'traïc', et en la primiera persona ditz hom 'traï' et autresi de totz los autres daqesta maniera. E trairai uos en senblan. En peire uidals dieis en la terza persona 'Carlizandris moric Per sos serf qenriquic, El rei Daires feric A mort cel qel noiric'. Aitan mal seria dig qi dizia 'aqel ui un home' o 'aquel feri un home' con qi dizia 'ieu uic un home', o 'ieu feric un home'. Autresi de totz los (83ᵇ) autres daqesta maniera.

Assas podes entendre, pos ieu uos ai proat per tantz bons trobadors qe son fallit, gardas dels maluatz qe ni trobari hom qi o cercaua qe dels melhors natrobari hom assas mais, qi ben o uolia cercar primamentz de maluas paraulas mal dichas.

, Las autras paraulas del uerb. per so car ieu no la poiria sens gran affan. totz hom prims las deu ben esgardar. Et eu cant aug parlar las gentz daqella terra e demant a cels que an la parladura reconoguda e ques gaston on li bon trobador las an dichas, car nul gran saber non po hom auer menz de gran us de sotileza.

(72) (85) Per auer mais dentendemen uos uuoil dir qe paraulas i a don hom po far doas rimas, aisi con 'leal, talen, uilan

C.

qe diz. 'Qi aura mais tan de bona fe qa ne mais nuls hom semezeis 3 non trahi' a qest 'trahi' es dela prima persona, et el degra dir la terza persona q' diz 'trahic' et 6 atressi en totz los autres da qesta natura E trac uos en per giuren 9 en petre uidal qi dize (27ᵃ) terza persona 'Qauxandres inoiric per sosfers qen richic el reis daires. 12 fenic amort. cel qel noiric'.

    ai tan mal diria qi dizia 'aqel vi. un 15 home a qel feri un home'. qom dizia 'eu uic un home. eu feric un home'. et atressi de totos los autres 18 da q'sta maneira

Assatz podritz entendre pos eu uos ai dit e prouat qe tan bon 21 trobador san faillit. podetz. saber qe han fag li maluatz e qi ben uolra ni sabra conoisser ni esgar-24 dar p'mamen daq'st trobadors meteis en trobara mais de maluazas paraulas qieu nous hac 27 dichas edels autres mais, qeia non poiria ni sabria conoisser si primamenz noi entendia e non se tre-30 baillaua

Las autras paraulas del uerb per zo qar ieu no' Las poiria totas 33 dir ses gran afan mas totz hom prims las pot ben esgardar et usar qan auzira las genz parlar 36 da qellas terras et qe denran et enqeira acels qi. sabon la parladura elan reconeguda, et esgar 39 los bos trobadors qom las han dichas qar null. gran saber non pot hom auer sas grant us (27ᵇ) si 42 tot sap lart

    Per auer maior entendimen uos uoil dir qe paraulas jha de 45 qom pot far doas rimas aissi com 'li al. uilan talan. cascun fin.

B.

chanson, fin‘, et po hom ben
dir qi si uol ‘liau, talan, uila,
chanso, fi‘. Aisi trobam qe o an
menat li trobador, mas primiers,
so es ‘leal, talen, chanson‘, son li
plus dreig. ‘Uilan, fin‘ suffren
miels alegramen.

Dig uos ai en qal luec del
nome dis hom ‘melhur‘ o ‘peior‘,
aisi con qi uolia dir ‘ieu melhur‘.
o ‘ieu peiur‘.

Tot hom prims qe ben uuelha
trobar ni entendre deu ben auer
esgardada et reconoguda la par-
ladura de lemosin et de las terras
entorn enaisi con uos ai dig en
aqest libre e qe las sapcha ab-
reuiar et alongar et uariar et
dreg dir per totz los luecs qe eu
uos ai dig. Et deu ben gardar
qe neguna rima qe li aia mestier
(203) non la metta fora de sa
proprietat ni de son cas ni de
son genre ni de son nombre ni
de sa part ni de son mot ni de
son temps ni de sa persona ni de
son alongamen ni de son abre-
uiamen.

Per aqi mezeis deu gardar, si
uol far (83ᶜ) un cantar o un ro-
mans, qe diga rasons et paraulas
continuadas et proprias et auinenz
et qe sos cantars o sos romans
non sion de paraulas biaisas ni
de doas parladuras ni de razons
mal continuadas ni mal seguidas

aisi com B. del uentedorn qe en
primieras qatre coblas daqel chan-
tar qe ditz ‘Ben man perdut de
lai uas uentedor‘ e ditz qe tant
amaua sa dompna qe per ren
non sen porria partir ni sen par-
tria, et en la quinta cobla ditz
‘A las autras sui ucimais escazut

C.

chanzon‘. epot. hom
‘lian talen.
3 uilan. cha’zo fi‘ aissi troban qe
han menar li trobador mas li
primier zo es ‘talen lial. chanzon
6 fin. uilan‘ son li plus dreit.
Dir
uos ait en qal luec del nome dez
9 hom ‘mels apeiragore‘. eraus uoill
dir qe can sun uerb deir hom dir
‘meillur et peiur‘ aissi qom qi uolia
12 dir ‘eu meillur‘
Totz hom prims qi ben uoillia
trobar ni entendre den ben auer
15 es gargada e recognuda. en co-
noisser la parladura de lemozi,
edelas autras terras qeu uos hai
18 dichas e qe la sapchom a longar.
et abreuiar, e uariar, e dreit dir
per totz los luecs qeu uos hai
21 ditz edeu ben es gardar qe per
neguna rima qe li ara mestier
non la meta fors de sa proprietat.
24 ni de son cas. ni ni de son genre
ni deson nombre ni de sa part
ni de son motz ni de son temps.
27 ni de sa persona. ni de son alon-
gamen. ni de son abreuiamen
30 per
aqi meteus (28ᵃ) deu gardar si
uol far un chantar, o un romanz
33 qe diga paraulas razos,
et biaissa-
36 das ni de doas parladuras. ni de
razon mal continuada ni mal as-
segnada
aissi aqom B. del uenta-
dorn qi en las IIIJ coblas da qel
sieu chantar qi [diz ‘ben man per
42 dut lai en ues uentadorn‘ qi] diz
qe tant amaua si donz qe per
rem non sen podia partir ni sen·
45 partiria elaqinta cobla el diz ‘alas
nutras son huci mais escazegutz

B.

Car unam po sis uol a son ops
traire'.

(73) Et tug aqill qe dizon
'amis' per 'amics' e 'mes' per
'me' an fallit et 'mantenir con-
tenir retenir' tut fallon, qe par-
aulas son Franzezas

　　　　　　　　et nos las
deu hom mesclar ab lemosinas
aqnestas ni negunas paraulas biai-
sas. Dicis en
　　　　　P. nidal uerge per ...

e 'galisc' per galesc' et en ber-
(86) nartz dieis 'amis' per 'amics', e
'chastui' per 'chastic'. Et crei
ben qe sia terra on corron aitals
paraolas per la natura de la
terra, et ges per tot aiso non deu
hom dir sas paraulas en biais ni
mal dichas neguns hom qe sen-
tenda ni sotilezza aia en se.

　　E icu non puesc ges auer au-
zidas totas las paraulas del mon
mas en so qe a estat dig mal
per manz trobadors ni las mal-
uasas rasous, pero gran ren en
cuz auer dig e tant per qe totz
homs prims sen porria aprimar
en aqst libre de trobar o den-
tendre o de dir o de respondre.

C.

e cascunam pot sis uol ason ops
traire'.

3　　pois uos dic qe tuit cil qe
dizon eqant dich 'amis' per 'anues'.
e'mi' per 'me' e'mantenir' per 'man-
6 tener', e 'retenir' per 'retener' an-
faillit qar an pauzat lo nom frances.
et 'ami'es proensals per qe hom
9 non la deu mesclar ab la lemozina
aqestas ne negunas autras e da
qestas paraulas baissadas. diz. en.
12 P. dal uergna.

　　　　'amiu'. per 'amic'.
15 et 'chastiu, per 'chastic'. qeu non
cug qe sia terra el mond on hom
diga aitals paraulas. mas el comtat
18 de fores

　　E peire raimonz de toloza en
una seua canzon qe diz 'de fina-
21 mor son tuit mei pensamen', enla
(28ᵇ) segonda cobla 'qel solatz el
gent parlars mostran qals, et acels
24 qi sap chauzir', edegra dir 'a celui
qi sap chauzir', et si uolia dir
plural 'acels' degra dir 'qi sabon
27 chauzir', et en aqella chanzon en-
lafin de la tornada pauzet un mot
frances per proenzal qan el diz
30 'degran solaz e de ioi mantenir'
e degra dir 'mantener' mas La
cobla uai en ir

33　　E gaucelms faiditz faillic en
una cobla dela seua chanzon qel
fez qi diz 'de faire cha zon' en la
36 cobla q' diz 'aissi con ieu ve q'
cuiet far de me' pauzet la terza
persona en luec de la prima et
39 degra dir 'aissi qon eu uei' tot
o e zei

Jahrbuch für romanische und engl. Litteratur. XI, S. 6.

Opuscoli religiosi, letterarj e morali Serie III* T. III, S. 338.

B.

B.

(78*) Atur .i. esforzare o destregnere.	Biais .i. torcere.	39, 32
339, 16 Astruxs .i. auenturato.	Blandir .i. belle parole et 3 humile.	33
6 Albir .i. albitrare. s. 89, 10.	Brau .i. aspero.	4
5 Asir .i. asettare. s. 89, 11.	Bandatge .i. atendere.	26
15 Assir .i. assidere.	6 Biur .i. gridare o gran re more.	3
23 Azir .i. adirare.	(7) Baralha .i. contenzone.	28
20 Auols .i. captiuo.	9 Badalha .i. sbadallare.	25
8 Alhor .i. altroue.	Brada .i. follia.	7
18 Autreiar .i. concedere.	Biscina .i. rechiusa.	31
19 Auzor .i. piu alto.	12 Bifais .i. hom grosso de persona.	29
11 Antan .i. laltr' anno.	Brodels .i. festuco darbore.	6
21 Azaur .i. piaceuole.	15 Blos .i. nudo.	36
14 Asaut .i. assalto.	Bar .i. baro.	27
38, 1 Aperit .i. reposo.	Bliaus .i guarnello.	35
1 Abric .i. uentura ora.	18 Boda i. nezza.	1
39, 2 Affolha .i. destrugere o consumare.	Botz .i. neuote.	2
38, 2 Abriua .i. abriuiare.	Bresses .i. brectone.	5
3 Acabar .i. acauezare.	Casir .i. conoscere.	15
1 (6, 2) Acompida .i. anodata. 21	Causir .i. sllere et legere.	14
39, 1 Afieblit .i. enfieuolito.	24 Consir .i. considerare.	20
38, 4 Aders .i. dirizato.	Crim .i. peccato.	21
39, 22 Aziman .i. calamita.	Conortar .i. confortare.	19
24 Azuiar .i. adastare.	27 Cuca .i. fretia.	18
12 Arandi .i. a compimento o ne piu ne meno.	Cabals .i. segnorile.	9
38, 3 Adeprar .i. pregare amico.	Captel .i. capo o capitano.	10
39, 4 Agolanar .i. stimulare.	30 Cutz .i. uil pesona.	23
17 Atamar .i. impedire.	Capdoill .i. grande o bella cosa.	13
9 Anese .i. lo tempo passato.		
7 Anse aldese .i. lo presente.		
10 Annei .i. 33		

B.

B.

39, 17 Cisclar .i. chiamare en alta uoce.
Chiamar .i. richiamar per enganare.
41, 33 Coidar .i. adorar.
39, 11 Cabelhar .i. mostrar cosa altrui.
16 Causit .i. conosciuto.
Couir .i. uolgo.
Calbir .i. pensare. s. 88, 4.
Cassir .i. asentare. s. 88, 5.
Canese .i. tempo passato.
Csazir .i. preso. s. 91, 10.
42, 5 Csiuals .i. almene.
Csors .i. alzato. s. 91, 11.
Csaisir.i. prendere. s. 91, 3.
8 (7, 2) Csabraceria .i. soperchianza.
18 Csordeiaz .i. pegiorato.
Csordeior.i. pegiore. s. 91, 1.
40, 22 Cgantzi i. ralegrasi.
Cesganda .i. auentura.
Cesglai.i. angosscia. s. 89, 13.
Cenic .i. nequitoso. s. 89, 11.
Cqec .i. ciascuno. s. 91, 16.
Csblandira .i. losengare.
39, 37 Cboban .i. burbanza.
Capdel .i. condatio.
8 Cabalos .i. grande.
41, 11 Cmalbire .i. penso.
Clegeria .i. uanita. s. 90, 6.
4 Cpecs .i. matto. s. 91, 1.
Ciase .i. tempo uenire. s. 90, 39.
40, 33 Cgiangoil .i. garre. s. 90, 44.
39, 22 Cubeitos .i. cupido.

Desticx .i. briga com trauallio.
39, 26 Descaer .i. descadere.
29 Desir .i. desiderare.
33 Dones .i. lora.
34 Doptar .i. temere.
31 Delir .i. destrugere.
32 Deuir .i. deuidere.
24 Defes .i. loco defeso.

Descaurir .i. uituperare o sconoscere. 39, 27
3 Derengar .i. deschierato. 25
Deslei .i. 30
6 Empegir .i. embiensiere. 40, 4
Ereubut .i. guarito. 13
Essai .i. assaiare o prouare.
9 Enffrei .i. paido o questione. 33
(8) Emparar .i. retenere. 3
Enic .i. nequitoso. s. 89, 24. 9
12 Estoiz .i. campato. 32
Esglai .i. schianto o dollia. 23
s. 89, 23.
15 Estrueill .i. amastramento 34
o portamento.
Es .i. e. 14
18 Er .i. sera. 12
Eschai .i. quene. 18
Escharitz .i. schunito. 17
21 Engris .i. recresceuole. 8
Esbaida .i. sbigotita o desmarita. 15
24 Essilli .i. descaciato. 29
Embrones .i. hom capo chino com mal uiso. 1
27 Esciernitz .i. ensegnato. 28
Estiers .i. oltra saltrimenti 30
o contra.
30 (8, 2) Esmai .i. esmarimento. 25
Esgar .i. prouedemento. 21
Enair .i. comenzar batallia. 10
Eslire .i. elegere. 24
Esdemetre .i. assalir. 20
Esghins .i. esghenchir o schifare. 26
Elix .i. gillio blanco. 39, 36
Engans .i. eguallanza. 40, 7
39 Ega .i. caualla. 39, 35
Escondir.i. disdir o ascondre. 40, 19
Endurar .i. gegiurare. 6
42 Enbatgar .i. empedire. 5
Eniar .i. enuidiare. 11
Effreis.
45 Embria .i. 39, 37
Eissarta .i.

B.

Esters .i.
Enfertz.

40, 2 (78ᵈ) Flacs .i. debole.
  37 Faiditz .i. sbandito.
   3 Flouis .i. fama o nomenanza.
   5 For.i.guifa. o foro. o mercato.
   6 Fornir .i. dar qel che bi-
     songna.
   9 Frouire .i. enucchiare.
   1 Fils dalgatz .i. filo difera.
   7 Forsar .i. soprafar.
   8 Fraing .i. speçza.
  36 Fadics.
  24 Grasir .i. reddere grazia.
  10 Galiar .i. inganare.
  11 Gandir .i. fugire humiliado.
  13 Garan .i. sexta.
  15 (78ᵉ) Gatan .i. guardando.
  11 Gandir .i. cansarsi.
  16 Gacge .i. pengno.
  19 Gien .i. auinente.
  26 Gurpir .i. lagiare.
  21 Gisclar .i. piouere conuento.
  23 Goza .i. cagnola.
  20 Gies .i. gia.
  27 Guit .i. guida.
  18 Genser .i. bellissema.
  28 Guza .i. caligine.
  22 Glatir .i. latrare.
  17 Gaudir .i. gaudere.
  14 Gascs .i. gascone.

  29 Hoc .i. si.
  30 Hocs .i. si.

  36 Iausir .i. alegrecza.
41, 3 Isamen .i. semeliantemente.
40,34 Iasse .i. lo tempo qe de
      uenire.
41, 1 Iostar .i. adunare due cose
      a lato.
   4 Iscla .i. clama.
40,31 Iangloill .i. hom gridatore
      e biescio uauelatore. s.
      89, 35.

B.

Iot .i. menar gioia.
Iura .i.   41, 5
Lesir .i. leggere.   10
Legeria .i. lieue core e   9
   biesia uolenta. s. 89, 31.
Labor .i. fatiga.   6
Legor .i. ascio.   8
Landa .i. pianura.   7
Mandamenz .i. comanda-   15
   mento.
Mezeis .i. medesmo.   21
Mais .i. piu o assai o mai   12
   o qe magio.
Mere .i. conuene.
(78ᶠ) Morn .i. pensoso.
Mentabut .i. mentouato.   18
Mescabar .i. mesauento.   20
Massautz .i. grida dauselli.   16
Mafraing .i. mabandona.   11
Menre .i. menore.   17
Neleig .i. pero.   23
Nuailha .i. pegreza.   24
Naffrar .i. ferito.   22
Nuolhos .i. hom recrescieuole.   27
Nualhos .i. hom con debele   25
   penscro e uaro.
Ops .i. opo o besognoso.   31
Ostar .i. muliere.   36
Oblir .i. dementecare.   28
Oc .i. si.   29
Ostalar .i. albergar o en-   34
   trare en albergo.
Outriar .i. concedere.   37
Ombriua .i. ombrosa.   30
Parage .i. gientilecza.   1
Pleuir .i. fede o promessione.   8
Pros .i. assai o prodomo.   18
Prim i. sotile.   17
Presir .i. predecare.   16.
Preon .i. profondo.   15

B.

41, 5 Pega .i. persona biescia o semplece. s. 89, 32.
2 Paruen .i. parere.
9 Pliuenca .i. credenza.
11 Podera .i. soperchia o so-presta.
12 Poia i. sale o cresscie.
7 Perilhos .i. pericolosa.
3 Pastre .i. pastore.
13 Polgar .i. loncia del deto grosso.

19 Qec .i. tutta. s. 89, 25.
20 Qeiz .i. queto.
Qercla.

27 (79ª) Resons .i. grande nomenanza.
26 Reuc .i. schiera.
21 Ratge .i. rabia.
22 Re .i. cosa.
24 Refruns .i. retentir o resono.
23 Recaliua .i. recade.
28 Rescos .i. rescosso.
30 Restaig .i. consola.
31 Retraire .i. diciare una noua.
33 Reuenir .i. meilluramen. 27
29 Respeig .i. auer ben per bene.

42, 16 Soppleiar .i. inchinarse e humiliarse.
6 Soanar .i. recusare o de-menticare.
11 Sobrier .i. soperchicuole.
9 Sobrancear .i. derizarse cum superbia.
1 Sauais .i. saluatico.

B.

Sordeior .i. pegiore. 42, 19
Sopar .i. cenare. 15
3 Sasir .i. prendere contra 41, 36 ragione. s. 89, 16.
Sauc .i. saubuco. 35
6 Seschai .i. seqene. 42, 4
Sorsims .i. oue nasscie el 21 fiore o sia lo ramo.
9 Soffrachos .i. bisognoso. 12
Saizir .i. asalito. s. 89, 13. 41, 37
Sors .i. directo. s. 89, 15. 42, 20
12 Sabatos .i. calzari. 41, 34
Sengna .i. neente. 42, 3
Soffraing .i. mancha. 13
15 Sogra .i. socera. 14
Scupilcha .i. spazatura. 2

18 (79ᵇ) Tric .i. tricadore. 11
Tensut .i. tenuto. 6
Taing .i. conuene. 3
21 Triar .i. isciegliere. 10
Traucar .i. furare. 8
Tafur .i. homo de poco pregio. 2
24 Tartalha .i. fauelare spesso. 4
Tertres .i. poggio. 7
Trefaus. 9

Uirar .i. uolgere. 18
Uassalatge .i. ardir, a uas- 15 salagio.
30 Uas .i. uerso. 14
Uffana .i. simplicita o uer- 19 dezza de senno.
33 Ues .i. fiata o uolta. 17
Uouals .i. piuche catiuo.
36 Ualidor .i. homo ualcuole. 13
Uffaniers .i. homo uana- 20 glorioso.

Nachstehend verzeichne ich die Abweichungen, welche die Guessardschen Ausgaben, von vorstehendem Abdruck bieten. Wo die lat. nicht wieder abgedruckte Uebersetzung gewichtige Abweichungen vom provenzalischen Text A aufweist, theile ich dieselben mit. Aus der Mailänder Hs. notire ich, was mit Guessards Text gegen Text A übereinstimmt, sowie bemerkenswerthe andere Abweichungen von Text A. Die Mailänder Hs. bezeichne ich mit D, die Guessardschen Ausgaben mit I.II. (Unbezeichnete Abweichungen finden sich in beiden Ausgaben). Der lat. Uebersetzung ist Lat., den Berichtigungen von Druckfehlern Lies, Verbesserungen der handschriftlichen Ueberlieferung = vorgesetzt. (Alle Fehler von C zu verbessern erschien unnütz). In zweifelhaften Fällen bezieht sich die Variante oder Verbesserung stets auf den Text A. Nicht notirt habe ich die I. II. gemeinsamen orthographischen Abweichungen von A, welche sich oft wiederholen, wie icu f. eu, son f. sun, z f. ç.

1, 4 *Lat.* in vulgari provincialis lingue (provinciali aliquando B I) pro majori parte 5 proensal II provenzal I pronençal D — so D II — nom, pronom. 6 verb I 7 C = prepositio 9 *Lat.* substantiam et qualitatem propriam vel 11 a lasquals 12 C = podon esser 13 E a nom 1 El noms II *Lat.* Nomini accidunt quinque — quall C = generals *oder* quals 14 nombre 15 C = Species II 16 Primitius 17 noms D II — non D II 18 vengutz — dalqun nom D I II — dalqun D II — verb 19 bontats II 22 C = esser 23 hom II 27 perten D II 28 bons D II 30 perten D II 32 C = bella (?)

2, 3 perten D II 4 gaugz D II gauz I 7 ans *fehlt* — cum si I — *Lat.* sed sic dicitur II quia (quod II) secundum grammaticam non debet poni s in fine 8 masculis I — = lo D I II 10 uengut I 11 = pertenen T J II 12 a la fembra I a las femas D *vgl.* 2, 23 13 participi D II 14 ans o T II *Lat.* in ens et hoc secundum vulgare, quod secundum grammaticam est omnis generis A II q'eu II — posc I II — C in .. cum II 15 aquestz II cavalers— prezans I *Lies* chaual's — C = posc II = dire 16 C = caualierz 17 aquest I 18 domna

𝔗 I II 19 camjan d'aitant I 20 caualer I II cauaillier 𝔗 23 a la fembra I a la fema 𝔗 *vgl.* 2, 11 24 aquestz 𝔗 II — ℭ = pose 26 aquestz 𝔗 II — ℭ = plazens 27 plazens 𝔗 II 28 nombres 29 *Lat.* de uno solummodo 𝔅 I de uno verbo tantum II plural 33 composta I II composita 𝔗 35 36 composta .. uescoms 𝔗 I II 36 parz I — so 𝔗 II 37 ues 39 accusatius — ℭ genitius II 41 est venguts I 43 aquestz 𝔗 II destrers I — ℭ = es 46 *Lat.* Ego vidi 𝔅 I Video II

3, 1 conoisser 𝔗 I II — ℭ conoisser II — l'accusatius *Lat.* discerni nec cognosci 2 nominatiu 1 — si non II — so 𝔗 II 3 = denan II 4 dereire se II *vgl.* 3, 15 7 = pot conoisser II — *Der Punkt hinter* 1 — *steht in* ℭ 9 fai II 10 Peire II 11 fai II — = es II 12 = soffre II (*vgl.* 3, 9 soste, *wo* 'softe' *in* 'soste' *in* ℭ *verbessert ist*) — Peire II 15 cas denan se e dereire II 16 Et II 17 ℭ singulars II 18 ℭ = cant es m. II — = come II = com es — *Lat.* masculini generis vel communis vel omnis I 20 ℭ = gaugs ... la fi II (*der Corrector von* ℭ *hat* la fi *übergeschrieben aber durchstrichen und von neuem* bast *geschrieben*) — ℭ et l'autre II = e li autre — 21 = nominatius 𝔗 II — = plurals 𝔗 — *Lat.* et nominativus pluralis e converso II 22 nol — lo volen el 𝔗 II en lo I — ℭ e li II = e tuit li — 23 = el 𝔗 II — ℭ uolen II 26 endeclinable II 30 et II 31 semblar 𝔗 I II 32 nominatius — dictions I II dicions 𝔗 — ℭ cascus II = cascuns 33 finissen I en 𝔗 II 34 dictions I II dicions 𝔗 38 cansons 𝔗 cansos II 41 menz en sillabas 𝔗 II 43 nominatiu I 45 fon 𝔗 II 46 qel II

4, 1, 2 plurals, voilh 2 = totz 𝔗 I II 5 semblan 𝔗 I II 8 ℭ = e lai 10 = totz 𝔗 I II — aquels 𝔗 II — ℭ = pertot ... traire 11 emperaire 𝔗 II 14 ℭ = beueire 16 penheire, fenheire 𝔗 II 18 prendeire D I II 21 ℭ = traire estremire I 24 qui f. II 26 consires 𝔗 = conssires — = 'desires'. Aqist .III. son trait de la regola 𝔗 II *Lat.* Sed ab illa regula excipiuntur ista tria 27 devetz — aquill 𝔗 II 28 ℭ = si cun 30 finissen I 31 = nocatiu 32 nominatius 𝔗 I II — ℭ = desus 35 = dels. als II 36 ℭ = regla — ℭ = prestre 40 seinguer 𝔗 II — ℭ = signer 43 ℭ = sor bar (?) 44 genser 45 ℭ greuger II = greuçer — haver II

5, 1 ajectiu II 2 et II 3 = entendre II 7 si II — = et .. portaran dreita II 8 sententia II 10 adonc II 13 ajectiu II 14 = aiustantiu car ainstan II 15 significazons .. sustantius II 17 solon portar II = solamen p. 19 Peire II 20 e per. so son II = et per zo son II 24 adjectius II 25 son II 26 ℭ = substantiu II 27 f. m'es et griu m'es 1 *Lat.* grave est mihi, ferum e. m. 𝔅 I II inopportunum e. m. II — ℭ = bon — ℭ emparar *fehlt* II 29 ℭ non ama me pueis II = nom ama pueis 30 voil I 33 = ilh .i. illi 34 = aicel I II aiceill 𝔗 38 en nominatiu I = el n. 𝔗 II — ℭ et tuit aquill II 39 fenissen II 40 et — tuit II — cissamen 𝔗 I II 41 devetz 42 volon — fin 𝔗 I II 43 Tuit 𝔗 II adiectiu 𝔗 I

6, 2 meisma 3 femini I feminin 𝔗 II 4 ℭ = gaia, gaita II 7 volon 11 12 s'ajusten ab femini substantiu volun el vocatiu s a la fi; quant s' ajusten ab masculin s. non lo volon II *dem entsprechend Lat.* quando conjunguntur

cum feminino substantivo, volunt in vocativo s in fine; quando conjunguntur
cum m. s., nolunt. *Der prov. Text in II kann nur von Guessard herrühren,
da auch* 𝔇 *ihn nicht bietet. Die Lesart von* 𝔄 *wird gestützt durch 2, 18 ff.*
13 declinazo   16 et   18 De la 𝔇 I II *Lat.* De secunda sunt ista nomina
19 seingner 𝔇 II   20 et tuit 𝔇 II — brevemen I   22 volon   23 terza decli-
nazon II — tuit li participi 𝔇 II   25 en .. en II en .. in 𝔇   26 et — 𝔊 si cum
grans II — 𝔊 = auinens *fehlt* II   28 𝔊 = bontatz II   29 femenin si 𝔇 II
31 𝔊 = eissamen II — = e non se declinon   ni se mudon *fehlen* II   32
d'autre   33 𝔊 fenissen II   34 = saluz II   38 tut los a. II   39 trob II*)
40 manieras — = de declinazos 𝔇 I II *Lat.* tres modos declinationum
42 E son d'autras manieras de noms que non II — *Lat.* Et sunt alterius
generis nomina. 𝔇 *beginnt mit*: Et sun   44 = compostz — et

7, 2 𝔊 = os si com   5 –7 larg, o sion adiectiu o sion substantiu, no
se d. nis m. si cum 𝔇 II — *Lat.* in hac syllaba larga non declinautur neque
mutantur vel sint nomina subst. vel sint adj. — o adj. I   8 𝔊 = nasus   14 encens
.i. incensum II   16, 17 borzes .i. burgensis, descibles .i. discipulus l II — des .i.
discus, bles .i. qui non potest sonare nisi c *fehlen* I. *Offenbar ist aus 'des bles'
in I 'descibles' gemacht und in II neben der richtigen Lesart stehen geblieben.
𝔅 kennt kein 'discipulus', wiewohl Lat. I II es bietet, wohl aber discus, qui
non potest s sonare nisi c. Vgl. Galvani Opusc. S. III T. III p. 331.*   18, 19
𝔊 = marqes. *Das durch* q *durchgezogne* i *ganz wie bei 7, 17* q'i. *Offenbar
aber hatte der Schreiber von* 𝔊 *ein* M *vor sich, das er wegen Aehnlichkeit der
Züge als* qj *las.*   20 𝔊 = Gles b *und* g *werden in unserer Hs. öfter ver-
wechselt. Vgl.* buers 8, 10 bris 8, 14.   26 = frances 𝔊𝔇 I II   27 𝔊 =
engles genoes e?   28 et   30 D'aquels — *Lat.* in hac syllaba est indeclina-
bilis confessus 𝔅 I   32 d'aquels que I II = d'aquelz que   40 dechautz I —
𝔊 = fals .i. falsus, Acs .i. ciuitas, descauz (z *ist über* m *geschrieben, offenbar
um dasselbe zu ersetzen*) .i. discalciatus, encautz .i. uilis fuga   43 lanz *fehlt* I
43 𝔊 = lanz .i. iactus, fartz (*offenbar stand in der Vorlage* farcz, *welches
seinerseits aus* fartz *verlesen worden ist* cf. marez 7, 44, raues 8, 4 eais 8, eu
9, 17)   44 𝔊 = martz   45 𝔊 = latz   46 latz *fehlt* I = jatz II

8, 1 laetus, *fehlt* fere I — 𝔊 = patz   2 *conpost fehlt* I II   4 𝔄 𝔊 = raus
.i. raucusarundo *fehlt* 𝔅 I   5 𝔊 = cais   8 𝔊 = fems .i. fimus   9 𝔊 = Rems
10 𝔊 = larg 'guers'   11 𝔊 = despers   12 𝔊 = bezers   14 𝔊 = aders
.. gris   16 Sans II Sanz 𝔇 *fehlt* I — Danis 𝔇 II   20 polz — aiolz II avolz I
23 Gregors (o *übergeschrieben*) *fehlt* 𝔇 I II — gergons *fehlt* I sors *fehlt* I
30 31 bis *bis* alis *fehlen* I   31 = lenis 𝔅𝔊 lenis *bietet auch Barb.* — 𝔊 =
resors, croz   33 burcs, plus *fehlen* I II   36 𝔊 = us .i. usus   38 𝔊 =
Cerberus   41 que ai   43 = en plural I II em p. 𝔇   46 Pronoms II

9, 1 nom II   5, 6, 7 mezeisme I mezeismes II   13 per so II   14 nom
qe s'ieu   15 𝔊 = dic   16 Iacme   17 no mi I — 𝔊 = tu es u ... dir   18

Peires 20 la ma — ₢ = Iohanz 21 besogna dire .. uengntz 22 so II
23 demostran II 25 = aqist II 32 = me II 34. 42 El plural nomina-
tius II 38 seconda II 46 = nom son de la II

10, 3 uocatiu ... uocatiu II 6 aqest II 8 dansa II 13 = et aissi II
18 = declinon 19 estiers II — *Hinter dem* 1 *findet sich über der Linie ein
Punkt* 20 = autres II 23 endeclinable II 26 = uolon II 29 Aqest
31 regla 33 en totz ... singolars 38 car II 39 cum manciras et formas
et temps II 40 ₢ = far 41 sufrir II — eu bat e eu *Lat.* 'ego percutio et
ego percutior. Si ego percutio, ego facio aliquid; si ego percutior, ego patior
aliquid'. *Danach:* eu bat e eu sui batutz S'eu bat eu faz alcuna causa; s'eu
sui batutz eu soffre a. c. II — ₢ = eu 42 ₢ = se 43 *In C schiebt sich hier der
Text von S. 18. 26—27,42 und 38, 2—20 ein und zwar ohne irgend welche Andeutung
der stattgehabten Versetzung, indem sogar der Text in derselben Zeile fortfährt.
Es ist daher anzunehmen, dass in der Vorlage ein Umlegen der inneren
Doppelblätter einer Lage stattfand, derart, dass der Text von 10, 37 — 18, 24
welcher auf der ersten Hälfte der Doppelblätter stand umgelegt und hinter den
Text der zweiten Hälfte der Doppelblätter = S. 18, 26 —38, 20 zu stehen kam.*

11, 2 ₢ = mod dels uerbes 3 Indicatius II Indicatiu ꝺ — ₢ = in-
dicatius 5 = fait ꝺ I II 6 ₢ = cant ꝺ 9 que c. ꝺ II 11 *Tilge* :
13 ensems ꝺ I II 14 = ame ꝺ ₢ — ₢ = es 15 tortz *Lat.* si non
diligor ꞵ I s. n. diligar II — ₢ et II 16 uetz II 18 fin ꝺ II — *Tilge* :
19 uoill I 20 cascun I = cascuns ꝺ II — modis — ₢ = E 22 temps
ꝺ I II = ₢ 25 conjugazon II coniugason ꝺ 28 aquel verb — aqueill ꝺ
— ₢ = dels cals 30 ensenhar I II enseingnar ꝺ 32 E lautras ꝺ =
De las antras 37 *Lat.* 'quorum infinitiuus desinit — ₢ = plaz a me que
42 ₢ = aqell

12, 1 *Lat.* 'tertie conjugationis' — Aquel I II iqueill ꝺ 3 auzir ꝺ I II
4 sion de la quarta conjugazon II *Lat.* 'sint quarte' 7. 8 posc — *Die
lat. Uebers. provenzalischer Formen in* ₢ *ist in den* II *mitgetheilten Stücken
ausgelassen* 9 o son ꝺ I II 11 fenis in as ꝺ II 13 fenissen ꝺ II = ₢
15 ₢ fenis II 17 ₢ = [la segonda] in atz II 19 in o o in on si cum cill
amo o amon II = in en o in on si cum cill amen o amon 20 aizo I aisso II
azo ꝺ 22 totz 24 *Lat.* 'finire sic, excepto futuro qui potest finire sic
vgl. 13, 8; 16, 29. 28 sen ꝺ — C = eu sen eu .... mas 29 mielz I II
meillz ꝺ — ₢ = a dir ... quel lonc 30 *Lat.* dicere brevius monosyllabum
quam dissyllabum 37 amei, es 38 amen, etz — *Lies* amem 43 ₢
ameron II

13, 5 semblan — tut I 6 ₢ = ꭤ 7 tuit ꝺ II 8 retz 13 ₢ =
imperatiu 18 inperatius 19 eis 20 ₢ meteis = meteus *Die Hs. bietet* s
über u 21 *Tilge* : 23 El plural — *Lies* plurali — *Nach* fenis *füge ein*
₢ *Z.* 23 *bis* 26 persona — C em si cum nos II 24 cavalcatz II cavalghatz I
— anatz 25 trotatz 26 *vor* canalguen *füge ein* la terça fenis in en
si cum 31 ₢ fenissen II 32 ₢ = e podon 33 limperatiu 34 ₢ = la
prima 35 ₢ = fazam II — l'obtatin II 36 ₢ uerbe II 38 ₢ present II
39 ₢ = totas las II 41 = uoluntiers amera uel amaria ꝺ 44 El plural

— ℭ = ameram   45, 46 = ameram uel amariam, oratz uel riatz, ameren uel rien

14, 2 disseras II   4 diceram I   8 Ancara f. li obtatiu II   9 aici II =. aisi   17 ℭ = amassen II   18 aquel I II aqeil 𝔇 - ℭ aquel II   20. 21 si cum dormir *fehlt* I   22 = iria ℭ — irria en la prima persona, en la segonda in iras uel in irias 𝔇 II 'dormira dormiria dormirias'. En la terza in plurali in ram uel in iriam 'dormiram dormiriam dormiraz nel dormiriaz dormirem uel dormiriem' 𝔇 en la terza in ira vel in iria, si cum: eu volenters dormira uel dormiria, tu dormiras o dormirias, cel dormira o dormiria; in plurali: nos dormirem o dormiriem, vos dormiratz o dormiriatz, cil dormiren o dormirien II *Lat.* desinit optativus in prima persona in irem, velut [ego libenter II] 'dormirem'; in secunda 'dormires', in tertia 'dormiret, dormiremus, tis, rent'   28 ℭ = dormiriatz   36 sezer II *fehlt* 𝔇 I *Lat. folgt* et plura alia   39 ℭ *ergänze* uolgra o uolria .i. ego vellem tu uolgras o uolrias .i. tu uelles cel uolgra o uolria .i. ille uellet   40 volgratz — ℭ = uolgram   42 *nach* poria *vermisst man* saupra o sabria   43 conoiseria I conogra o conoiseria 𝔇 II — *ergänze* ℭ *aus* 𝔄   44 = seiria ℭ   46 paisseria 𝔇 I II

15, 6 quascus — d'aquestz 𝔇 II — ℭ = deu   7 et en personas 𝔇 II   10 = pleneiramen 𝔇 I II   11 *Hier und in den folgenden Zeilen ist die gesammte Ueberlieferung getrübt und war vielleicht bereits im Original der Text verworren. Nach dem* present de l'obtatiu *sollte zunächst das* preterit non perfeit *folgen, dessen Formen in* ℭ *S.* 14, 9—18 *unrichtig als zweite Formen des* present de l'obtatiu *aufgeführt werden. Auch passt das Zeile 12 Gesagte nur auf das* preterit non perfeit del obtatiu   13 *Lat.* si sunt prime conjugationis 𝔅 II *fehlt* I   14 ff. *Lat.* bewahrt hier in 𝔅 *die provenzalischen Formen* von fora qu'eu agues amat, tu aguesses amat, nos aguessem amat, uos aguessetz amat cel aguessen amat *In* 𝔇 *fehlen diese Worte*   15 agesses   16 et aquest — solamen *wird vielleicht, ohwohl* 𝔄𝔇 *es bieten, zu streichen sein, da* ℭ *sowohl wie Lat. es nicht haben und ein Widerspruch mit dem S.* 26 Z. 28 ff. *Gesagten entstehen würde, wollte man es bewahren.*   18 si cun *bis Z.* 21 *sind Lat.* I (*Hs.* 𝔅) *ersetzt durch:* ben fora qu'eu ages tendut, tu aguesses tendut, cel agues tendut, nos aguessem tendut, vos aguessetz tendut cel aguessen tendut 𝔅 I et at mutata in ut ℭ *Da diese Formen auch von* ℭ Z. 29 *bis* 33 *geboten werden, so gehören sie wohl hinter die Worte von* 𝔄 — 𝔇 *bietet von dieser Zeile nur* si cum — ℭ = iure   20 semblan 𝔇 I II — ℭ = luec   21 f. et el p. p. *Diese Worte fehlen* ℭ. *Lat. Hs.* 𝔅 *bietet dafür* vj indicatiui modi, *welche Worte* I *fehlen, in* II *lauten sie:* videlicet [in preterito perfecto] indicativi modi. *Es wird also* de lindicatiu *hinzuzufügen sein.*   22 ℭ = fora qu'eu agues   23 ℭ = tu aguesses   24 ℭ = amat   27 32 ℭ = uos auessez   32 ℭ = anessem   34 podetz   35 ℭ = uezer aissi   36 = cantassem 𝔇 II cantessem cantessetz I   37 cantessen vel cantesson I c. v. cantasson II   39 tendessetz   40—41 item *bis* imperfecto *fehlt* II *Lat.* I *Hs.* 𝔅 Iterum modi conjunctivi in praeterito imperfecto (perfecto 𝔅 *Copie der Barberina*), *wofür* II 'cum tenderem *bis* tenderent' *aus* ℭ *gesetzt ist*   40 item *bis* 43 *gehört zu* ℭ 16, 6—11 *und ist in* 𝔄𝔅 *verstellt*

42 tu ameses = tu amesses 𝔇 — essem, essetz I   43 cill (cil) amassen vel
amesso (amasson) 𝔇 II = assen uel esson *s.* 26, 31 *u. Rev. d. l. r.* VII 164
45 aquel
       16, 2 Deus volla (voilla) que nos a. uos a. qill (cil) a. o a. 𝔇 II   5 al-
tretals 𝔇 I II — 𝔊 = El presens .. es altretals estiers qe   6 𝔊 = esser
vgl. 𝔄 15, 40 ff.   11 preterit nön perfeitz   12 𝔊 = es semblanz al preterit.
Die Worte el semblanz *stehen* 𝔊 *Z.* 17 *nach* coniunctiu *sind aber durchgestrichen*
13 = non perfeit 𝔊 𝔇   14 a la vegada 𝔇 II *fehlen* I   19 conjonctiu I
ergänze: fenissen tut aici, *ebenso* 16, 26, 31 — 𝔊 = cum aia   20 𝔊 =
nos aiam   20. 21 nos a. a. vos a. a. qill (cil) a. 𝔇 II   22 Lo preterit 𝔇 I II
23 𝔄𝔊 = es 𝔇 I II — 𝔊 = semblanz   24 = aquel I II 𝔊 — 𝔊 = estier   26 𝔊
= 'cum'   27 *bis* 29 tu auras amat cel aura amat nos aurem amat vos auretz
a. qill (cill) auran amat (auran vel aurau amat) 𝔇 II   29 v. a. amat I   31 𝔊
= El II. *Statt* 16, 31–33 *bietet Lat. folgende interessante Bemerkung in*
𝔅 I: Inspiciat lector in hujusmodi modis et temporibus et consideret quae
verba debet proferre in vulgari Provincialis linguae. Eumdem sensum habent
ista verba quantum (quam 𝔅 *Copie d. Barb.*) sua in suo vulgari. *In* 𝔄 (*nach*
II *Anm.*) *fehlen die Worte* 'Euridem *ff. In* II *folgen nach* 'proferre in vulgari'
die Worte 'suo et quem intellectum habent, quia in vulgari p. l. eumdem s.
… quem sua … *welche Guessard aus* 𝔅 *éntnommen haben will, die jedoch
weder in der barb. Copie noch in* 1, *also schwerlich in* 𝔅 *stehen.*   34 = en
totas II volem II   38 enfinitius II   41 nome II = nombre — = aissi [es] II
44 Els autres 𝔇 II   45 no m'entremeti I II *und* 𝔊 II — 𝔊 = gaire luec II
46 *Lies:* no I II
       17, 1 𝔊 = nom   2 𝔊 = soinha … ai — dir aissi con de l'actiu es
dit desus II — *Lat.* dicere ita prolixe, sicut superius de activo; sed aliquantum
doctrina simplicior quia [per II] hoc verbum plane distinguitur   6 𝔊 = deret
·.. sui   9 = aissi   18 = uel foron amat II 𝔊   21 𝔊 = fos amat —
22 𝔊 = ill   25 𝔊 *die oben* 17, 13 *fehlenden Formen des* preterit non perfeit
sind hier als Formen des preterit plusqueperfcit *vor den eigentlichen Formen
dieses Tempus aufgeführt, offenbar irrthümlich und veranlasst durch die Doppel-
form der lat. Uebersetzung. Vgl.* 18, 13.   27 = atz .. atz   28 auiatz   30 =
Et   37 𝔊 = amabor, tu seras amatz   46 = amat I II — 𝔊 = siam …. siatz
       18, 3 𝔊 = per mo uol. *Der Apostroph steht hier in der Hs. selbst,
aber offenbar bedeutungslos.*   4 𝔊 = tu serias   5 = fora amatz, rias uel foras
atz, ria vel fora atz II. *Lat. in* 𝔅 I *bietet hier an 2ter Stelle auch die pr.
Formen:* 'fora, foras, fora, foram, foratz, foran'   6 𝔊 = fora   9 𝔊 = can
… dir 'nos foram amat'   13 agues — = amatz *ebenso* 18, 16 *und* 𝔊 18, 14,
15, 17 — 𝔊 = aues *die pr. Formen in* 𝔊 *sind wiederum irrthümlich und
durch die lat. Formen veranlasst vgl.* 17, 25   15, 16 glose marginal entourée
en rouge II   16 *Lies:* ages, *welches aber aus* agues *verschrieben vgl.* augues
18, 13   17 𝔊 = esset   25 *vgl.* 10, 43   27 𝔊 = sias   28 = nos siam
amat II   32 𝔊 = ill   33 = presens — altretals — 𝔊 = coniunctiu es al-
tretals   34 altretals si cun lo futurs de l'obtatiu si II *vgl. aber* 16, 6   36 𝔊
= perfeit   37 𝔊 = 'cum'   40 𝔊 = fos amatz

19, 9 preteritz plusqueperfeitz 10 sembla 11 metetz — Deus *bis* cum = ℭ II *Lat.* 12 ℭ = del conjunctiu 16 ℭ = aurem 20 *Lat* in 𝔅 I in vulgari nisi amari 21 conjugationem — declinatio II. *Der ganze Zusatz fehlt* I 22 ℭ = Li uerbe 24 ℭ = sun mout diuers .. 'eu escriu ou escriui' 26 cel escrif o escriu 𝔇 27 dici 28 ℭ = 'cel escriu o cel escri (?)' et 29 El plural — *Lat.* In plurali desinunt omnia in hac syllaba: 'finimus, finitis, finiunt' 30 etz 31 aquel = dit desus *Lat.* que dixi superius sunt de tertia [la terza 𝔅 I] Videlicet, quia sic ordo postulat de s. 35—42 te. eu feing. estreigni. tu feigni o feingnes. cel feing. preing. ceing. estreing. empeing. En plurali fenis in em, in etz et in en vel in o 𝔇 36 ℭ = cel te 39 tenh .i. tenco I *fehlt* 𝔇 II *und ist zu streichen,* I *hat dafür* senh 43 = imperfect I non perfeit de l' indicatiu et el futur de l' II En preterito inperfecto indicatiu et futuro et in futuro optatiu et in presenti subiunctiu 𝔇 44 et en I et el II 46 senblan tuit

20, 2 ℭ = preterit 3 = tut I II tuit 𝔇. *In* II *sind die Formen von* fenher *bis auf* 'cill fingien [o fingion]' *aus* ℭ 4 ℭ = in ia 7 ℭ = nos 10 De l'indicatiu — = entendatz ℭ I II 13 ℭ = 'si' es pauzatz 14 ℭ = auia ... seria rics 17 ℭ = El 18 ℭ = enaissi. *In* II *sind die Formen von* auer *aus* ℭ 28 eschrivan vel eschrivon I 31 El preterit perfeit de l'indicatiu la p. p. finis en *i* la seconda en ist II 34 ℭ = eu dissi 35 ℭ = tu dissist .i. tu dixisti 38 = dormist 𝔇 I II 42 mout ℭ𝔇 I II 45 auzir 𝔇 I II 46 = sentir 𝔇 I II

21, 1 soffrir — ℭ = sofrir 6 ℭ tu soffris II = tu sofrist 7 = el *und vorher keine Interpunction* I II *Lat.* scilicet in pr. perf. in. 8 perfeit 𝔇 I II 9 in i, itz I in im, itz II in im et in uz 𝔇 12 senblan 13 etz 15 agrem, agretz, agren vel agron I 16 aguetz II. *Die von mir zwischen ( ) gesetzten Worte sind parenthetisch zu fassen.* 17 ℭ = trait II — 18 ℭ p. in ac si cum 'ac' II = qe diz ac — que ditz *bis* 20 *fehlen* I, *ebenso* II: 19 'dissem' *bis* 20, *in* 𝔇 *fehlen nur* ag .i. habuit 24 = poc .. moc .. noc ℭ𝔇 *ebenso Lat.* potuit, movit, nocuit 𝔅 I 25 quartz 26 ploc. — in ec I II in ec estreit 𝔇 decazec, cazec 𝔇 I II 27 escazec 29. 30 bec 𝔇 36 teis, feis, seis 41 atreis I 𝔇 42 In ec larc 𝔇 46 *hinter* mes, pres, ques *fehlt* compost, *ebenso* 22, 10 ff. *nach* tendet, batet, pendet, vendet

22, 8 mesdet 𝔇 mesguet 16 ℭ = lo preterit 17 = tut I II tuit 𝔇 18 ℭ = e si 22 = In ac 𝔇 I II 27 subris 𝔇 28 exquis I — Pero *bis* sobredit *fehlen Lat.* 𝔅 I 33 Anquara *fehlt Lat.* — ℭ = o suferc 34 ℭ = uberc 35 ℭ = cuberc 36 ℭ = o corec 37 larc 𝔇 II — ℭ = larg 44 = In ois estreit: ois .i. unxit 𝔇 I II — perois — = .i. punxit 𝔅 (*Copie Barberina*) 45 larc II

23, 2 larc 𝔇 II 4—6 II *aus* ℭ — escos .i. excussit, abscondit, praedam excussit, ros .i. s. t. I escos, rescos 𝔇 6 ℭ = larg 9 ℭ in ors larg sicun tors .. destors 11 In ens estreit 'tens, prens' II. *Dieselbe Besserung hat auch Diez in sein Exemplar von* I *eingetragen. Aber auch* 𝔇 *bietet deutlich* In eus estreit teus, preus. *Die Ueberlieferung darf also wohl nicht angetastet werden.* 12 ℭ = complais 13 complais 15 *Lies:* consolatus est, — refrais .i.

refregit, afrais .i. consolatus est, sofrais .i. humiliauit II 17 *Lies:* traxit cum
arcu *wie* 𝔅 II 19 *Lies:* debilem f. *wie* 𝔅 II — ℭ = trais .i. d. fecit 21 =
tais .i. expediuit, atais .i. pertinuit 𝔅𝔇 II 23 per zo I per so 𝔇 II 25
maiers II 30 = perfeit — ℭ = entendatz 33 senblans I semblan 𝔇 II
36 senblan I semblan 𝔇 II 41 vel in etre *fehlen* I etre vel in atre vel in
ondre 𝔇 II — ℭ fenis II = in endre, si II 42 vel in odre vel 𝔇 45 conpost *fehlt*
24, 4 escondre *fehlt* I = .i. *abscondere* (*vgl.* Wortverz.) 7 ℭ = at 8 sen-
blan I II semblan ℭ𝔇 12 l'enfinitius — ℭ = sabut 13 ℭ = in ir mutat
17 *Lat.* Ab [hac II] regula excipiuntur 18 ℭ = ioigner 20 = e trait
vgl. Lat. Excipitur et 22 ℭ = prendre 23 = ab lor ℭ𝔇 I II — =
compostz 24 ℭ = in es 26 escondre ℭ I II, *fehlt* 𝔇 27 ℭ = eu
28 ℭ = auias 30 = lor ℭ 𝔇 — = compostz ℭ 32 eissamen 33 ℭ =
enfeint 35 = compostz 𝔇
   25, 3 = ceinht I ceint 𝔇 4 empeinth II empeint 𝔇 7 semblans
8 amarai 𝔇 I II 10 de l'imperatiu 11 presen 13 ℭ cum digam II 14 ℭ
cum digatz II 15 en a II 16 seconda — ℭ = dicant II 17 ℭ segonda II
19 cum .. peinh II 21 cum. linfinitiu II 22 cum .. fait II 24 = 'legir'
II 27 de l'emperatiu — ℭ saza ... limperatiu II 28 ℭ = de totas II
31 obtatiu II — ℭ = del optatiu 32 *Lat.:* Presens optatiui [vult II] in
omnibus coniugationibus [ita finire II sicut 𝔅 I]: utinam amarem, res, ret,
amaremus, tis, rent. [In pret. pl. q. p. II.] utinam amauissem *u. s. w. Daher
sind* 'trait la prima', *welche Worte auch* 𝔇 *fehlen, zu streichen* 35 ℭ *ergänze:*
El preterit plusqueperfeit sion de la segonda coniugazon 36 plusqueperfeit
41 seconda 43 = lo preteritz — ℭ cum ... agues II 44 ℭ agues auzit II
   26, 1 *Lat.* I: el cap loco avia, verbi gratia — saubut 3 tendut *fehlt*
9 desus. El preterit ...., el f. *vgl. Lat.* sicut plenius continetur 𝔅 I II in
preterito superius II. Et preteritum ...., et futurum I II 11 = futurs ℭ
Vgl. 15, 44 *bis* 16, 6 — ℭ = El II 12 semblan 𝔇 I II 15 ℭ = aia II
19 ℭ = o cum el sia 23 liam ... seconda II 28 ℭ ill tenian II 31 ℭ =
del 46 = dormissem, uos dormissetz, cill (celh) dormissen o (vel) d. 𝔇 II
   27, 1 = El 9 ℭ = perfeit del optatiu el preterit plusqeperfeit del
c. f. aissi. *Vgl.* 27, 21 10 aian 11 ℭ = aiustat 14 = tendut II 15
aion o aien 17 sentit 26 aien o II aion 𝔇 I II 21 = preteritz 27 =
cel — ℭ = at in it 29 auran o 𝔇 II 32 ditz .... dessus 33 𝔄ℭ = dels
𝔇 I II 37 fors que en
   28[1], 6 — 37[2], 45 *fehlen* ℭ I *stehen aber in* 𝔄𝔅𝔇ℭℑ𝔊 *) II, *doch bietet* 𝔇 *wie
bisher nur die provenzalischen Formen. II beruht der Hauptsache nach auf* 𝔅, *deren
provenz. Lesarten in der Regel voran stehen,* (*so:* 28[1], 22, 28; 28[2], 7, 35, 39;

---

*) Mit ℭ bezeichne ich die Copie von 𝔅, welche sich in der Barberinischen
Bibliothek zu Rom Plut. XLV, 80 befindet. Ausser dieser sind mir noch zwei
andere Copien von 𝔅 bekannt, eine in der florentiner Marucelliana Trib. 2
Scaf. B Vol. 17 (ℑ; vgl. Arch. 33, 412 und 368) und eine in der National-
bibliothek zu Paris. Die letztere, 𝔊, ist von Guessard und neuerdings mehrfach
von Meyer benutzt worden.

30^1, 11; 30^2, 31; 31^1, 16, 37; 31^2, 2, 11, 19; 32^1, 9, 19; 32^2, 7, 21, 28, 40; 33^1 30; 33^2, 2; 34^1, 1, 3, 12; 34^2, 28, 38, 42; 35^2, 8, 28; 36^2, 21, 22, 24, 29, 30, 32; 37^1, 10, 17, 21; 37^2, 7, 23.) *während ich dieselben, sobald sie von $\mathfrak{A}$ abweichen, an zweite Stelle gesetzt habe.*   *Sehr viele provenzalische Lesarten von $\mathfrak{A}$ sind in II überhaupt nicht mitgetheilt.* (*So rein orthographische Abweichungen von $\mathfrak{B}$:* 28^1, 10, 45; 28^2, 15; 29^1, 17, 21; 29^2, 19, 22, 26, 30; 30^1, 46; 30^2, 1, 4, 6, 8, 11, 26, 39; 31^1, 18, 22, 42; 31^2, 7, 9, 32, 35, 37, 38, 41; 32^1, 28; 32^2, 9, *bis* 16, 29, 32, 43; 33^1, 22; 33^2, 5, 25, 34, 43, 45; 34^1, 27; 34^2, 1, 3, 17; 35^1, 25, 26, 27, 29, 30, 40, 41; 35^2, 3; 36^1, 6, 17, 26, 28, 44; 36^2, 5, 8, 19, 20, 45; 37^1, 1, 6, 7, 25; 37^2, 10, 26, 28, 30, 34, 38, 44; *aber auch gewichtigere Varianten:* 28^1, 34; 28^2, 14, 23, 26; 29^1, 3, 29; 29^2, 17, 33, 36, 38; 30^1, 1, 15, 17, 34; 30^2, 19, 42, 46; 31^1, 7, 13, 33; 31^2, 6; 32^1, 5, 22; 33^1, 9; 33^2, 8, 18; 34^1, 5, 16; 36^1, 14, 16; 37^1, 31, 34, 35, 44; 37^1, 24).   *Ja einige nur in $\mathfrak{A}$ überlieferte Verba fehlen in II gänzlich* (*so:* 28^1, 30; 31^2, 23; 34^1, 13; 36^2, 37, 38, 40; 37^1, 20, *so auch* 35^1, 5, *welches in allen Hss. steht*).   *Auch der lat. Text von II bietet oft nur die Lesart von $\mathfrak{B}$* (*so:* 28^1, 7, 8, 16, 19, 22, 30, 32, 42; 28^2, 4, 31, 33; 29^1, 1, 8, 19, 24, 27, 30, 32; 29^2, 4, 17, 32, 39, 44; 30^1, 5, 17, 19; 30^2, 22, 35; 31^1, 1; 32^1, 7, 25, 32, 33; 32^2, 5, 43; 33^1, 9, 28, 43; 33^2, 23, 38; 34^1, 13 24, 25, 31; 35^1, 17; 35^1, 3, 28; 36^1, 14, 24, 27; 36^2, 14, 17, 25, 41; 37^1, 5, 22, 30; 37^2, 2, 20, 35, 44), *oder die Lesart von $\mathfrak{B}$ geht der von $\mathfrak{A}$ voraus* (*so:* 29^1, 14; 30^1, 7; 31^2, 2, 18; 33^2, 1, 9, 18; 34^1, 41; 35^2, 21; 36^1, 13; 37^2, 29).   *Das nachstehende Verzeichniss der Abweichungen nimmt auf diese Unvollständigkeiten und Abweichungen von II keine weitere Rücksicht und verzeichnet auch die Lesarten von $\mathfrak{D}$ $\mathfrak{E}$ nur in so weit als sie Besserungen stützen oder Zweifel an den Lesarten von $\mathfrak{A}$ $\mathfrak{B}$ erwecken können.   Uebereinstimmung von $\mathfrak{E}$ mit $\mathfrak{B}$ bleibt unerwähnt, $\mathfrak{F}$ und $\mathfrak{G}$ blieben ganz unberücksichtigt.   Dagegen führe ich die zu II gemachten Besserungsvorschläge von Diez* (*Etym. Wört. der rom. Spr.*), *Galvani* (*Opuscoli rel., lett. e mor. S. III T. III S. 323 ff.*), *G. Paris* (*Romania I, 234 ff.*), *A. Tobler, P. Meyer* (*ib. II 337 und 347 ff.*) *und Chabaneau* (*ib. VI 136 ff.*) *mit Diez, Gal, Par. Tob. Mey. Chab. an und zwar unter Angabe ihrer Gründe.   Meine Zustimmung deute ich durch vorgesetztes* $=$ *an.   Auch Conjecturen, welche durch Herstellung der richtigen handschriftlichen Lesart gegenstandslos geworden sind, führe ich der Vollständigkeit halber auf.   Sie sind von Interesse, wäre es auch nur um vor voreiliger Conjecturalkritik zu warnen.   Eigenen Besserungsvorschlägen ist ebenfalls* $=$ *vorgesetzt.   Man vergleiche zu den Emendationen die im Wortverzeichniss zusammengestellten Parallelstellen.*

28^1, 7 $=$ .i. odire II.   16 adacquare $\mathfrak{E}$; *Rayn. L., Roch. kennen nur diese Bedeutung vgl. aber* eguar *R. L.* III 136   19 $=$ .i. violare II   22 Sitular, scitolar II, s. *Bartsch Denkm.* 94, 29; sitolar *Roch.*; citola *R. L.*   24 Madurar. m. II $=$ mandurar $\mathfrak{D}$ $\mathfrak{E}$ s. E citolar F mandurar *Girautz de Calanson Bartsch Denkm.* 94, 30. *R. L. und Roch.* bieten mandurcar (*Lesart* $\mathfrak{R}$)   26 *Lies:* organar   28 tronbar $\mathfrak{D}$ 30 .i. c. f. canere II $=$ c. f. cantaro   34 adempar $\mathfrak{D}$ $=$ ademprar *s. Rom.* III, 500   40 .i. concursum p. II *s. Par.* 235   45 ausellar $\mathfrak{T}$

     28^2, 5 $=$ Aprimairar II s. *Meyer, Crois.*   7 Arezar, arozhar II $=$ areçhar, arezar *s.* arrezar. *Meyer, Crois.*   9 .i. impedire vel diferre *Gal.* 323

(giunta che trovo in nota al mio Ms.) 11 = .i. occupare II 14 II *Anm.*:
'*Quoique les mss.* donnent adantar *il faut lire* adautar, *ou mieux* azautar
charmer.' *Aber* 𝔄 *liest bereits deutlich*: adautar, 𝔇: abautar = adautar *s.*
adaptar, azautar *R. L.* II 107, 161 19 = balar II 21 II *Anm.*: bairar
pour barrar. *In* 𝔄 *ist* r *öfter durch* i *ersetzt.* (*so*: 28, 34 adempiar; 30, 15
desaiar; 32, 16 nafrai; 32, 18 sairar; 33, 42 sosteirar. *Hierher gehört auch
wohl* 28, 24 manduirar; 29, 33 deirocar; 29, 38 deirengar; 31, 11 lairar). *Dass
in allen Fällen nur eine graphische Verwechslung vorliegen sollte, scheint
wenigstens zweifelhaft. Vgl. Anm.* 33ª, 42 24 = baroneiar II *Roch.* 26. 28.
30 *In* 𝔄 *ist durch irrthümliche Wiederholung von* baroneiar (*als* baronelar)
*die lat. Interlinearversion um eine Stelle vorgerückt. Z. 30 ist Lat. in der
Hs. durchstrichen. Das so getilgte entspricht Z. 38.* 39 *s. Galv.* 323 41 .i.
mulieres b. ℭ 44 = facere II *s. Roch.* 45 *La glose de la page* 50, 25
rend vraisemblable pour celleci la correction impedite. *Par.* 235 *s.* tartalha.

29¹, 3 = bullar II 8 *umgestellt mit* 10 𝔅 ℭ II 19 = *hostem* 26 ascella 𝔅 ℭ II
29 = carreiar 𝔇 *Tob.* 338 (*fr.* charrier) 44 cambar (*gambettare*) *wegen* 64, 30;
59, 23 *Gal.* 323; *aber* cambar *ist nicht belegt, wohl aber* cembes cymbales *s. Roch.*
29ª, 17 = condeiar 𝔇 II *s.* coindeiar *R. L.* 22 deturpare manum ℭ
36 destrigar 𝔇 — = occasionem — occasione modum dare ℭ donner du temps
Roch. occasionem omnem dare II occasionem morae dare *Gal.* 324 *mit Bezug-
nahme auf*: destriga 65, 7 triga 65, 6 *ohne Angabe der Lesart* 𝔅); offensionem
omnem dare *Tob.* 338 (*mit Bezug auf*: destriga *und heutiges gascognisch*:
destriguar *contrarier, empêcher, arrêter*); *wie Gal. liest Mey.* 338 (*mit Bezug
auf* 𝔊 = 𝔅) *s.* tricar *Diez, E. W.* I 38 derrengar 𝔇 *Leggerei col mio
Ms.*: de *s.* militum e. *Gal.* 323 (*ebenso liest* ℭ); *lisez*: militum *Par.* 235;
La correction militum *me semble inutile*, militem *étant ici régulièrement à
l'accusatif cf.* espelir 36, 42. *Chab.* 136. *Ich verweise noch auf* 89, 3; 30, 35
40 = .i. eicere II 42 = .i. liberare II

30¹, 1 = .i. discalceare II 4 despulzelar II 9 desviar II 10 des-
cargar II 13 = .i. clavos e. II 15 desserrar 𝔇 17 desfublar II 34 espirar
Roch. ℭ esspirar 𝔇 espiar II 35 esquivar II 43 .i. in ligno ad hastam
dep. II; *La traduzione mi riesce oscura. Ove si potesse leggere*: in l. hastam
imponere, *ovvero* cuspidem ponere *vedrei allora nel verbo indicata la forma-
zione delle così dette, presso noi, 'arme in asta' o 'inastate'. Aber durch die
Lesart* 𝔅 *sorge la possibilità di leggere*: in ligno ad assandum p. *supponendo
lo schidione un astile di legno; oppure: ante ignem ad assandum p. Gal.* 324 —
attacher à une lance *R., s. Rayn. L.*: enastar *embrocher, mettre en broche*
30ª, 4 enseignar 𝔇 6 *s. R. L.* II 60 esalsar, *élever, exaucer; Roch.*
eissausar *approuver* 7 effreidar 𝔇 11 *Per non dar luogo a scambiare il
'pegno' colle 'penne' crederei opportuno che la voce prov. fosse scritta* empenhar
Gal. 324 16 escampar II 17 escoissar II *s. R. L.* II 526 escuissat *éreinté,
déhanché* 19 = escorjar, escortagar — escorgar 𝔇 escortigar II; *Rayn. Roch.
kennen* escorgar, escoriar *und* escortegar; *Mey. Chron.* 1958 escortgar 22 en-
sanglentar 𝔇 II 27 cl. in pedem f. II — *La traduzione restringerebbe eccessi-
vamente il valore del verbo, e lo volgerebbe verso una specialità abbastanza*

strana e difficile. Non sarebbe forse meglio il leggere: clavum f. *o* clavum inf. *o* clavum impendio f.? *Gal.* 324   29 = t. sputum emittere *Gal.* 324 *(wegen fr.* cracher), ebenso *Chab.* 136 *s.* escarcs 40, 25   37 *s. Gal.* 324   40 reponere *ist in* 𝔅 *durchstrichen und fehlt* II, *gehört zu* 39   46 escollar 𝔇 eschohar 𝔊 = escolhar II   31¹, 1 elumenar, enlumenar II   3 eriviragar 𝔊 *Roch. s. Gal.* 325   5 *steht nach* 7 𝔅𝔊 II   7 *Lies:* stultitiam f.   11 ferrar .i. ferrare II   12 fizar 𝔇 16 sub pedibus c. II   20 apponere 𝔊   27 i. p. II c. i. t. et *fehlen* II   29 gastar .i. dev. c. d. II 33 cazaignar 𝔇 gasagnar 𝔊   34 = v. ad c. pertinet   36 greviar II greujar *Roch. vgl.* leuiar 31, 16   37 glenar 𝔇 𝔊 spicas II   40 .i. guidare II   31¹, 2 *Das Wort ist unklar nnd nirgende belegt oder besprochen. Sehr nahe liegt an* izala *zu denken, welches Bridel, Gloss. de la Suisse romande Lausanne 1866 als s. f. aufführt und mit* petit oiseau femelle *übersetzt, oder hängt es mit it.* zata = zampa Piede d'animal quadrupede (Voc. venez. e pad. Padova 1775) *zusammen.*   24 *Opinerei che luitar fosse uno scambio dell' ammanuense, invece di* luctar *o* luchar *Gal.* 325   32¹, 2 *steht nach* 12 II   8 = moscar 𝔇 𝔊 II   9 moscidar *Roch.* 15 = .i. natare II   16 nafrar II   22 nominar 𝔇 𝔊   28 uncias p. c. II uncias *per* ungues *Gal.* 325   33 ditare II enrichir *Roch. Nel glossarietto Provenzale-Ital. si trova questo medesimo verbo* oscar *spiegato con* dotare. (*In vorstehendem Abdruck findet es sich nicht, ebenso wenig wie* osclar dotare*, welches in Galvanis Abdruck S. 341 unmittelbar hinterher folgt. Das letztere ist wahrscheinlich aus* coidar adorar 89, 5 *entstanden. Die Willkürlichkeit, mit welcher Galvani sonst den Text des Glossars umgestaltet hat, berechtigt zu der Annahme, dass* oscar dotare *von ihm selbst herrührt*) ... *Ove in ambi i luoghi, invece di* oscar *si potesse leggere* osclar*, sarebbe tolta la possibilità di una equivocazione, giacchè il Ray. riferisce esempj., secondo i quali* oscar *vale senza dubbio* ébrécher. *Gal.* 326 — *Ce mot pourrait être traduit convenablement par* dentare (*s. Flam.* 7883 Gir. de R. 2647) *Tob.* 338   46 pastar 𝔇 II campastar 𝔊 = compastar   32¹, 14 pezeiar 𝔇 II pezzeiar 𝔊   17 vetera II = venta 𝔊 — *Perchè non si creda* petazar *un iterativo di* petar (*lat.* pedere) *e quindi con significazione troppo diversa dalla voluta* (?!)*, opinerei che si dovesse scrivere* pedassar*, verbo cui può attribuirsi anche il valore del nostro* rappezzare *Gal.* 326 pedassar = remplir de chevilles *ist allerdings von Rayn. aus der Leys d'amors belegt* (*vgl. auch* sp. pedázo *Stück, Bruchstück*) *und* petazar *fehlt in den Wörterbüchern, aber da in dem Rimarium* petz, petiers, petcira *verzeichnet sind, und der Ital.* spetezzare (petezzare *Voc. venez e pad.* pedezar *Mussafia Beitrag zur Kunde der nordit. Mundarten) kennt, ist die Lesart* 𝔅 𝔊 *nicht anzuzweifeln* 18 periclitari II   23 aliquid II   24 pensar 𝔊 pesar II   26 pectenar II 38 = terere 𝔊 II   40 *Apparentemente il verbo significa* puntellare o levar sui puntelli cioè il far quell' opera di offesa per la quale scavato il terreno sotto il muro delle torri o de' fortilizii, si reggeva questo su puntelli di legno, ai quali poi mettendo fuoco, il muro rovinava ed apriva la breccia desiderata. Sostituirei quindi* supponere *al semplice* ponere *e nel Rimario* (64, 39) *vorrei mutato il* supra *in* subter. *Gal.* 326. — *Roch hat* ponzilhu échafaude. 43 ponzejar *servir, rendre service aux autres Roch. — Nella mia copia Ms. trovo in nota* appinto:

beneficia aliis improbare. Gal. 326. *Das Wort ist mir unklar.* 45 = *credo che la chiarezza ne avantaggerebbe qualora vi si leggesse soltanto*: putare vineas Gal. 327 — *In* 𝔅 *ist* improbare *durch Versehen zu* podar *statt zu* ponçeiar *gesetzt und deshalb auch* vineas *fälschlich zu* poiar
33¹ = .i. ascendere 𝔈 II   5 *Lies*: plovinar 16 colligere II   25 rampoignar 𝔇 27 auferre II *s. Diez E. W.* IIᶜ   30 raiar 𝔇 𝔈 radiar .i. radiare II   31 = ranqueiar 𝔇 𝔈 *Roch.* Rayn II rauqueirar II. *Evidemment il faut* ranqueirar *Par.* 235. *Auffällig genug ist dennoch, dass nach meinen Notizen* 𝔄 *wie* 𝔅 *das unberechtigte* r *bieten, während es in* 𝔇 𝔈 *sicher fehlt, vielleicht habe ich mich wenigstens an einer Stelle verlesen Dass* 𝔄 *wie* 𝔅 u *statt* n *bieten oder vielmehr zu bieten scheinen, ist bei der auch sonst häufigen Verwechslung der beiden Buchstaben durchaus nicht anstössig.* 33 *Ray. ayant trouvé* refuydar *la leçon* refuidar, *selon la lecture de Rochegude [c'est en effet ce que porte* 𝔊 *fügt P. Meyer hinzu], est assurée; peut-être faut-il expliquer la forme prov. comme formée sur* refui (refugium), *de même que en italien* fiutare *a influé sur* refiutare *Tob.* 338
33¹, 5 roucar .i. turpiter c. g. b. II *En fr. la forme* rouchier *est connue; mais en prov. il faut* roncar *Par.* 235. *Le mot catalan et espagnol* roncar *ayant la même signification, de même que le prov. moderne* rouncá, *on peut écrire avec assurance* roncar (rhonchus, rhonchare, rhonchissare) *Tob.* 339 12 *s. Meyer Guill. de la Barre Notice* p. 46   42 *corr.* sosterrar *Chab.* 136 *s.* Anm. 28¹, 24   46 = *forse:* soleas m. *Gal.* 327 *Lisez:* soleas *comme le prouve la glosse* 63, 14 *Par.* 235
34¹, 1 super gulam p. II *frapper sur la joue, souffleter Roch.*   3 = sostar *Roch.; vgl.* sosta *delai R. L.* — = inducias dare II donner du temps, accorder des termes *Roch.*   5 sobolar 𝔈 = sobdar 𝔇 II   10 soleiar 𝔈 solleiar 𝔇 solelhar *Roch.* II   12 = suar 𝔈 — *Il aurait fallu, je pense, imprimer* sovar. *Le* v *sera ici introduit, après la chute du* d *comme dans* auvir, lauvar *etc. L'o dans cette forme a lieu de surprendre, car* l' ū *lat. devient en prov.* u *et non* o estreit *Peut-être faudrait-il corriger* suvar *Chab.* 136. *In* 𝔇 *fehlt das Wort.*   14 sugitare II   16 *s. Meyer. Flam.* S. 418   21 f. ad se t. 𝔅 *gehört zu* 19 *vgl.* 34¹, 18   31. 32 *Man scheint bis jetzt fast allgemein die beiden Worte nur als orthographische Doppelformen aufgefasst zu haben.* (*s. Du Ca.-H. s. v.* talare; *Rayn., Meyer Chr. Albig.*) *und doch sind sie auch der Bedeutung nach fast überall wie im Donat deutlich geschieden (vgl. auch Roch., Bartsch Chr., Rayn.). Talans Chr. Albig.* 8151 *steht für* talhans, *wie in den andern Fällen auch geschrieben ist. Talar kommt vom Subst.* tala devastatio, *welches sich* 62, 26 *findet. Beide Worte sind dem Spanier geläufig. Auch franz. Dialecte haben das Verbum* taler = frapper. *Dasselbe steckt in* talmouse, taloche *s. Littré. Was ist aber die Etymologie von* tala? *Scheler s. v.* taloche *sagt, er wisse nicht woher* taler *abzuleiten. C. Michaelis, Studien zur r. Wortsch. sieht in sp.* talar *eine Scheideform von* talear, *was aber wegen der weiten Verbreitung und des Alters von* tala *schwerlich zugegeben werden darf.* 43 *L'addition* manibus, *que Roch. ne parait pas avoir eue devant les yeux et qui ne se retrouve plus à la traduction du nom*

et du verb treps (48, 6, 7) *est fort suspect.* Tob. 339. — *On peut sans hésitation,
ce me semble, corriger* pedibus *Chab.* 136

34°, 5 *fehlt* II   6. 7 *s. Diez E. W.; Per quanto valgono gli esempj
recati in mezzo dal Ray. parebbe che si dovesse leggere:* trevar .i. treguas
facere Entrevar .i. frequenter rogare *Gal.* 327   14 tomare *n'est sans doute
qu'une autre forme de* tombar; *la traduction* cadere (55, 29) *a été omise Tob.*
339   18 trombar .i. tuba s. II   25 *Lies:* 𝔙 dicere *u. s. w.*   33 go II
35¹, 8 p. c. vel axolare II hurere ℭ   10 urtar II
35°, 21 destendere .i. II *s.* Par. 235   28 *Lisez* per coxas *comme* escoissar
per coxas dividere (30, 17). *L'assimilation de* escoscendre *à* escoissar *est
d'ailleurs une erreur du glossateur.* Par. 235 == per conis scindere vel p. sc.
35 == *Il faut lire* delinquere, *comme on le voit par de nombreux passages et
par le tableau des rimes* (50, 17) *où* mespres *est bien traduit par* deliquit;
mais reprehensus *doit être rayé. Tob.* 339   42 *On voit souvent dans nos deux
recueils que* an *est écrit pour* en, *comme en fr.:* p. 41, 7 antrevalz; p. 50, 35
Valantines *et* p. 50, 19, 20 antepres, *c'est à dire* entrepres, *qui là est rendu
exactement par* interceptus, intercepit. *Il est à supposer que* p. 35, 42 *aussi
ce qui avait été placé d'abord comme une forme parallèle de* antreprendre *est
devenu par une erreur facile à comprendre, la traduction Tob.* 339; ⑤: ante-
prendre interprendere *Mey. ib.*   43 pendere m. correpta v. p. II

36¹, 1 escodre 𝔇. *Credo che sarà mestieri leggere* escodre, *perchè* nascon-
dere *non ne riesca confuso con* iscuotere. *Infatti seguitando troviamo* secodre
Gal. 327. *Lisez* escodre *comme* secodre *Par.* 235   20 ploure 𝔇 II   30 *De
même Roch.; mais nous ne connaissons au sens de* resonare *que* refrinher (*non
pas* refrinhar *ainsi que Ray. écrit) ou* refrimar (*Mahn G.* 280, 1) *d'où le
subst.* refrim. *Il faut probablement écrire* recoquere *Tob.* 339   38 esdemetre
ℭ II edesmetre 𝔇. *Si dovrà intendere quell'* assultum *per l'assolto o prosciolto
italiano, ossia per* l'absolutum *latino Gal.* 327

36°, 9 apum est s. II   11 *s. Mey. Guil. de la B.* 40, 1   34 esconfir 𝔇
37¹, 5 == spuere ℭ II   8—11 vel eschouir *fehlt* 𝔇 ℭ 𝔉 *Roch. Peut-on
à côté de* estobezir (stupescere), estobezens, estobezimen *qu'il cite et dont il
prouve l'existence par des exemples, admettre une forme* estobir (== *lat.* stupere,
it. stupire), *qui pourrait à la rigueur être mise sur la même ligne que* treme-
facere (*les traductions doivent ici, comme on sait, très-souvent être entendues
cum grano salis)? Ou bien a-t-il lu* escharir? *Il donne pour* escarit, *je ne
sais sur quel fondement, entre autres sens, celui d'*effrayé, éperdu. *Peut-être
faut-il unir* eschausir *avec* escernir *de la glose suivante, et y remplacer* per-
ficere *par* perspicere. *Roch. au reste a trouvé aussi* escemir, *mais il le traduit
par* diminuer, s'evanouir, *rapportant probablement à ce mot la traduction*
delinquere. *Le mot prov. est à ma connaissance d'ailleurs inconnu; il appar-
tiendrait à* sem *it.* scemo *lat.* semis. *Tob.* 339.   15 frigescere II   28 == sanare
II — in v. 𝔙 *gehört zu* 27   30 == glutire *Tob.* 340   31 == grondir 𝔇 ℭ II
37°, 4 notrir, noirir II   10 pallezir 𝔇 *Gal.* 327 *Tob.* 340 — .i. pallescere
Gal. Tob.   20 rauquezir II   37 *Je ne comprends pas du tout cette glosse Par.*
235, Revenir *avait dans notre ancienne langue, et il a conservé dans plusieurs*

dialectes modernes (*voir Ray. Roch. et l'abbé de Sauvage*), *sinon dans tous,*
outre la signification du fr. revenir, celle de ranimer, refaire, rétablir *Chab.*
(Revue des lang. rom. III 445) *ebenso Tob.* 340   39 covenir II

38, 4 qar *Lat.* quia stat juxta verbum et semper jungitur verbo   5 pausatz
6 *Lies*: dic 𝔇 I II   7 tu non   8 ℭ Veetz cum aquella dictios II   9 ℭ
verbes et aquella II   12 ℭ verbes II   15 aduerbi II   16 significazons II
18 deriuatiua species 𝔇 II   20 ℭ = malamen II   21 primitiua species 𝔇 II —
ℭ *vgl. Anmerkung zu* 10, 43   22 non II — ℭ = aqel [qe] no uen II   23 ℭ
dautre si cum II   26 deues   27 tuit 𝔇 I II — ℭ = deuez   28 fenissen
𝔇 I II   29 enz 𝔇 I II   30 posc   32 averbe I   33 temps   34 er, or I er,
oi II   35 ℭ = ia .i. iam   36 ℭ = adoncs   38 'mentre .i. dum' *gehört nach*
𝔅 ℭ 𝔇 *in Z.* 41   39 ℭ = toztemps   40 = antan I II 𝔅 38, 40. *Vgl.* E
quar vos vi antan *Dª 656 Cobl. VI und R. L. II 76*   42 totz temps   43 =
matin II maiti 𝔇   44 = signifian I II significan 𝔇   45 *Lies*: essems I II

39, 2 uei vos 𝔇 II — ℭ = veus me   3 ℭ = luec   4 *bis* 8 cur
sind mit ℭ *zu tilgen und dafür wie in* II *nach* 39, 14 'subtus' *einzuschieben:*
lautre interrogaço 'perque .i. cur'   5 ℭ = .i. foris   6 certanamen 𝔇 II
7 l'autre *bis* 8 cur' *fehlen* 𝔇 I II   19 Participiu I Participium 𝔇   20 nom
𝔇 I II   22 genre II   23 reten temps 𝔇 I II   25 et del a. reten 𝔇 II
26 nom et 𝔇 I II   27 devetz I II   28 ens 𝔇 I II·   29 presans 𝔇 presanz
30 plazens, soffrens 𝔇 plasenz, suffrens I   34 ajosta 𝔇 I II   35 et tu et
36 copulatiuas si cum 𝔇 II copulativas e las I   39 autresi aisi   41 *bis* 45 *fehlen* I
In II *steht irrthümlich nur* 𝔅 (*statt* 𝔄) 𝔇 *hätten den letzten Abschnitt.* 44 aizo II

40¹, 1 *bis* 66², 33 *fehlen* ℭ *und werden in* 𝔇 *durch nachstehende von P.
Rajna freundlichst copierte Reimliste ersetzt. Dieser ist folgende Bemerkung
vorausgeschickt. Die Bemerkung und Rimarium 1 bis 17 sind von verschiedener
Hand. Ich habe darin die des Pier del Nero, des Correctors von* ℭ *wieder zu
erkennen geglaubt. Rimarium* 𝔇 *ist unabhängig von* 𝔄, *ist vielfach verderbt
und entbehrt einer prinzipiellen Anordnung.*

fᵛ. 13 rᵒ. Qui son escriutas totas las rimas, que se poden trobar bonamens
e sons bons ad aicelz qui uolon trobar e sen deleiton en trobar por qellas
dan sotileza et amaistramen de trobar. E cil qui las an podont plus leu e plus
gen e plus coingdamment trobas (sic) bonas coblas e bons motz e bonas
chanssos. e gardent se trop meills de faillir. e donon li maior ardimen, et
amaistrament. de trobar. e de preiar e de chantar.

1 Cap.	En eig.	19 membla.
2 drap.	11 Freig.	20 asembla.
3 Sap.	12 deig.	21 dembla.
4 Nap.	13 adreig.	22 Resembla.
5 Escap.	14 Estreig.	En lerma.
6 Vascap.	15 destreig.	23 Ferma.
7 Gap.	16 neleig.	24 deferma.
8 Rap.	17 malacig.	25 Referma.
9 per gap.	En embla.	26 Confermu.
10 dorac (sic).	18 Trembla.	27 merma.

7*

28 desmerma.
29 aderma.
        En eua.
30 Greua.
31 eua.
32 Seua.
33 Treua.
34 teua.
        En ferm.
35 Ferm.
36 aferm.
37 conferm.
38 deferm.
39 Referm.
        En orda.
40 corda.
41 acorda.
42 descorda.
43 desacoda (sic).
44 morda.
45 sorda.
46 concorda.
        En ion.
47 uion. s. 476.
48 Seignorion.
49 Forssion.
50 Esquion. s. 485.
51 Antion.
52 Coblion.
53 Nomination. s. 489.
54 Penssion. s. 483.
55 Esforssion.
56 Estion. s. 481.
57 Agradion. s. 478.
58 Rion.
59 Beirion.
60 Ombrion.
61 Bestion.
        En ela.
62 Damisela.
63 Caramela.
64 Camisela.
65 Fabela.
66 Nouella.
67 Bela.

68 Apella.
69 Sella.
70 Reuela.
71 Jouencela.
72 pioucela.
73 Renouela.
74 Fauella.
75 Corbella.
76 Budella.
77 Auzella.
78 Iguela.
79 Agnela.
80 Isnela.
81 Ramela.
82 mamella.
83 mapella.
84 canella.
85 dortorella.
86 donzella.
87 Fanzella.
88 Nauesella.
        En el.
89 Bel nouel.
90 Fauel.
91 Auzel.
92 Apel.
93 (v•.) Agnel.
94 Vedel.
95 porcel.
96 mancel.
97 dauel.
98 Capdel.
99 Isnel.
100 marcel.
101 Fardel.
102 Budel
103 Reuel.
104 Cenbel.
105 Castel.
106 Cadel.
107 anel.
108 Ramel.
109 Pincel
110 Nouel.
111 Renouel.

112 Coutel.
113 Flagel.
114 Damisel.
115 Mel.
116 Rendel.
117 Capel.
        En aire.
118 Afaire.
119 uengaire.
120 amaire.
121 debonaire.
122 Emperare (sic).
123 Fare.
124 trare.
125 atrare.
126 aire.
127 Ensclare.
128 Laire.
129 desputare.
130 Finare.
131 gaire.
132 retraere.
133 estrare.
134 maltraire.
135 Blaire.
136 Repaire.
137 Maire.
138 fraire.
139 enganare.
140 affaire.
141 esdare.
142 demulare.
143 bauzare.
144 Belaire.
145 Cantare.
146 uaire.
147 eronare.
148 atraire.
149 lauzare.
150 Bussare.
151 araire.
152 merçare.
        En cire.
153 ueire.

154 creire.
155 mere.
En iga.
156 amiga.
157 liga.
158 triga.
159 ortiga.
160 centriga.
161 Eniga.
162 Lestriga.
163 destriga.
164 riga.
165 Figa.
166 Castiga.
167 Briga.
168 Mendiga.
169 Miga.
170 enemiga.
En ma (sic).
171 meizina.
172 Cusina.
173 Meschina.
174 Fina.
175 Comasina.
176 quirina.
177 Reina.
178 Cina.
179 Peitrina.
180 Spinatopina (sic).
181 Galina.
182 Marina.
183 Corina.
184 Farina.
185 Maitina.
186 Sarasina.
187 Aclina.
188 Vesina.
189 Martina.
190 Patarina.
191 carmina.
192 latina.
193 Diuina.
194 tant fina.
En eis.
195 paradis.
96 conquis.

197 Pernis.
198 fis.
199 Maucis.
200 Lom dis.
201 Empris.
202 pris.
203 fenis.
204 Blandis.
205 uis.
206 assis.
207 Sopris.
208 Clerius (sic).
209 elis.
210 Somesius.
211 deius (sic).
212 pis.
213 camis.
214 bel ris.
215 aissis.
216 auzis.
217 gaubis.
218 languis.
219 beluezis.
220 somdis.
221 moris.
222 Conplis.
223 ablis.
224 auzis.
225 tamfis.
226 soffris.
227 eernis.
228 dis.
229 ladis.
230 enscarnis.
231 dem uis.
232 entremis.
233 fris.
234 faillis.
235 lis.
236 mauris.
237 partis.
238 pis.
239 Bris.
240 Rais.
241 Bais.
242 Lemogis.

E ena.
243 ezena.
244 arena.
245 cadena.
246 lena.
247 Refrena.
248 pena.
249 plena.
(fº. 14) alena.
251 elena.
252 afrena.
253 morena.
254 serena.
255 uena.
256 antena.
257 artena.
258 Ballena.
En au.
259 Brau.
260 cau.
261 Blau.
262 Gau.
263 Milau.
264 Mentau.
265 abau.
266 au.
267 uau.
268 soau.
269 fau.
270 pau.
271 lau.
272 esclau.
273 estau.
274 mau.
275 Gnau.
En oilla.
276 foilla.
277 doilla.
278 uoilla.
279 orgoilla.
280 uoilla (sic).
281 acoilla.
282 Broilla.
283 doilla.
284 Mentoilla.
285 Nom doilla.

1

286 desacoilla.
287 oilla.
288 despoilla.
289 Nom toilla.
        En art.
290 Lionpart.
291 art.
292 part.
293 enpart.
294 depart.
295 Richart.
296 Gart.
297 Regart.
298 esgart.
299 Musart.
300 Drat (sic).
301 Lombart. ·
302 Baiart.
303 Qe mart.
304 Coart.
305 Mamart.
        En arda.
306 arda.
307 harda.
308 bernarda.
309 bresnarda.
310 coarda.
311 Farda.
312 Garda.
313 Regarda.
314 Esmengarda.
315 Austarda.
316 Larda.
317 Marda.
318 Lombarda.
319 Mostarda.
320 Ricarda.
321 garda.
322 carda.
323 uarda.
324 zarda.
        En il.
325 Auzil.
326 Apil.
327 Abril.
328 Auril.

329 auchil.
330 Bazil.
331 Cortil.
332 Campanil.
333 Cabril.
334 Canil.
335 Fenil.
336 Fail.
337 Fagil.
338 Fozil.
339 mantil.
340 monzil.
341 gentil.
342 sotil.
343 deignoril.
        En ama.
344 ama.
345 brama.
346 affana.
347 cana.
348 dama.
349 fama.
350 arma.
351 lama.
352 lama.
353 Mama.
354 Nana.
355 Pana.
356 Rama.
357 Rana.
358 Ressana.
359 Sana.
361 (ᵇ) Danna ⎫
360 (ᵃ) Dana ⎬ (sic)
362 Pana.
363 uana.
364 zana.
        En ersa.
365 aersa.
366 bersa.
367 dersa.
368 conuersa.
369 diuersa.
370 enuersa.
371 fersa.
372 gersa.

373 mersa.
374 Persa.
375 Reuersa.
376 Persa.
377 Trauersa.
378 uersa.
        En cignez.
379 Ceignez.
380 Deuignez.
381 Feigner.
382 Enfeigner.
383 empeignez.
384 deigner.
385 estreignez.
386 ateignez.
387 destreigner.
388 mosseigner.
        En acge.
389 auratie.
390 auantatge.
391 agradatge.
392 Alegratge.
393 Barnatge.
394 Badatge.
395 Boscatge.
396 coratge.
397 Damnatge.
398 fadatge.
399 Gatge.
400 Musatge.
401 Mesatge.
(vº.) Nauatge.
403 Outratge.
404 homenatge.
405 saluatge.
406 uilanatge.
407 uiatge.
408 usatge.
409 uolatge.
        En ais.
410 ais.
411 bais.
412 Biaiais.
413 Bastais.
414 Brais.
415 Bertalais.

416 Cais.	461 Iaia.	503 Bertaigna.
417 Cauais.	462 Sesmaia.	504 Contraigna.
418 cambiais.	463 Braia.	505 Memplaigna.
419 Fais.	464 atraia.	506 Laigna.
420 Frais.	465 satraia.	507 Baigna.
421 Jais.	466 plaia.	508 Taina.
422 Jamais.	467 desplaia.	509 Fraina.
423 Irais.	468 mi plaia.	510 Romaigna.
424 Iais.	469 estraia.	511 Castaigna.
425 Lolais (sic).	470 Qeu plaia.	512 Espaigna.
426 Mais.	471 Qeu traia.	513 Refraigna.
427 Nais.	(Lacuna fino al fondo	514 Staigna.
428 Oimais.	della colonna).	515 Saigna.
429 pais.	472 descaia.	516 Complaigna.
430 apais.	473 laplaia.	517 Ataigna.
431 atrais.	474 destraia.	En ieu.
432 estrais.	475 pertraia.	518 Sieu.
433 Percrais.	En ion.	519 lieu.
434 Qais.	476 uion. s. 47.	520 fieu.
435 Rais.	477 sousplion.	521 Canineu.
436 Retrais.	478 agradion. s. 57.	522 Maleu.
437 Roais.	479 fadion.	523 Matheu.
438 Sabais.	480 caition.	524 Andreu.
439 Sengrais.	481 Estion. s. 56.	525 Dieu.
440 engrais.	482 Trion.	526 per dieu.
441 Gais.	483 pension. s. 54.	527 Corrieu.
442 pallais.	484 deigrion.	528 Dellieu.
443 dellais.	485 Esquion. s. 50.	529 Seu.
en aia.	486 olion.	530 Trieu.
444 apaia.	487 Badion.	531 Enfieu.
445 mapaia.	488 Grion.	532 mieu.
446 ueraia.	489 Nomenation. s. 53.	533 Pertieu.
447 mestraia.	490 Motonlion.	534 Melfieu.
448 Maia.	491 Escrion.	535 Lestrieu.
449 latraia.	492 Aurion.	536 Mieu.
450 Mestraia (sic).	En aigna.	537 Indieu.
451 Petraia.	493 plaigna.	538 Romieu.
452 balaia.	494 sofraigna.	539 Bortolomieu.
453 aia.	495 Estraigna.	En sins.
454 taia.	496 Compaigna.	540 Cosins.
455 traia.	497 per la plaigna.	541 vesins.
456 destraia.	498 Nois taigna.	542 fins.
457 chaia.	499 taigna.	(fo. 15) Quirins.
458 meschaia.	500 Romaigna.	544 pins.
459 eschaia.	501 Gagaigna.	545 topins.
460 Benaia.	502 alamaigna.	546 Maurins.

547 Marins.
548 Martins.
549 Sarazins.
550 aclins.
551 dolfins.
552 esterlins.
553 marabotins.
554 pains.
555 parisins.
556 camins.
557 augustins.
558 pelegrins.
559 uins.
560 latins.
561 lins.
562 comins.
563 Deuins.
564 tant fins.

En isa.

565 camisa.
566 amaguisa.
567 enquisa.
568 Deuisa.
569 Guisa.
570 misa.
571 conquisa.
572 assisa.
573 Pisa.
574 Deguisa.
575 Debisa.
576 espisa.
577 frisa.
578 sorprisa.
579 uisa.
580 assisa.
581 Brisa.
582 bisa.
583 lisa.
584 Risa.

En eilla.

585 cosseilla.
586 pareilla.
587 ueilla.

588 ceilla.
589 oueilla.
590 abeilla.
591 Marseilla.
592 erbeilla.
593 arteilla.
594 aureilla.
595 semeilla.
596 domeilla.
597 peilla.

En uers.

598 Vers.
599 conuers.
600 trauers.
601 enuers.
602 fers.
603 diuers.
604 peruers.
605 despers.
606 auers.
607 defers.
608 sers.
609 Refers.
610 ofers.
611 pers.
612 Besers.
613 conquers.

En .i.

614 afi.
615 uenti.
616 parti.
617 aissi.
618 daissi.
619 uas mì.
620 atressì.
621 Retenez mì.
622 auzi.
623 trahi.
624 mabelli.
625 Quiu moi (cosi pare).
626 Menardi.
627 Qieu ui.
628 Qieu uesqui.

629 En eussì.
630 Noirì.
631 Ponzì.
632 Cami.
633 conogui.
634 departi.
635 marti.
636 chausi.
637 Fe Reli.
638 Repenti.
639 Guari.

En ala.

640 mala.
641 sala.
642 pala.
643 escala.
644 ala.
645 dala.
646 quala.

En ara.

647 clara.
648 cara.
649 amara.
650 farra.
651 narra.
652 Bara.
653 auara.
654 Gara.
655 para.
656 Rara.
657 Zara.

En iz.

658 ditz.
659 elbanditz.
660 uoutiz.
661 mariz.
662 marriz.
663 Criz.
664 meriz.
665 compliz.
666 pleuiz.
667 Grasiz.

40¹, 1 bis 52², 46 *fehlen in* ℬ ℰ ℭ. *Wie bei den Verballisten verzeichne ich fremde wie eigne Aenderungen und Erläuterungen.*

40¹, 1 Da *trotz der Ueberschrift* abs, *sämmtliche Reimwörter bis auf 2 auf* aps *ausgehen und auch diese beiden besser so geschrieben würden, so wird auch die Ueberschrift in* aps *zu ändern sein. Keinen Anstoss darf erregen, dass dadurch die alphabetische Anordnung der Reimsilben verletzt wird, da dieselbe auch sonst nicht beachtet ist, so folgen gleich* aics, als, ais, altz, alcs, alhz, alms *aufeinander.* Roch. *hatte freilich in seinem Original wohl auch* abs *als Ueberschrift und hat danach wohl* sabs *in sein Gloss. eingeführt. Vgl. übrigens:* Soen pauzam p per b e pel contrari quar han un meteysh so: en fi de dictio Leys. d'amors I *p.* 32 2 Gal. 327 *will die Uebersetzung in* lusus vel joces *geändert haben, giebt aber zu:* che nel Secolo XIV° si attribuiva in Tolosa al verbo gabar anche il significato di vantarsi, e che in questa specialità dialettale la traduzione istessa potrebbe trovare una valevole giustificazione 5 .i. tignus, temptorium II (trap, une tente; trau, poutre, trabs Roch. Ray.) *s.* traus 44, 10 6 arbor *fehlt* II Roch. 7 arbor, sapis II (sap, sapin. sait sabs, sapin Roch.) 20 = ligneus l. II 23 m. pecorum II *fehlt* Roch. Ray. 25 escars craches Roch. = escracs II 31 *fehlt* Roch. Ray. = *Direi che si lasciasse solo* impar: *così il* caf occitanico *risponde al* caffo toscano e non altro Gal. 333 — Cette ligne et la suivante paraissent avoir été interverties. Je mettrais »baf vox i.« en tête. Impar. s'expliquerait ensuite parfaitement. Chab. 136
40², 7 = desleials II *fehlt* Roch. 9 robe, manteau, pallium Roch. = palum Gal. 327 Chab. 136 15 *fehlt* Roch. = ad vice comitem II 17 = ivernals .i. iemalis — juenals II — Leggo: juvenilis o juvenalis: *e ciò per non mutare in* ivernals .i. iemalis *invece di* hiemalis Gal. 327; *vgl.* ivernaill, hiver, d'hiver Roch. 29 = jornals .i. campus u. d. II journée, temps Roch. — Non so che jornals sia stato usato per jugero, ed in ogni modo la traduzione riescirebbe oscura. Leggo dunque senza esitazione tempus u. d. Gal. 327 32 criminalis II peché mortel Roch. 33 infernalis II *fehlt* Roch.

41¹, 4 Vgl. *Reime in* athz 44², 19, *welche theilweise mit den vorliegenden zusammenfallen.* 12 vel fina cane *fehlt* II *vgl.* glais, glayeul. Glapissement Peur, crainte. Douleur, affliction. Glaive Roch. 15 *fehlt* II *s.* 44², 46 20 = dulcis cantus II — laisse. Lai Roch. 24 Il traduttore suole spesso avvertire la declinazione del corrispondente nome latino accenandone la sua desinenza genitiva ... Per conseguenza, osservando come l'aggiunto facilis non abbia molta relazione colla voce esmais (smago) nè si veda richiamato nel verbo, che è desperes senz'altro, supporei che qui si potesse leggere: esmais .i. desperatio, tionis vel d. Gal. 328 28 *s.* 45, 44 32 = in l. mittas Tob. 340 *s. v.* demans, *ebenso* Roch: jette dans la boue. 38 Die Ueberschrift wird ursprünglich alz oder als gelautet haben, nur so erklären sich die ZZ. 41², 4 bis 8, wo noch valz, entrevalz, galz die alte Orthographie zeigen, aber nicht baltz, cavaltz. Die Auflösung von alz zu autz fand somit nicht statt, wenn lat. allus, allum vorlag. 43 = Baltz Gal. 328 (castello che diè il nome alla famosa Casa Balzesca o del Balzo) Par. 235 45 = calx Le latin calix ne se trouve en fr. et en pr. qu'avec l'accent deplacé (voy. Diez Altrom. Gl. *p.* 113) Tob. 340 Schon Roch.: chaud, chaux.

41², 6 vallz II *vgl.* 41¹, 38   7 antreval II antrevals *intervalles Roch.*
8 gals II gal *coq Roch.*   11 = senescalcs II   19 *Roch. a lu avec raison*
territorium, *car il traduit par* territoire *Tob.* 340   23 *Leggo:* malleus *e*
spiego: maglio. *Gal.* 328   27 *Prima ha spiegato* Talhz *con* secatura
(taglio) *qui dunque preferirei* seces: *così in appresso in* retalhz *leggerei:*
iterum seces.   *Infatti ad* Entalhz *si spiega:* subsecas (*s.* 31) *Gal.* 328
31 subsecas II = sculpas *s.* 63, 18; *auch Roch. hat:* entalhar *sculpter*
34 *Forse, per comprendere l'aggiuntivo ed il verbo, è da scrivere* equus
vel eques, *da* aequare (eguagliare) *Gal.* 328   45 = pl. sine h. *Il nostro*
autore usa vel non sive; *d'altra parte seguendo la spiegazione, la stessa voce*
varrebbe cose molto tra loro differenti. Rammentando invece il valore di tierra
calma *in ispagnuolo, propongo di leggere:* p. sine h. *Gal.* 328 — *Chaumes (aussi*
charmes) est en plusieurs pays de langue d'oc et de langue d'oil, le nom des
terres incultes. C'est ainsi qu'on appelle à Angoulême *Chaumes de Crage (cf.*
la Crau de la Provence et craucs 43, 35 crauca 65, 9) *un plateau aride et*
rocailleux auquel conviendrait on ne peut mieux la définition du Donat. Chab. 137
    42¹, 4 = clames *Gal.* 329 *Il y avait peut-être* clams (*la forme prov.*
pour la lat.) dans le ms. d'où dérive celui que reproduit l'édition. Chab. 136
s. 12, 9   19 *Nous lisons lettre pour lettre la même chose dans Roch., qui ici*
n'a ni traduit ni même indiqué, comme il aurait pu le faire au moyen d'itali-
ques, qu'ici par n'est pas un mot français; Honnorat ne fait que rester con-
séquent avec lui-même en disant: tams, *prép. vl. (c.-à-d. vieux langage)* par.
On pourrait penser à tampir *ou* tampar, *mais il est difficile de mettre par*
d'accord avec ces mots; au nom de Cams (*c.-à.-d.* Cham.) *on aurait ajouté*
Cham *ou bien* nomen proprium. *Tob.* 340. — *On peut, je pense, adopter la cor-*
rection Cams (= Cham). *Le traducteur aura ici employé* par *comme il se sert*
ailleurs de sic *ou de* idem *pour ne pas répéter le nom propre Chab.* 136.
Ich habe kein Beispiel eines solchen Gebrauches von sic *oder* idem *in den*
Wortlisten gefunden. Der Schreiber setzt idem est (*z. B.:* 31, 25; 33, 18; 36,
6, 24; 37, 35 *oder* idem 34, 25), *wenn die lat. Uebersetzung eines Wortes*
mit der des vorausgehenden identisch ist. Toblers Conjectur scheint mir deshalb
unwahrscheinlich. Ich schlage vor: Lams .i. parcas. *Freilich ist* lampar, *dessen*
2 s. prs. c. uns hier vorliegen würde, nicht belegt, aber it. lampar *lässt seine*
Existenz im prov. voraussetzen. Dass p *zwischen* m *und* s *ausfiel, ersieht man*
aus cams 42¹, 10   28 cantus vel comes II *crederei che si dovesse scrivere:* c.
vel canas *Gal.* 329 *Lisez* c. vel cantes *Par.* 235   33 in latus declines II
recognes *Roch. Supporrei che la spiegazione apposta a* descans *dovesse ap-*
porsi ad acans *e viceversa Gal.* 329.   42 = chirotheca
    42², 4 = mandatum *Tob.* 340; *auch Roch.:* ordres, envois   7 petitis II
l. petas *ou* petitio *Tob.* 340 deman, demande *Roch.*   8 *fehlt* II   9 mandare
contra vel m. II mandare contra vel contra m. *Gal.* 329 mandes contra *Tob.* 340
15 = adamas II   17 proprium nomen *fehlt* II   20 ad tentoria paranda, tentes et
cotex ambonis II — *Roch. übersetzt richtig:* tan. — *Ici aussi on ne peut rétablir la*
bonne leçon sans quelque violence; tentes *est la répétition oiseuse et de plus*
corrompue de tantus *de la glose précédente; le reste sera:* cortex arboris ad

coria paranda *Tob.* 340   30 = nominatiu II   37 = scamnum II   38 crancum (pour cancrum?) II cancre *Roch.*

43¹, 2 = parvum l. a. — pannum, lignum acutum II *Roch.* dit: tronc d'arbre, écharde, chicot. *J'ignore comment il a obtenu le premier sens; il est sans doute arrivé au dernier par la leçon* parvum l. a. *qui s'accorde aussi avec la signification moderne de ce mot. Dans les Leys d'Am.* I 216, *le mot est employé dans un sens tout différent et difficile à déterminer Tob.* 340. — *Outre les significations relevées par M. Tobler dans Roch.,* tanc *a aujourd'hui et avait certainement aussi autrefois celle de* heurt (*on en a précisement un exemple dans le passage des L. d'A. auquel renvoie M. T.*). *C'est peut-être cette signification que traduisait le mot auquel s'est substitué sous la plume du copiste le* pannum *de notre texte. Chab.* 137   12 arsus *fehlt* II   13 *fehlt Roch., und ist nirgends belegt oder besprochen. Man könnte an* kymr. blawr = eisengrau (*s. Diez E. W.* IIᶜ blaireau) *denken; it.* bindetto = himmelblaue Malerfarbe *gehört wohl zu unserem Wort* (*vgl. it.* rado = rarus). *Der Neuprov. braucht* blur, bluregear, blurastre, blurir *neben* blu *bleu* (Honnorat). *Vgl.* blaus 43², 45.   18 *Comme* flars *se trouve ailleurs* (*Flam.* 7492) *on ne peut songer à corriger* fars (*phare*). *Est-ce le même mot que ce dernier avec* l *épenthétique? Chab.* 137. — *Roch. übersetzt* flar *mit* flair   32 = occupes vi II; *Roch. bietet* amparar *prendre de force*   37. 38 onus *fehlt* II

43², 7 abattis, destruction *Roch. vgl.* issart; friche, lande *Roch.*   8 *vgl.* yssartar *R. L.* III 245 *Diez E. W.* IIᶜ essart   10 = *Qu'il faille lire* goliarz, *avec Roch., c'est ce que montrent les Leys d'A.* III, 93, *qui d'accord avec ce que la traduction donne à entendre, considèrent ce mot comme un composé de* gola *et de* ardre *Tob.* 340   22 = dividis   28 = l. ardes *Tob.* 341 *vgl.*: Per l'autrui carbonada t'artz *Bartsch, G.* 335, 40. *Cobl.* 4.   33 = manicam. *Le mot qui est expliqué ici comme* garniture *ou* virole du manche du couteau *est en tout cas le même mot que le français* bou (= Armring). *C'est à tort que Diez en nie l'existence* (*E. W.* IIᶜ, Altr. Gl. p. 39). *Tob.* 341 — *fehlt Roch., Raym. L. belegt es aus den Leys d'Amors f.* 29 (ed. I 228) *und erklärt es mit* coffre, bahut. *Doch ist diese Bedeutung keineswegs durch diese Stelle* (De mos efans paucs Volra cascus la cura Per garnir los (lors) baucz De la sobre mezura Tant quels efans craucs Veyretz et am frachura) *sicher gestellt, noch weniger die etymologische Zusammenstellung mit* it. baule *sp.* baul, *welche Diez E. W.* I *adoptiert hat. Diez hält das Wort im Widerspruch mit unserer Stelle und der der Leys d'A. für zweisilbig* (= baúc)   35 *s.* 42², 45   37 = auge à cochons *Roch. En* prov. *moderne* l'auge aux porcs *se dit* nau (*dérivé* naucada, *le contenu d'une* auge); *il faudra remplacer* quod *par in quo Tob.* 341 *vgl.* 49¹, 29 45 bleu, livide *Roch.* — l. lividus *comme Roch. semble avoir lu Tob.* 341. — *A* lividus *je préférerais* blundus. (*qui est dans Ducange*) *comme plus près du ms. La signification fondamentale de* blaus *parait d'ailleurs être* flavus *Chab.* 137.

44¹, 16 *fehlt* II *und ist zu streichen s.* 44¹, 18   17 = .i. genus s. i. g. II 18 = raus II *Roch.*   38 = .i. faduus — fats fou *Roch. Mi parrebbe che si potesse leggere* factus *Gal.* 328 corr. fa[t]uus *Chab.* 137 *s.* 50², 37

44², 9 transgitatz II   10 s. 40¹, 5   15 jujatz II   16 = *Le* i *du mot provença doit être considéré comme* j; *Roch*.: Encorgatz, écorcé, scorticatus; *la traductioı devra être* excoriatus, *le participe du verbe par lequel* escortegar *est tradui* p. 30², 19 *Tob*. 341   19 *Trotz der Uebersehrift* athz *sind nur vier Worte de nachfolgenden Liste* 21, 23, 24, 32 *mit* athz *geschrieben, ausserdem zwei mı* atz, *die übrigen fünfzehn mit* ahz, *dies oder* ahtz *wird des Verfasser Orthographie gewesen und die Ueberschrift in* ahz *oder* ahtz *zu ändern seiı Uebrigens sprechen dafür auch die Doppelformen einiger hierhergehörige Worte* (32, 33, 46) *unter den Reimen in* ais 41¹, 27, 26, 15.   *Vgl. die Reim in:* ethz 50², 13 ff. ibtz 53², 1 ff. ohtz 55², 13 ff.   26 deffahz II *La rima è iı* athz, *e però si dee scrivere* deffahtz *o* desfahtz. *Ciò si ripeta per altre tredic voci che seguono Gal*. 329   30 = .i. pactum v. st. — *Pour* stultus (*itaı* pazzo) *il n'y a pas de difficulté, mais* pacem *n'est pas possible. Dans tous le mots de cette liste* h *répresente un* i *palatale provenant de* c *ou* d' i *et associı à une dentale.* (*Eine Ausnahme bildet jedoch:* ensahz = exagium, exagies) *On remarquera de plus que les substantifs, dans notre dictionnaire, sont partou ailleurs traduits par le nominatif lat.* (*aber* 42², 19). *Je pense d'après tout cela que* pacem *est ici une faute de copiste pour* pactum *Chab*. 137   46 esglahz unc esglais 41¹, 15 *leitet Diez E. W. I wie it.* ghiado = äusserste Kälte *von* gladius *ab It.* ghiado *soll nach ihm durch Dissimilation aus* ghiadio *entstanden seiı Den Bedeutungswechsel erklärt er in folgender Weise:* Schrecken oder Kält werden als ein herzdurchdringendes Schwert gedacht. *Ich glaube es lieg näher an* *glacidus *zu denken* (*vgl.* frigidus *it.* freddo *prov.* frethz 51, 2).

45¹, 1 ff. *Die Reime in* as larg *und* as estreit *unterscheiden sich etymo logisch in schärfster Weise, bei den ersteren gehört* s *zum Wortstamm, bei der letzteren ist es Flexions* s *und demselben gieng im Lat. ein prov. geschwundeneı* n *vorauf. Aehnlich verhält es sich bei* es larg *und* estreit, *s. Erl.* 50¹, 38 *während bei* is *und* us *eine Scheidung nicht existiert. s.* 52¹, 17 ff. 59², 44 ff. — *Les mots en* as larg *sont restés en prov. mod.:* bas, gras *etc. Dans les motı en* as estreit *au contraire ... la forme du régime ayant seul subsisté, ceı mots sont maintenant en* a *dans la plupart des dialectes du midi, en aı dans ceux de la région sud-est; ainsi* ca *et* can (canem) gra *et* gra (granum] *Mey. Mém. de la Soc. de ling* I 157 — *La plupart des mots en* as estreit *sonı des adj. qualificatifs ou ethniques, en* ānus. *Ceux-ci ont pris une forme équi valente à la forme franç. en* ou *ain:* umen, roumen, ancien *etc. Mais quelques uns dont l'*a *était bref ou s'était abrégé, ont subi un afaiblissement différent eı plus sensible. Ce sont les suivants:* grānum, grŏ; pānis, pŏ; mānus, mŏ; cănis, chĕ, chÿ *u. s. w. Chab. Rev.* II, 186.   20 abas, abbas *steht fälschlich — Ce mot, l'*a *final* y *étant atone,* (*Aber könnte nicht hier schon der Analogie des Casus obl. zu Liebe der Accent auf die Endung gerückt sein? Es wird sicher wenig beweisende Stellen für nom.* ábas *geben, so Chron. Alb.* 3317, *welche Diez R. Gr.* II, 40 *citirt) n'a pu être introduit ici que par une erreur de copiste. On peut, je pense, corriger sans hésitation:* albas albus *Chab*. 137   25 *Roch.. a* bagas, garçon, insipide; *il confond ainsi deux mots qu'il aurait dû séparer et qui sont en italien* bagascio *et* baggiano. *C'est au second que nous avons* *affaire ici. Tob.* 341. *Der hier gegen Roch. ausgesprochne Tadel trifft sein ganzes Buch, nicht nur den vorliegenden Fall, fällt aber bei dem Zweck desselben nicht ins Gewicht.* 32 humas II *Roch.* 45ᵃ, 7 *auraient dû être écrits par M. Guess. avec des majuscules, étant des noms propres* (Fano, *ville d'Italie*) *Tob.* 341 9 = in ecs larg. *En général* e larg *répond à un e lat. bref ou en pos.*, e estreit à *un e long ou à un i. Aujourd'hui e bref uniformément. Chab. Rev.* II 194. 11 signum ad sagittandum II cecs, caecus *Roch.*, cecs, aveugle *R. L.; con esso confronta il nostro* azzeccare *per* imberciare *Gal.* 329 13 *Diez E. W.* IIᶜ *hält es wie R. L. identisch mit 28 und weiss dafür keinen Rath als* indictum, *das jedoch schon dem Vocal nach zu unserem Wort nicht passt, es würde übrigens* endehtz, dehtz *ergeben haben, man könnte an* decem *oder* index *denken, aber auch gegen diese lassen sich lautliche Bedenken geltend machen. Jedenfalls sind 13 und 28 zu trennen, der Tonvocal des einen war ursprünglich e oder ae, der des andern i oder langes e* 14 i. lingua II. *Ein viel besprochnes Wort. s. Tob. in Philippsons Ausg. des Mönch von Montaudon p.* 79; *A. Mussafia Die* cat. metr. *Version der sieben w. M. p.* 84; *und Chab. Rev. des l. r.* X 315. *Tobl. möchte es geradezu mit* stumm *übersetzen.* 16 de même *Roch.. Faut-il peut-être lire* tarecs, *dont la forme et la signification correspondraient exactement au vfr.* tariier exciter, attaquer? *Tob.* 341 17 *Roch. a* Barcca, barecs, *ce qu'on ôte aisément et plus loin:* bavec, épilepsie, grand bavard. Bavec roma, peson, *romaine. Il faut ajouter un adjectif en prov. mod.* barec, *dont la signification est* niais *selon Honn. Le texte de Bernart de Venzenac (Elle se trouve dans M. G. 280 d'après le ms. de Sir. Th. Philipps, dont la leçon pour le vers en question, est confirmée par les autres mss. que j'ai vus. Mey.) que cite Rayn. L.* II 203 *n'a certainement pas bien été compris par lui et semble favoriser le sens de* balance *Tob.* 341 20 encexs II, *C'est* exceceris *qu'il faut lire: il y a p.* 65, 46 encega excecat. *Tob.* 341 25. 28 *s.* 9. 13 35 = sicces *s.* 9. 37 *La distinction s'est maintenue* [im gegenwärtigen Limousinisch] *Les rimes étroites restent sans modification, tandisque les* rimes larges *préposent un i à* ei *Ex:* seis, siei *Chab. Rev.* II 195, 196. 43 *Le mot provençal doit être un subjonctif; il faut donc lire* sit *au lieu de* fit; *c'est le verbe prov. employé à la forme réfléchie que l'auteur a voulu traduire Tob.* 341. — *L'opinion de M. T. est partagée par M. Mussafia (Voy. Die* cat. metr. *Version der 7 w. Meister au* glossaire*) qui cite à l'appui un exemple prov. (de* Folquet de Lunel*) et deux exemples catalans. Mais le* fleis *de Folquet de L. qu'il faut certainement rattacher à* fleissar, *identique au* flixar *catal. (et non à* flechir *comme l'a fait Rayn. par méprise) ne paraît pas être le même que le* fleis *du Donat. En effet ce dernier figure parmi les rimes en* eis *larg, tandisque le* fleiss *de F. de L. est* étroit, *puisque il rime avec* eys, reys *et* creys, *tous mots rangés, dans le Donat, sous la rubrique* eis estreit. .... *Ne serait-il pas préférable d'y voir le parfait de* flechir, *employé neutralement et dans une signification métaphorique et morale ce qui expliquerait la traduction? Chab.* 137 44 .i. lectus II *Le mot qui vient de* lectus *ne peut pas être dans la série des rimes où nous trouvons* leis; *l'endroit auquel il appartient est parmi les rimes en* ethz *larg,* 50ᵃ *C'est* legis *qu'il faut lire Tob.* 341 — *Peut-être cette tra-*

duction, n'est pas à rejeter. À côté du parfait *lexi *que suppose nécesscraiment* *l'it.* lessi *a pu exister un partic.* lexus, *qui serait la source de notre* leis *Chab.* 138. *Ich weiss mit der* Tob. *und* Chab. *unbekannten handschriftlichen Lesart nichts anzufangen.* Sollte leis *für* pleis *stehen und dieses mit* plais 41^1, 28 *identisch sein?* Diez E. W. *II^c leitet ersteres, welches allein belegt ist,* von plexus *ab; dieses musste regelrecht* pleis *mit* eis *larg ergeben. (Eine ähnliche Doppelform scheint der Städtename* Eis *in* Aics 40^1, 36, *aufzuweisen). Oder sollte in* leis *der cas. obl. des Pron. der 3 pers. f. vorliegen?* Roch. *bietet:* leis *Elle. Doch erregt Bedenken, dass* leis *mit Worten in* eis *estreit reimt, so bei* Ramb. d'Aurengv *Pois tals sabers. Vielleicht bleibt sonach doch nichts übrig als* leis *auf lat.* lectus *zurückzuführen, indem wir es als eine Doppelform von* lehtz 50^3, 14 *(wie* Chab. Rev. *II 196) ansehen. Aehnlich begegnen* leis 46^1, 3, lehtz 51^1, 5 *nebeneinander und Reimworte auf* ahtz *zeigen eine zweite Form auf* ais *s.* 44^3, 19; *vgl. ausserdem* 55^3, 23 ff. 46 = .i. g. petre mollis II. *Das Wort ist offenbar durch Versehen unter die Reime in* eis larg *gerathen, es gehört zu denen in* eis estreit.

46^1, 3 *s.* Erl. *zu* 51^1, 1 9 = Roch. *a la bonne leçon:* miscet; *au lat.* misit *correspond* mes, *qui se trouve aussi* 50^1, 8 Tob. 342 16 Els larg, els estreit. *Aujourd'hui e long ou eü par la vocalisation de l.... Els larg, sur treize motz cités, en comprend dix où e = e long, ce qui aurait dû, ce semble, d'après l'analogie, les faire classer parmi les* estreits *qui n'en ont que quatre, l'un où e = i bref les trois autres où e = e long.* Chab. Rev. *II p.* 194, 195. *Dagegen ist zu bemerken, dass jedenfalls vier Reimworten in* els larg *regelrechtes kurzes lat.* e *(oder* ae) *entspricht* (19, 26—8), *dass die übrigen bis auf zwei unlateinische Eigennamen sind, deren* e *kurz behandelt wurde, dass* escamels *ein Positions-*e *aufweist (also zu den Reimen in* elz larg *gehört) und dass nur in* ficels *ein wirklich lat. langes* e *vorliegt (vgl. afr.* fedeilz), *dessen Behandlung sich jedoch auch durch Einwirkung des Kirchenlateins erklärt. Ich vermag daher nicht* Chab. *zuzustimmen, wenn er sagt: Il y a lieu de supposer que les differences spécifiées pour chacune de ces rimes devaient être, dès le temps de Hugues Faidit, assez légères.* 20 fizels II 37 els *ou* elz larg *se prononce bien ouvert, par exemple:* pèl (pellem) *en Languedoc,* pèu *en Provence, tandis qu'on prononce fermé* pel, péu (pilum) *qui est* estreit. *Et ainsi du reste.* Mey. Mem. de Ling. *I 157 note. — Cet* elz, *qui provient de* ell's *latin, est devenu, chez nous (im limousinischen)* e *long ou* eü *comme les deux* els Chab. Rev. *II 194.* 43 *s.* 50^3, 38. 39.

46^3, 4 Roch. *aussi dit* bande d'étoffe; *malgré cela je suppose qu'il faut* barda Tob. 342 — Je suis persuadé que la leçon banda est excellente. La bande est, comme on sait une partie du costume de la femme, couvrant la partie inférieure du visage; voy. le gloss. de *Flam. au mot* banda *et* Rom. I, 417, note. Mey. 342. 5 *s.* Gal. 329 6 mazelz II 7 = porta II 8 *l.* crumina Tob. 342 — Stamina doit être gardé. Il s'agit de bluteaux faits en *étamine* Mey. 342 22 Verzels II 25 *Hier sollten wir Reime in* elz estreit *erwarten und wirklich findet sich ein in diese Reimliste gehöriges Wort* cabelhz (31) *an der Spitze der Reime in* elhz estreit 26 = *in* elhz larg. *Der Autor des Donat konnte* ielhz larg *nicht* elhz estreit *gegenübersetzen. Ein Abschreiber wird seinem Dialekt entsprechend* ielhz, ielz *geändert haben. Der heutige limousinische Dial. hat* elhz larg *in* iei *und* elhz estreit *in* ei *gewandelt, z. B.* viei = velhz vermei = vermelhz *s. Chab. Rev.* II 196. *Hierher gehört* 46¹, 44   27 = velhz 28 melhz *s.* 26   31 = cabelz *s.* 25   34 = aparelhz   44 *steht irrthümlich in dieser Liste, es gehört zu den Reimen in* elhz larg, *denn seinem Tonvocal entspricht kurzes lat.* e, *während hier ein kurzes* i *(oder langes* e) *angesetzt werden müsste.*

47¹, 9 = *Il verbo* munire *non fa al luogo, sì bene l'altro* minuere: *amerei dunque leggere* minuas *Gal.* 329, *ebenso Chab.* 138.   13. 15 *Es ist auffällig, dass* tems *unter Reimen in* ems estreit *steht, vgl. aber* tins *(Schläfe)* 52¹, 1   17 *Mr. Fr. Mistral m'écrit à ce sujet:* »*ici l'auteur doit confondre tons les sons; mais voici ce qui se passe:* brens (furfur), grens (barba), *maintenant* bren, cren, *sont les seuls mots restés fermés* (estreit). *Tous les autres indiqués dans le Donat, comme* cozens, dolens, sens, jazens *etc. sont devenus ouverts* (larg), *ou peut-être l'ont toujours été* ....« *Cette observation me semble prouver jusqu'à l'évidence l'erreur ou de Hugues Faidit ou des copistes de son traité. Mey. Mem. de ling.* I 160 — *Cette différence .... n'existe pas en limousin, dumoins à Nontron. Cela permet d'admettre que l'erreur supposée par M. Paul Meyer n'a pas eu lieu, et que, dans le dialecte d'Hugues Faidit, ou dans le dialecte prépondérant de son temps, le limousin par hypothèse, en final était en effet toujours étroit. Chab. Rev.* II 197.   19 cozens II   23 discrezens II 25 dissipans *ist anstössig, man sollte* diminuans *erwarten; Roch. bietet:* décroitre diminuer. Decrescere. *Doch wird auch hier die Uebersetzung eine specielle Anwendung des Wortes reflectiren, die sich unschwer aus seiner transitiven bei Ray. belegten Bedeutung ergiebt.*   29 deffazens II   32 fondens II — = liquescens II 38 *Le feminin de* gens *est* genta; *mais* pulchret *de* pulchrare (*Ugutio*) *correspondrait au subj. de* gensar *Tob.* 342.   39 bis 41 *Die Uebersetzung von* 41 *gehört nach* II *auch zu* 40. *Doch hat Guess.* (sic) *beigefügt. — Una lezione migliore non mi pare difficile a trovarsi. Le due lingue di Francia, ed il Lat. medio ci apprendono come i* mustacchi *si chiamassero* grani *o* granoni; *scrivo pertanto* grens barba *juxta* labia, bens bonum, lens lentus *Gal.* 330 — *Ebenso Chab.* 138 *bis auf:* bens *restera ainsi sans traduction. Mais ce mot est ici inadmissible. Il faut donc ou le rejeter ou le corriger* vens *en ajoutant* ventus *pour le traduire* (cf. Flam. v. 3597 mil bes = mil ves. *On trouvera aussi* bens *lui même pour* vens *dans la paraphr. des Litanies publ. par M. l'abbé Lieutaud: Un troubad.* aptésien v. 239). *Ich möchte eher* bens *in* lens *geändert und zu* 40 lentus, *zu* 41 lens *juxta* labia (*vgl. nfr.* lentilles = taches de rousseur sur la peau *Littré) als Uebersetzung hinzugefügt sehen..* 42 = offrens II

47¹, 35 luzens II   45 jazens II

48¹, 2 *Reime in* eps larg *fehlen, aber von den hier aufgeführten gehört dahin* seps (it. siépe)   5 greps, petit; grep, orgueilleux *Roch. — Forse* parcus, *intravedendo nella voce occitanica l'italiana* gretta *Gal.* 330   7 = treps II 10 *Les* ers *larges ont gardé* [im limousinischen] *l'e pur. Il proviennent d'e en position devant* r, *sauf un seul, qui provient d'un e bref:* fers = ferus (*Dazu gehören doch auch:* vers .i. ver 15; fers .i. feris 24). *Nous l'avons diphthongué en ie. Chab. Rev.* II 195, 196   29 *Les ers étroits ont changé l'e en ei. Il proviennent d'un e long Chab. Rev.* II 196   32 .i. nominaliter posse II 35 .i. d. (n. positum) II   43 lizers, lezers II

48ª, 9 = *l.* moliniers *Tob.* 342   12 *On scrait tenté d'écrire* saumariers, *cependant on rencontre aussi en ancien fr.* sometier *à côté de* somelier (= *fr. mod.* sommelier); *voy.* Rom. II 244. *Tob.* 342 — Saumatier *existe encore, à côté* saumarier. *Chab.* 138.   14 = panatiers II   16 .i. carcerarius II   18 *Non saprei se in* mestarium *si potesse meglio riconoscere* ministerium *o* necessarium, *essendo noto che la voce tanto vale* mestiere, *quanto* bisogno. *In ogni modo leggo:* mesterium *Gal.* 330   19 *Leggo:* cellarium *Gal.* 330   25 .i. c. v. acervus f. II   27 *Leggerei* acervus palearii *o* palearis *o* palearum   31 = *colloquiarium — collo, ferens II — Il faut sans doute écrire* colliers *qui en ancien français signifie aussi* porte-faix *et n'y a pas l'l mouillé. Les plus anciens monuments distinguent régulièrement* coller (collare) *de* collier (*collarius) *Tob.* 342   35 = *l.* sabatiers *Tob.* 342

49¹, 1 rocinum II *La bonne leçon est* rociniers *ou* ronciniers, *que Roch. mentionne avec raison comme un terme de mépris, mais sans le traduire. On doit entendre* unum *comme article indéfini; le* rocinus *est opposé au* dextrarius *qui ne doit pas manquer au vrai* miles *Tob.* 342 s. 52¹, 23   3 = lebriers   4 = Oliviers   6 Verziers II   9 *Amerei leggere:* a. f. prunas *Gal.* 330   14 *Se* cirarius *fosse* cerarius *indicherebbe l'artefice che manipola la cera: ma siccome quì si vanno enumerando gli alberi fruttiferi, è possibile che in luogo di* cirarius *si debba leggere* cerasus *o* cerasarius *Gal.* 330 — *Le* cerisier *que l'on s'attend à trouver parmi les arbres fruitiers, se dit* cerier; *pourtant il n'y aurait rien à objecter à une forme* cirier; *mais je ne sais pas comment l'un ou l'autre de ces mots pourrait désigner le joueur de guitare De* cidra *ou* sedra (*Bartsch Denkm.* 95, 3) *peut dériver* cidrier, sedrier, *mot qui ne saurait être en même temps le nom d'un arbre; à moins qu'il eût existé un mot tel que* cedrier *du même sens que* cedre (citrus) *Tob.* 342   15 *Il faut probablement lire* sorbellarius *ayant le même sens que* sorbarius c. à.-d. sorbus *Tob.* 342 — *Sorbellarius ferait, ce me semble, une répétition oiseuse. Je pense qu'il faut rattacher* corbellarius *à* cornus *par* *cormellarius *Le* cormier *et le* sorbier *ne sont, comme on sait, que le même arbre à des degrés différents de culture. Pour la substitution de b à m cf.* debremba *qui est, en languedocien moderne, l'inverse de* remembrar *et encore* berma = mermar (*même dialecte*) *Chab.* 138   18 = violiers II   21 *Scriverei* nespo *vel* mespilus *Gal.* 330 — *l.* nespoliers .i. esculus. *Le glossaire de Lille traduit aussi* neftlier *par* esculus *Tob.* 342   22 = cotoniarius — cotanarius II — *l.* coudonhyers *Par.* 235   23 = *Mi pare che la traduzione potrebbe supplirsi leggendo* pullarius *Gal.* 330 — *Il faut suppléer* pullarius *Par.* 235; *vgl.* 32¹, 33; 54¹, 23 — *On pourrait aussi penser à* lanius. *Roch. paraît avoir rapproché de ce mot le* mendax *qui est à sa place deux gloses plus loin: il traduit* polier *par* menteur *Tob.* 342   25 menzoigniers II   29 = *Teliers è il nostro* telajo; *per conseguenza scriverei* illud in quo tela texitur *Gal.* 330; *vgl.* 43ª, 37   30 mazeliers II   43 *Diesen und den folgenden Reimlisten fehlt der Zusatz* larg, *der*

ihnen zukommt, entgegenstehende Reime in erns, erps, erms estreit *sind aller-
dings nicht verzeichnet.*   44 == yverns II *s.* 40², 19

49², 9 *Je suppose qu'il faut lire* guerps: linquis *Tob.* 343 — *Je soupçonne
que* lupus *devait être suivi d'une epithète dont le traducteur, ne pouvant la
découvrir dans le latin, a laissé la place vide et que* verps *signifie* loup-garou.
*Ce qui me le fait supposer c'est que le nom de cet animal fantastique est en
limousin* Le-berou *mot composé dont le second élément (le premier n'est autre
que* lupus *fortement altéré) a avec notre* verps *une parenté visible Chab.* 138.
14 *l.* facias *Tob.* 343 — adermir (aermir) *existe à côté de* adermar. *La cor-
rection est donc inutile Chab.* 138.   16 Ertz *larg,* ertz estreit. *Aujourd'hui* er
(*ou* ar *selon lex lieux) l'un et l'autre sans différence d'intonation. Il n'y a
sous la rubrique* ertz estreit *que quatre mots, dont un seul rit encore: c'est*
vertz *où* e *provient de* i. *Les* ertz larges *proviennent tous d'e latins en position
devant* rt. *Chab. Rev.* II 194   23 providus II éveillé, adroit, habile *Roch.*
24 apertus II ouvert, leste, alerte *Roch.*   29 mertz *.i. m.* ad vendendum II
31 *s.* 16   34 v. procuratus II *Der Strich, welchen Guessard hier für Abbre-
viatur von* us *genommen hat, kommt in der Hs. auch sonst bedeutungslos vor.*
36 *Roch. traduit aussi par la troisième personne; cependant le* cerbe *prov. à
ce qu'il me parait, ne peut être qu'à la seconde; l.* inhaeres *Tob.* 343 — *Je
crois qu'ici encore M. Tobler corrige à tort.* Aertz *peut être une forme de
3e personne du sing. aussi légitime que* dertz *qui précède presque immédiatement,
car* tz == z *et* z == d. *C'est ainsi qu'on trouve quelque fois* notz *pour* nodum,
nutz *pour* nudum, motz *pour* modum (Flam. 6250, 7561), *formes qu'il serait
imprudent de corriger. Le prov. moderne dit* nus *et de même* nis (nidum) —
D'autres exemples de z == d *après* r *sont* Ricarz *et* Bernarz *au cas obl.
qu'on peut voir dans le Recueil de M. Meyer p.* 165. *Vgl.* motz == modum
86, 26 *C*   38 Es larg *n'a que quatre mots. Ils ont gardé l'e pur. E y représente*
e bref *ou* e *en position devant* ss. Es étroit *en comprend un grand nombre
dans lesquels* e *provient de* i bref *ou de* e long. *(Je compte parmi les* e *longs
celui des mots en* ens ... *originaire, devenu* es ... *en lat. vulgaire). Un seul
provient de* e bref (bene) *Chab. Rev.* II 196

50¹, 11 incendis II — *Il faut lire:* incendit *Tob.* 343   12 *Leggo* defes e ciò
tanto più in quanto che nel glossarietto Prov.-Ital. si trova: defes: loco defeso *E
già lo stesso Sig. Guessard alla f. 8 ove è ripetuta la voce* deves, *reca in nota,
come variante* defes *Gal.* 330; *s. Wortverz.*   13 borzes II   19 *s.* 35², 42   25 *Il
ch. Editore osserva come altrove la voce* bles *venga spiegata* qui non potest
sonare nisi c. *Leggo a questo luogo:* qui non potest s sonare nisi c. *Ove non
vi sia errore nella mia lettura, anche qui si supplirebbe scrivendo:* loco s.
Sarebbe insomma il blaesus *dei latini ristretto a più speciale significazione
Gal.* 331 *Le complément est encore mieux donné par la glosse* 28², 46 *Par.* 235
41 == 1. Polhes, Apuli *Tob.* 343

50², 2 *Il faut sans doute lire* Tortones, Tortonenses, *car il n'est pas pro-
bable que la forme lat.* Dertona *se soit conservée aussi longtemps. Est ce à
notre glose que Roch. a pris* Tortoira, Tortose *en Catalogne? Tob.* 343
3 Sanonenses II Saones *sont les habitants de* Savone; *la forme lat. doit être*

corrigée en consequence Tob. 343   9 Novarres *.*i. Novarrenses II   13 $=$ ehtz;
vgl. 44², 19. *Im heutigen limousinischen Dialect ist das* e *der Reime in* ehtz
estreit rein geblieben, das der Reime in ehtz *larg zu* io *diphthongirt* despeihz:
deipie. *Im Lat. entspricht letzterem kurzes oder Positions* e, *im afr. und nfr.* i.
Les mots en ethz *cités par le Donat se présentent ordinairement dans les textes
sous la forme* eitz *et peut-être que* ethz *n'en est qu'une variante orthographi-
que, comme* elh *de* eil,   *Une preuve de la resemblance, sinon de l'identité des
sons qu'on figurait de ces deux manières, c'est que le Donat mentionne deux
fois les mots correspondant à* lectus *et à* lex *(celui-ci étroit, l'autre large), la
première fois parmi les rimes en* eis, *la seconde fois parmi les rimes en* ethz
(Das ist wenigstens unsicher für* lectus *s.* Erl. 45¹, 44, *für* lex *s.* 51¹, 1; *vgl. übrigens
55², 23) Dans tous les cas, les mots en* ethz *ou* eitz, *tous ceux du moins dans les
quels la diphthongaison n'était pas due à l'attraction d'un* i, *avaient encore en
provençal une autre forme, incontestablement sèche, en* etz. *C'est celle-là qui réduite
à* ë *est restée usitée chez nous.* Chab. Rev. II 196   17 $=$ *Les mots* vel con-
temptus *appartiennent à la ligne suivante, où* despethz *est traduit par* dispectus
(*l.* despectus) *Tob.* 343   19 $=$ *Il faut remplacer* expectatum *par* exspectatio
Tob. 343   23 *Den Reimen in* etz estreit *stehen keine in* etz larg *zur Seite,
übrigens sollten sie besser auf die Reime in* ethz estreit *folgen. Von diesen
sind sie wie Chab. bereits hervorgehoben hat (s. Erläut. zu* 13) *nicht scharf
geschieden. Dafür spricht auch* detz 27, *welches* dehtz *lauten sollte, vgl.* 51¹, 1
29 *fehlt* II; *ergänze:* bumbicines. *Sollte Prüderie die Weglassung der Ueber-
setzung veranlasst haben? Vgl.* 32², 17   37 fatus II *Leggo:* fatuus *Gal.* 331
41 soletz *è già stato di sopra spiegato con* solus (soletto). *Stimerei dunque
che qui fosse a leggersi* Foletz; *voce che da* folle *può valere* stultus, *e da*
Spirito Folletto, *cioè dai* Folleti *o* Fauni Daemones, *può valere* Faunus *Gal.*
331 — *Lisez* sotetz *or* foletz: *cet mot appellerait une petite dissertation spéciale
Par.* 235. *Weder* sotetz *noch* sotz *ist prov. belegt. Auch Roch. hat:* soletz
fou insensé, fat sot   42 $=$ las II
     51¹, 1 $=$ ehtz — *im Lat. entspricht dieser Reimsibe meist* ict's, *im afr. und
neufr.* oit. *Ausweichungen davon bilden:* 1) lethz ($=$ lehtz), *welches vielleicht
mit* detz 50², 27 *vertauscht ist. Wäre der männliche Gebrauch von* lehtz *nach-
zuweisen, so könnte man an* licitum denken, *welches offenbar* nelehtz 9
desleitz *Chron. Alb.* 8097 *zu Grunde liegt. Uebrigens wird* la leitz *in Chr. Alb.*
5410, 8093 *sowohl mit Worten in* etz *wie mit solchen in* ehtz *gereimt, doch beweist
das noch nichts für den Donat.* 2) corrchtz ($=$ cortehtz) 11, *wofür* corticium
anzusetzen ist; s. Diez E. W. I corte   3) thez ($=$ tehtz) 12, *dem* ehtz larg
zusteht, man beachte aber, dass sich auch im fr. hier toit *(kein* tit*) findet.*
4) corretz ($=$ correhtz) *von* corrigium. *s. Diez E. W.* I coreggia.   11 correthz
(*var.*) cortehz II *s. Anm.* 51¹, 1   15 correthz *.*i. c. v. zona II *s. Anm.* 51¹, 1
17 *Es fehlt der Zusatz* larg, *aber vielleicht existierte kein* eus estreit *daneben.*
20 Juzeus II   29. 31 *fehlen* II   30 Andreas II   32 *Es wird* ibs *in* ips *zu
ändern sein, wie* 40¹, 1 abs *in* aps *s. Galv.* 331; *vgl.* 53², 13 ff.   35 $=$ trips *Roch,*
36 clavos repercutias II *pointe, aiguillon, tranchant Roch. Das Wort ist sonst
nicht belegt, ist aber das Stammwort zu* 33, 44, *für dessen 2 s. prs. c. Guessard* cs

hielt. 37 == abstrahas clavos II   40 malus II   43 == fics .i. ficus; sics .i. morbus — *In* II *fehlt* sics .i. morbus, *das allerdings auch nirgends belegt ist und mit unserem* siech *engl.* sick *zusammenhängen müsste.*

51², 1 intricatim II intricatio *Tob.* 343   8. 9 canzics II *De même Roch. qui traduit* canzicz *par réprimande, etc. L'existence de ce mot parait néanmoins douteuse; au contraire* caussigar *(de* caussa, *soulier) fouler avec le soulier est conservé dans un* partimen *bien connu et est encore en usage aujourd'hui; on a sans doute pour le traduire forgé de* crepida *(qui équivaut pour le sens au* pror. caussa) *un dérivé* increpidare. *Il faudrait donc corriger:* Caucixs increpidatio *et* increpides *Tob.* 343.   12 == coneris — oneraris II *Le mot latin devrait être au subj.; mais* onercris *serait aussi une mauvaise traduction.* Obnitaris *au contraire donne de la manière la plus exacte le sens de* afics *dans une construction réfléchie. Tob.* 343   14 == collericus II   19 amafils II 28 == pannus II

52¹, 1 *s.* R *L.* V, 322   27 *Après* latine *il faut intercaler* loquaris; *comp.* 31², 15 latinar *Tob.* 343 — *La leçon du ms. me parait très-acceptable sans addition d'aucun genre* Mey. 343.   35 Roch. a lu de même. *Faut-il changer* fenis *en* feminis *et lui attribuer la signification, qui n'a pas été relevée, de* efféminé? *Tob.* 343 — *Glose confirmée par un passage d'un texte publié depuis les remarques de M. Tob. Voy. le Bulletin de la Soc. des anc. Textes* I, 61: E fonc tan cayticus e tan dessemblatz e tar fenis que anc nos poc sofrir *C'est donc l'idée d'*exténué *et* non, *comme le suppose M. Tob. celle d'*efféminé *que traduit ce mot. Mais d'où vient-il? D'après sa place dans le dictionnaire, il devrait correspondre à un type latin en* inus *ou* is(s)us. *Mais c'est peut-être tout simplement le part. passé de* fenir, *pris au sens où nous l'employons souvent encore, et introduit ici sous cette forme, soit par erreur, soit plutôt par l'effet d'une licence déjà généralement admise. Cf. Crois. albig. v.* 6455: Que los mortz els fenis metau els monimens *Chab.* 139; *vgl. aber* 53¹,5

52², 8 Parcgorris .i. petragoricensis II   12 Lemovicensis II   18 == declinans t. *Diez E. W.* II², *ebenso Par.* 235 *mit Bezug auf* 37¹, 26 — *Tra i significati del verbo* gandir *v'è pur quello di* fuggire e di rifugiarsi; *per conseguenza direi che potrebbe mutarsi l'oscuro* destinans, *in* festinans *Gal.* 331; *ebenso Chab.* 139.   21 == critz   40 solus? II — Supprimez le point d'interrogation *Par.* 235   41 == derisus *Diez E. W.* I *s. v.* schernire. *Gal.* 331; *Par.* 235   42 fornitz II

53¹,2 ff. *In* II *stehen wiederum oft die prov. Lesarten von* 𝔅 *voran (so:* 53², 5, 31, 43; 54², 26; 55², 9; 57², 25; 58¹, 6) *Viele prov. Lesarten von* 𝔄 *sind in* II *überhaupt nicht mitgetheilt (so rein orthographische Abweichungen von* 𝔅: 53¹,5, 10, 13, 14, 15, 18, 20, 21, 23, 24; 53², 6, 7, 19, 22, 44; 54¹, 1, 11, 13, 20, 21, 30; 54², 29; 55¹, 8; 55², 14, 22; 56¹, 14; 57², 17; 58¹, 46; 59¹, 18; 59², 5, 6; 60¹, 7, 30; 60², 3, 12; 61¹, 10, 40, 43, 45; 61², 6; 62¹, 26; 62², 15; 63¹, 18, 36; 63², 20, 39; 64¹, 8, 17, 23, 39; 64², 25; *aber auch gewichtigere Varianten*: 53¹,40; 53², 3, 4, 36; 56¹, 17; 59²,30; 60²,36; 62², 21,38; 63¹, 10, 33; 63², 11. *Ja einige nur in* 𝔄 *überlieferte Worte fehlen in* II *gänzlich (so:* 53², 23; 58¹,32; 58², 11; 61¹,32; 63²,31). *Umgekehrt fehlen in* II *auch manche prov. Lesarten von* 𝔅 *(so rein*

orthographische Abweichungen von 𝔄: 53¹, 11; 53ª, 8, 9, 18, 40,
55¹, 15, 41; 55ª, 7, 15, 16, 18, 19, 29; 56ª, 19, 24, 28, 41, 42, 45; 57¹,
40, 43; 58ª, 16, 26, 32, 31; 59¹, 4; 59ª, 13, 20, 27, 35; 60ª, 34;
61ª, 1, 26; 62¹, 29, 37; 62ª, 6, 8, 12, 18, 20, 45; 63¹, 2, 15; 63ª, 19,
64¹, 15, 30, 36, 42, 44; 64ª, 1, 11, 16; 65¹, 7, 16, 27; 65ª, 9, 17, 2
auch gewichtigere Varianten, so: 54ª, 35, 41; 55¹, 10; 56¹, 11; 58¹, 37; ᵉ
64¹, 4, 5) *und nur in* 𝔅 *überlieferte Worte (so:* 54¹, 4, 27, 43; 57¹,
58ª, 44; 59ª, 19, 40; 64¹, 1, 2; 65ª, 14; 66¹, 13, 23, 27; 66ª, 7). *Aehnli*
bei der lat. Uebersetzung in II *öfter die Lesart von* 𝔅 *der von* 𝔄
53¹, 28; 54¹, 1, 46; 59ª, 36; 61ª, 18; 62ª, 21); *oder es ist nur die L*
verzeichnet (so: 53ª, 36, 42; 54ª, 13; 55¹, 4, 23; 55ª, 19, 36, 38; 56¹, 14, 25
57ª, 6, 32; 58¹, 9, 37; 58ª, 20, 24, 26; 60¹, 24; 60ª, 12, 26; 61¹, 27,
24, 27, 34; 62ª, 16; 63¹, 11), *oder auch nur die Lesart von* 𝔄 (
24, 41, 43; 54¹, 33; 54ª, 2, 11, 17, 40, 45; 55¹, 19; 56¹, 8, 11, 31;
36; 57ª, 19, 42; 58¹, 26, 44; 58ª, 2, 32, 41; 59¹, 24, 27; 59ª, 14,
60ª, 27; 61¹, 35; 62¹, 16, 38; 62ª, 13, 19, 40, 46; 63¹, 2, 19). *Diese A*
und Unvollständigkeiten von II *werden im folgenden nicht weiter*
Die Lesarten von ℭ *verzeichne ich sobald sie von* 𝔅 *abweichen.*

53¹5. 10. 13. 14. 15. 18. 20. 21. 23. 24 *ist mit* II *Lesart* 𝔄 *zu*
Diez E. W. I 11 *s. eb.* IIᶜ esperir 20 .i. promtus, paratus II 36 *Roch*
solitaire *et de plus* soloriu noble, unique supérieur; *malgré cela*
soloriu *ne peut être accepté sans un témoignage assuré, et je suppo;*
écrire solutius, solutivus *Tob.* 343 — *Il n'y a pas lieu à correctioı*
glose. Le témoignage que réclame M. T. en faveur de solorius *est*
Peire Vidal (Bem pac divern): Ma domn'a pretz soloriu Dena
batedors *M. Bartsch traduit ce mot par* sonnenklar; *mais c'est l*
prétation purement arbitraire Chab. 139 40 Furius (aurius *fehlt* Iı
une forme impossible que Roch. cette fois ne confirme pas, mais ı
être à notre glossaire auriu emporté, fougueux *Tob.* 343 — *Assurém*
amens ⑤ *Mey.* 344 — ℭ *dagegen liest wie* 𝔅 furius 43 =
austerus vel delicatus, a vitando dictus II 45 provintia q. II 4
hereticus 𝔅 ℭ Iı

53ª, 2 = in ihtz *Diese Schreibung ist auch 3 bis 9 herzu*
44ª, 19 *Erläut.* 13 *Wegen der Worte mit dem Reimvocal o s. Meyı*
de la Société de linguistique I p. 145 *bis* 161. o larg *entspricht im*
lat. Positions *oder* kurzem o *und ist neuprovenzalisch rein gebliebe*
entspricht lat. langem o *und* Positions *oder* kurzem u *und lautet*
ou. *Einzelne Ausweichungen erwähne ich bei den einzelnen Reimsi*
ops l. II *Vgl.* 40¹, 5; 51¹, 33 23 agrobs *fehlt* 𝔅 ℭ II 24 .i. t.
la nostra coppa, *cioè la* collotola o *la parte deretana del capo*
Diez E. W. I coppa 31 = *Il n'a pas survécu dans les patois ac*
fois il est clair qu'il devrait être classé sous olbs estroit, *puisque ı*
correspond étymologiquement à un u. *Mais justement la rime en*
qui devrait faire pendant à olbs larg *fait défaut. Il y a donc de fo*
de supposer que les copistes auront confondu les deux séries en

est d'autant plus explicable que chacune ne contenait qu'un mot. Mey. Mém. I
158 *note*　36 = .i. curras — *Diez* E. W. II[c] *hat nach* II *ein Verbum* biocar
curtare *angesetzt. Jedenfalls müsste dann die Uebersetzung* curtes *lauten.
Auch R. L. giebt dem Verbum* brocar *die Bedeutung* courir　40 = flocs
42 .i. coctus = *l.* cocus; coctus *se dit* cohtz 55², 17 *Par.* 235　43. 44 *um-
gestellt* II　46 veirocs II *Crederci che a* veirocs *si potesse sostituire* deirocs
Gal. 332 — veirocs *a été affublé de la signification de* derrocs (54¹, 8) *en place
de la sienne que j'ignore et qu'il a perdue Par.* 236
　　54¹, 1 = badocs .i. parum sciens *s. Diez E. W.* I badare　4 *zu tilgen,
fehlt* II　8 derrocs .i. p. ligneus p. l. II = *Crederei che* derrocar *fosse un
verbo diverso soltanto nella scrittura da* deirocar (53², 46), *ma di pari signi-
ficazione Gal.* 332 derrocs *a reçu la traduction de* zocs (54¹, 14) *Par.* 236
13 = bocs .i. ircus II　14 = .i. p. l. p. lutum *Diez E. W.* II[c] — *Zocs figure dans
les mots en* ocs estreit, *mais c'est sans doute par suite d'une erreur: ce morceau
paraît avoir souffert Par.* 236. — *Il peut se faire cependant qu'il n'y ait pas
eu ici de confusion dans le ms. En effet on prononce aujourd'hui,* sou[e] *en
plusieurs lieux, par exemple dans la partie centrale du département de la
Dordogne. Mais au nord du même département l'o reste pur, au moins dans
la forme masc.* (soc), *car au féminin il s'altère, sans pourtant passer à l'ou.
Il devient seulement* u: sucho (sabot) *d'où* su͞chier (sabotier) *Chab.* 139　23 *l.*
vol͞vit *Tob.* 344　26 *Die Uebersetzung ist anstössig, am nächsten liegt zu ändern*
voles *s.* 23　29 *l.* sol͞vit *Tob.* 344　30 Moiols ℬ II — = .i. cifus *v. c'est à
dire* scyphus *v. comme* naps cifus 40¹, 4 *La signification de* vase à boire, *qui
est celle du lat.* modiolus, *n'a pas encore été attribuée jusqu'à présent au mot
prov. qui en est sorti; néanmoins elle paraît lui appartenir dans le passage
d'Arnaut Daniel (Mahn. Ged.* 425 *ou* 1284, 3) *que cite Rayn.* IV 244, *qui fait
à cet endroit deux contre-sens. Si* vitreus *est exact ou s'il faut lire* vitellus
(moyeu), *c'est ce que je ne veux pas décider. Roch. dit* siphon *(à tort) sans
rien ajouter qui indique la matière. Tob.* 344　*Lisez:* rosiols *(fr.* roisole) *Par.*
236　44 Pols .i. pulset II = pols .i. p. pulvis　45 *Il faut, je pense, corriger*
pols, *substantif de* polsar (33, 8) *Le traducteur aura mis* equs *etc., au lieu
de* morbus equi *etc. (maladie d'un cheval poussif) Chab.* 139 *vgl. aber it.* bolso
bulsino *mlat.* bulsus　46 = .i. coles *(von* colare) ℬ ℭ, *vgl. Erl.* 54², 13
　　54², 1 mère-goutte *Roch. von* colare　6 *Man beachte die richtige Scheidung
von* aiols 54¹, 31　13 = .i. mollis II; *denn* molis *würde pr.* mols *mit* ols larg
ergeben. Man beachte, dass lz *sowohl auf* lls *wie auf* lts, tds *zurückgeht.
Nur im letzteren Fall kann es durch* outz *ersetzt werden, so:* soutz 57², 35;
vgl. die Erl. zu 41¹, 38　20 *Identisch mit it.* solzio *vom deutschen:* Sülze
vgl. soutz 57², 40 *s. Diez E. W.* II[a] solcio　24 *Cosi* volz *come* voutz 57², 39
significano volto, *talchè la .traduzione si palesa bisognosa di ramendo* .....
Sarei d' avviso che in ambi i casi fosse da sostituirsi: imago, ginis (*vgl.
Erl. zu* 41¹, 24) *Gal.* 332　37 *s. Diez E. W.* I cogliere — *Ricordando
il valore delle voci* colhz (55¹, 2?) *und* escolhar (30², 46) *si direbbe che
a color fosse da sostituirsi:* excoleas *Gal.* 332　41 = .i. p. humectes II
= Aqua *qui n'a aucun sens dans la glose précédente doit être mis*

à côté de perfundas *comp.* 64², 3 *Tob.* 344   44 Lignum est quo fur tegitur
(£ Rohlz .i. l. c. q. f. fingitur II — *La mia Copia Ms.* ha tegitur *Con tutto
ciò rammentando da un lato la* rulla *di Plinio, od altrimenti la* ralla, *e dall'
altro potendo credere che* rohlz *equivalga a* rollo *o* rotulo *o* rullo, *sorge il
sospetto che sia da leggersi* tergitur *Gal.* 332 — *Quel bois il faut entendre
ici, c'est ce qu'il serait difficile d'imaginer. A ce que je suppose, nous avons
ici le mot sur lequel a été calqué le bas lat.* roilla, *cité par Carpentier et dont
l'anc. fr.* roillier *est un dérivé fréquent. Le premier signifie sans doute* traverse,
le second a le sens assuré de charpentier, *de même* roilleïs *comme adj. a la
signification de* charpenté, *comme subst. de* charpente. *Le provençal moderne*
rol, *tronc d'arbre, que Carpentier cite et que Honnorat connaît également, doit
vraisemblablement en être séparé. Ce mot se présentant sous la forme* roul, *n'a
donc pas un* o *larc comme Ugues Faidit l'attribue à* rolhz, *et son* l *n'est pas
marqué comme mouillé. Si ce que je viens de dire est juste, il faut peut-être
mettre* murus *au lieu de* furnus *et entendre une* cloison *Tob.* 344 — *Il me
semble qu'il ressort de la glose* l. c. q. f. fingitur *un sens excellent: celui de*
charpente *cintrée destinée à la construction d'une voûte en cul de four. Il
n'y a donc rien à corriger* Mey. 344. *Ich glaube, es ist nur an* rotulus *it.*
rotulo = Rolle *und* rocchio = Block (rocchio di salsiccia = Bratwurst) *zu
denken. Diez E. W.* II³ *stellt allerdings fraglich* rocchio *nebst* ronchione *mit
it.* rocca *Fels zusammen, aber der analoge Wandel von* vetulus *it.* vecchio *pr.*
velhz *(46², 27) spricht für meine Deutung. Sehr nahe unserem prov. Wort
stehen* rolhon, *bâton court et épais und* rollhi, *frapper avec un baton, welche
Bridel Gloss. du pat. de la Suisse rom. anführt. Die neupr. Worte, welche
Tobler anführt, könnten auf selbständige Weise wie fr.* rouler *aus* rotulus *ent-
standen sein.* 47. 48 *Durch Druckversehen sind zwei Reim-Worte, welche
in* II *stehen, ausgefallen:* Nantolhz .i. nomen castri — Marolhz .i. nomen castri.
55¹, 4 veirolhz II — = .i. vectes *o.* ℬ ℭ II   10 *steht vor* 7 ℬ II
30 *ist wohl nur durch einen Irrthum in diese Reimliste gerathen, es sollte unter
den Reimen in* oms larg *stehen. Die gewöhnliche Form ist überdies* dons *oder*
donz   32 ff. Dons Amons *sind im Text von* II *nach* preons *(55², 11) gesetzt
als ständen sie auch in* 𝔄, 𝔄 *führt sämmtliche andere Worte unter der Ueber-
schrift in* ons larg *auf. Die Lesart* ℬ *ist in* II *in die Anm. verwiesen. Nach
Mey. Mém.* 159 *wäre aber die Hs.* ℬ *mit ihrer Scheidung in* ons larg *und* ons
estreit *gegenüber* 𝔄 *im Rechte. Il est remarquable que* ascons, *où l'o devrait
rester* pur *puisqu'il présente* o *en position, soit devenu* escouns *en prov. moderne
… Ce changement ne remonte pas au temps où fut composé le Donat, puisque
ce mot y est indiqué comme* larg. *Je puis ajouter que la prononciation*
escoundes *n'est pas générale, car en Languedoc on dit* escondes. *Renseignement
dû à M. Mistral (Meyer beachtet hier nicht, dass nur* 𝔄, *welches keine Reime
in* ons estreit *hat, das* o *von* ascons *als* larg *bezeichnet, freilich musste er nach
Guessards Angaben glauben, dass* ℬ *das Wort überhaupt nicht habe, warum
sah er aber nicht in das ihm zugängliche* ℭ, *das aller Wahrscheinlichkeit nach
wie* ℬ ℭ ascons .i. absconditus *unter den Reimen in* ons estreit *aufweisen wird).*
Mont *aussi est devenu* mount …; *mais puisqu'il est marqué* estreit *dans la*

variante, il faut croire que cette prononciation est déjà ancienne. Ce qui m'étonne, c'est que fons *de* fons *et* sons *de* somnus *soient marqués* estreit *dans* B: *il ne le sont pas en vertu de l'étymologie et ils ne le sont pas devenus en prov. mod. (Cependant je dois dire qu'en Langueiloc on prononce* fount *et* fous). *Il doit y avoir là une erreur du copiste.* — M. P. *Meyer, dont l'unique terme de comparaison et le seul instrument de critique est ici le provençal moderne, croit à une confusion de la part des deux copistes (d. h. von* A *und* B) ... *Pour moi, qui naturellement n'attribue pas au limousin (wo* o *in Position rein bleibt mit Ausnahme von* nasalem o, *welches durchaus* oun *wird), dans cette question, une moindre importance qu'au provençal et qui m'en sers de préférence pour contrôler le Donat, je suis porté à ne voir de confusion que dans* A *et je la fais consister, non pas en ce que ce ms. a réuni sans distinction dans la même liste des mots en* on *et* en *un originaires, tel que font* = fontem *d'une part, et* segond = secundum *de l'autre, mais seulement en ce qu'il n'a pas mis à part, comme* B, *les quatre mots* [dons Amons, Gions, Fizons *tous les quatre sans représentants actuels en limousin] en leur réservant la rubrique* ons larg, *qu'il impose à tort à toute la liste. Il me semble que* B *par cela seul qu'il distingue deux catégories de rimes en* ons, *offre sur ce point plus de garanties d'exactitude que* A *et que cette seule circonstance devrait faire exclure en ce qui le touche, l'hypothèse de M. Meyer, quand bien même la prononciation atuelle du limousin ne confirmerait pas si parfaitement ses indications. Chab. Rev.* II 198 *s. auch Rev.* XI, 14. *Offenbar ist Chabaneaus Ansicht die richtige (vgl. auch* onhz estreit (55², 27) *und* nasales ons, *war bereits für den Verfasser des Donat nur* estreit (*die 4 Worte mit* ons larg *sind höchst unsicher, 3 sind Eigennamen, das vierte* dons *ist nur in* B *überliefert und könnte irrthümlich aus dem unmittelbar voraufgehenden* doms *entstanden sein). Bekanntlich ist dieselbe Aussprache im altfranz. von ältester Zeit her die allein übliche gewesen, nur dass sie sich dort auch wie im heutigen limousinisch auf ursprüngliches* oms larg *erstreckt.* 36 Fizons II 40 = .i. liquefacis

55², 3 s. *Diez E. W.* I 8 = .i. ad fundum venis 13 *vgl. Erl. zu* 50², 13 23 s. *Chab. Rev.* XI, 20 27 *vgl.* 55¹, 32 ff. *das einzige Wort der Liste, dem eigentlich ein* onhz larg *zukam, ist* lonhz 43 32 *Mi pare che il* clausa (33) *abbia portato abbaglio all' ammanuense facendogli scrivere* claudas *dove crederei che dovesse scriversi* findas *Gal.* 332 39 Cronhz (Gronhz?) II

56¹, 1 *.1 quelle plante avons nous à faire? le mot n'est certainement pas identique avec* orge, *par quoi Roch. le traduit. Honnorat donne* dorguet *au sens d'*agaric oronge *où* d, *comme dans l'ancien prov.* dorca, cruche *pourrait être prothétique. Orchis ne parait nulle part avoir été populaire Tob.* 344 — *Je trouve* orgues, hièble *dans le Catal. botanique de M. G. Azais. Mey.* 344 11 estorcs .i. evellas II = enforcs .i. evellas vel bivium — *Roch. a lu de même (kennt aber auch:* enforcs chemin fourchu); *on ne peut songer à un composé de* torquere, *parceque l'*o *de* estorcs *est fermé; peut-être faut-il lire* escorcs, *qui serait le subjonctif de* escorgar, *mais qui serait insuffisamment traduit par* evellas: *il faudrait ajouter* pellem *Tob.* 344 22 = l. renoves *Tob.* 345 25 =

l. pluis *Tob.* 345   27 *Nous aurions rangés parmi les mots qui ont* ors ostreit: ors 29 (*normand* ur) *et* tors 32 (*il.* torso) *Tob.* 345 — *La place de* tors *est bien parmi les* ors *largs comme le prouve la prononciation moderne qui est* tros *et non* trous *cf.* le *moderne* morcho = *mysca *pour* myxa. · *De ces exemples on peut conclure que l'*u lat. *provenant de* y *n'avait exactement ni la même qualité ni le même son que l'*u indigène. *Pareillement quand* y *passait à l'*i cet i *devait être* plus larg *que l'*i lat. d'origine. *Témoins* geis (gypsum) *qui figure parmi les rimes larges, tandisque* teis, feis, peis, ceis, eis *sont rangés parmi les étroits* (*s. dagegen Erl. zu* 45², 46) *Chab.* 139 *vgl. Diez E. W.* I 31 = porus 𝔅 𝔈 𝔊 (*s. Mey.* 345) — *Au lat.* portus *correspond* portz 57¹, 19 *Il faut lire* porrus *Tob.* 345   32 *s. Erl.* 27   33 fors *peut être outre l'adverbe qu'on connaît* (foras), *le subj. de* forar, *et doit comme tel être traduit par* pértundas *Tob.* 345; *vgl.* 90, 12   39 *steht mit* morsus *übertragen bereits* 30, *die zweite Uebersetzung von* 𝔅 anra *ist vielleicht aus* Maurus *entstellt. Vgl. Roch.* — Lisez morsus vel morsura? *Par.* 236

56², 20 .i. accipiter II · 41. 42 = descortz

57¹, 1 *Lies:* esfortz II   5 = causa c. sicut in sotularibus II   15 = liberat   19 *bis* 25 *sind in* 𝔄 *und danach in* II *nach den Reimen* in iscla 66², 8, *ohne Ueberschrift nachgetragen. In* 𝔅 *stehen sie richtig, sind gleichwohl in* II *danach nur in einer Anm. zu unserer Stelle abgedruckt, ohne dass auf die Identität mit den später nach* 𝔄 *abgedruckten Reimworten aufmerksam gemacht und die Fehlerhaftigkeit von* 𝔄 *erwähnt wäre. Auch von keiner andern Seite ist darauf hingewiesen.*   27 in ors estreit II   31 .i. manuum sonus II — *Roch. n'a rien de pareil; la littérature ne paraît pas non plus présenter le mot dans un sens de cette nature; mais* nothus, falsus, *sont trop éloignés Tob.* 345 — *Peut-être* manuum *doit il être transporté à la ligne précédente. Voy. dans Ray.* II 211ᵇ *un passage d'Arnaut Daniel où* bortz *est associé à* treps (danse). *Dans ce cas* sonus, *resté seul, pourrait être corrigé en* spurius *qui en diffère moins que les deux autres mots, de signification pareille, auxquels a pensé M. Tobler. Chab.* 140   — *Noch näher scheint mir die Uebersetzung* manuum surculus *zu liegen vgl.* bordo *R. L. und Dietz E. W.* I   35 Sostituirei sortz (sordo) *Gal.* 332 — *Unzulässig weil bereits* 33 sortz *steht und unnöthig s. Diez E. W.* I lordo

57², 2 *Peut-être* y *avait-il à l'origine* nomen territorii? *Tob.* 345 *s. R. L.* born 17 = Torns II — .i. i. t. v. recitaris II *Il* recitare *non sembra aver che fare col* tornare *o* tornire *e però suppongo che di* copia *in* copia *sia uscito* recitaris, *invece di* revertaris *Gal.* 332 *Lisez* revertaris *Par.* 236   35 *s.* 54², 15   36 *Au lieu de* parics *il faudra mettre* patiens *dans le sens du prov.* sofren, *du vieux fr.* soffrant (cocu) *Tob.* 345   39. 40 *s.* 54², 24. 20   42 .i. mulgere lac II *s. Rev.* XI, 31

58¹, 9 = permutatio *fehlt* II   10 *Je corrigerais volontiers* percutatio (*notre traducteur s'est permis de pires barbarismes*), *considérant* cotz *comme le subst. du verbe* cotar *qui manque à Ray. et à Roch. mais dont on peut voir un exemple au v.* 7882 *de Flam. Chab.* 140; *vgl. Tobl.* Gött. Gel. Anz. 1866 S. 1789, *Mussafia* 7 Weise Meister 16 *note 3 und* Leys d'Amors III (*nicht* II *wie Chab. angiebt*) 218   11 *l.* potes *Tob.* 345 *Vgl.* 82, 7 𝔈   13 leçon *qui peut être correcte, mais Roch. traduisant* tresses, boucles de cheveux *ne saisit pas la pensée de Hugues Faidit. Le sens sera plutôt* sommet de la tête. Regotz *paraît être pour* regortz, *qu'on rencontre souvent en ancien fr. avec le sens de* tourbillon *et qui a aussi un* o ouvert (*rime avec* fort) *La forme* regot *dans le Ren. de Mont.* 109, 19 *est pour moi un peu douteuse Tob.* 345 — regort, regot *findet sich im Girb. de Mez* (*Rom. Stud.* I 551) *in Assonanz mit geschlossnem* o *Laut und ist offenbar identisch mit dem* regot *in Ren. de Mont.* 24 gotz *Diez E. W.* I cuccio 32 *s. Diez E. W.* I sucido; *vgl.* 43², 37 37 *.i.* cors (sic) II *Leggo* cois *Gal.* 333 *ebenso Par.* 236

58², 1 *La mia copia Ms. legge:* c. tractare *Avvertendo che* trabucus *era una* specie di calzare proprio de' Frati, *e che* tractus *nel latino medio valeva anche* striscia di cuojo, *opinerei che si potesse leggere:* c. tractarie o tractate *per accennare alle* guigge che vi tenevano luogo di tomajo. *Rimarrebbero esclusi pertanto i cosi detti* calcei fenestrati od incisi, *perchè ai Monaci proibiti come troppo lussurianti e mondani Gal.* 333 — = *l.* truncate *Tob.* 345

58², 4 clausus II *Ich finde das Wort nirgends verzeichnet, sollte es mit* 6 *identisch sein? — Peut-être* cazucs, caducus? *Tob.* 345 6 *Diez* (E. W. II* und IIᶜ) *s'en tient à cette traduction, et avec raison, ainsi que le prouve l'endroit du Brev. d'Amor* (v. 5102) *auquel il renvoie. Dans la Grammaire* 3ᵉ *éd.* II, 312 *il suit Roch., qui traduit le mot par* camard, *sans doute pour avoir lu* nasum *au lieu de* visum *Tob.* 345 — *Il y a* nasum *dans* ☉ *Mey.* 345 — *aber* visum 𝔅ℭ 19 *Forse* Deverrucs *per confrontare con* verruca o verruga *Gal.* 333 34 = *Si potrà aggiungere:* Cuculus, *come trovo nella mia Copia Ms. Gal.* 333 — *aber* 𝔄 𝔅 ℭ II *fehlt die Uebersetzung* 35 *ebenso Roch.* — *.i.* Saulus *Par.* 236 37 = in ums *vgl.* 60¹, 40

59¹, 3 = securs 6 = coneris *Tob.* 345 18 urcs II — *Roch. traduit ce mot par* cri de l'ours *et comme on rencontre* urgare *pour désigner le cri de l'ours* (*voy.* Wackernagel, *Voces var. anim.* p. 60 et 104), *ce peut être juste. Dans le texte de M. Guessard, comme il arrive souvent, la traduction parait avoir été omise;* partus (c.-à-d. Parthus) *devra être uni au mot suivant Tob.* 345 29 *Roch.* trad. farce, hachis *et parait donc avoir lu* farsum *Tob.* 346 — *La traduction est laissée en blanc dans* ☉ (*ebenso in* 𝔅 ℭ) *Mey.* 346 — Farrum *est ici pour* far == gruau, *qui est le sens de* grutz. *Ce mot existe encore, tout au moins en Languedoc, où on l'applique spécialement au* gruau *de* maïs *Chab.* 140 43 = *.i.* pl. c. capillis

59², 4 *s. Mey. Chron. alb.* 11 Decreutz II — *Lisez sans doute:* recreutz *Par.* 236 36 = *.i.* imbutus i. c. ql mittitur v. v. a. i. v. II 44 = In us II In us dics (dies ☉) 𝔅 ℭ ☉ (*Mey.* 346 *glaubt irrthümlich, dass* II *die Lesart* 𝔅 *reproducire und bezweifelt deshalb, dass* ☉ *Copie von* 𝔅 *sei.* 46 *bis* 60¹, 1 *Un changemement est ici encore indispensable; la. première de ces gloses est probablement* fus fusus *Tob.* 346 — *Probablement* lus, lucius *Mey.* 346 — fus *se trouve quelques lignes plus bas. Lucius, aurait donné* lutz. *On pourrait ici corriger* jus *Chab.* 140 *s. aber* 60¹, 9 — *On est donc* (d. h. *durch* ☉ = 𝔅) *conduit à supposer que la bonne leçon de* 59², 45 *bis* 60¹, 1 *était* Lus, lumen; lus, dies lune; l'us unus *Je sais bien que le correspondant régulier de* lucem *est* lutz *et que par* *conséquent ma conjecture se heurte à l'objection déjà opposée par M à lucius; mais il est certain que* lus *de* lucem, *a de bonne heur par certains troubadours. Ainsi dans une pièce de* Guillem Rai (B. G. 80, 6) *on trouve* lus (M. G. 313, 4) *en rime avec* us, reclus *pièce a été composée vers* 1216. *Mey. Rom.* VI 140

60¹, 27 seconda II 33 *D'apres* 40¹, 27 *il faut corriger ici e* ques *Tob.* 346; *vgl. aber* 43¹, 3 40 *Meyer hat bereits in der Flamenca S.* XXXVII *Bedenken gegen die Scheidung von* ura larg *erhoben und dazu angegeben, dass der Dichter des Flamenca di beobachte. In der That gehört die Scheidung auch nur* B C *an un seitigt werden. Chab. Rev.* II 207 *versucht vergeblich die Scheidung a Weise doch berechtigt zu erweisen : Nous voyons, en limousin, l'u rester brcf et pur à toutes les formes, tandis que celui de remudar sous l'accent. Était-ce la même différence qu'a voulu noter Hug entre jura et conjura et plus généralement entre ura larg et ura es analogies me manquent pour le décider car la prononciation actuel apprécier chez nous aucune différence dans l'u des mots de cett cités par lui, qui subsistent encore. Ils sont tous uniformément Vgl.* 58², 37 43. 44 *können also nicht, wie nach Diez E. W.* I c *wäre, von* rancor *hergeleitet werden. Das Verbum begegnet schon i* 46 = dejerat II

60², 11 *si appone* calor *Gal.* 333 29 = asegura II

61¹, 6 = in era larg — era larg, era estreit *aujourd'hui* ëro II 195 10 lesgera II 31 positum II 36 superba II

61², 31 *Lies:* obtatiu 38 *lautet auch im heutigen limousi nicht* nouro *wie man erwarten sollte Chab. Rev.* II 207 40 *Meyer den Reim* demora: adora *Flam.* 860—1 *aufmerksam, vgl. auch Boet.* 42.

62¹, 45 chrysea *Diez E. W.* I 16 .i. daurat II 24 .i. pal hendum panem II *s.* 27 26 = tala 34 = .i. o. exercitum II 4 ela estreit *aujourd'hui* ëlo ... *Sous* ela estreit, *on trouve* estela *sans qu'on puisse s'expliquer pourquoi ces deux mots où* ela = el *pas compris parmi les rimes en* ela larg, *qui proviennent toutes d (classique ou vulgaire) Chab. Rev.* II 195 — *Für* estela *setzt eine mit langem* e *auch fr.* étoile *voraus,* donzela *wird auf* dominicilla *führen sein; vgl.* 46¹, 16

62², 6 piuzela II .i. v. o. puella II 13 *s. Tob. Mey.* 34 canela II 21 *Leggo:* fistula *Gal.* 333 38 = ila II 39 *Lie* cavus, pes pontis A B terit A t'ris B terris C 43 deffila II

63¹, 32 *Im heutigen Limousinisch:* groûlo. *J'en ignore l'étymo Rev.* II 175 33 = fola II 35 = .i. m. ponit II 36 = .i. 40 = .i. mula *Gal.* 333 42 = .i. culum p. i. t. *Gal.* 333

63², 3 = .i. malleo p. *Gal.* 333 7 l. nualha *Tob.* 346; *vgl.* 90, 25 11 II — .i. i. ubi clavus m. II — *Invece di* clavus, *potrebbe leggersi Leys d'Am.* III 190 *Gal.* 333 13 *Lies:* vecte — *Ad illustrazione seguenti parole del du Cange:* 'Moralla, cadivus serae pessulus *Gall.* Moraillon, ferrum quod arcae operculo annexum in seram immittitur. *Armoricis* Moraill, *idem est quod ille* posticus obex quo postae clauduntur, *qui Gallis* loquet *dicitur*' *Gal.* 333 — *Ajoutons encore que l'article* moralha *du Lexique roman doit être corrigé en conséquence Tob.* 346   15 buscalha 𝔅 𝔈 II *s. Diez E. W.* I 17 = retalha 𝔈   20 = baralha II   24 *Mi pare che sarebbe reso meglio l'effetto del tartagliare se a* preciose *venisse sostituito* precise, *nel significato di* abrupte, abscisse *Gal.* 334 — *a été admis par Diez E. W.* I; preciose, *néanmoins est certainement faux et doit être remplacé selon toute apparence par* precipitose, *ou plutôt, d'après* 28', 45 *par* impetuose *Tob.* 346 — *Ich halte keine Aenderung für nothwendig*   29 *Roquefort donne, au mot* faille, *un passage où il y a* joer *a* totes failles, *mais sans l'expliquer Tob.* 346 32 *.i.* mantile *Gal.* 333   39 = in elha c. II *Sonst geht der offne Laut stets dem geschlossnen voran, hier umgekehrt.*

64', 8 = desparelha   17 *.i. f. i. p.* ad e. t. II — *Riesce chiaro che a dichiarare la nostra* stregghia *o* striglia, *torna meglio il leggere:* ferreum i. p. ad e. t. *Gal.* 334   20 estelha II — *La traduction doit être* frangit *cf. l'espagnol* estrelhar *Chab.* 141   23 in elha l. II   32 *Forse:* vel rubigine inficitur o tingitur *Gal.* 334   38 *.i.* unus c. dura (*Sans doute* vermis *au lieu de* unus) Il *s. Diez E. W.* II⁰ chenille   39 = ponzilha⁻*.i.* ponit l. s. muros II   44 = *.i.* subtiliat II

64', 9 = *.i.* diruat II   16 = *.i. e.* torculari   19 f. producere II — *l.* producit *Par.* 236   23 *.i. f. q.* alba inserit *Il faut lire* inseritur II *s. Diez E. W.* II⁰ douille   25. 26 = Polha *.i.* provinzia quedam. Solha *.i.* polluit 27 = *.i.* vecte f. II   34 bilinguis *est au génitif Par.* 236   43 *.i.* capit vimen II — *Nella mia Copia* capit vimine *Gal.* 334 — *c'est peut-être* vi *qu'il faut lire Tob.* 346

65', 1 *Roch.* femme perdue, *ce qui fait contre-sens, il faudra intercaler* manu *avant* amissa; *comp.* 42', 44, 45. *Tob.* 346   7 = *l.* destriga *Par.* 236 34 = *.i.* vincit, affirmat II

65', 9 = *l.* Crauca *cf.* 41', 45 *Par.* 236   15 = *La voce* sesca *o* sescha *vale* giunco, *del quale è spesso proprietà l'avere costole taglienti o seganti: crederei dunque non improbabile che, levata la virgola, si potesse leggere:* arundo secans *intendendo:* canna o giunco tagliente *Gal.* 334, *ebenso Par.* 236   18 *Forse* entrebresca, *dal verbo* entrebrescar *o* entrebescar: *imbarazzare,* interporre, impicciare *Gal.* 334 — intermisit *doit être remplacé par* intermiscet; *Roch.* a entrebescar mêler, entrelacer *cf.* 46',9 *Tob.* 342   22 *l.* .. esca data cani (?) *Tob.* 346 — *On pourrait proposer* ... vel esca *.i.* caro cari, *supposant que le second* esca *est prov. comme le premier, ce qui du reste ne serait pas indispensable pour justifier la correction Chab.* 141   25 *.i.* chorea II 26 = *.i.* choream facit II   33 *l.* in q. distribue (partage) *Tob.* 346   44 = *.i. c.* ossium II

66', 3 *.i.* runcia II — *è la nostra* rozza, *la* rosse *de' Francesi, e quindi* runcia *riescirà ad un peggiorativo di* runcina *o* ronzinaccia *Gal.* 334 — fr. rosse *deutet auf* o *larg, ebensowenig kann man an fr.* rosser (Diez E. W. II⁰)

denken, es bleibt deshalb nur russa *übrig* — = *l.* rubida *Tob.* 346   44 .i.
q. in veteri a. II — *Crederei che l'impropria voce* sarcina *fosse stata revocat*
sotto la mano del copista da quanto segue, e che in suo lurgo dovesse scriver
lanugo o simile Gal. 334 — *le* mot s. *a passé de la glosse suivante a celle-c*
et a remplacé un autre mot, par ex. herba *Par.* 236   8 .i. s. [deponit] ve
furatur?] II   14 .i. [rosa] II   15 .i. [audet] Il *Cela n'est pas possible. 1*
aurait fallu, très-probablement, répéter simplement osa *(fr.* house) *qui est auss*
un mot de la basse latinité. C'est, je pense, parce que ce mot es les trois autres
placés sous la même rubrique, avaient en lat. la même forme qu'en prov. qu
copiste, ou peut-être l'auteur lui même (nein Herr Guess.), s'est dispensé de le
traduire (abzudrucken) Chab. 141   33 *Leggo colla mia Copia Ms.* fluxu *Gal.* 33
66², 1 .i. Liger ll   8 *La traduction est sans doute* insula. *Cf. le prov*
mod. isclo. *De là la forme* islha *qu'on trouve quelquefois Chab.* 141. *Nach*
dieser Zeile bietet 𝔄 *und danach* II *die Reimworte* 57¹, 19 *bis* 25   9 *Dies*
Zeile steht II *nach Z.* 33. *Da aber dies Nachwort nicht zur Grammatik gehört*
so steht sie besser vor demselben. Ich finde es durchaus nicht wie Gal. sin
golare che le parole colle quali l'autore licenzia l'opera propria e la difend
dai detrattori si trovino solo nella traduzione latina e non nel testo occitanico
originale. Die lat. Uebersetzung ist ebenso ursprünglich, d. h. rührt von den
gleichen Verfasser her wie der prov. Grundtext und dieser ist nicht etwa zuers
unabhängig abgefasst. Das Nachwort richtet sich an das gelehrte Publicun
und an die Auftraggeber und konnte deshalb füglich nur in lat. Sprache ab
gefasst werden.   26 Cuius [auctor] U. II — *Se leviamo l'auctor l'ultimo period*
non presentcrebbe la necessaria chiarezza, e forse in ogni modo il relativo cuju
sembra riferirvisi ad un troppo lontano antecedente. L'editore però ci avvis
in nota che: »au commencement du ms. 𝔇 *on lit* (cf. *Arch.* 32, 424, 42
No. 27, 35): Incipit liber, quem composuit Ugo Faiditus precibus Jacobi d
Mora et Domini Conradi de Sterleto ... *(le reste comme ci dessus)«. Or dov*
mai l'ammanuense del 𝔇 *avrebbe potuto scovrire il cognome dell' autore de*
Donato, se non appunto in questa clausula finale? Opinerei pertanto che i
cujus fosse da mutarsi in Faiditus, *e che rifacendosi a capo, il detto ultim*
periodo si potesse scrivere, quasi in fuor d'opera od in prepostera intitolazion
Faiditus Ugo nominor u. s. w. Gal. 335. *Auch ich halte die Emendation*
Guessards für unbefriedigend, glaube aber, dass nach Cuius eine Lücke anzu
setzen sei, in welcher etwa stand: Deshalb will ich jedermann kund thun, das
ich u. s. w. Dass der Schreiber von 𝔇 *in seinem Original an dieser Stelle der*
Namen Faiditus *vorfand, lässt sich zum mindesten bezweifeln, wie denn di*
ganze Zuschreibung des Donat an Faidit, *wiewohl allseitig ohne den mindesten*
Zweifel zugegeben, doch auf höchst schwachen Füssen steht. 𝔇, *welche die-*
selbe allein bietet, ist eine moderne Copie und es könnte jedenfalls der Nam
Faiditus *auf einer blossen Conjectur seines Schreibers beruhen, überdies würde*
im Original wie in 𝔇: Ugo Faiditus *gestanden haben**). *Selbst der Vorname*

---

*) Zur Unterstützung der Lesart 𝔇 kann angeführt werden, dass ein
prov. Dichtername Faidit de Belestar begegnet. Ihm wird im Register von G

des Verfassers Ugo bleibt zweifelhaft, da er ausser ℧ nur noch in dem eng damit verwandten 𝔄 erhalten ist, wie denn der ganze Schlusspassus wohl ein späterer Zusatz sein könnte. Dem widersprechen nicht die Conjecturen Galvani's über die beiden Gönner Ugos: La Chronica Varia Pisana (Rer. Ital. Script. T. VI col. 195) registra tra gli Anziani che reggevano Pisa nel 1264 un Jacobus Mori o de Moris; relativamente ad un Corrado da Sterletto, o da Osterletto posso aggiungere la seguente notizia. Il ch. Professore Vincenzio Nannucci nel suo Manuale della Letteratura del primo secolo della Letteratura del primo secolo della Lingua Italiana T. 1°. a facc. 221—227, stampava la Canzone di Guittone d'Arezzo che comincia: 'Se di voi, Donna gente, M' ha preso Amor, non è già meraviglia', di cui questa è la tornata: 'Corrado d'Osterletto, La Canzon mia vi mando e vi presento, Chè vostro pregio gento M' ha fatto a voi fedele in ciò ch' io vaglio. E s' io non mi travaglio Di vostro pregio dir, questa è cagione, Che bene in sua ragione Non crederìa giammai poter finare. Non dee l' uom cominciare La cosa, onde non è buon finitore'. Or dunque se il Corrado d' Osterletto di Guittone, compiutissimo Cavaliere, e di cui troppe sarebbon le lodi chi le volesse tutte ritrarre, fosse il Conradus de Sterleto del Faidito, a cui si fa precedere l' onorevole prefazione di Dominus, noi avremmo allora a un bel circa l' epoca in cui fu composto il Donato Provenzale. Infatti potendosi inchiudere il tempo del fiorire di Guittone dal 1250 al 1294, anno in cui morì, in quel torno medesimo appunto avrebbe il Trovatore secondate le preci di due per avventura italiani suoi ospiti, e messo in luce il suo libro. E già dopochè nel 1276 Carlo d' Angiò fece regina finalmente delle Sicilie Beatrice di Provenza, e poscia stese la propria influenza su tutta Italia, come Senatore di Roma, come Vicario dell' Impero in Toscana, e come protettore della Lega Guelfa, corse anche per Italia tutta un andazzo di imitazione verso i trovatori, e salì in moda il provenzalesmo; sicchè è spontaneo che venuto quì allora un Dottore della Scienza Gaia, vi fosse eccitato a stendere le dottrine e ad agevolare l' intelligenza d' una lingua, ch' era divenuta tra noi quella della Corte più splendida e della fortuna. (Anm.) Si direbbe anzi che questo lavoro del Faidito, appunto per essere stato fatto in servigio di Italiani, rimanesse per molto tempo sconosciuto in Francia. Infatti se il Moliniero, a cui dobbiamo principalmente le Leggi d' Amore (faticosa compilazione poetica, grammaticale, e rettorica compiuta definitivamente nel 1358 circa) conobbe e citò la prima grammatica di Raimondo Vidale da Bezoduno, ignorò invece con molta probabilità questa seconda. Ciò si può dedurre dalla quinta ed ultima Parte di esse Leggi, dove vengono suggeriti ai poeti certi spedienti per andare in traccia delle rime opportune. Se fosse stato conosciuto in Tolosa il tentativo di Rimario fatto dal nostro Ugo, i Mantenitori del Gajo Savere si sarebbero riferiti a quello, anzichè ai suddetti loro metodi, per verità troppo laboriosi ed incerti. Galv. 336, 337.

---

ein Lied Arnaut's de Maroill (30, 5) und in 𝔥 𝔗 ein Lied Richards de Berbezill (421, 9) zugeschrieben. Belestar ist doch wohl das heutige Belesta (Arrond. Foix). Wäre also der Donat von diesem Dichter verfasst, so würde auch er, wie die Rasos de Trobar, einem Catalanen zu verdanken sein.

67 ff. *Nachstehend verzeichne ich die Abweichungen de Guessardschen Ausgaben von ℬ mit I II (Unbezeichnete Abweichunge finden sich in beiden Ausgaben), mit III die der Galvanischen Aus gabe soweit dieselbe in seiner Difesa gegen Guessard Parte (Opuscol. Rel. Lett. e Mor. Serie III° T. III S. 222 ff.) wieder al gedruckt ist*), mit Gal. die gewichtigen Abweichungen von Galvani ital. Uebersetzung (Opusc. T. IV S. 53), mit Tob. Mey. die Besserunge welche Tobler und Meyer Romania II 347 ff. mittheilten, mit ℨ endlich den Text der Madrider Copie, welche P. Meyer demnächs in der Rom. Bd. VI veröffentlichen wird. Ich konnte diesen werthvolle Text durch Meyers freundliche Uebermittlung der Correctur-Abzüg noch in letzter Stunde ausnutzen. Doch habe ich, da ℬℭ︁ℌ (wie scho Meyer vermuthet), unabhängig von einander sind, nur wenige der jenigen isolirten Abweichungen des Textes ℌ von Text ℬ verzeichne welchen eine gemeinschaftliche Lesart ℬℭ gegenüberstand. We diese kennen lernen will, mag den vollständigen Abdruck der Rom zur Hand nehmen. Geringfügige Interpunctionsabweichungen vo I II III habe ich nicht verzeichnet. Mit = deute ich auch hier ai dass ich in der Abweichung die ächte Lesart erblicke. Doch er streckt sich diese Aechtheit zumeist nicht auch auf die Schreibai und Flexion. Ich hielt es nicht für angezeigt, jedesmal besonder hervorzuheben, was in dieser Beziehung zu ändern sei. Eigne Besserungen ist ebenfalls = vorgesetzt, Lies Berichtigungen vo Druckfehlern. Die zahlreichen Fehler von ℭ zu berichtigen erschie überflüssig, dagegen habe ich die oft willkürlichen Abweichungen de in II aus ℭ ausgehobnen Stellen mitgetheilt.*

67, 1 La dreita maniera de trobar I De la drecha maneira de troba per Raimon Vidal III Las rasos de trobar II Regles d'en Ramon Vidal 3 ço com eu Ramon ℌ 4 conogut II que ℌ II pauchz homens ℌ 5 drech I II *fehlt* ℌ 6 = maneira III maneyra ℌ = del t. ℌ — ieu III heu

---

*) Den Originaldruck in Band XV der Memorie di Rel. Mor. e Let Modena 1843 konnte ich mir leider gegenwärtig nicht verschaffen, habe ih aber früher in Händen gehabt. Galvanis Vertheidigung hätte zwar bewei: kräftiger geführt werden können, gleichwohl ersieht jeder, der Augen ha daraus, dass Herrn Guessards Plagiatvorwürfe durchaus grundlos sind. F wäre von dem vorschnellen Angreifer zu erwarten gewesen, dass er sie zurücl nehme. »Cette marque de bonne foi«, ich gebrauche Herrn Guessards eign Worte gegen den Conte Galvani »n'eût p̃as été deplacée, il me semble«. B zur Stunde ist mir von seinem Widerruf nichts bekannt geworden.

7 aquest I II 🜲 — per dar a c. es a s. 🜲   8 = qual trobador 🜲   8 *bis* 10
sapere a coloro che 'l vorranno apprendere, quali dei t. hanno m. t. e m. i.,
e come devono s. *Gal.*   9 *bis* 11 t.; atressi en qual manera deu hom instruir
o menar lo saber de t. 🜲   10 qe v. II — com devon — c. deu om *Mey.*
11 drecha — maneira III   12 Si eu mi alonch en causa 🜲 — si eu m'a. III
— s'ieu   13 qe eu poiria III — = p. dir pus breus 🜲 — p. brieumens II
14 devetz 🜲 III meravelhar III   17 eran I II III = car so 🜲 breument 🜲
18 = que mi 🜲 = allongaray 🜲 alongarai I II III = per tals lochs 🜲
19 quis porion 🜲 poiria III = p. ben leu II C 🜲 breumentz I II dir pus breu 🜲
om III et aitan ben II Atressi matex 🜲   20. 21 si iamais eu fas III   21 =
errada I II III 🜲   22 o. o per ço car eu 🜲   23 ai ges II 🜲 uistas ni *fehlt*
C 🜲   24 o per ventura hi poria fallir per enfalagamen 🜲 — fallimentz I II
failliment III   26 homs III pr. e subtils m'en d. r. 🜲 pr. ni entendenz no
m'en deu uchaisonar II Del che tutt' uomo sottile me ne dovrà scagionare,
poi ch' io me ne rendo in colpa *Gal.*   27 car eu crey be 🜲 E sai II
28 que 🜲 Il hom ni blasmara 🜲   29 dira que en algun loch hi d. 🜲 —
= aital I II III   30 = quart 🜲 I II = no sabra 🜲   30. 31 *fälschlich*
cursir gedruckt   31 c. ni saubra dir, si non ho 🜲 = trobes 🜲
          63,1 aselmat o assermat (o a. *parait être l'addition d'un copiste Mey.*)
🜲 accesmat III (*s.* Lez. accad. T. II, 33 Mod. 1840)   2 home prim 🜲 III
2. 3 i a. qui (que), sitot III 🜲 i a. de cui vos dic II — que II   3 ben i III
4 = sabrien millorar 🜲 s. ben meilburar et m. III   5 metre I II III trar o
metre 🜲 car a g. 🜲 qar II trobaretz 🜲 III   6 = saber II sauber 🜲 — ni
ren tan III — primament dit 🜲   7 c'us hom fort prims no y pogues 🜲
8 meilhurar III millorar e m. 🜲 — qu'ieu I II III qu'es dix 🜲   9 *bis* 11 que
negu saber, pus basta ni be estay, negus homs deu tocar ne moure 🜲   10 es
basta ni ben esta III n. devon I II III n. deu om *Mey.* — autres ren III
— C neguns homz II   12 gens I Tota gens Crestiana, Juzeus et Sarrazis II
12. 13 Primerament sapies que t. gent christians, juheus, sarrahins, senyor, em.,
r., princep 🜲 13 o Sarrazine e similmente Imp., Re, Princ. *Gal.*   14. 15 comitori
(*v.* lettera al ch. Merkel Moden. 1846 nota 3ª), Baroni, Val., Cavalieri e Cherici
Gal.   15 v., et tuit autre cavailler e clergues, borges e vilanz II vezcomdor,
cavaller, clerch, burgues, vila o home 🜲 16 *bis* 18 pauch e gran menon (*suppléez*
tot *Mey.*) dia tr. é xantar, en axi qu'en volon obrar 🜲   19 e se, non ne
vogliono dire, ne vogliono udire *Gal.*   20. 21 car a greu seretz, en negun
loch 🜲   22. 23 pus que gen hi ha pauca, o molta, 🜲   23 C *Ueber* tz *steht*
con zweiter Hand initiales n, *also* = neus; *rgl.* 79, 34, 41   24 tots 🜲   25 neys
🜲 neis   26 e (*est de trop. Mey.*) tot lo m. solaç, quil han es 🜲 — aian   27 li m. e
li 🜲   28 C trobaras II   28. 29 son en menbrança e en memoria mes 🜲   30 trobaras
I II = trobaretz 🜲 III   30. 31 mot ben o mal dig (p. trobaire l'a m. in r.) qe
ne sia totz III — pretz, be dich, ne mal dich pus que trobayre l'aya dit ne
mes solamen en r. que tots 🜲   31 C que II   32 tempz ne sia en r.; e
trobars 🜲 remembransa III — r. [non sia mes] I — [non sia] II — C cantar II
33. 34 e xantars egalment son cap de 🜲   34 tota galliardia natural a totz
los homes III   35 di trovare sappiate che sono spesso *Gal.*   36 trovatori e gli

uditori *Gal.* son egalment li trobador et li ausidor motas vetz enganat $\mathfrak{H}$ —
$\mathfrak{C}$ dels t. II 37 per que ne son enganat $\mathfrak{H}$ — $\mathfrak{C}$ eissaments mantas II 39. 40
qui re en trobar no entenen: per ço que, com ausiran $\mathfrak{H}$ 41 $=$ semblan $\mathfrak{H}$
— semblant 42 $=$ fort $\mathfrak{H}$ I II — $\mathfrak{C}$ cuiarion *von zweiter Hand verbessert
aus* ciriarion 42. 43 $=$ be l'ent., e ja res non ent .. E fan ho perço car
se cuydan que hom los t. $\mathfrak{H}$ 43 cuieran so 44 $=$ dizion $\mathfrak{H}$ dicessero *Gal.*
45 non — et enaisi II axi $\mathfrak{H}$ E cosi per falsa oltracotanza ing. *Gal.*

69, 1 demanda 1 *bis* 4 qui vol apendre e demandar ço que no sap,
perque assatz deu haver major vergonya aquell qui no sap, que aquell qui
demana e vol apendre $\mathfrak{H}$ 2 *bis* 4 *Die Lücke von* $\mathfrak{B}$ *ergänzt* II *aus* $\mathfrak{C}$ 4 *bis*
14 *fehlen* $\mathfrak{H}$ 5 $=$ auzon *Mey.* odono *Gal.* 9 et aisi 15 *bis* 18 *fehlen Gal.*
15 Atressi aquells qui cuydon ent., e res no $\mathfrak{H}$ 16. 17 no ho apenrion $\mathfrak{H}$
17 volon apenre II 19 $=$ far eu. p. $\mathfrak{H}$ 20. 21 $=$ ne que de llurs enugs, ne de
llurs vicis se tornen per la mia paraula $\mathfrak{H}$ 21 de lor malvaiz III 22 que anc II
e anch $\mathfrak{H}$ Pero anc, dic vos, I — pero asatz us dirai per qe non fassan tan III
23 tant II gran I $\mathfrak{H}$ ordre II $=$ orde de error $\mathfrak{H}$ 23. 24 $=$ pos que om i puesca
parlar e y sia ben escoutatz — pusca hom hi pusca parlar ey sia be entes $\mathfrak{H}$
per qe ben sian e. ni ben puescan p. III 23 *bis* 26 entendra *lanten* II *wie* $\mathfrak{C}$,
aber escouta .. no 25 e non tragan a blasmar alcun III $=$ que no trobe
qualque $\mathfrak{H}$ 25 *bis* 27 qui apren o enten $\mathfrak{H}$ qe los entendra III 26 $\mathfrak{C}$ tant II
29 la una $\mathfrak{H}$ 30. 31 E sapies que aquest s. $\mathfrak{H}$ E ben sappiate che q. s. *Gal.*
(*Galvanis Uebersetzung bietet also fast denselben Zusatz wie* $\mathfrak{H}$) — $=$ de t.
anch may no fo mes $\mathfrak{H}$ 31 mais accesmatz ni ajostatz III ni *fehlt* II 33 so
ac $\mathfrak{H}$ $=$ sen ac $\mathfrak{C}$ 34 ne creatz $\mathfrak{H}$ 38 dona $\mathfrak{H}$ 39 mas del tot conexera $\mathfrak{H}$
41 Empero, eu no $\mathfrak{H}$ E non dic ieu ges II 43 $=$ tant ne d. s. so que cuig
en a. $\mathfrak{H}$ 44 $=$ qui be l'ent. $\mathfrak{H}$ 46 cantars

70, 1. 2 Primerament deus saber que totz h. qui v. entendre en tr. deu
s. $\mathfrak{H}$ 3 no I II $\mathfrak{H}$ 4 $=$ es tant n. ni tant II tan natural ne tan $\mathfrak{H}$ — dreta
(*so auch Bastero*) a trobar del n. $\mathfrak{H}$ 5 lengatge $\mathfrak{H}$ *Bastero* — m. (con) aqella I II
$=$ com aquella $\mathfrak{H}$ ($\mathfrak{C}$ II) 5. 6 mas aquela de Lemosi e de P. e *Bastero* — c. a.
francesa del Lemosi e de $\mathfrak{H}$ a. de Proenza o de Lemozi o de Saintonge o II (*Meyer
hält* II *für besser als* $\mathfrak{H}$). *Die Worte de* Franza, *welche von Bastero bis Meyer mit
Ausnahme von Galvani als fehlerhaft angesehen worden sind, werden von der
gesammten Ueberlieferung gestützt und dürfen nicht beseitigt werden. Es wird
zu lesen sein:* c. a. de Franza e de Lemosi o de Provenza o d Alvergna o de
Caerci. *Galvani hat bereits den richtigen Sinn erfasst:* fuor quella di F., e
quella di L., di P., di S., d'A. e di C .. *Raimon stellt der (nord)franz. Sprache
die südwestfranz. gegenüber vgl.* 70, 9, 30 7 Caersim I *Bast.* o de Caerci II
7 *bis* 9 que *fehlen* $\mathfrak{H}$ 8 qant ieu p. II 9 Lemosis — $=$ t. aquellas t. qui
entorn li estan $\mathfrak{H}$ 10 o son lur vesinas et atressi de $\mathfrak{H}$ 11 $\mathfrak{C}$ c. d'ellas II
12 $=$ E tuyt ly homs $\mathfrak{H}$ — la terra $\mathfrak{H}$ $=$ aquella terra $\mathfrak{C}$ terras *fehlt* I II
15 *bis* 29 II *beruht auf* $\mathfrak{C}$ 15 $=$ es eyxitz $\mathfrak{H}$ 16 u. r. que altre mostre,
o per altre, $\mathfrak{H}$ 20 can meyls ho $\mathfrak{H}$ mielz I II mielh III $=$ m. o c.
21 $=$ r. que null altre $\mathfrak{H}$ — r.; e li autre non III $=$ E aquell no $\mathfrak{H}$ 24 $=$
lenga $\mathfrak{H}$ 26 aqest I 27. 28 $=$ qui la parlen dreyta $\mathfrak{H}$ 30 Perque deues

saber que la p. 31 = e es ♄ — et [es] I II *vgl.* 35 — = romanc, e
retronxas ♄ 32. 33 e aycellas de L. valon ♄ 33 = mays a cansos ♄ —
ℭ Lemozi II 34 *es fehlt* I II — ℭ totas II 34. 35 a serv., a verses, en
totas las altres del ♄ = e s. e vers de t. l. altras del 35 ℭ lengatges II
36 son en ♄ so de = e per aizo son en — ℭ aizo II 37 = de la parla-
dura de Lemozi ♄ — ℭ Lemozi II 37 *bis* 39 que de null altre ♄ 40 E
mant hom ditz que 41 *bis* 46 ℭ *Cursivdruck von zweiter Hand nachgetragen*
43 = car se dison ♄ 43 *bis* 44 Lemosin *in* II *aus* ℭ 44 = Lemozi ♄ —
Et cil non I II per que no ♄ 45. 46 = s. ques dizon. Car t. aquellas paraulas
que hom ditz en Lemozi axi com en las autras terras, atressi son de Lemozi,
com de las autras terras. Mas aycellas que hom ditz en Lemozi d'autra ♄
46 Limosin I Lemozi II

71, 1 guisas I II guizas III = guisa ♄ 1. 2 = terras son ♄ 2 sol
son propriamens III Lemozi II 3 hom qe I qi vol II 3. 4 qui en trobar vulla
entendre ♄ 4 = trobar (*nur ein Mal*) I II 5. 6 saber la p. del L. En apres
d. s. aquellas ♄ 6 alques III II alqus I 9 Lemosin I II Lemozi ♄ 10 =
e dreta per ♄ 11 = e per nombre e per generes ♄ 12 *bis* 14 mous. E
axi p. be entendre e ausir si me escoutatz ♄ 15 Sapies que totz homs qui
s'entendra ♄ 16 vuit ♄ VIII II 17 p. s. e t. ♄ 18 del mon son de las
unas daquestas vuit ♄ — a saber *fehlen* II — ℭ so es II 19 *bis* 22 = del
nom o del verb o del particip o del pronom o del adverbi o del conjunctiu
o de la proposicio o de la interjeccio ♄ Noms Pronoms, Verbs, Partecips,
Adverbis, Conjunctios Prepositios et Interjectios II 23 Per I Outra II E
ultra ♄ — qu'eu t'ay dig ♄ 24 que paraulas hi a ♄ qe paraulas i son II
25 *bis* 28 la una es ajectiva, l'autra s., l'autra comuna, [l'autra] ni la primera,
ni l'autre, sustantiu ne ajectiu ♄ 26 adjectivas II 29 Ajectivas I Adj. et
fehlen ℭ ♄ 30 totas I II = son aquellas ♄ 31. 32 mostren persona o gent
(*corr.* genre *Mey.*) o t. ♄ 33 o s. s. Ajectivas son ♄ 34. 35 ℭ *Die ital.*
Bemerkung von Pier del Nero weist auf einen Nachtrag des Deckblattes der
Handschrift, dieses ist aber bei dem jetzigen Einband beseitigt worden 34 *bis* 46
aycellas d. n. o d. p. o del adverbi o (adv. *a évidemment pris la place du* verbe
qui est à la ligne suivante et réciproquemet. Mey.) (35) del p.; que aycellas
(36) del verb ne del conjunctiu ne (37) de la preposicio, ne de la inter(38)jeccio,
per ço car no han pluralitat ne (39) singularitat ne d. (40) g. ni p. ni t. ni
(41) s. ne son s. (42) potz aquestas (43) a. n. (44) L. p. ajectivas s. (45) axi
com 'bos beyls, b., beyla, f., (46) v., s., plaren, sobres, am ♄ 71, 38 = per
ço car ♄ II 41 no II ni I 42 l'autre 46 plazens

72, 1 *bis* 15 vau, amalantisch enantisch (*vgl.* 33); e totas las autras del
mon qui demostron sustancia. En axi com qui desia (2) cant a o que fay o
que sofre; e son (3) per aço appellades ajectivas car no (4) les pot portar e
enten(5)dimen si sobre sustancia no (6) les gita. (7) L. p. sustantivas s.
(8) axi com 'boneza, ca(9)vallers, cavallz, dona p., eu, (10) tu, meus, seus,
fuy, estar' e (11) totas L. a. d. mon (12) qui d. sustancia visible (13) o no
vizible; e han nom per ço su(14)stantivas, car demostron su(15)stancias e
s. l. adjectivas ♄ 2 fai 4 = las I II 5 non 8 = aisi *Mey.* — bonezza

9 dompna   10 == sui II (*vgl.* 73, 4)   11 totas   12 == substantia   13 e
non vis. et — == per aiso II   15 ℭ verb II   16 ℭ cum II — == e potz ne far
una rayso complida sens las adjectivas axi com q. dezia ♄ — com si ieu d.
II — == reis I II   16 17 eu suy reys d'Arago, eu suy rich hom ♄ 18 E
sapies que l. p. a. s. ♄   19 maneyras ♄   20 femeninas ♄   22 == 'bos' ♄ II
23 'beyls' e t. aycellas ♄ — 'b. gais, blancs' et II   24 en entendimen de
masculi e ♄ — l'entendiment   25 == no ♄ I II   27 bella, gaia, blancha II
et   28 == aquellas que h. d. ♄   28 *bis* 30 en e. femeni ♄   31 'fort' ♄
33 van emalantisch, enegresisch (*vgl.* 72, 1) — == vau I II   34 qu'en hi a
d'a. manera ♄   35 pero I per aco ♄ == per aiso II appelladas   36 les ♄
== las I II dir tam be ab ♄   38 *fehlt* ♄   39 *bis* 41 com ab cascuns. E axi
matex n'i (40) ha t. maneras de (41) sustantivas com d'ajectivas ♄   42 paraulas
II ♄   44 Roma I II poma e t. cellas ♄   45 demostron ♄ demostran I II
73, 1 mercaders, cavayls, meus, tieus e t. ♄   2 demonstron
3. 4 C. son: 'eu, tu, suy, estau' e totas a. ♄   5 pusca d. axi ♄   6 com
homs *fehlen* I II   6 *bis* 9 be femeni com mas.uli; en axi com qui
dezia: Verge es aquell hom o verge es aquella t. ♄   10 Primeyrament ♄
Primieramentz I II — == v. parlarai I II parlaray ♄   12 de la sua natura ♄
13 Lemozi ♄ Lemosin I II   13. 14 Et sapiatz que en lo nom ha cinch declinacionz ♄
14 devez III   15. 16 de aquelles ha d. n. lo singular, lo plural ♄   17 == el
singular p. de una causa sola en lo ♄ — Lo singular p. d'una ren, et duna el III
Le s. p. d'una el   18 datiu el I II d., l'accusativ, el III   18. 19 n. e en tots
los altres cases; el nominatiu plural, e totz los altres cases del plural parlon
de moutas en cascun cas, los quals cases son sis: ço es saber nominatiu, genetiu,
datiu, acusatiu, vocatiu, ablatiu ♄   19 et el a. I II et l'ablatiu: lo plural
parla de plusors et de plusors, el nominativ, el genitiv, el dativ, l'accusativ, et
l'ablativ III   20 A. ayço devetz ♄ aisso II == aiso III == deves I II devez III
21 grammatica fai I II — IV g. III == cinch g. ♄ II   22. 23 == s. m. f. n.
comus II s. masculi, femeni, neutre, comu ♄ — s. los m., els f., els n., et los
comuns III — f. et n. et es comun I — == et omne ♄ et omnis II   23 ==
Mas en I II III ♄   24 paraulas del mon III ♄   25 *bis* 29 == sustantivas e
ajectivas son, axi com eu vos ay dig desus, masculinas, femeninas, comunas, e
de llur eutendiment, de petitas en fora (*vgl.* 46) c'om pot a. ♄   27 de luns
e I de tals e. aissi III de lur entendemen II   28 desus. En petit us I En
petitas II; un petit nombre enfora III, las petitas enfora *Mey.*   30 de neutre
aycest s'alongon ♄ *Das folgende bis* 81, 22 *fehlen* ♄   30 el n. et el III
31 aissi III   32 == m'es I II III m'avetz III   33 e ... m'avetz u vil t. III
36 ℭ n'ai (*in der Hs. übergeschrieben*) eisemple II   37 ℭ neis *fehlt* II et des
feminins II   38 e 'cors' es   40 fai   41 ℭ masculins II   43 mon III   45 et
de luns I o de tals III o de lur entendemen II   46 *Wie ich Mey.* — Romans.
D'aqest I II r.; dals dos III

74, 1 f. (so es a saber nominativ et vocativ singular) que III — ieu vos
I II III — que posson esser neutris III — ℭ fora II   4 d. el II   7 et el v.
s. II   10 totas ... mont   12 cellas   14 ℭ s'alongan II   17 sabers el n. et
el vocativ III   18 g. el d.   19 ℭ qui II   20 ℭ aquest II   21 s. el g.

23 ₢ oblics singulars et a. v. l'oblics   25 'cavals' non 'cavalier, caval' III
26 ₢ cavals l'oblics II   28 ₢ cavals II   31 ₢ aquist   33 e per aiso si homs d.
III lo cavalier I II III — ₢ diz 'lo c. es vengutz II   34 m. mi fes lo I II
m. me fetz lo III o 'bon me III ₢ — ₢ fetz .... sap II   35 l'escut I II III
36 *Lies:* nominatin I III *Mo.* (= *Collation Molteni s. Nachtrag*) singular
fehlt III se III   37 d.; et en aissi homs dir den III per us: 'pus — ₢ diria II
38 lo cavaliers es vengutz III — lo cavalier — ₢ uolria II   39. 40 fetz lo
cavals' o 'bon me sap l'escutz' III   40 ₢ gut .. peire II   41 *Lies:* sitot
Mo. Mey. — ₢ mout II *es ist der Anfang von B. G.* 364, 29 *gedr. B. P. S.* 5
42 dis en m. luecs   43 ₢ mes bon et bel II   44 bon   45 = Autresi I II
44. 45 ₢ neutris II

75,3 con   4. 5 *fehlen* I II   4 e li III   5 com III   6 eu   8 *Lies:* sen-
blan I *Mo.*   9 menat I II e lors chantars s. n. II   13 *Lies:* desleuir *Mo.* des-
len I II = leu   14 que non an   15 qe l'an   16 drecha   17 lo g. II   21 lo g.
23 mon; mas I II mas, per *Mey.*   25 *bis* 29 n. s'a., ni li nominativ et vocativ
plural non s'abrevion, mas p. c. qe an l. d. p., aissi, per ensenhamen de cels qe
non l'an, ieu en darai eisemples dels trobadors aissi con es de sobre ditz III
26. 28 *Lies* dreccha *Mo.*   29 dura vos voil donar aital semblanza II   30 Venta-
dorn III   31 *Lies:* dieis 'Bien sescai' *Mo.* = a d. a. *Mey.* — s. *B. G.* 70, 1
Z. 1 *der Cobla* 3 (𝔄𝔅𝔗𝔍𝔎) *oder* 4 (𝔐𝔏a) 5 (𝔏𝔜𝔅𝔖𝔘𝔅) 7 (₢) *noch er-*
halten in β, *wird aber nicht geboten von* 𝔉𝔊𝔗𝔅𝔛. *Zunächst steht die Lesart*
von 𝔏𝔏aβ: Ben s'eschai a d. a., *dann die von* 𝔅: Ben eschai a d. a., *dann*
die von 𝔄𝔅₢𝔗𝔍𝔎𝔑: Ben estai a. d. a., *am entferntesten die von* 𝔐𝔓𝔖𝔘:
Ben coven a d. a.   33 = cors s. *ebenfalls B. G.* 70, 1 *Z.* 1 *der Cobla* 4 (₢)
oder 6 (𝔊𝔏𝔐𝔏𝔗𝔘) 7 (𝔄𝔅𝔇𝔍𝔎𝔓𝔑𝔖𝔅a), *sonst noch* a. *Zunächst steht*
die Lesart 𝔊a: Bona domna v. cors g., *dann die von* 𝔏𝔎𝔘𝔅: Bona donnal
v. cors g. *Die andern bieten* Bella d. (dompnal 𝔓a) v. cors g.   34 Leidier
35. 37 *s. B. G.* 234, 7   37 = cals ses — le c. I   39 *Lies:* Et *Mo. s. B. G.*
242, 58 *Z.* 1. 2 *der Cobla* 5 (𝔄𝔅𝔗𝔘𝔓) 7 (a) *Unser Text stimmt zu* 𝔘𝔅a,
während 𝔄𝔅 nois part lafams, 𝔇 E. p. d. maltraich nom part l. *bieten* — E
pus .... l'afans II pois .... la faus I   40 Et II — cals   41 tuit a. f. n s.
II — n. f. nominativ s. III   43 vocativs singulars alongatz. En Unguet III
44. 45 = E vos, d. p. franch' e de b. a. *Mey. Dichter und Lied, dem diese*
Zeile angehört, unbekannt.   45 franca et III   46 *Lies:* luec *Mo.*

76, 1 *fehlt* I II   1. 2 *Welchem Dichter und Lied diese* 3 *Zeilen an-*
gehören, ist ebenfalls unbekannt.   2 *Lies:* presanz *Mo.* prezanz — ₢ ans c.
presans II   4 s'abrevion   5. 6 dis 'li ... e B. de Bornz diz II *aus* ₢ s. *B. G.*
70. 6 *Z.* 1 *der Cobl.* 6 (𝔄𝔅𝔗𝔊𝔊𝔍𝔎𝔐𝔏𝔎) 5 (₢𝔖𝔅f) 4 (𝔇 [anonym] a). *Wie*
hier 𝔅₢𝔊𝔍𝔎𝔇𝔖𝔅af; Li sieu fals huoill t. 𝔄₢₢; Seu fals oilg t. 𝔇; Li
(Mas) sici hucilh galiador 𝔐𝔎   7 s. *B.G.* 80, 34, *fehlt* 𝔄𝔇𝔉, *es entspricht:* Una
ren sapehon Breton Norman *R. Ch.* IV 180 *Cobl.* 6 *Z.* 1 (*aus* ₢? *sonst* 𝔍𝔎𝔐𝔗)
9 s. *B. G.* 242, 45 *Cobl.* 6   10 Pois vos II donarai III II   10. 11 del vocativ
plural abreviat III   13 conselhatz III = Aram c. ₢ s. *B. G.* 70, 6. *Wie*
unser ₢ *lesen:* 𝔄𝔅𝔇𝔊𝔊𝔍𝔎𝔐𝔏𝔒𝔖a, *isolierte Lesarten bieten* ₢𝔎𝔅f   19 =
los I II   20 malvaz   22 = las I II   26 = de f. ₢ *Mey.*   28 *bis* 31 ₢

ninas i a de d. manieras l. u. que f. en a enaisi c. 'dompna poma' e mantas
a. d'a. semblan II 31 bella, blancha, poma' et II — *Lies:* e m. 32 p.
d'aquest semblan. Las antras f. en II 34 Ꙅ et mantas II 38 fenisson II

77, 8 singular III 9 drecha I II III 10 a. en aissi en d. III 11 un
semblan III *Lies:* senblan I *Mo.* 16. 17 En F .... cor plagues .... II *aus* Ꙅ
s. *B. G.* 155, 18 18 s. *B. G.* 30, 23 19 destrenhetz, dona — *Lies:* destregnes
25 *Lies:* vos *Mo.* 28 *Lies:* con *Mo.* 29 gris, vis II las nas res I *Lies:* las
nas ras *Mo.* las, nas, vas, cas, ras, solatz, bratz, glatz, res II *Il est impossible
que le grammairien ait admis* res *parmi les mots qui ont* s *fixe à la finale;
il faut sans doute mettre à la place* ros, *que Faidit, il est vrai, ne comprend
pas dans la série, mais que les* Leys II 158 *n'ont pas négligé de citer Tob.* 347
— mais les Leys *confirment ici, loin de le contredire, le témoignage de Raimon
Vidal (d. h. nach* II) Voy. II p. 180 *Chab.* 140 31 *Au lieu du mot inconnu*
gems *il faudra écrire, d'accord avec Faidit,* fems, *dont l's fixe de même que
les dérivés du vieux français* fimbrier, fembroy *et le verbe* fembrer *supposent
une déclinaison* fimus, femoris *Tob. —* fals, lus *(peut-être faut il lire* fus, *par-
ceque* lus = lundi *ne se rencontre guère au pluriel et, si l'auteur avait trouvé
bon de le citer, il n'aurait pas manqué de l'accompagner des autres jours de la
semaine en* s. s. 59ª, 46 *Tob.* 346 *On pourrait ici corriger soit* jus *soit* fus *Chab.* 140).
us, reclus, c. (*Il faut le remplacer par* conclus *Tob.*), claus, repaus, ars II
32 sp., vers, travers, convers, II 33 *Lies:* propris *Mo.* 34 Paris, Peiteus,
Angeus, Pais II — *Au lieu de* Pais *il faudra écrire* Paris, *le considérant ici
comme nom de personne, tandisqu'au commencement de la série établie par R.
Vidal, il doit être pris comme nom de lieu, cf. Donat.* 8, 17 *Tob.* 347. *Nach
Z. 33 sollten eher die Personennamen voran stehen.* 35 et m. 36 cl. c. 41
Lies: avinemenz *Mo.* 42 ballairitz II — et — = totas I II

78, 3 fai 6 mi fai g. — *Man beachte, dass es sich hier um Accusative
bei reflexiven Verben handelt.* 8 et totz aqels 10 sapchatz *bis* 12 'totz' *aus*
Ꙅ *in* II 13 = singulars Ꙅ II 14 *Lies:* et en 14. 15 el nominatius el
vacatius plurals ditz 'tut' II 18 S. d. cissamen qe II paraulas y a III
19 homs aissi III 20 del *ist nach* Ꙅ *zu streichen oder durch* lo *zu ersetzen —*
nomen I nom III II 20. 21 s. los en nominatiu I s. en nominatiu II s. los
infinitivs III — *Galvanis Emendation wird im wesentlichen durch* Ꙅ *bestätigt,
denn die sinnlose Lesart* Ꙅ le feminins *ist durch den Abschreiber mit der Z. 30
ebenfalls sinnlosen* enfenitiu *vertauscht worden.* 21 aissi III — qui 22 mi
— 'm. m'es l'anars', et III 23 *plutôt* bom sap *Mey. —* bon me sap lo v. III
24 c. li nom m. II 30 Ꙅ s. 20 31 feminin 32 feneissen 38 vocatiu
bis 39 feminin *aus* Ꙅ *in* II 40 le chavals — Ꙅ con II 41 Ꙅ plasentz c. II
45 *Lies:* sapchauts *Mo.* Ꙅ que h. dis II 46 Ꙅ e 'un' II

79, 2 Ꙅ e el u. e els a. II 3 Ꙅ dis hom II 4 = totz Ꙅ 5 Ꙅ Veramen II
6 *Lies:* totz dnna I *Mo.* 7 Ꙅ quatre cent II 8 Ꙅ hom II 9 Ꙅ et nur
ein *Mal* II 12 Ꙅ qatre centz libras II *Die Abkürzung der* IIs. *bedeutet aller-
dings* libras 15 en c. cas d'una S, remanen totavia d'un semblan: ara us III
17 = qe I II dessemblan son II qe d'un semblan son el n. III 18 et el v.

singulars, e d'un autre en totz los a. cas III — a totz 19 Primeiramen us
d. III 20 *Lies:* la f. *Mo.* 21 *Lies:* singular *Mo.* 22 garza 23 totz
31 Bos, bailes = bous, bars, bailes — Ebles 1 Nebles, fels, laires II 32 *Lies:*
Breses I *Mo.* Gases, glotz, gars, C., Ues II 33 = Guis I II 34 = B., Odes,
catz, Esteues, Naimes 34. 35 Berniers, dos, catz et en tot II 38 = baron (5
fehlt 1 II — Eblon I 39 felon, lairon, Gascon, gloton, garson II 41 (5 =
Odon, Naimon s. 79, 34; 68, 23 42 don, chaton I II = Odon, caton
45 = peirons, bozons, barons 46 Eblons I II Bretous *fehlt* II

80, 1 castons I II = Gascons — Per so can *Mey.* Et per so, can tro-
baretz III 2 guizas III 3 = serear totz I II III los cas, et en aquists cas
en trobaretz la razon III 4 Estiers aquestas II 6 *bis* 9 = s. d. hom 'senhers,
c.. u.. c.. homs, nepz, abas, pastres, prestres, clergues, maz' 7 *bis* 9 pastres,
s.. c.. v., enfas, prestres, h., c., mazos' II 12 *bis* 14 p. devon dir: 'bot, abat,
pastor, seguor' c., v., e., preveire, h., clergue, mazon II 14 pater *fehlt* I =
pastor, preucire, clergue, mazon' 17 p. deu hom dire: 'botz, abbatz, pastors,
s., c., vescontes, enfantz, preveires, homes, clergues, mazons'. A. II 18 trobatz
22 nomeus I nomes II noms III 23 verbals sapchatz que i a II maneiras,
aissi III 25. 26 en aissi com: 'jauzires' et en aissi com III 27 u., tondeires' II =
deuineires III 28 *bis* 30 Aquest et t. li autres d. maneira, qe y en a moltz,
et qe en aissi ditz homs êl n. III 29 motz si d. II 31 *bis* 33 singulars,
d'autre semblan los ditz êl ge. III 32. 33 et a. d. s. *fehlen* II 34. 35 et êl
a. et êl a. singulars III 36. 37 plurals; so es a saber: 'emperador, chautador,
violador'; et 'jauzidor'; et 'entendedor, validor, devinador' III 39 et en lacusatiu
fehlen I II et êl a. et êl a. III 40 plurals III *Lies:* enperadors *Mo.* 41. 42 e.
ecc. en aissi c. li masculin III e. 'et totz los autres d'aquesta maneira' II
43 = Aissi .... qis (5 II

81, 1. 2 sia masculis o femenis 'maiers II 3 meillers 4 sordeiers =
piegers II pejers *Gal.* 8 peior II pejor *Gal.* (s. 86, 8) 9 Mas per .... ieu
us vuelh III — vuele I 9. 10 P. s. qe derrier voil p. del v. II 10 tot denan *fehlen*
I II tot denan v. d. de las III 11 pronomen I pronom, aissi com se d. III con se d. II
13. 14 hom 'els, cels, aqels, aquestz, autres, aicels, cestz, lor, mos II homs: 'aqests,
aqels, cels, els, autres, autres, mos III 14. 15 cest, mot' et en I 16. 17 sin-
gulars: 'lui, celui, cestui, aqest, altrui' II s. d. homs: aqest, aqel, cestui, l., a.,
mon, sou' III 18. 19 plurals d. homs: 'aquill, aquist, cill, ill, autre, m. s'.
III 21 22 hom 'els, cels, l., aqels, aqest, a., a., c., l., m., tos, s. II homs:
'aqels, aqestes, cels, lors, autres, mos, sos' III 23 *Hier beginnt* ♅ *von neuem*
(= Rom. VI S. 349) araus d. ♅ 24 f. E dich que en lo n. ♅ 25 *bis* 27 =
(5 e en lo vocatiu singular d. h. 'eylla' ♅ 27 homs III 28 ceylla, aquesta,
altra, cesta' ♅ = aquesta, cesta, la (5 28. 29 aqesta, aqella, cella, autra, ta,
ma, sa' III 29 *bis* 31 e en los autres cases singulars dits hom 'ley, celluy,
altra, altruy, aquista, cesta, cestuy' ♅ *ähnlich* (5 32 et en I II III 33 homs:
'ellas, aqestas, aqellas, cellas, autras, tas, mas, sas' III 'ellas, cellas, aquestas,
cestas, las, mas, sas, autras' II 'eylas, ceylas, altras, altruys, aquistas, cestas,
las, mas, sas' ♅ = (5 34 *Lies:* Aqestas *Mo.* I II Et aqestas paraulas s. c. q.
homs III 34. 35 *Cette phrase me parait aller directement contre la pensée de*

l'auteur. *Je proposerais donc l'intercalation de* [non] *avant:* dis *Mey.* Die
richtige Lesart ist: Aquestes son les paraules que hom ditz totas vegadas
en tots lochs: 'eu, me, te, se, tu, nos, vos' ℌ 35 totz locs I II lnccs III, 36 =
les altres paraules ℌ pronom possessiv masculinas III   37 ço es saber 'meus ℌ
38 nostres vostres III ℌ s'alongon e s. ℌ et se alongan et abrevian se III
39 *Lies:* aisi *Mo.* masculin 1 II III   39. 40 axi com dels noms masculins.
Las f. ço es a saber 'meua ℌ   41 vestra, nostra, vestrada, nostrada' s'alongon
e ℌ alongan se III   42 en aissi III los femenins ℌ   43 nome II nom III ℌ
44 Ab aiso III — ℭ En aisi II   44. 45 qu'eu vos ay dig p. ℌ   45 *Lies:* podes
Mo. podez III   46 ne en qual manera se menon ℌ homs III

82, 1 nom ... pronom III ℌ participi III   2 p. alongan si et abrevian
I II ad alongamen et ad a. III = en allongament e en abrcugamcnt; e en sem-
blantz ℌ   3 = araus III ℭ — vos p. ara d. ℌ p. breumen d. III — ℭ Ara
vos II   4 adverb I II de la conjunctio III   4. 5 e de la preposicio e de la
interjeccio ℌ III   5 *Lies:* propositiu *Mo.*   6 = pot I II   6. 7 E sapies que
p. hi ha d. a. que h. pot dir l. e b. ℌ   8 segon *fehlt* I   8 que hauras m.
ℌ = que n'aura m. II ℭ, *streiche:* ditz hom *mit* II *nach* ℭ ℌ   9 mai o mais
I II mays o may ℌ als al II *fehlcn* I als ℌ = als o al — alliors, aillor, lonja-
menz e lonjamen II (*nach* ℭ)   9 *bis* 12 Die o *fehlen* ℌ   12 Et autressi dizon
II homs III   13 = totas cellas d. m. II totes aquelles ℌ maneira III
maneyra ℌ   14 l. p. de la coniunctio III E las antres paraules del adverbi ℌ
= Las autras p. del adverbi ℭ II   15 e totas aquellas del conjunctiu ℌ e
de la conjunctio II e de la preposicio e de la interjeccio, ℌ III II   16 e *zu
streichen nach* ℌ ℭ pot I III   16. 17 hom prim las deu ben esgardar II =
hom prims las deu ben gardar ℌ   18 homs III guiza I II III   20 primeyra ℌ
primeira III primiera   21 hom ℌ I II homs III   21 *bis* 26 = 'suy', en la
terça persona del plural ditz hom 'so', axi com qui volia dir 'eu suy beylls' o
,aquell so beyl'. E p. ço ℌ   22 ℭ sui e II   23 terza 'es' II t. ditz hom 'es'.
En la primeira III   24 homs III   25 segonda 'etz' et III   26 homs 'son' III
27 d'aquestas III d'estas ℌ = duaz p. ℌ   28 trobador III ℌ   28. 29 la una
persona per altra ℌ   29 ℭ la una en l. de l'autra II   30 Autras *fehlt* ℬ I III
Mo. Atressi hi ha autres paraules de v. ℌ   31 = ℭ II en que li p. d. t.
han f. ℌ   42 estrai *fehlt* ℌ   33 ritrai III rescre I — retray, tre (*l.* cre), retre
(*l.* recrc) meynscre, ℌ   34 = d. parti III ℌ trahi II ℌ vi'. Et per III
35 = aquestes tres paraules ℌ tres *fehlt* III   36 an f., com ieu us ai ditz,
los p. III li plussor ℌ = li plus ℭ   37. 38 parlar vos n'ay, per xastiar los t.
ℌ   39 devetz — = qe I II   39. 40 E devetz saber que 'estray, t., a.,
retray' ℌ   40 = estray r. I II   41 ℭ persona del singular e II   42 las ℌ
43 aissi I — ℭ eu retrai II   44. 45. 46 aquels III   45. 46 o *fehlt* ℌ   46 aquell
se tray de ço ℌ

83, 1 que havia promes, a. ℌ o aquels III   2 bien III als seus (sicus)
ℌ III — ℭ novas II   3 p. deu hom dir ℌ   4. 5. 6 o *fehlt* ℌ   5. 6 de ço queus
havia promes ℌ   7 a mas ℌ   8. 9. On en Bernat de Ventador fallich, en
axi que mes ℌ   10 la p. II III en d. seus c. II   10. 11 En aquell qui dig:
Er cant ℌ   11 comensa III s. *B. G.* 70, 25 *in* 𝔄𝔅ℭ𝔇𝔊ℑℜ𝔏𝔓ℭℭ𝔗a *steh*

Lanqan; *in der Hs. zu Sarr.*: an can, in 𝔐𝔑: Lai qan, *nur in* 𝔅 *wie hier:* Er can 12 E l'autre comensa III = e atressi en aquell qui dix 𝔥 13 Ara l II Eras 𝔥 = luzir soleyl 𝔥 I II *s. B. G.* 70, 7 *in* 𝔄𝔅𝔇𝔈𝔉𝔍𝔎𝔒 *und der Hs. zu Sarr.* steht Ara, *in* 𝔊𝔐𝔅𝔖𝔚a: Era, *in* 𝔈𝔑: Eras; *ferner* luzer *in* 𝔏𝔒𝔅𝔖 *sonst* luzir (*In* 𝔅, *welche Hs. nach B. G. das Gedicht ebenfalls enthalten soll, ist es nicht zu finden*). 14 premier chantar f. la falha III c. falli 𝔥 15 = en aquella c.: Escontra (*in Meyers Druck ist* Es *zu der irrthümlich auch hierher- gerathenen Zeile 21* 'Ja bis marauell' *gezogen und mit* maravell *verbunden*) lo d. 𝔥. *Die Lesart:* Escontral *begegnet noch* 𝔏𝔅𝔖 Escontra 𝔊 Gies contral 𝔗 Encontral 𝔄𝔅𝔊𝔈𝔑. *Die Hss.* 𝔍𝔎𝔐𝔈𝔅a *haben die Cobla, deren zwei Anfangszeilen hier vor- liegen, gar nicht. In den übrigen Hss. ist diese Cobla die siebente (in* 𝔈 *die sechste) und Schlusscobla.* 17 aisi atrai *fehlen* I II = Axi dix 'tray' e d. dir 'trach' 𝔥 18 *bis* 19 'trac' *fehlen* 𝔥 *wie* 𝔈 *und sind zu streichen.* 18 dicis I II dis III 19 homs III 19. 20 = E en l'altre fallic en aquella c. que 𝔥 20 chantar falha III 21 *Anstatt* Ja *lesen* 𝔏𝔅𝔑𝔖a Ges (Jes 𝔑) *und* 𝔒 *hat:* Dama de uos m. 22 prec *findet sich nur noch in* 𝔐, *die Hss.* 𝔈𝔒 *bieten:* Sel (Si) qer samor ne (neil) dic qem bai (lai), 𝔑: Sieu li quier samor ni qem bai, *die andern:* Sil (𝔈 Sielh) quier q. d. s. n. bai 23 n. vay 𝔥 = n. bai — foldat q'ieu I II 𝔈 — fealdatz quem retray 𝔥. *Statt* contra *lesen* 𝔐𝔑: segon, *statt* qieu 𝔅𝔖 *wie unser* 𝔥: qem, 𝔐: qom, 𝔈: qieulh, 𝔒a: qel (qeil). *Es sind die drei ersten Zeilen von Cobla 6* (𝔊𝔍𝔎𝔐𝔅𝔒𝔖 *Cobl.* 5, 𝔜 *Cobl.* 7) 24 E d. dire 'r.' II 24 *bis* 27 Perque aço es mal dit. E atressi dir 𝔥 Car a. d. dir 'retrac', per so qe 'retrai' es de la terza persona, et non de la prima: com autressi mal er dig: III 28 'leu I II III = 'eu 𝔥 28 o *bis* 30 *fehlen* 𝔥 o 'aquels retrac u. s. w. III 29 d. aqel: 'Retrac I II 31 pot 31. 32 E per aventura mant hom dira no pogra 𝔥 32 d. en, com I d. com II 33. 34 = = deu 𝔥 *Lies:* qel trobares *Mo.* = que ell 𝔥 36 = c. paraules en ay que 𝔥 37 = fossen biaxades 𝔥 fossan biaisas — ni falsades 𝔥 38 = cas. Que 's'estray, atray' 𝔥 cas. 'Estrai e atrai II 38. 39 Apres vos devetz asaber qe, en aquella III 39 ditz hom en 𝔥 aquella g. mezeissa II mezeis I 41 A aitan I p. de l' II indicatiu 43 s. 'cre' III 𝔥 descre, meynscre' 𝔥 et 'mescre' et 'recre' et 'descre' III 44 e en la 𝔥 et qe en la III 45 'c., d., m.' 𝔥 homs 'c.' et 'm.' et 'd.' III 46 E ayta mal estay qui diu 'eu cre' o 'aquell crey' a la nostra parladura 𝔥 diz I per so qe aitan mal es qi d.: 'aqels c.' III mal diria qi dizia 'eu cre' com qi dizia 'a. crei' II

84, 1. 2 com qui desiu 'eu ve, aquell vey m'amia' 𝔥 2 car en la primera p. 𝔥 2. 3 vei'. Et aissi diz hom 'Eu vei, tu vez, aqel ve' II 3 e en la 𝔥 4 *bis* 7 a. ditz hom en la primera 'crey' e en la terça ditz hom 'cre' 𝔥 7 = si deuon 7. 8 ditz hom de 'totz los autres 𝔥 9 On en Guerau de B. 𝔥 = Guirautz de B. III 10 en la sua b. 𝔥 11 comensa III Genannte Sens f. Un xan vallen 𝔥 = maten S. faillimen I II *s. B. G.* 212, 34. *Sämmtliche Hss.* 𝔄 20 𝔅 26 (*M. G.* 1390) 𝔊 9 (*M. G.* 833) 𝔇 12e 𝔍 21ᵇ 𝔐 6 (*M. G.* 834) 𝔒 83e 𝔑 71 𝔘 8ᵇ 𝔅 68ᵇ *haben:* Gen maten u. s. w., *nur* a 16 *hat:* Ben maten 12 aquella III 𝔥 13 De no M'en vau m. 𝔥 De noen mi vau I II Don eu me vaue em ten III = Den non en. M'en vau m. *Es ist der Anfang von Cobla* 3 (Cobla 4 in a, *mir nicht zur Hand:* ℑℜℜ). *Die Hss.* 𝔄𝔅𝔒𝔅 *lesen.* Den non en, (ℭa: Den no uen, 𝔇: De noen, 𝔘: Ben non en; — Men vau m. 𝔘. *Die anderen Hss.:* Mi vau m. (Ni vau m. 𝔄 *nach Arch.* 33, 325, *M. G.* 825. *aber Lesefehler Grützmachers,* ℭ. *mir nicht mehr zur Hand). Im übrigen stimmen alle Hss., deren Text mir vorliegt, zur Lesart Raimon Vidals, nur liest* 𝔅: Mantenguda *und* 𝔘: Dont cre *für* Ben cre   14 En burda Mantenguda 𝔥 Mentauguda III   15 Quen tray Vos tayl assay 𝔥   16 'Qa *bis* cre' *fehlen* 𝔩 Que a 𝔥 Qar la II Que la III Et en aissi aquest III   17 = 'cre', que es 𝔥 III 'cre' q'es II   17 *bis* 19 p. pausa ell per la primeyra, per que fallich malamen 𝔥 18 el *fehlt* I II = on I II III homs d. dir III   20 ne b. II blasmerai III m'en 𝔥 = blasmi 𝔥 = En P. II 𝔥   21 qui dix 𝔥 qi diz II ditz III dicis I — *Lies:* a la – Ezenam (= Ez eu am) la con la mia fe 𝔥 = Et am la t. que a la mia fe .. *s. B. G.* 366, 21 *Cobl.* 3 (𝔇𝔥) *oder* 4 (𝔅𝔏 𝔓𝔖𝔅a) *sonst noch* 𝔉 102 (*mir nicht zur Hand:* 𝔄ℭ𝔇c ℑℜℜ𝔐ℜ𝔗). *Mit unserer Lesart identisch ist* a 175; 𝔉𝔥𝔅 *lesen:* Q'a la mia fe *und ebenso* 𝔓𝔖 *wiewohl sie den Anfang der Zeile wie* 𝔇 *bieten:* Et eu lam tant, *während* 𝔇 *wie* 𝔅𝔏 *fortführt:* Qe a la mia fe, 𝔅𝔏 *beginnen:* Et am la tan. *Die zweite Zeile stimmt zu unserem Text in* 𝔉𝔥𝔏𝔅a; 𝔓𝔖 *lesen:* ia mi meteis, 𝔅: mi mezeis eu non cre, 𝔇: mi meesme non cre   22 Qan — *Lies:* ges   23 mezeis I II — mon cre' 𝔩   25 = Et En B. III E en Bernat de Ventadorn 𝔥   26 qui dix 𝔥 ditz III dicis — *s.* 70, 43 *Z.* 7 *der dritten (in* ℭℜ𝔘 *der vierten) Cobla* (𝔉𝔅𝔛c *fehlt dieselbe). In* 𝔄𝔒𝔏𝔐𝔒𝔅𝔒ℭ 𝔘𝔅a *identisch mit unserem Texte, in* ℭℑℜℜℜ: Totas las autras en (ne ℭℜ) m.   27 meynsere 𝔥 E degra dir 'mescrei'; e en a. l. II E en autre l. III   28 on dix 𝔥 ditz III dicis — E p. p. 𝔥 *s.* 70, 41 *Z.* 4 *der Cobla* 4 (𝔄𝔅𝔇ℭ𝔊.𝔓𝔖ℜ) *oder* 5 (ℑℜℜ𝔅) *oder* 6 (ℭ𝔐𝔒a) *oder* 3 (𝔒𝔘f); *die Cobla fehlt* 𝔇c 𝔉u. *Raimon Vidals Lesart (nach unserem* ℭ) *bieten* ℑℜℜℭ.ℜaf: Que per pauc *u. s. w.,* *am nächsten stehen* ℭ𝔐𝔘: Qua per pauc de *u. s. w.,* 𝔅 *bietet:* A pou de ioi nom r., 𝔄𝔅𝔇 ℭ𝔊𝔒𝔓𝔖: Per pauc uius de *u. s. w.,* 𝔒: Per uiu de ioia nom r.   29. 30 'recre' E degra dir 'recrei', qar tut a. II   30 Tut   30 *bis* 35 A tuyt aquest 'cre' devon dir 'crey, meynscrey, recrey'; perque tuy aquist an fallit en aco 𝔥   32 il   36 Atressi te dich que sofri, f., trahi, vi, noyri 𝔥 'suffri .. nori' = A. 'parti, s., f., traï, noiri' III   37 e t. aquellas d'aquesta 𝔥 maneira III = natura 𝔥   38 del present temps e del 𝔥 del preterit perteg III   39 primeira III   40 = terça persona 𝔥   41 homs III 'prench (*l.* partich), soffric, ferich, grazich (*l.* trazich), vich' 𝔥 = 'p., sufric. f., t., noiric' III   42 y f. III iffailli 𝔩   42 *bis* 44 i faillic en una sua canson que ditz II Don en Folques fallich qui dix 𝔥   43 dis III dicis 𝔩   44 aqela chanson qe comensa III Aran (*l.* A cau) 𝔥 *s. B. G.* 155, 3 *Die Liederhss.-Texte* 𝔓𝔒 𝔩a 𝔘𝔅a (*in* cc 14) c 6c *stimmen im wesentlichen zu unserer Lesart. Die Texte* ℭ𝔇c.𝔊ℑℜ𝔐ℜ𝔒 *sind mir nicht zur Hand.* 45 gens veus, en abtant (*l. g.* vens. ez ab cant) pauch d'afayn 𝔥 — cant   46 = en aquella cobla 𝔥 en aqela c. III en aqella c.

    85, 1 Que aura mays aytan de 𝔥 *Diese Lesart stimmt zu der von unserem* ℭ, *wird aber von keinem der mir vorliegenden Texte der Liederhss.*

welche vielmehr alle die Lesart unserer Hs. ℬ *aufweisen, geboten s. Cobla* 4
ron 𝔄 (*Arch.* 51, 269) ℬ (*M. G.* 1238) 𝔇 𝔏ℬ (*Arch.* 49, 296) 𝔒.𝔘a (*in* c*) c,
Cobla 2 *ron* ℬ. *In der zweiten Zeile stimmen* 𝔘ℬac *zu unserer Lesart,* 𝔄ℬ𝔇ℭ
(𝔜𝔒 *mir nicht zur Hand*) *dagegen bieten:* Canc negus hom   2 Cant mays mils
si (*l.* Canc m. nuls.) ℌ   4 dis ilh III dicis   4 *bis* 6 es ditz en la t. p. per
'trasic', es hom en la primera p. ditz 'trasi' ℌ   5 homs … et sol en la III
6 primeira p. deu homs dir 'trai' III   8 maneira III = natura ℌ. et t. 1 II
= trac II ℌ   8 E *bis* 13 noiric *fehlen* III   9 per guiren II = en P. Vidal
que dix ℌ II dicis I   10 C'Aleysandres II C'Alexandris trasic (*Der Rest des*
Citates fehlt) ℌ *s. B. G.* 364, 13 *Mir liegen nur die Texte von* 𝔄𝔇ℭ𝔐cc *und*
die Varianten in Bartsch Ausgabe von Peire Vidal vor. Danach stimmen zur
Lesart Raimon Vidals nur 𝔐e. *Die andern Texte setzen* A mort *für* De m.,
𝔄𝔇ℭ (*Cobl.* 2, *in welcher sich eine zweite von Bartsch übersehene Recension*
unserer auch in Cobla 5 stehenden Zeilen befindet) c *bieten:* son seru, 𝔄𝔇ℭ (*Cobla* 2)
𝔍ℜℜ *ersetzen ausserdem* qu'enriquic *durch* quel trahic, *welche Lesart auch dem*
Schreiber der Vorlage unserer Hs. ℌ *vorgeschwebt haben mag.*   11 son II
sers 1 II quel traic II   12 = Daire   13 Et a. m. sera III   13. 14 Lo qual
dix be ço que dir devia, perque seria ayta mal dix 'aquell ℌ   14 hom I II
o 'auci' o ℌ   14 *bis* 17 'aquels vi un home' o 'ieu feric un home', con qi
dizia: 'ieu vic un home' o: 'aquels feri un home' III   15 hom   16 vich' o 'en
fisch (*corr.* ferich *Mey.*) ℌ   17 E a. matex faras de ℌ = Et a. ℭ   19 =
Assatz I II III podetz III Perque podeu assatz e. ℌ — ℭ p. ieu 𝔫   20 tans III
= probat que aytant (*l.* tant) bon trobador ℌ — ℭ et proat II   21 qe s son
III faillit, gardats — ℭ trobador *fehlt* II son II   21 *bis* 30 faillit com vos
devetz gardar dels malvatz, e com homs, qi volria cercar primamens, y poiria
tot' ora trobar de las paraulas mal dichas, senes q'ieu m'alongi en autras
causas del verb III — = hi son fallitz (*l.* fallit), li malvat en que y podon
errar. E qui be ho volrra entendre o esgardar primament, d'aquestz trobadors
meteys en trobara mays de malvadas paraulas qu'eu non ay dichas, e d'altres
mays qu'eu non sabria dir ne conexer, ne nulls homs primz per be conexem
que fos, si fortment no s'i trebellaba ℌ (*Hier und da, besonders am Schluss*
weicht ℭ *etwas ab*)   22 trobaria — ℭ malvag II   23 ℭ volria II   24 tro-
baria h. assatz 26 malvasas p. — ℭ hai II   31. 32 Et per so las …., car ieu
no las p. III   32 non las p. I II totas dir II no sabria dir totas aquellas ℌ
= no las poiria totas dir   33 afan dir, totz homs III   34 deu gardar be, ℌ
— ℭ prim II   34. 35 esgardar, et notar cant III e usar com auzira las gentz
p. ℌ = et uzar quant auzira las g. p.   35 las gents — ℭ qant II   36 d'a-
quella t., o d'aquelas qe III = d'aquellas terras, e que deman a aquells qui ℌ
38 si aquilh las gaston, notar deu on III = que esgar los bons trobadors
com ℌ   39 ℭ t. qan las H   40 no pot homs a. senes un g. III non pot
il us, si tot se sabeu l'art ℌ   43 = maior entendimen, ℌ   44 vueilh III
45 homs III = pot I II III ℌ   46 aissi com III 'leyal, cal, cau, vilan' ℌ

86, 1 cascu sino (*l.* fin' e) ℌ fin' qe III pot I II III ℌ homs III ben
fehlt ℌ   2 dir s'il v. III   2. 3 dir quant le leyal canço ℌ (*verstümmelter*
Text hier auch in ℭ)   3 E axi ℌ perqe en aissi encar las un III troba I

4 == mas li primier II 𝔥 4 *bis* 7 mas las primciranas son plus drechas, e las segondas mens III 5 = ço es ‘talen, leyal, canso‘ 𝔥 6 ‘Vilan sins‘ sufrens 𝔥 7 meyls laugerament 𝔥 m. abreviamen II == m. alongamen 8 Dit v. ay 𝔥 (*rgl.* 81, 6) 8. 9. Dir vos ai que li nom ‘mellior‘ et ‘pejor‘, cant son verb, deu dir homs ‘melhur‘ et ‘pejur‘ III 9 nomen I ‘mel‘ e ‘cera‘ (*le copiste a été trompé par la première syll. de* melhor *et par* era) *Mey.* — *Da hier wie Z. 1. auch* 𝔅𝔈 *stark verderbt sind, so ist die Annahme gerechtfertigt, dass hier das Original aller drei Hss., also wahrscheinlich die Originalhs. schadhaft oder unleserlich geworden war.* ‘peior‘; era us voill dir qe can sun verb, deu hom dir ‘meillur et peiur‘ II == ereus vull dir que cant son verb ditz hom ‘meylor, peyn‘ (*Lies:* ‘peior‘ *Mey.*) 𝔥 11 aissi III 16 = Lemozi 𝔥 16 *bis* 18 = terras qu’eu vos ay ditas, e que 𝔥 18 et que — la II — *Lies:* sapia I *Mo.* 𝔥 20. 21 == qu’eu vos ay ditz; e d. 𝔥 22 = que per n. 𝔥 23 metra I meta III II 𝔥 26 p. ni de son nominatiu ni de 𝔥 mod III 26. 27 ni de s. t. *fehlen* I 33 *Lies:* avinensz *Mo.* avinents 𝔥 avinentz 34 son cantar ne son romanç 𝔥 cantar 35 == biaxades 𝔥 *s. Diez E. W.* I biasciu 36 razon II 37 continuada … assegnada II 39 Aissi … Ventadorn III 39 *bis* 42 E, per exempli, axi com en Bernat de Ventadorn dix que tant 𝔥 40 las p. q. c. d. sieu ch. II las primeiras … cantar III 41 qe comensa III *s.* 70, 12 *Zunächst steht die Lesart* 𝔅: de sai vas, *dann* 𝔑 a: en lai ves, 𝔒: lai devei, 𝔇: lai ver *Die andern Hss.* 𝔄𝔈𝔇𝔇ᶜ𝔍𝔊𝔍𝔐𝔖 *lesen:* lai enves (𝔑 *fehlt die Anfangszeile*) 42 lais II 43 = a. si donz II a. si doms 𝔥 44 = podin II 𝔥 poiria I 45 partira 𝔥 = partiria I II == el ditz II ex dix 𝔥 46 Als altras son huy mays escazeguts (*Un conçoit que B. de Vent a dû dire* A las … escazutz *Mey.* aber auch 𝔍𝔑 haben escazegutz) *Es sind Z. 1. 2 der Cobla 5 (nur in* 𝔇 *Cobla* 6 *in* 𝔍 *fehlt die Cobla) Zunächst stehen für Z. 1* 𝔍𝔑: sui hom escazegutz, 𝔑𝔖𝔅: son oimais esçhautz, 𝔑: soi may huey escautz, 𝔇𝔊: sui eu chai eschasutz, 𝔐: sui eu si eschasutz, 𝔄: sui sai eschasutz, 𝔈𝔇ᶜ: sui aissi eschasutz, 𝔒: me sui si eschariç, 𝔇 a: De las a. sui si desescagutz (descalegutz). *Für Z. 2* 𝔅𝔑: Cascunam pot sis vol as sos ops traire (vol atraire), 𝔐𝔒: Que quals quis vol mi pot a son ops traire, 𝔍𝔑𝔑: Que cals si vol mi pot a sos ops t., 𝔄𝔈𝔇𝔇ᶜ𝔊𝔇𝔖a: La (Qe 𝔒a) cals (*fehlt* 𝔇) si vol mi pot vas (a 𝔇) si atraire (p. a sos ops traire 𝔈)

87, 1 Cascuna pot sis vol a sos 𝔥 pot I 3 E dir vos ai encar qe tut aquilh III Pois vos die qe tuit cil II == Et tuyt ceyll 𝔥 4 = e mey 𝔥 et moi I II moi III *Reime mit* amis *finden sich z. B. bei Bern. von Vent. (B. G. 70, 11 Cobl. 1) und bei Peire d’Alv. (B. G. 323, 23 Cobl. 8) Reime mit* moi *bei Bern. von Vent. (B. G. 70, 24)* 5 ‘me‘ an fallit II 5. 6 ‘me‘, e ‘mantener‘ e ‘retenir erenger‘ han fallit, can p. 𝔥 == e ‘mantenir‘ per ‘mantener‘ e ‘retenir‘ per ‘retener‘ II (*rgl. B. G.* 344, 3 *Cobl.* 2. 5) == an fallit car p. 6 tuit f. III 7 Franzesas III 7. 8 Franccesas son, no les 𝔥 8 *Lies:* no I II *Mo.* 9 homs III Limosinas III ab les lemozinas 𝔥 10 ni aquestas ni n. altras francesas 𝔥 — *Lies:* aqestas *Mo.* 10. 11 ni dir aqellas, ni neguna autra paraula biaissa, com III 11 dicis I II E de las paraules biaxades dix eu 𝔥 — 𝔈 daquestas p. biaisas II 12 Peires Vidals qe dis ‘g. III — *Lies:* uidals *Mo.* P. d’Alvergen 𝔥 = P. d’Alvergna 𝔈 13 == galics per Galesc? *s. B. G.* 323, 15 *Cobl.* 4 13 *bis* 15 'amich' per 'amichs', e 'xasti' per 'xastichs'; ez eu no crey ♄ 14 dicis III qe dis III et III — Ꞇ einen solchen Reim bietet Guill. Ademar (*B. G.* 202, 6) 15 = chastiu II III; *ein Reim* chastiu *ist mir aber bisher nicht aufgestossen; vgl.* castic *B. G.* 70, 24 — p. castic III   16 ben *fehlt* ♄ qe terra y sia III que terra sia ♄ = el mon hon hom diga aytals ♄   17 paraulas II = p., *mas el* comdat de Fores ♄   18 mas ges III   18 *bis* 21 E si be ço es, per un petit de terra no den hom acullir aytals paraulas ♄   19 homs .. p. ni biassas ni III — Ꞇ raimon II   20 m. d., e so no fara negns homs III   21 sotileza I II III — Ꞇ *s. B. G.* 355, 6, *ebenso* ☉ Ʒc, *wohl auch* ♄♭, *aber mir nicht zur Hand*   22 Ꞇ *Es sind die 2 Schlusszeilen von Cobla 2, welche in* Ʒc☉ *lauten:* El gai solaz el gent parlar nom (noil ☉) lais Mostrar (Mostra ☉) quls es acel (aiçel c) qe (qui ☉) sap chausir. *Der Vorwurf passt also nicht auf diese Lesart.*   22 Et I II III 22 *bis* 30 Ez eu no puch dir ges totas las paraulas malvadas, ne las rayzos, mas tant ne cuig dir, que totz homz prims quis vulla aprimar en aquest saber *folgen 10 anonyme Zeilen einer Canzone, welche Meyer 'paraissent bien peu dignes de Raimon Vidal et même de l'époque où il vivait':* Plazens plasers, tant vos am eus dezir Que res nom pot plazer ses vos nim platz. Pecar (*Cor.* Pecat) faretz doncs sim volets auzir, Pus als nom platz, nem (*Cor.* ni nom) pot abellir; Qu'eu fora richs sim dexasatz (*Cor.* denhessetz) sofrir Qu'eu vos pregas ans c'altrem (*Cor.* altram) fazes gay. Bem poriatz storcer (*Cor.* estorser) de morir Sol queu[s] plagues mos fis prechs retenir, E far semblan co m'en pogues jauzir; E sius volgues que altran volgues (*Cor.* altram valgues) may ♄ *Der Schluss von* ℬꞆ *fehlt* ♄   23 Ꞇ es a cel II   24 ni so que estat es mal dig III   25 ni totas las m. III   26 vazas razons II r. pos ieu asaber: pero III   27 crei eu a. d., et III dig en tant — Ꞇ chanson II   28 poiria I poira II III   29 et car tener aqest libre III aqest II 35. 36 *s. B. G.* 167, 18 *Es sind Z.* 1. 2 *con Cobla* 4. *Nur* 𝔐 *stimmt mit unserem Text, schreibt aber* uei .. mei; 𝔄ℬa *bieten:* Aissi sai e cre *u. s. w.,* 𝔇Ꞇ: Aital sai e cre, Ꞇ: Aital sai eu e cre. *In der zweiten Zeile bietet* ℬ: Ques, Ꞇ: cuia, 𝔇c 52 𝔐 364 *sind mir nicht zur Hand.*   36 Ꞇ que d. 'Aisi II   39. 40 Ꞇ con ieu uei'. (*Rest fehlt*) II.

88 ff. *Auf Verbesserung der zahlreichen Verstösse des Glossars verzichte ich, ebenso halte ich für unnöthig die Besserungsvorschläge Bartschs für den von ihm gedruckten Theil des Glossars (S.* 83—90¹, 2) *zu verzeichnen, noch weniger die Aenderungen, welche sich Galvani mit dem Texte erlaubte. Die beigesetzte Seiten- und Zeilenzahl wird genügend veranschaulichen, wie willkürlich Letzterer in der Anordnung der Worte verfuhr. Mit noch grösserer Willkür hat er die Textüberlieferung selbst entstellt. Im Wortverzeichniss sind die Worte des Glossars gleich mit den nöthigen Verbesserungen aufgeführt. Nur einige Druck- oder Lesefehler stelle ich hier zusammen. Mit Mo. deute ich auch dabei an, dass die Correctur von Molteni herrührt:* 89¹, 3 rechiamar *Mo.*   38 con trauallio *Mo.*   45 diuidere *Mo.*   89², 20 schirnito? *Mo.* 46 Eissart *Mo.*   90¹, 4 *Tilge:* (78ᵈ) *da die Spalte früher beginnt.*   24 con uento   26 gies *Mo.*   90², 18 mesauenuto   91¹, 27 meillurare *Mo.*   91², 5 sambuco.

Namenregister.

Abels 'Abel' 46,18.
Acs 'castrum, civitas' 7,39 Aics 'civitas'
    40, 36 s. Eis.
Adams 'Adam' 1, 11; 42, 12.
Agades 'Agatenses' 50, 38.
Aiols 'proprium nomen viri' 8,20; 54, 6.
Alvergna, Alverngna 70,7; 87, 12 s. Peire.
Amelha 'proprium nomen mulieris' 64,25.
Amons 'nomen viri' 55, 34.
Andreus 'Andreus' 51, 30.
Angles 'Anglicus, -ci' 7, 26; 50, 31.
Angueus ᘔ 77,34.
Anjavis 'Andegavensis' 52, 7.
Aragon, reis d' 72, 16.
Arlizandris, Auxandres 85, 10.
Arnautz, Arnault, n', de Merueill 77, 18.
Arpulins ᘔ 3, 16; 10, 5.
Artus 'proprium nomen viri' 8,39; 60,22.
Arveus 'Arveus' 51,31.
Assis 'civitas' 52, 2.
Austorcs 'proprium nomen viri' 56, 2.
Bautz, Baus, Baltz 'castrum' 7, 40; 41,43.
Becs 'proprium nomen viri' 45, 27.
Bedeires 'Biterrenses' 50,37.
Beirius 'provincia quedam' 53,45.
Bernartz, Bernat del Ventadorn 75, 30;
    76,5; 79,34; 83,8; 84,25; 86,39; 87,13.
Berniers obl. Bernison 79, 34, 41.
Bertrans de Botz 76, 6.
Bezers 'civitas Biterris' 8,11; 48, 25.
Bolonhes 'Bononienses' 50,44.
Bordales 'Burdigalenses' 50, 33.

Bordels 'civitas Burdigala' 46, 29.
Borneill, Bornel, Borneil s. Giraud.
Boves obl. Bovon 79, 33, 40.
Bretz 'proprium nomen' 50,25 Breses
    79,31 Bresses ('Brettone') 88,20 Breton
    obl. s.; n. pl. 79, 39 Bretons obl. pl.
    79, 45.
Brianzones 50, 40.
Burcs 'nomen civitatis' 59, 20.
Caersis 'Caturcensis' 52,11 Caersun ᘔ
    Caerci ᘔ 70,7.
Caims 'Caym' 51,42.
Cambrais 'civitas' 41,36.
Camleus 'Camleus' 51,29.
Campanes 'a Campania dicuntur' 50, 43.
Carcasses 'Carcassonnenses' 50,36.
Cardolhz 'nomen castri' 54,46.
Carles 79,32 Carlon obl. s. 70,40.
Catalas 'Catalanus' 45, 44.
Cecilias 'Siculus' 45, 2.
Cerberus 'janitor inferni' 8,40; 60, 19.
Clavais 'castellum' 8, 7 'castrum' 41,34.
Cremones 'Cremonenses' 50, 1.
Daires 85, 12.
Damis, Danis; sanc, san 'Sanctus
    Dionisius' 8, 16 Sang Danis 52,36.
Dedalus 'proprium nomen viri' 8, 36;
    60, 20.
Deisler s. Guillem.
Donatz ᘔ 1, 1.
Ebles, n' 79, 31 n'Eblon 79, 38 n'Eblos
    79, 46.

Aus nachstehend nach den Nummern in Bartsch Grundriss aufgeführten 20 Liedern werden in den Rasos Stellen citirt: 30, 23: S. 77, 18 — 70, 1: *S.* S. 75, 31, 33 — 70, 6: S. 76, 5, 13 — 70, 7: S. 83, 11 — 70, 25: S. 83, 13 — 70, 12: S. 86, 41, 46 — 70, 41: S. 84, 28 — 70, 43: S. 84, 26 — 80, 34: S. 76, 7 — 155, 3: S. 84, 44 — 155, 18: S. 77, 16 ℭ — 167, 18: S. 87, 35, 36 ℭ — 234, 7: *S.* 75, 35, 37 — 242, 34: S. 84, 11, 13 — 242, 45: S. 76, 9 — 242, 58: S. 75, 39 — 355, 6: S. 87, 20, 22 ℭ — 364, 13: S. 85, 10 — 364, 29: S. 74, 41 ℭ — 366, 21: S. 84, 21. *Nicht identifizirt sind die Citate auf S.* 75, 44; S. 76, 1.

Wortverzeichniss.

a 1) Endung 13, 14; 76, 30, 38; 78, 32
2) Ausruf 84, 28, 44; s. ai   3) Praep.
stets vor Cons. 4, 9; 20, 12; 38, 37; 77, 8;
84, 16, 21; 72, 13; 79, 5; 85, 12; 87, 1.
Vor Voc.: ad 16, 24; 67, 9; 72, 4; 83, 34.
Mit dem männl. Art.: al als 16, 13;
27, 33; 79, 17; 75, 15; 83, 7, 34 almenz
69, 8. Mit folg. Inf. 2, 20; 11, 34; 39, 41;
69, 13; 70, 31; 82, 37.

ab Praep. 1, 9; 5, 15; 9, 20; 72, 15, 25,
30, 37; 78, 38; 80, 45.

abacs 'abacus' 40, 17.

abadils 'ad abbatem pertinens' 51, 31.

abais 3 s. prs. c. 'demittere' 41, 9.

abastar 'sufficere' 28, 3.

abatutz 'prostratus' 59, 40.

abbas 'abbas' 45, 20; 80, 7 (abas); abbatz
G 80, 18. abat, abbat 80, 13.

abelha 'apis' 64, 16.

abelir 'pulchrum esse' 36, 7.

abetar 'decipere verbis' 23, 2.

ablatius 2, 40; 75, 18, 22 -tiu obl. 74, 19;
77, 5; 80, 10, 16.

abracs 2 s. prs. c. 'ad saniem venire'
40, 23.

abranea 3 s. prs. i. 'capere vimine'
(vi?) 64, 43.

abreviamen obl. s. 76, 22; 82, 2 (-nt.)

abreviar 75, 2 s' -revion 3 pl. prs. i.
75, 27 -evian B 76, 40; 78, 24,
28, 31, 43 -eugon G 81, 42 -evien B
75, 18 -viet 3 s. prt. G 76, 14. Mit
Obj. 73, 29; 77, 45; 86, 18. Ohne
Obj. 74, 2, 38, 41, 45. Reflex. 75, 1,
3, 27; 76, 4; 77, 4; 79, 8, 15.

abrics 1) 2 s. pr. c. 'protegere, operire'

51, 42.   2) 'locus sine vento, protectio'
51, 41 abric ('ventura ora'?) 88, 16.

abrils 'aprilis' 51, 21.

abriva ('abriviare') 88, 19.

abs Endung 40, 1.

absols 3 s. prt. 'absolvere' 23, 7.

abstener 'abstinere' 35, 22.

ac Endung 22, 22.

acabar ('acavezare') 88, 20. s. mesgabar.

acans 2 s. prs. c. 'in latus declinare' 42, 33.

acantela 3 s. prs. i. 'in latus declinare'
62, 13.

acenher inf. G 24, 31.

acesmat G assesmat B p. prt. 68, 1.

achomtans 'eloquens' 42, 22.

aclis 2 s. prs. c. 'inclinare' 52, 22.

acola 3 s. prs. i. 'amplecti ad collum,
63, 11 -lz 2 s. prs. c. 54, 16.

acompida ('anodata') 88, 21.

acorre 'succurrere, subvenire' 36, 5 -rs
3 s. prt. 56, 46.

acorsar 'ad cursum provocare' 28, 40.

acortz 1) 2 s. prs. c. 'concordare' 56, 40
2) 'concordia' 56, 39 s. descortz.

acropir 'super talos sedere, nodare' 36, 24
(agropir B); agrobs 2 s. prs. c. 53, 23
acrupitz p. prt. 52, 33.

acs Endung 40, 14.

actiu obl. s. G 17, 2.

acula 3 s. prs. i. 'culum ponere in
terra' 63, 42.

aculhir 'recipere aliquem benigne' 36, 30
(acuilhir B) acolhz 2 s. prs. i. 51, 33
-lha 3 s. prs. c. (aicolha B) 64, 11
-lhz p. prt. 54, 33; aculens p. prs. 47, 44.

acusatius, ucc- 2, 39; 3, 1 -tiu obl.
74, 19; 77, 5, 45; 80, 10, 16, 34.

adagar 'cquare, adaquare' 28, 16 s.
egals.

adautar 'valde placere' 28,14 s. aznut.

ademprar 'amicos rogare' 28, 34 ('pre-
gare amico') 88, 28.

aderms 2 s. prs. c. 'inhabitabilem
facere' 49, 14.

adertz, aertz 3 s. prs. i. 'adhaerere,
haerere; erigere, procurare' 49, 34,
36 aders, aers, adhers 3 s. prt. 22,
39; 48, 30,40 aders, aers p. prt. 8, 14;
48, 30, 39; 88, 23 adertz 49, 34 (?).

ades 1) 3 s. prs. c. 'tangere' 50, 6. 2) Adv.
'cito' 49, 41; 68, 23.

adesca 3 s. prs. i. 'inescare' 65, 24.

adirar 'odire, odio habere' 28, 7 -ra
3 s. prs. i. 61, 21 azirar (adirare)
88, 7.

adjectiu n. pl. 2, 13; 5, 13; 7,1; 78,34;
ajectiu ℭ 5, 5; 80, 43 ajectius obl.
pl. 𝔄 5, 24; adjectivas, aicctivas
71,44; 72, 18; 73,25; 71,26; 72, 15;
74, 5; 76, 38.

adonc, adoncs 'tunc' 38, 38 -ns ℭ 5,10.

adora 3 s. prs. i. 'adorare' 61,46.

adormitz 'sopitus' 52,26.

adorns 'aptus' 57, 16.

adouzilha, aduzilha 3 s. prs. i. 'spinam
in dolio mittere' 64, 42.

adrcitura 3 s. prs. i. 'justitiare' 60,18.

adrehtz 'aptus' 51, 4.

adverbes n. s. 𝔄 38,3; -bis ℭ 71,20;
-be 𝔄 1,6; -be obl. s. 𝔄 38,15; -bi
ℭ 38,15; 82,4,6,14; averbi 𝔅 71,20,
36; 82,4, 6 adverbe n. pl. 𝔄ℭ 38,32;
-bi ℭ 38, 17 auerbe 𝔅 38, 27, 32.

advers adj. n. s. m. ℭ 6, 46.

af Endung 40, 30.

afams 2 s. prs. c. 'fame constringerc'
42, 17.

afans 1) 2 s. prs. c. 'fatigarc' 42, 35
2) fatigatio' 42, 35; 75,39; obl. afan
84,45; 85, 33; affan 𝔅 85, 33.

afancs 2 s. prs. c. 'in luto intrare' 43, 1.

afars 'factum' 43,17.

afermamen, obl. s. 'affirmatio' 39, 4.

afiar, aff- 'securitatem dare, fide
jubere' 28, 10; 31, 13; afia 3 s. prs.
i. 65,24.

afica 3 s. prs. i. 'afirmare, vincere, co-
nari' 65, 34 -cs 2 s. prs. c. 51, 12.

afics 'vis' 51, 11.

afieblit ('enfievolito') 88,22 s. flebechir.

afila, affila 3 s. prs. i. 'acuere' 62, 45.

afilha 3 s. prs. i. 'adoptare in filium
vel in filiam' 64, 46.

aflihtz 'aflictus' 53, 7.

afogar 'ignem ponere' 31, 19.

afolar, affolar 'deteriorare, destruere'
31, 18; affolhar ('destrugere o con-
sumare') 88,17 afola, affola 3 s.prs. i.
63, 20.

afons, affons 2 s. prs. i. 'ad fundum
venire' 55, 7.

afrais 3 s. prt. 'humiliare, consolari'
23, 16 m'afraing ('m'abandona') 90,21.

afrancs 3 s. prs. c. 'mansuescere' 42,43.

afrihtz 'calidus amore' 53, 6.

agahtz 'insidie' 44, 27.

agola 3 s. prs. i. 'in gula mittere' 63, 25.

agradar 'placere' 28, 44.

agrums 'res acerba sicut fructus re-
centes, agrumen' 58, 40.

agulonar 'stiuiulare' 28,46 ago- 88, 29.

agura 3 s. prs. i. 'augurari' 60,27.

agurs 'augurium' 59, 2.

agutz 'acutus' 59,25.

ahtz, ahz Endung 44, 20.

ai 1) Endung ℭ 83, 34, 36. 2) Ausruf
ℭ 84,44 s. a.

aibitz 'morigeratus' 52, 23.

aicel 'ille' 9, 4,19. 26; 10,18; 69, 4 aicels
ℭ 81,14; obl. pl. m. aicels 𝔅 81, 22
acels ℭ 87, 23, 26; acella (aqella)
70, 5; acellas (aqellas) 71,30.

aicho 'hoc' 𝔄 12, 20; 39,26; aiço 𝔄 39,44.
aiso 𝔅 71,23; 73,34; 81,44; 87, 18
aisso ℭ 12,20; 71, 23; 72,34; 73,34;
74, 44; 78, 10 aysso ℭ 39,26 aizo 𝔅
39,26; ℭ 70,36; 82, 35 (so 𝔅) aiquo
𝔅 83,5; aco 𝔅 82,46.

aici 𝔄 aisi 𝔅 aissi ℭ Adv. 1) 'hic' 2,5,8;

39, 9; 71, 13; 81, 10. 2) 'ita' 8, 46;
74, 23. Synonym damit ist: enaisi,
enaissi, was jedoch im Donat nicht
vorkommt 68, 45; 69, 17 B 69, 9
(aissi C); C 82, 42 (aisi B). 3) Mit
folg. com 'sicut' 2, 7; 39, 39; 71, 12;
72, 16, 22, 27, 31. Ebenso: enaisi com
(in C aber ersetzt durch: aissi com)
76, 30; 77, 27; 80, 25, 26.

aics Endung 40, 33.

aiols 'avus' 54, 31.

aira 1) Endung 65, 29. 2) 'area' 65, 36.

ais 1) Endung 23, 13; 41, 4. 2) 'tabula'
8, 4; 41, 5 vgl. fr. ais.

aissela, aisela 'acella' 62, 20.

aitals pron. n. s. f. 70, 18 -al obl. s. m.
67, 29; f. 75, 29; -als pl. f. 3, 43;
87, 16.

aitan Adv. 72, 36, 39; 73, 5; 83, 27, 41
(aitam C); 84, 1 (aita C); 85, 13; aitam
C 67, 20; d'aitan 'tantum modo'
2, 19.

ajornar 'diem assignare, clarescere'
28, 38.

ajostar C 69, 39 ajusta A C ajosta B
3 s. prs. i. 11, 13; 39, 34; ajustan 3
pl. prs. i. C 5, 14 ajusten A 6, 11.
ajostatz p. prt. 69, 31 ajostat n. pl.
m. 78, 39 ajustat obl. s. m. 25, 39, 46;
refl. 6, 11; 10, 7.

ajustamen obl. s. 'adjunctio' 38, 45.

ajustantiu n. pl. m. C 5, 14.

al, als Adv. B 82, 9 s. alliors.

ala 1) Endung 62, 20. 2) 'ala' 62, 22
s. alutz.

alargar 'laxare, extendere' 28, 18 -rcs
2 s. prs. c. 43, 44.

alavahtz 'morbus digiti in radice un-
gule' 44, 36.

albergar 'hospitare' 28, 8.

albespis 'arbor spinosa' 52, 38.

albirar 'estimare' 28, 13 ('albitrare, pen-
sare') 88, 4; 89, 10 m'albire 1 s. prs.
i. 89, 30.

albires subst. n. s. 4, 25.

albirs 'estimatio' 52, 8.

alborns 'quedam arbor' 57, 14.

albors 'albedo dici' 56, 31.

alcs Endung 41, 10.

alcun obl. s. m. 69, 25; 70, 16; n. pl.
m. 14, 31; alcus obl. pl. m. 5, 31 al-
cuna s. f. 10, 43; 70, 15 (una B);

alqu obl. s. m. 1, 18.

alha Endung 63, 44.

alhums, alums 2 s. prs. c. 'illuminare'
58, 44.

alhz 1) Endung 41, 14. 2) 'alium' 41, 15.

alis 'azimus' 8, 31; 52, 30.

alliors, aillor Adv. C 82, 9 alhor ('al-
trove') 88, 9.

alms Endung 41, 42.

alongar 74, 24; -ngi, -nic 1 s. prs. i.
67, 12; -nga 3 s. C 76, 18 -gan B,
-gon C 3 pl. 74, 14; 78, 23, 28, 30,
-gan C 78, 37; -ngnon C 75, 24
alungon C 79, 14; alongerai 1 s.
fut. 67, 18 -ngat part. n. pl. m.
75, 42 1) act. 'prolungare' 28, 1;
79, 10 2) refl. a) für passiv 74, 36;
77, 26, 38 b) ausführlich handeln
über 67, 12, 18.

alongamen subst. obl. s. 76, 23; 86, 28.

alqes adv. 71, 6 B.

als Endung 40, 1.

altz 1) Endung 41, 38 2) 'altus' 41, 39
auzor ('piu alto') 88, 11, s. essauchar.

alums 'alumen' 58, 42.

alutz 'plenus alis' 59, 24.

amaire 'amator' 4, 12; amador obl. s.,
n. pl. 4, 30, 33.

amanoir 'preparare' 36, 11.

amanoitz 'promtus' 53, 20.

amar 'amare' 11, 12; 16, 32, 36; 28, 6
am 5, 29; 71, 46; 84, 21 (ame C); ami
am, -as, -a, -am, -atz, -en, -on prs. i.
12, 8—19; -ava, -as, -a, -am, -atz, -en
-on impf. i. 12, 32—36; 86, 43 -ei,
-est, -et, -eu, -ez (etz) -eren -eron
(-aron) prt. 12, 37, 43 -arai, -ras,
-ra, -rem, -rez (res), -ran -rau fut.
13, 7—13 -aria, -ias, -ia, -iam, -iatz,
-ien 1 cond. 13, 41—46 -era, -eras,

-era, -aram, -aratz (eras), -aren (-eran)
2 cond. 13,41—6 -e 1 s. prs. c. 11, 14;
16, 1 -es 2 s. 16, 1 -s 42, 14, -e 3 s.
16, 1; 13, 21 -em, -etz, -en -on pl.
16, 2 -es s. impf. c. 15,41—2 -assem,
-assetz, -essen -esson pl. impf. c.
15, 42 -a, -e, -em, -atz, -en -on imper.
13, 21 — 9; 25, 17—8 -ans p. prs. 6, 26;
-atz p. prt. 11, 15 -at obl. 12, 45
amars 1) Subst. 'amare, amor' 43, 25.
  2) 'amarus' 43, 24 -ra f. 60, 40.
amassa 3 s. prs. i. 'congregare' 66, 29.
amba Endung 64,29.
ambladura 'planus et velox incessus'
  60, 30.
amblar 'plane ambulare' 28,37.
amenar (S 76, 21.
amesura 3 s. prs. i. 'facere ad men-
  suram' 60, 5.
amia B mia A 'amica' 65, 27.
amics 'amicus' 51, 4; 87, 14 -is 87, 4
  -ic (-iu) obl. 87, 14 s. enemics.
amistatz 'amicitia' 6, 32.
amon 'sursum' 39, 12.
amoros 'amorosus' 7, 2.
amors 'amor' 56,5; 77, 19; -r B 76,33,
  44; -r obl. 73,41.
amparar 'occupare' 28, 11 -ra 3 s. prs.
  i. 60,44 -rs 2 s. prs. c. 43,32 s. des-
ams 1) Endung 42,1 2) 'ambo' 42, 13.
anafils 'parva tabula cum voce alta'
  51, 19.
anar 'ambulare' 28, 14 vau 1 s. prs. i.
  72, 1, 33 vauc B 84, 13; vas 2 s.
  38, 7, 12 vai 3 s. (S 74, 23; 82,41; 87,32
  van 3 pl. 73, 34 anava 3 s. impf. i.
  83, 34 ans 2 s. prs. c. 42, 23 -atz,
  -en, 2.3 pl. impt. 13, 24, 26 -ars subst.
  78, 22.
anc Adv. (S 74, 32 hanc mit Negation
  69, 22, 35, 37 ancmais ebenfalls mit
  Negat. 69, 31; 85,2 ancse ('lo tempo
  passato') 88; 31; 89, 12.
anca 1) Endung 64,41 2) 'nates' 64, 46.
ancara 'adhuc' 3, 7; 19,30; 61,4 ancar,
  encar 4,38 anquara A 22,33 ancaras

B 75,6 encar, encaras A 5, 30; 7,31
  encara (S 5,37; 7, 39 B 78,10
ancs Endung 42, 35.
anelar 'anhelare' 28, 13.
anelz 1) 'anulus' 2) 'agnus' 46,43.
ancletz 'anulus' 50,39.
anguila 'anguilla' 62, 44.
anheletz 'agniculus' 50, 38.
annei 88, 33.
ans 1) Endung 2, 14; 42, 20 2) 'sed' 2, 7
  anz 70, 23 3) 'ante' 42, 23 s. avan,
  denan, enantir, enanchar 4) 'annus'
  42, 22; obl. pl. anz 76, 2 annous
  'annus novus' 56, 23 atun A, antan
  B, autran (S 'alio anno' 38, 40 antan
  ('l'altr' anno') 88, 12.
anse, aldese ('la tempo presente') 88, 32.
antendiment s. ententement.
antics 'antiquus' 51,2 antiga f. 65, 10.
antrebresca 3 s. prs. i. 'intermiscere'65,18.
antreprendre 'intercipere' 35, 42 -pres
  3 s. prt., p. prt. 50, 20, 19.
antrevalz 'intervallum' 41, 7.
anualha 3 s. prs. i. 'vilescere, ad pigri-
  tiam venire' 63, 8.
aora 'modo' 62, 1.
aparec 3 s. prt. 'aparere' 21, 29.
aparelha 3 s. prs. i. 'preparare, equare,
  apparere' 64, 7 -elhz 2 s. prs. c. 46,34
  s. desparelha.
aparelhz 'preparatus' 46, 34.
aperceubutz .i. 'promtus' 59, 4.
aperit ('reposo') 88, 15.
aperte A 3 s. prs. i. 'pertinere' 1, 27
  s' -ten 15, 8.
apertz 'providus' 49, 24 s. ov-.
apila 3 s. prs. i. 'inniti' 62, 46.
aplehtz 'instrumenta' 51, 9.
aponre 'apponere' 36, 12 -os 3 s. prt.23,3.
aporta 3 s. prs. i. 'afferre, deferre' 11, 10
  -rtz 2 s. prs. c. 57, 21.
apostiza 'apostiza' 2, 37.
appellar 'vocare, appellare' B 71, 43
  apelli 1 s. prs. i. B 74, 24 -ela 3 s.
  prs. i. 62, 3 -elz 2 s. prs. c. 46, 24

appellatz p. prt. 38,4 apelatz 𝔄 1,8,16;
8,46; 10,38; 11,5 appellat n. pl. m.
ℭ 74, 20 -da s. f. 39,34; -das pl. f.
1, 13; 72, 3, 35.

appodera 3 s. prs. i. 'suppeditare' 61,22

apprendre 𝔄 aprendre 𝔅 ℭ 'addiscere'
apprehendere' 35,33; ℭ 69,1 aprenre,
apenre 𝔅 67,10; 69,2; ℭ 69, 16 ap-
prens 2 s. prs. i. 47,21 aprendon
3 pl. prs. i. 69, 17 apres 3 s. prt. ℭ
22,2 p. prt. n. s. 7,23 s. ben-, des-.
apres 1)Adv. 71,6 2)'post' 17,5; 73,20.

aprimairar 'ad primos venire' 28, 5.

aprimar 'subtiliare' 28, 4; 87, 28 -ms
2 s. prs. c. 51, 40.

aprosmar 'appropinquare' 28,17.

aps Endung 40,1.

aqel, aquel Pron. 1) verbal 82,42, 45;
83, 1, 45; 84, 3 (Der Don. braucht
dafür: cel, el). 2) Sonst a) Subst. m.
n. s. 1, 20, 26; 5,33; 9,4 aqels 81,13;
aquel obl. s. ℭ 16, 24; aquel n. pl.
𝔄 5, 33; 7, 4; 11,41; ℭ 4,27 aquelh
𝔄 2, 11; 6, 2; 19,31; 42,28; aquell
ℭ 12, 1; 13, 13 aqil ℭ 5,2; 6,33;
15, 45; 23, 40; aqill ℭ 11,40; 24, 12;
𝔅 ℭ 81,19; 87,3 aquelz obl. pl. 𝔄
7, 30; 𝔘 67, 9 aqels ℭ 4, 10; 70, 27;
81,21; 83,34 aquela 𝔄 aquella ℭ f. s.
23,26; aqella ℭ acella 𝔅 70,5; aqellas
ℭ acellas, cellas 𝔅 f. pl. 71,30; 72,23,
28. b) Adj. aquel m. obl. s. 5, 11,
12; 16, 15 (aquest 𝔄); 86, 40 m. n.
pl. 11, 36; aquelh 𝔄 2, 20; 11, 28
aqill ℭ 5, 16; 13,30 aquela -lla f. s.
6, 1; 7,10; 10,31; 22, 22; 38,8, 9,11;
80, 1; 83, 39; 84, 12, 46 (qella 𝔅);
85, 36; 87, 27; aquelas f. pl. 2, 21;
70,12; 74, 1.

aquest, aqest 'iste' 1) Subst. m. n. s.
1,1; 2, 9; 5, 34; 9, 5, 27; n. pl. 𝔄
8, 41 𝔅 80, 28 aqist 81, 19 ℭ 8,41;
74, 31; 𝔄 28, 1 aqest obl. pl. 81,21;
𝔅 80, 19; aqesta f. s. 81, 28 -as f.
pl. 73, 3; 80,4; 81,34, 37. 2) Adj.
m. n. s. 2, 15. 43; 69,30; 73,8; 76,13;

84,23; obl. s. 11, 14; 15, 20: 17, 3;
21, 12; 67, 7; 68,35; 73, 35; 77, 46
(aqel ℭ); 78,9; n. pl. 𝔄 7, 23; 𝔅 75,12
ℭ 10,22 aquist, aqist 75,41; 84, 30;
𝔄 22,29; ℭ 74, 20; 75, 13; aqest obl.
pl. 73, 46; 85,24 aquesta f. s. 𝔄 2,16;
14, 32 aqesta 72, 34; 82, 13; 84, 37;
85, 8 aquestas, aqestas f. pl. 6, 39;
82, 27, 35; 87, 10.

aqui Adv. 39, 9; 74, 29, 37; 86, 30;
d'aqui en reire 'olim' 39, 38.

ara 1) Endung 60,38 2) 'modo' 61,3;
75,43; 76, 10, 23; 79,16; 82,3 aras o
ar 38,35 ar 𝔅 76,13 era 83, 13; ℭ 81,
23; 86,9 s. anc- aora.

arandi ('a compimento o ne piu ne
meno') 88, 26.

arar 'arare' 28, 15.·

arbres subst. m. n. s. 73, 38 obl. pl.
83,12 s. albespis, enalbar.

arcs 1) Endung 43,34. 2) 'arcus' 43,36.
arcvoutz 'arcus lapideus' 57,31 s. en-.

ardens p. prs. 'ardere' 47, 34 artz 2 s.
prs. i. 43,28 ars 3 s. prt., p. prt. 7,43;
22,41; 43, 12; 77, 31.

ardimenz n. s. 75,31 s. sobr-.

ardors 'ardor' 56, 7.

arestols 'extrema pars lancee' 54, 36.

arezar 𝔅 'procurare vel ministrare
necessaria' 28, 7.

arlotz 'pauper, vilis' 58, 14.

armar 'armare' 28, 36 armat p. prt.
2, 46 s. des-.

arpar 'arpam sonare' 28, 21.

arqueira 'fenestra vel fissura ad sagit-
tandum 61, 37.

arquiers 'qui cum arcu trahit' 48, 43.

arrancs 2 s. prs. c. 'evellere' 43, 3.

arripar, aripar 'de aqua ad ripam ve-
nire' 28, 10.

ars Endung 22,40; 43, 10.

artelhz 'articulus' 46,42.

artz 1) Endung 43, 1 2) 'ars' 43,27 obl.
art. 85, 42.

as 'larg, estreit' Endung 45, 1, 38.

asautz ('assalto') 88, 14.

asclar 'findere ligna' 28, 17.

ascons s. escondre.

asir, assir ('asettare, ascntare') 88, 5; 89, 11 s. assezer.

asimilativas ass- 39, 38.

asotilha, asou- 3 s. prs. i. 'subtiliare' 64, 44.

aspirar 'aspirare' 28, 12.

assa Endl'ng 66, 22.

assaiar 'temptare, probare' 28, 32 essaiar ('assaiare o provare') 89, 8 assais 2 s. prs. c. 41, 26 ensais o ensaies 60, 34 ensahtz 44, 33.

assais 'probatio' 41, 26 ensahtz 44, 33 obl. assai 84, 15.

assalhir, assalir 'assaltum dare' 37, 28 asalhz 2 s. prs. i. 41, 36; assalha, asalha 3 s. prs. c. 63, 23.

assapora 3 s. prs. i. 'gustare quod sapit' 62, 8.

assatz 'satis' 27, 32; 39, 26; 69, 2 assaz ℭ 39, 25 assas ℬ 85, 19, 24.

assautar 'provocare ad pugnam' 28, 16

assegurar 'securum reddere' 28, 12 -ura 3 s. prs. i. 60, 29 -urs 2 s. prs. c. 59, 4.

assezer 'sedere' 35, 16 assir, assire 'assedere, obsidere' 36, 24 ('assidere') 88, 6 asis 3 s. prt. 'sedit' 22, 25 assis 'obsessus' 8, 17 s. asir.

assoudar 'stipendiari' 28, 42.

astier s. estere.

astrucs 'fortunatus' 58, 7 ('aventurato') 88, 3 s. des-, mal-.

s'atagnon ℬ ataignon ℭ 3 pl. prs. i. 74, 11; atais 3 s. prt. 23, 21 'pertinere'.

ataïnar 'impedire' 28, 9; 88, 30.

ateira 1) 3 s. prs. i. 'per seriem ponere' 61, 30. 2) 'seriatum' 61, 32.

atendre 'expectare vel promissum solvere' 35, 24; p. prt. -dutz 59, 25.

atenher, atener 'attingere, nancisci' 24, 31 -ens 2 s. prs. i. 47, 29, -eis 3 s. prt. 21, 41; 46, 8.

athz = ahtz Endung 44, 20.

atraire 'ad se trahere' 35, 33; -ac 1 s. prs. i. 83, 6 -ai 3 s. 82, 32, 39; 83, 1, 17, 39. 3 s. prt. -ais 23, 18.

atressi ℀ℭ 'sicut' 39, 39; 68, 1; 73, 35, 43; 78, 23; 82, 11; 84, 20; 85, 7. 17 autresi ℬ 39, 39; 80, 33; 84, 4, 7, 36 autresi com 75, 3, 4.

aturar ('esforzare o destregnere') 'conari' 88, 1 -ra 3 s. prs. i. 60, 15 -rs 2 s. prs. c. 59, 6.

aturs 'conamen' 59, 5.

atz Endung 44, 30.

auca 1) Endung 65, 4 2) 'anser' 65, 6

auçelar, auzelar 'aves venari' 28, 45.

auchir ℀ 'audire' 12, 3; 20, 45; 36, 5; audir ℭ 25, 23; auzir ℭ 20, 45; ℬ 36, 5; ℬ ℭ 68, 20; 71, 13; 79, 28 aug 1 s. prs. i. 85, 35; auzon 3 pl. 68, 40; 69, 5; auzira 3 s. fut. 85, 35; auziran 3 pl. fut. ℭ 68, 40; 69, 5 auçira, auzira 1. s. cond. 61, 33 auias, aniatz 2 pl. prs. c. 68, 23 au, auia imptv. 25, 23, 26 auçitz p. prt. 39, 1 auçit obl. m. 24, 41; 26, 5 auzit 81, 23 audit ℭ 25, 44 auzidas pl. f. 67, 23; 87, 22.

auçire, auçir; aucir, aucire 'occidere' 36, 26; aucia 3 s. prs. c. 65, 29.

aues 1) Endung 43, 31 2) 'anser masculus' 43, 32 s. auca.

anctoritat ℭ autoritat ℬ obl. s. 70, 36.

auctors 'auctor' 56, 29.

aunir 'vituperare' 36, 6 aunitz p. prt. 52, 37; aunit obl. 26, 7.

aura 1) Endung 62, 11 2) 'aura' 62, 12 s. essaurar.

aurelha 'auricula' 64, 11.

auricalcs 'auricalcus' 41, 12.

auriols 'avis aurei coloris' 54, 28.

aurius 'amens' 53, 40.

aurs 1) Endung 44, 20 2) 'aurum' 44, 21 s. daurar, sobredaurar.

aus 1) Endung 23, 22; 43, 43 2) 'vellus' 8, 1; 43, 46 3) 3 s. prs. c. 'audere' 44, 1.

anstors 'aucipiter' 56, 20.

autreiar ('concedere') 88, 10 outriar 90, 37.

uutres n. s. m. 𝕭 71,42; 83,12; -re 𝕭
71, 28 obl. s. m. 2, 3; 38, 20;
39, 25; 68, 24; 74, 8; 75, 32, 36, 46;
84,27; altre 𝔄 1,21 𝔈 2,3; autre n.
pl. m. 3, 20; 6, 32; 21, 12; 38, 32;
68, 15; 78, 9; 80, 28; 81, 19; 84, 8
altre 𝔄 3,22; 5, 40; 14,31; autres
obl. pl. m. 4,34; 6,9, 22; 50,11; 77,20,
35; 79, 1, 4, 5; 80, 45; 81,14; 85, 7,
18 altres 𝔄 3, 39 𝔈 78, 15; autra
s. f. 11, 35; 70, 17, 38; 81,28 altra
𝔈 83, 20 autras pl. f. 3, 34; 11,32;
23, 27; 27,35; 39, 37; 70,43, 46; 72,20,
33; 76,31, 43; 77, 24, 44; 81, 33;
antrui, al- obl. s. 81,17, 30; autramen,
-menz, -mentz 82, 11. l'autrer 𝔄,
autreir 𝔈 'nuper' 38,35.
autretals' talis, similis' 𝔄 18,33; 19,38
altretals 𝔈 18,34 atretals 𝔄 16, 5.
anzels n. s. 𝔈 3,18 s. auçelar.
auzidor n. pl. 68, 39; 69, 10 obl. pl.
auzidors 68,37 s. auchir.
aval 𝔄 𝔈 avaus 𝕭 'deorsum' 39,13.
avan, avans Adv. 'antea' 19, 32; 42,29.
avars 'avarus' 43,31.
avelaniers 'avellanarius' 49,13.
avenediz 'aliunde veniens, avena' 53,28.
avenir 𝕭 avenhir 𝔄 'evenire'; 37,38; 67,22
avene 3 s. prt. 21,44.
avens 'adventus ante natale' 47,37.
aventura 'fortuna' 60, 22 s. des-.
aver 'habere' 3, 42; 11, 21, 38; 69, 3;
71, 5; ai 1 s. prs. i. 4, 28; 11, 21;
71,23; 73,28; 74,6; hai 𝔈 67,4, 23;
76, 1; 79, 11; 86, 17, 20; as 2 s.
19, 34 ha 3 s. 𝔄 𝔈 19,34 a 𝕭 𝔈 76,17
𝔈 82, 6; a 𝕭, ha 𝔈 68, 22; 70, 21;
77,26, 37, 44; aves 𝕭 avetz 𝔈 2 pl.
73, 32, 33; 76, 13, 21; 81, 23. an
3 pl. 16, 46; 67ᵣ5, 8; 75, 26; han
𝔈 70,13; 71,30; 75,9, 14, 28; agui
1 s. prt. (21,17; 20, 36); ac 3 s. 𝕭 𝔈
69, 33 ag 𝔄 ac 𝔈 21, 18 aguem,
aguez, agren agron pl. 21, 15, 16
avia, -ias, -ia, -iam, -iatz -iaz -ias,
-ien -ion -ian 23,37; 24, 7; aurai, -as,

-a -em fut. 16, 26; 68,2; auretz 2 pl.
16, 28; 27, 28 aures 27,30 aurau 3 pl.
27, 29, 30 aurau 27, 29 auria, agra
1 s. cond. 14, 42; haurin 𝔈 83, 31
aia, aias, aia, aiam prs. c. 5, 28;
16,19; 69,35, 45; 86,22; 87,21 aiatz
2 pl. 16, 20; 19, 2; 27, 14, 19; aias
𝔈 19, 6 𝕭 75, 6 aiaz 𝔈 26, 24 aien,
aion 3 pl. 16, 21; 19, 3; 27, 15 aian
26, 27 aiant 68, 26 aio 19, 8; 27, 20
agues, -esses, -es, -essem, -essetz,
-essen, -esson impf. c. 15,14, 22, 29;
agut p. prt. 24, 8, 40; 25. 39 avers
Subst. 48,34. Fut, bildend aber vom
Inf. getrennt: dar vos n'ai 73,36.
avinaçar, avinazar 'vino imbuere' 28, 15.
avinens Adj. 'aptus' n. s. m. f. 2, 17,
18; 6, 26; 47,37 n. pl. f. 2,22 avinenz
𝕭-avinentz 𝔈 70, 31; 86, 33 avinen
n. pl. m. 2, 21 Adv. 𝔈 77, 40; 78, 3
avinemenz 𝕭 77, 40.
avols ('captivo') 88, 8 -ol obl. s. m. f.
69,7; 75,32.
aymans 'adamas' 42, 15.
azaut ('piacevole') 88, 13 s. mal-, adau-
tar, malaus.
aziman ('calamita') 88, 24.
azuiar ('adastare') 88, 25.

baconar 'porcos interficere et ponere
in sale' 28,26.
badalhar '(sbadallare) oscitare, aperire
os' 88, 9 -lh, -lhi 1 s. prs. i. 12,10
-lha 3 s. prs. i. 63, 35.
badairis 𝕭 77,42.
badar 'os aperire' 28,18.
badatge ('atendere') 88,5.
badils 'locus ubi speculator manet' 51,22.
badocs 'parum sciens' 54, 1.
baf 'uox indignantis' 40, 32.
bahtz 'subrufus' 44,21.
baias 'insipidus' 45,25.
bailes n. s. m. 79,31, bailon obl. s.; n.
pl. 79,38 bailons obl. pl. 79,46.
bairar 'ponere serrum in hostio' 28,21,
bais 'osculum' 41, 6.

baissar 'osculari vel demittere' 29, 10 bais o baises 'osculeris' 60, 35 bais 'osculetur' 41, 7 s. a-.

balar 'saltare ad viclam, s. ad corream' 28, 19 -la 3 s. prs. i. 13, 16 -ltz 2 s. prs. c. 41, 42.

balestiers 'balistarius' 48, 44.

baltz 1) 'corea' 41, 5, 40 2) 'letus' 41, 41 s. esbaudir.

bancs 'scamnum' 42, 37.

bandir 'per preconem precipere' 36, 12.

bar 'baro' 4, 44; 88, 16; -ron obl. s.; n. pl. 79, 38; -rons, -ronz obl. pl. 79, 45.

baralha 'contentio' 63, 20; 88, 8.

baratar 'stulte vel dolose expendere' 28, 28.

baratiers 'baratator' 48, 46.

baroneiar 'signa baronis ostendere, jactare se' 28, 23.

barreiar 'inpetuose rapere' 28, 38.

bartz 'lutum de terra' 43, 3 s. en-.

barutelar 'farinam subtiliare' 28, 33.

barutelz 'stamina ad purgandum farinam' 46, 8.

bas 'bassus' 7, 33 'dimissus' 45, 3.

basta 3 s. prs. i. 68, 10 s. a-.

bastartz 'spurius' 43, 15.

batalha 'prelium' 63, 10.

bateiar 'baptizare' 28, 31.

bateire 'percussor' 4, 17.

batre 'percutere' 23, 43; 24, 2 -te 1. s. prs. i. 10, 41; -tet 3 s. prt. 22, 10; -trai 𝔄 𝔅 -tterai ℭ 38, 8 -ta 3 s. prs. c. 3, 13 -t, -ta imperat. 25, 26 -tutz p. prt. 10, 43; 59, 39 s. a-, con-.

baucs 'quod ponitur supra manicam cultelli' 43, 33.

bavecs 'baveca, quod de facile movetur' 45, 17.

becs 'rostrum' 45, 10.

beirius 'hereticus' 53, 45 s. Beirius.

bellar, belar 'ad oves pertinet belare, bella ferre' 28, 39.

bellazers 𝔅 bellaires ℭ 81, 3 obl. bellazor 81, 6.

belz 'pulcher' 𝔄 46, 40; bels 𝔅 ℭ 71, 45;

72, 23; 76, 2; 82, 21 obl. pl. m. 74, 29; bel n. pl. m. 74, 30; n. s. neutr. 73, 32, 34; 74, 41 bela 𝔄 bella 𝔅 ℭ s. f. 1, 32; 62, 41; 71, 45; s. abelir.

bellezza 72, 8, 43.

ben Adv. ℭ 15, 29, 𝔅 ℭ 67, 22, 27; 68, 1, 3, 10, 30; be ℭ 15, 22; 83, 41; bien 𝔅 68, 4; 75, 31.

benapres 'bene doctus' 50, 26.

bendar 'cum vittis caput stringere mulieris, mulierem bendare' 28, 41.

bendelar 'oculos ligare' 29, 1.

beneçir, benezir 'benedicere' 36, 8.

bera 'feretruum' 61, 8.

berbitz 'ovis' 53, 9 berbiz 𝔄 berbis ℭ 8, 19.

bergiers 'qui custodit oves' 48, 5.

bes 'bonum' 2, 4, 9, 26; 50, 1; 75, 40; ben obl. s. 83, 2, 7 n. pl. 68, 28.

bescohtz 'panis biscoctus' 55, 19.

besogna 'oportet, necesse est' 𝔄 9, 15, 17; 17, 1; 38, 29 besonha 𝔄 9, 21 𝔅 38, 29 besoigna ℭ 9, 16, 17, 20 besoihna ℭ 17, 1.

besonhz 'opus' 55, 42.

bestors 'parva turris' 56, 18.

betums 'bitumen' 58, 16.

beutatz 'pulchritudo' 6, 30.

beveire 'potator' 4, 14.

bevre 'bibere' 35, 5 bec 3 s. prt. i. 21, 30 begra o bevria 1 s. cond. 14, 46 bevun 3 pl. prs. c. 26, 28 s. enbutz.

biais 'obliquum' 41, 8; 87, 19; -sas, -ssas 𝔅 -ssadas ℭ pl. f. 83, 37; 86, 35; 87, 10.

biaisar ('torcere') 88, 1.

bifais ('hom grosso de persona') 88, 12.

bilha 'ligneus ludus' 64, 35.

biordar 'discurrere cum equis' 29, 8.

biortz 'cursus equorum' 57, 38.

bis 'quidam color' 8, 28, 30; 52, 18.

biscina ('recbiusa') 88, 11.

biur ('gridare o gran remore') 88, 6.

blaçir 'marcescere' 36, 15.

blancs 'candidus' 42, 36 -cz ℭ 72, 23 -ca f. 𝔄 64, 42 -cha ℭ 72, 27; 76, 30.

blandir 'blandiri' 36, 14; ('dire belle
parole e humile') 88, 2; s. es-.
blanqueiar 'candescere' 28, 37.
blan quir 'candexere' 36, 16.
blans 'blandus' 42, 27.
blars 'glaucus' 43, 13.
blasmar 69, 9, 14 -me 1 s. prs. i. Œ 69, 10
-mei ℬ -mi ℭ 84, 20 -mara 3 s. f.
67, 29 -maran 3 pl. f. 69, 8 -meran
ℬ 67, 28.
blasme Subst. obl. s. ℬ 69, 11.
blatz 'bladum' 44, 31.
blaus 'bludus vel aereus' 43, 45.
bles 'qui non potest sonare nisi c' 7, 17
'qui utitur c loco s' 50, 25.
bleseiar 'sonare c loco s' 28, 46.
bliaus ('guarnello') 88, 17.
blos ('nudo') 88, 15.
bobans 1) 'inanis gloria' 42, 25 2) ('bur-
bansa') 89, 27 2) 3 s. prs. c. 'gloriari'
42, 25.
bocs 'ircus' 54, 13.
boda ('nezza') 88, 18; 79, 25; -as pl.
79, 27.
bohtz 'fundum dolii' 55, 14.
bolu 1) 'meta' 63, 34 2) 3 s. prs. i.
'metas ponere' 63, 35.
bols 'equus nimis pulsans' 54, 45.
bondir 'apum est sonare' 36, 9.
boneçza Subst. 72, 8 -ezza 72, 43.
bontatz 'bonitas' 6, 30 -az ℳ -ats ℭ 1, 19
-at obl. 1, 22, 23.
borçes 'burgensis' ℳ 50, 13 -ses ℳ 7, 16
-gues ℬ -zes ℭ 68, 15.
borcs 'vicus' 56, 5 burcs 8, 33.
borns 'pomum tentorii' 57, 2.
borsiers 'faciens bursas' 48, 45 s. en-
borsar.
bortz 1) 'ludus' 57, 30 2) 'manuum sur-
culus' oder 'spurius' 57, 31.
bos 'bonus' 1, 21, 22; 3, 16, 37; 7, 4;
72, 22; boz ℳ 1, 23 bons ℭ 1, 22, 28;
5, 5; ℬ 71, 45; 72, 22 bon n. neut.
15, 14, 29; 73, 32, 34; 74, 41; obl. s.
m. 68, 41; 69, 45; n. pl. m. 78, 6;
85, 20, 38; bons obl. pl. m. 85, 20

bos Œ 85, 38; bona s. f. 1, 32; 5, 45;
72, 27; 75, 33; 84, 10; 85, 2 bonas pl.
f. 82, 46; 83, 2; bon Adv. 74, 34, 39;
78, 23 bo ℬ 74, 44 bom Œ 78, 23 bo-
namen, bonamenz 38, 24, 30; 82, 10
s. debonaire.
botelha 'vas aquatile' 64, 6.
botz 'ictus' 58, 3.
botiliers 'pincerna' 48, 21.
botz 1) 'nepos' 58, 20 ('nevote') 88, 19
nebotz Œ nepos ℬ 80, 6, 7 bot obl.
s.; n. pl. 80, 13 botz obl. pl. 80, 18
2) 'uter' 58, 21 s. embotar.
boviers 'bubulcus' 48, 33.
bous 'bos' 56, 20.
bous, bos 79, 31 bozon, bon obl. s.; n.
pl. 79, 38 bozons, bons obl. pl. 79, 45.
braceiar 'cum brachiis mensurare' 28, 35.
bracs 1) 'sanies' s. abracs 2) canis 40, 16.
brada ('follia') 88, 10.
brais 'clamor avium' 8, 6.
bralhz 'clamor avium' 41, 16.
brami o bram 1 s. prs. i. 'clamare'
12, 9 brams 2 s. prs. c. 42, 4.
brams 'magnus clamor' 42, 3.
branca 3 s. prs. i. 'frondere' 64, 41 s. a-.
brandir 'concutere' 36, 13.
brans 'ensis' 42, 26.
braus 'immitis' 43, 44 brau 'aspero' 88, 4.
braz Subst. 77, 29.
brens 'furfur' 47, 18.
bres 'lignum quo aves capiuntur' 7, 19;
'lignum fixum propter aves' 50, 21.
bresar 'ad capiendum aves sonum fa-
cere' 28, 43.
bresca 'favus' 65, 17.
bretoneiar 'loqui impetuose' 28, 45.
bretz 'homo lingue impedite' 50, 25.
breus 1) Subst. 'carta' 51, 18 2) Adj.
'brevis' 51, 18 obl. pl. m. 81, 7; f.
82, 7 brieus Œ 82, 7; Adv. brieu Œ
67, 14; breumen 6, 20; 67, 19; -mens
67, 17 -menz ℬ 67, 19 s. abreviar.
brics 'miser' 51, 40.
brisar 'minutatim frangere' 29, 7.
brius 'inpetus' 53, 34 s. enbriar.

brocs 1) 2 s. prs. c. 'currere' 53, 36 2) 'vas testeum' 53, 35.

brodels ('festuco d'arbore') 88, 14.

brolhz, broilhz 'locus plenus arboribus domesticis' 54, 29.

brolha 3 s. prs. i. 'pullulare' 64, 15.

brotz 'teneritudo herbe' 58, 22.

bruda Subst. f. 84, 14.

bruir 'tumultum facere' 36, 17.

brus 'fuscus' 60, 4.

brusar 'incendere' 29, 5.

bucs 'brachium sine manu' 58, 42.

budelz 'intestinum' 46, 18 s. esbudelar.

buf 1) 'vox indignantis' 58, 24 2) 'insuflatio' 58, 28.

bufar 'ore insufflare' 29, 4.

bulens 'bulliens' 47, 38.

bullar 'bullare' 29, 3.

buscalar 'ligna parva colligere' 29, 6; -chalha 3 s. prs. i. 63, 15.

cabalos ('grande') 89, 29.

cabals 'capitalis vel acceptabilis' 40, 2 ('segnorile') 88, 28.

cabelhar ('mostrar cosa altrui') 89, 6.

cabelhz 'capillus' 46, 31.

caber 'capere' 35, 17 [𝔄 'sermo meus']; caup 3 s. prt. i. 21, 35 s. con-, de-, per-, recebre.

cabotz, gabotz 'genus piscis' 58, 16.

cabrelz 'edus parvus' 46, 39.

cabritz 'edus' 52, 24.

cabroletz 'capreolus' 50, 40.

cabrols, cabreols 'capreolus' 54, 20.

caçar, cazar 'venari' 29, 17.

cacher 𝔄 cazer ℭ 'cadere' 35, 25; cazer 𝔅 chazer ℭ 83, 12; cas 2 s. prs. i. 45, 5; caçez 3 s. prt. i. 21, 27. s. de-, des-, es-.

cadalehtz 'lectus ligneus altus' 50, 15

cadeira 'cathedra' 61, 25.

caf 'impar' 40, 31.

cagar 'superflua ventris facere' 29, 38 s. con-.

cairelz 'pilum baliste' 46, 3 s. escaira.

cais 'gena 8, 4 'mandibula' 41, 19.

caitius 'miser vel captus' 53, 35.

calar 'tacere' 29, 16 -la 3 s. prs. i. 62, 30.

calelhz 'lucerna ferrea ubi oleum ardet' 46, 40.

calens 'providus' 47, 20 s. no-.

calfar 'calefieri 𝔄 caloficere' 𝔅 29, 14.

calms 'planicies sine herba' 41, 45.

calors 'calor' 56, 9; ℭ 76, 33, 43.

cals 1) 'calvus' 40, 3 2) s. quals.

caltz 1) 'calidus' 41, 44 2) 'calx' 41, 45 s. des-, en-.

calucs 'curtum habens visum' 58, 6.

calura 𝔅 60, 11.

cambiar 𝔅 canbiar 𝔄 'ad monetas pertinet dare unam pro alia, mutare, permutare' 29, 21; cambia 3 s. prs. i. 65, 17; cans 2 s. prs. c. 42, 30 s. camjar.

cambutz 'habens longas tibias' 59, 23.

camels 'camelus' 46, 33.

camjar 'mutare' 29, 20 se camja 3 s. prs. i. pass. 2, 19 s. cambiar.

caminar 'equitare per stratas' 29, 18

cams 'campus' 42, 10 s escampar.

camzils 'pannus lini subtilissimi' 51, 28,

canços 𝔄 'cantio' 3, 38 canzos ℭ 76, 46 chanzos ℭ 76, 33 chansons 𝔅 78, 41; canzon obl. s. ℭ 84, 43; 87, 20 canson 𝔅 84, 44 chanson 𝔅 chanzon ℭ 84, 10; 86, 1, 5; 87, 27, 34, 35 chanso chanzo 86, 3 cansons, chanzos obl. pl. 70, 34.

candela 'candela' 62, 34.

canilha 'vermis comedens dura' 64, 38.

cans 'cantus' 42, 28 chan obl. 84, 12 s. des-.

chantaires Subst. n. s. m. 80, 24, -tador obl. s.; n. pl. 80, 34 -tador obl. pl. 80, 39.

chantairis Subst. n. s. f. 77, 42.

cantar 'cantare' ℭ 11, 30; 𝔄 𝔅 29, 13;

B 68,24 chantar A 11,30 B C 68,27;
canti o can C chanti o chan A 1. s.
prs. i. 12,9; canta C chanta A imptv.
13,15; cantera 1 s. cond. 61,12; cans 2
s. prs. c. 42,28 chans o chantes 60, 30
cantes, -esses, -es, -assem, -assetz,
-assen vel -esson impf. c. 15, 35—7.
cantat p. prt. 76,1 s. encans.
cantars C Subst. n. 68, 33 B 86, 34
chantars B 68,33; cantar B chantar C
obl. s. 83,14, 20; 86,31 chantar B C
68, 18, 41; 69, 7; 86, 40; cantar n.
pl. B C 70,36 cantars obl. pl. A 83,10;
chantars C 83, 10 B C 69,46.
cantarelz 'qui cantat frequenter' 46,12.
cantelz 'ora panis' 46,10 s. acantela.
canutz 'plenus canis capillis' 59,43.
capdel ('condatio') 89,28.
capdela 3 s. prs. i. 'ducatum prebere'
62,18.
capdolha 3 s. prs. i. 'ascendere' 64,14.
capdolhz 'capitolium vel arces' 54, 38
-doill ('grande o bella cosa') 88, 31.
caps 'caput arbor' 40,6 cap obl. 26,1
s. mes-, acabar.
captel ('capo o capitano') 88,29.
caramelar 'cum fistulis cantare' 28, 30
-la 3 s. prs. i. 62,4.
caramelz 'fistula' 46,15.
carceriers 'carcerarius' 48,16.
carcs 1) 'onus' 43, 39 2) 2 s. prs. c.
'onerare' 43,38 s. descargar.
cardenals 'cardinalis' 40, 26.
cardonelz 'avis' 46,16.
caronhiers 'qui cadavera sequitur vel
homicida' 49,31.
carreiar 'portare sarcinas cum asinis'
29, 29 s. descargar.
carreira B cairera A 'strata vel via
publica' 61,40.
cars 'carus 43,14; 69,37 carn f. 60,39.
cas 1) 'canis' 45,22 2) 'casus n. s. 3,6;
45,4; obl. s. 1,14; 17,5; 75,10; n.
pl. 2,38; 5,42; 74,20; obl. pl. 4, 30,
34; 76,42.
cascus C quascus A 'unusquisque' 15, 6

quascu C chascun A 11, 20 chascuns
C cascun B 69, 32 cascun obl. s. m.
79, 15; 81, 12; 85,46; qascuna s. f.
B 73,15 cascuna C 87,1.
casir ('conoscere') 88, 22 causit p. prt.
89,8 s. causir.
castels Subst. n. s. 3,19.
castiar 'corrigere, castigare' 29, 24;
82,37 (C chastiar).
chastic, chastiu obl. s. m. 87, 15.
catedrals 'cathedralis' 40,36.
catiglar 'digitum ponere sub ascella
alterius ad provocandum ludere' 29,25.
catz 'catus' 44,33; 79, 34 obl. caton 79,42.
cauçics 1) 'increpidatio' 2) 2 s. prs. c.
'increpidare' 51,9 s. cautz.
caus 'cavus' 44,2.
causa Subst. f. 'res' 10, 43; 67,27; 70,17;
chauza C 72, 29 causas pl. 1, 11, 27
cauzas C 1, 13, 31; 38,16; 67, 13, 24.
causir, cauzir 'eligere' 36, 19; 88, 23
chauzir C 87,24, 25, 27 s. des-.
causitz 'electus vel curialis' 52, 22
s. des-.
cautz 'pro calce' 7, 41 s. deschautz, en-
cautz, deschauzar, enchauzar, cauçica.
canela 'species quedam' 62, 15.
cavalghaz 2 pl. imper. 'equitare' 13,24
-guem 1 pl. 13, 24 -guen 3 pl. 13, 26.
cavaliers 'miles' 2, 15, 17, 25; 48, 46;
72,8,46; chavaliers A 2,15 cavalliers
C 72, 17; 74,33; chavalier n. pl. A
2, 20 cavailler C 68,15.
cavalz A 'caballus' 41, 6 -als 72, 9;
obl. s. -al 72, 17; 74, 30; 82,45; n.
pl. 74,27, 31, 46 obl. pl, -als 74,29.
cavar 'cavare' 29,28.
cecs 1) 'cecus vel signum ad sagittam'
45,11 cega f. 65,44 s. encega.
cel Pron. 1) beim Verb. n. s. m. 12,13;
15,15, 36; 17,7; C 83, 27 (sonst bieten
die Rasos: aquel, el); cel A ill C n.
pl. m. 15, 33; 25, 18; 26, 16 celh A
ill C 12, 18; 17, 46; 26, 35; 27, 15,
28; cil C 24, 16 cill C 20, 9, 22; 21,
10. 2) sonst, besonders vor Pron.

rel. 5, 33; 9, 3, 26; 10, 18; 69, 3; 85, 12 sel ℭ 70, 21 cels ℬ 70, 20; ℬℭ 81, 14 celui obl. s. m. 81, 16; 87, 24 celh n. pl. m. 𝔄 6, 9 cil ℭ 69, 4; 87, 3 sil ℬ 69, 4 cill ℬℭ 73, 35; 81, 18; 82, 24 sill ℬ 69, 15 cels obl. pl. m. 70, 27, 29; 75, 14, 25, 28 icels ℭ 70, 29 cela n. s. f. 62, 27 cella 70, 32; 81, 28 celei obl. s. f. ℭ 81, 30 cellas pl. f. 74, 12; 77, 42; 79, 16; 81, 33 sellas ℬ 71, 34.

celar 'celare' 29, 41 cela 3 s. prs. i. 62, 28 cels 2 s. prs. c. 46, 36.

celestials 'celestialis' 40, 34.

celiers 'celarium' 48, 19.

cels 1) 'celum' 46, 19 2) 'cautela' 46, 35.

cembar 'tibias valde movere' 29, 44.

cembelar 'ostendere avem ad capiendum aliam' 29, 32 -la 3 s. prs. i. 62, 1.

cenher 'cingere' 24, 29; 35, 44 ceigner ℭ 24, 29 cenh 1 s. prs. i. 19, 40 seis 3 s. prt. 21, 36; ceis 46, 10 ceinht p. prt. 25, 3 s. a-.

cens 'census' 7, 14 ces 50, 9.

censals 'censualis' 41, 2.

cent 79, 5; n. pl. doscent u. s. w. 79, 6 obl. pl. ducentz u. s. w. 79, 12.

centura 'zona' 60, 24.

ceps 'stipes' 48, 3.

cera 'cera' 61, 19.

cercar 'investigare' 29, 42; 83, 36; 85, 25 cercava 3 s. impf. i. 85, 23.

cers 'cervus' 48, 10.

certz 'certus' 49, 21; -ta f. s. 9, 2, 23; -tamen Adv. 39, 6.

cessar 'cessare' 29, 43.

cest Pron. 81, 14 cestui obl. s. m. f. 81, 16, 31 cist n. pl. m. 81, 19 cest obl. pl. m. 81, 22 cesta s. f. 81, 29.

cha, chai, che, cho s. ca, dechai, que, zo.

chiamar ('rechiamar per enganare') 89, 3.

chuf, cuf 'pili super frontem' 58, 26.

cius 'summitas arboris' 51, 36.

cinc 'quinque' 11, 2, 20 cinq 𝔄 sinc ℭ 1, 13, 24.

cinglar 'stringere equum cum cingla' 29, 2.

ciriers 'cirarius vel citharista' 49, 14.

cirurgias 'cirurgicus' 45, 29.

cisclar 'valde clamare cum voce subtili, alta voce clamare' 29, 45; 89, 1 ciscla, giscla 3 s. prs. i. 66, 7.

citar 'citare' 29, 1.

citolar, sitular 'tintariçare, citarizare' 28, 22.

civitatz obl. pl. f. 'civitas' 45, 4.

clamar 'clamare, conqueri' 29, 37 -ma 3 s. prs. i. 9, 33 -ms 2 s. prs. c. 42, 6.

claus 'querela' 42, 5 s. re-.

claps 'acervus lapidum' 40, 10.

clars 'clarus' 43, 21; clara f. 60, 42 s. esclaira.

clas 'concordia campanarum' 7, 35 'campararum sonus' 45, 6.

classciar 'campanas pulsare' 29, 35.

claure 'claudere' 36, 41 claus 3 s. prt. 23, 22; 44, 5 p. prt. 8, 2; 44, 4; 77, 31 s. contra-, enclaus, con-, reclus.

claus 'clavis' 44, 3 s. des- enclavar.

clergues (ℭ clerges ℬ Subst. n. s. m. 80, 8 clergue obl. s., n. pl. 68, 15; 80, 14 clergues obl. pl. 80, 18.

clis 'inclinatus' 52, 21 s. a-, declina.

clobs 'claudus' 53, 15.

clocir, glozir 'galinarum est' 36, 21.

cloquiers 'campanile' 48, 32.

clotz, glotz 'locus cavus' 58, 6.

coartz 'timidus in bello' 43, 6.

cobeitar 'concupiscere' 29, 10.

cobla Subst. f. 84, 12, 46 (gobla ℬ); 86, 45; 87, 22, 32, 34, 36.

cobleiar 'coblas facere' 29, 13.

cobrar 'recuperare' 29, 15.

cobrir 'cooperire' 36, 25 cubrir 20, 46 cubri o cuberc 3 s. prt. 22, 35 s. des-, recobrir.

cobs 'testa capitis' 53, 24.

coçens 'urens' 47, 19.

cocs 'coccus' 𝔄 53, 42.

cogotz 'cuius uxor eum adultcrat' 58,25.

coguls ['cuculus'] 58,34.

cchtz 'coctus' 55,17 coitz, ccihtz 55, 24 s. bes-, re-.

coidar ('adorar') 89,5.

cointa 'apta' 5,46 s. condeiar.

colar 'colare' 29, 16 -la 3 s. prs. i. 63, 23 -ls 2 s. prs. c. 54,46 s. es-.

colbs 'ictus' 53,30.

colerics 'collericus' 51,14.

colha 'pellis testiculorum" 61, 22.

colhers 'colloquiarium' 48,31.

colhz 'testiculus' 55,2 s. escolhar.

coloms 'columbus' 55,19.

coloritz 'coloratus' 52,27 s. escoloritz.

colors 'color' 56,2 -r 76, 33, 44.

cols 2 s. prs. i. 'colere' 54, 35 -lc 3 s. prt. 23,1 -lgra, -lria 1 s. cond. 15,3 s. coutz.

colz 'collum' 54, 11 s. a-, percola, degollar.

com ℬℭ, 18, 37 𝔄, con ℬℭ qom, qon ℭ; quom ℭ 70, 43; cum 𝔄, cun ℭ 2, 13, 41; 11, 6; 77,34; tantas cum 'quantas' 3, 43 apenre con deu 67, 10; 63,38; 73,12; 76,4,21; 79,14; 81, 11, 45; 70, 22,44; 72, 37, 38, 40; 74, 22; 78, 24; 82,44; 84, 1; 85,15; 71, 45 s. si; aici autresi; 'Conjunctivzeichen 11,14; 15,35, 39 u. s. w.

comandar 'precipere, imperare, mandare' 13,19; -nda 3 s. pr. i. 11,9 -ns 2 s. prs. c. 42,3.

comans 'mandatum' 42,2.

començamen, comensamen obl. s. m. 'principium' 27, 33.

comes 'vocatus' 7, 20 s. escometre.

comparatio 𝔄 comparation ℭ comparativa ℬ 39, 14.

compastar s. pastar.

complida ℭ adj. s. f. 5,4, 10; 72,14.

comprendre ℭ 24, 23 compres p. prt. 7,24 s. esconp.-

coms 1) 'comcs' 2, 34; 55, 14; 80,8; conte ℬ comte ℭ obl. s.; n. pl. 68,14; 80, 12 contes ℬ comtes ℭ obl. pl.

80, 17 s. ves-. 2) 'equus habens cavum dorsum' 55, 20.

comtals 'ad comitem' 40,14.

comtat ℭ obl. s. 87, 17.

comtors 'parvus comes' 56,19.

comus 'communis' 1, 25; 60, 25 -un obl. s. m. 72,39; 73,43 n. pl. m. 2, 11; 78, 34; 89,43 -uns ℬ -us ℭ obl. pl. m. 73, 23 -una s. f. 1, 10 -unas pl. f. 72,21, 31, 35; 73, 3, 26, 45; 78, 26.

comunals 'comunis' 40,25 -lmen Adv. 'generaliter' 13, 40.

conbatutz 'preliatus' 59,41.

concagar 'cum stercore deturpare' 29,22.

concebre 'concipere' 35, 12 -ceup 3 s. prt. i. 21,33. s. caber.

conclus, conglus 'conclusus' 8,34; 60, 7; 77, 31.

condeiar 'valde se in cunctis aptare' 29, 17. s. cointa.

condophyers 'cocanarius' 49, 22.

confes 1) 'confessus' 7,31; 49,40; 77,30 2) 3 s. prs. c. 49,40.

confondre 'ad nihilum redigere, confundere, consumere' 35, 18 -funs, -fons 2 s. prs. i. 55,41 -fondens p. prs. 47, 33.

confortar 'confortare' 29,8.

confortz 'confortatio' 57,2.

confus 'confusus' Adj. 8,35; 11, 33; 60,13.

confusios, -zions 'confusio' 23,26.

conhz 1) 'cuneus cum quo lignum finditur' 55,30 2) 2 s. prs. c. 'cuneo claudere' 55, 32.

conjugaço 𝔄 conjugazon ℭ obl. s. 'conjugatio' 11,31; 12,6; 13,14, 37; conjugatzo 𝔄 conjugazo ℬ 60,29; 61,31 conjugaços n. pl. 11,25; obl. pl. 11,32.

conjunctios 'conjunctio' 1, 6; 39, 34 conjunctio obl. s. 71, 36; 82, 15.

conjunctius 11,4, 12.

conjura 3 s. prs. i. 'adjurare' 60, 19.

conoisser 'cognoscere' 14,35; 67, 7, 31; 70, 27; 85, 23, 28 se conosser 𝔄 3,1 se conciser ℭ 3, 1, 7 conuiscer ℭ 14, 35.

conosc 1 s. prs. i. 67, 15; 75, 40
conois 3 s. prs. i. 2,41; 70,20. conoc
3 s. prt. 22,42 conoissera 3 s. fut.
67, 27, 31 conoseria o conogra 1 s.
cond. 14, 43 conoissens p. prs. 47, 9
conogutz p. prt. 39,31; 59,5 conogut
obl. s. m. 24, 38; 26, 4; 67, 4 s.
des-, re-.
conortz 'consolatio' 56,45.
conortar 'consolari' 29,7; 88,26.
conpags Subst. n. 79, 30 -aignon obl.
s.; n. pl. 79,37 -agnons obl. pl. 79,44.
conplais 3 s. prt. 'conqueri' 23,13.
conplitz 'completus' 52,36 complida f.
s. ℭ 5, 4, 10; 72,14.
conpost, compost 8,2; 22, 1, 10, 11;
23,42, 43, 45; 24,1, 2 obl. pl. 24,30,
35 compostz 𝔄 7,23; ℭ 24,30 com-
potz ℭ 6, 44; 7,23 composta f. 2,36.
conquerer, -erre 'aquirere' 36,16.
cons 'vulva' 55,38 s. cuns.
consegre 'consequi' 36,9 -ecs 2 s. prs.
i. 45,23 -ega 3 s. prs. c. 65, 2 -eguet
3 s. prt. 22,7.
conselhar 'consilium dare, consulere'
29,19 -elha 3 s. prs. i. 64, 5 -elhz
2 s. prs. c. 46,33 -ilhatz, cosseillatz
2 pl. imptv. 76,13.
conselhz 'consilium' 46,33.
consentire 'qui consentit' 4, 21.
consirar 'considerare' 29,14; 88,24 -rs
2 s. prs. c. 52,7 s. es-.
consirs 'consideratio' 52, 6.
constreis 3 s. prt. 21,40.
construction obl. s. ℭ 5, 23 s. destruis.
contar 'computare' 29,21.
contendre 'contendere' 11,44; 35,23.
contenir 'continere' 87, 5 se -te 3 s.
prs. i. pass. 26,8 -tenens p. prs. 47,15.
continuada Adj. f. s. 86,37 -as f. pl.
86, 33, 37.
contorns 'unus sulcus aratri' 57,20.
contra Prop. 4,6; 16,14; 83,22 s. en-.
contraclaus 'clavis facta contra clavem'
44,7.
contrafortz 'pars corii in corio appo-
sita' 57,3.

contrais 3 s. prt. 'debilem facere' 23,19.
contrapes 'contrapondus' 7, 12; 49, 46.
contrahtz 'debilis pedibus vel manibus'
44,41.
convers 'conversus' 6,46; 48,18; 77,32.
copulativas n. pl. f. 39, 36.
cora 'quando' 39,43; 62,6.
coralhz 'corallium' 41,32.
corbs 1) 'corvus' 57, 42 2) curvus
57, 46.
cornar 'tubam sonare' 28, 27 -ns 2 s.
prs. c. 57, 5.
cornilha 'cornix' 64,37.
corns 'cornu' 57,3 'tuba vel buccina'
57,4.
corolar, coreiar ' oreas ducere' 29, 11.
coronar 'coronare' 29,9.
corre 'currere' 36,4 coren, corron 3 pl.
prs. i. 8, 43; 87, 16 corri o corec
22,36 cors 3 s. prt. 56,45 s. a-, so-.
correhtz 'corrigia vel çona' 51,15.
cors 1) 'cor' 8, 25; cor obl. 69, 25, 45;
77, 17 2) 'corpus' 8, 24, 27; 56, 28;
75,33; 76,2; 77, 29 3) 'cursus' 8,28,
30; 56,44 s. acorsar.
corseira 'discurrens mulier' 61, 3.
cortehtz 'colloquium militum cum do-
minabus' 51, 11 (s. 30, 26).
cortes 'urbanus' 7,9.
cortesia 'curialitas' 6,14.
cortz 1) 'curtus' 57,29 2) 'curia' 57,28.
cosdura 'sutura' 60,36.
cosutz 'consutus' 59,40 s. des-.
cotz 1) 'permutatio' 58,10 2) 'lapis ad
acuendum' 58, 23 s. es- 3) 'parvus
canis' 58, 24.
coutelz 'cultellus' 46, 46 coltel obl. s.
83,1.
coutz 'cultus vel patiens' 57,36 s. cols.
covenir, convenir 'expedire' 37,39 -ven
a 'oportet' 2, 20; 11,34 aqel s'estrai
d'aco qe a convengut 83,1.
covens 'pactum' 47,31.
covertz 'coopertus' 49,17 s. des-.
covinens 'conveniens' 47,45.
covir ('volgo') 89,9.

cracs 'sanies naris' 40,18 s. escracar.

crancs 'crançum' 42,38.

craucs 'sterilis' 43,35.

creire 'credere' 36,32; 1 s. prs. i. crei
83,45; 84,6, 34 cre 84,1, 16, 23;
3 s. prs. i. cre 82,33; 83, 43; 84, 7,
17, 23, 30 crezas 2 pl. prs. i 69, 35
crezens p. prs. 47,22 creutz p. prt.
59,8 s. des-, mes-, recre-.

creisser 'crescere augere' 35,3 creis
3 s. prs. i. 46, 15 crec 3 s. prt.
21,29 cresca 3 s. prs. c. 65,21 creis-
sens p. prs. 47,24 cregutz p. prt.
59,34 s. descreissens.

cremar 'incendere' 29,40.

crestiana Adj. s. f. cristianas pl. f. 68, 12.

cridar 'voce personare' 29,4.

crila, grila 3 s. prs. i. 'cribrare' 63, 2.

criminals 'criminale' 40,32.

crims 'crimen' 51, 35 crim ('peccato')
88,25.

critz 'clamor' 52,21.

crivelar 'bladum purgare' 29,6.

crocs, grocs 'croceus' 53,43 s. grocs.

cropir, gropir 'super talos sedere' 36,22
s. a-.

crotz, croz 'crux' 8,32.

crus 'crudus' 60,16.

cubeitos ('cupido') 89,36.

cuca ('fretia') 88,27.

cug 1 s. prs. i. 87,16, 27 se cuian 3 pl.
prs. i. 𝔅 70, 24 cuion ℭ 70, 17, 22,
24 cuion 𝔅 cuidon ℭ 69, 15 cuiet
3 s. prt. 87,37 se cuieriant 𝔅 cuierion
ℭ 68, 43 s. otracuiament 69, 16.

culhir, cuilhir 'colligere' 36,29 colhz
2 s. prs. i. 54,32 s. a-, recolhir.

culs, guls 'culus vel anus' 58,32 s. a-,
recula.

cuns Subst. 𝔅 73, 38 s. cons..

cura 'cura' 60,41.

cutz 'vilis persona' 59,26; 88,30.

dalhz 'falx ad secandum fenum' 41,22.

damnar 'damnare' 29,25.

dampnatge obl. s. 83,16.

dams 'genus cervi' 42,11.

dançar, danzar 'ad coreas saltare, du-
cere choream' 29, 26 danza ℭ 2 s.
imptv. ℭ 10, 5 dance 3 s. imptv.
13, 21.

dancs 'color quidam' 42,39.

dans 'damnum' 42, 34 dan obl. 84, 22.

darai 77,11 s. donar.

dare 𝔅 Adv. 81,10 s. derrier.

dartz 'telum' 43,9.

datius 2,39; 75,17, 21 datiu obl. 73, 18.

datz 'taxillus' 44,34.

daurar 'deaurare' 29, 27 -ra 3 s. prs. i.
62,16 s. -sobre-.

de Praep., vor Voc. d', wird mit ange-
lehntem Artikel lo, los zu del, dels,
delz, des 1) Abhängig von Subst.
Pron. Zahlw. Adv. 9, 1; 27, 33; 45,4;
77,39; 87, 18, 19; 15, 6; 67,8; 70,15 ;
50,11; 77, 20; 84,45; 85,1 ; 86,23;
83,12; 85,40; 75,13. 2) von Compar.
6,39; 70,4, 34; 81,35. 3) von Verb.
1, 24; 2, 43; 70, 36; 71, 25; 81, 24;
68,2; 70,9; 76,1; 79,28; 16,44; 85,
21; 69,39; 70,23; 39,25; 69,21; 71,17;
82, 45; 70, 15; 1, 22; 3, 2. 4) Mit
folg. Inf. 67,1, 6; 68,35; 69,45; 68,
27; 87, 29. 5) sonst d'una guisa
82, 18; 70, 46 de joi 84, 28 del
semblan ℭ 80, 29 de novel 74, 42
de leu 83, 31 d'aisi 5, 28 d'aitan
'tantummodo' 2,19 d'aqui enan 'de
cetero' 39, 38 d'aqui en reire 'olim'
39, 38 denan 'ante' 3, 3, 15; 17, 5
derenan 'de cetero' 39, 37 deret ℭ
3, 15; 17, 6 dare, derrier 81,10 de
çhai 'inde' 39,11 delai 'illuc' 39, 10;
86,41 defors 'foris' 39,10 dins 'intus'
39, 9 dinz ℭ 78, 33 dema, deman
'cras' 38, 36 desus 'superius' 3, 46;
73, 28 de tan cum 'quantum' 15, 8
de tot 'ex toto' 60, 38.

debonaire Adj. s. f. 75, 45.

dechacer, decazer 'depauperare, di-
vitias amittere' 35, 26 decaçez 3 s.
prt. 21, 26.

decebre 'decipere' 23, 44; 35, 10 -eup 3 s. prt. 21, 33 -eubutz p. prt. 59, 12.

declina 'declinare' 3 s. prs. i. 9, 39 si de- 9, 30 se -inon 3 pl. prs. i. 6,43 s. endeclinabel.

declinazos, -azons n. s. 5, 38; 6, 40 -aço, -azon 6,3 -atio 6, 13 obl. s.; -ations obl. pl. 73, 14.

decs 1) 'terminus' 45, 13 2) 'vitium' 45,28.

defendre 'defendere' 11, 44; 35, 15 -ns 2 s. prs. i. 47, 33 -endens p. prs. 47, 31 s. deves.

degas 'decanus' 45, 21.

degastar 31, 31.

degolar 'decapitare, precipitare' 30, 7 -la 3 s. prs. i. 63, 7.

degotar 31, 44.

deirengar, derençar 'de serie militum (militem) exire' 29, 38 derengat 'deschierato' 89, 3.

deirocar 'diruere, precipitare' 29, 33 -cs 2 s. prs. c. 53, 46.

deirocs 'pes ligneus propter ludum' 54,8.

deiunar 'jejunare' 29, 46 s. des-.

deius 'jejunus' 60, 10.

delechos Adj. 77, 28.

delehtz 'delectatio' 50, 22.

delir 'destruere' 36, 35; 89, 44 -itz p. prt. 52, 25 -it obl. 26, 7.

delivrar 29, 42; 31, 21.

demandar 'requirere, petere' 29, 43; 69, 1 -da 3 s. prs. i. 11, 7; 69, 4 domanda ℬ 69, 1 demans, -nt 2. 3 s. prs. c. 42, 8; 85, 36.

demans 'petitio' 42, 7.

demora 3 s. prs. i. 'morari vel ludere' 61, 40.

demostrar 'ostendere, indicare' 73, 5 (refl.); -tra 3 s. prs. i. 9, 2; 11, 5 -tron 3 pl. prs. i. 71, 31, 39; 72, 12, 23, 28; 73, 2 -tran ℬ 72, 14, 45 ℭ 9, 23 -tren 𝔄 9, 23.

demostramen obl. s. 39, 1.

demostratiu Adj. n. pl. 9, 22.

dens 'dens' 47, 26.

departir 'dividere' 37, 9 -tz 2 s. prs. c. 43, 22.

deportz 1) 2 s. prs. c. 'ludere' 57, 23 2) 'ludus in spaciando' 57,22.

deribar 1) 'extra ripam exire' 30, 11 2) derips 2 s. prc. c. 'abstrahere clavos' 51, 37.

derivatius 'derivativus' 1, 20 -iva f. 1, 16; 38, 17.

derreira 'ultima' 61, 8 s. derrier (de 5).

dertz 3 s. prs. i. 'erigere' 49, 33 ders 3 s. prt. 22, 38; 48, 38; p. prt. 8. 13; 48, 37 s. a-.

des 'discus' 7, 16; 50, 5.

desampara 3 s. prs. i. 'derelinquere' 60, 45.

desaprendre 'dediscere' 35, 34.

desarmar 'arma deponere' 30,3.

desarrar ·aperire serram, auferre' 30,15.

desastrucs 'infortunatus' 58, 8.

desaventura 'infortunium' 60, 23.

descaer ('descadere') 89,40.

descans 'cantus contra cantum' 42, 31.

descargar 'exonerare' 30, 10 -rcs 2 s. prs. c. 43, 40.

descausir 'vituperare' 36, 20 ('sconoscere') 89, 1.

descausitz 'rusticus, injuriosus' 52, 32.

descauzar 'discalciare' 30,1 -altz 3 s. prs. c. 41, 3.

deschautz, descaltz 'discalciatus' 7, 40; 41, 2.

descendet 3 s. prt. 'descendere' 22, 12.

desclavar 'clavos extrahere' 30, 13.

descobrir 'discoperire' 36, 27.

descombrar 'ab impedimento locum purgare' 29, 31 s. encombriers.

desconoc 3 s. prt. 'ignorare' 22, 43 -noissens p. prs. 47, 10 -nougutz, -nogutz p. prt. 'incognitus' 59, 6.

descortz 1) 2 s. prs. c. 'discordare' 56,41. 2) 'discordia vel contilena habens sonos diversos' 56, 42 s. a-.

descosutz 'disconsutus' 59, 44.

descovertz 'discopertus' 49, 18.

descrei, -cre 'recedere a fide' 1. 3 s. prs. i. 82, 34; 83, 44, 46 -rezens p. prs.

47, 23 -reutz 'incredibilis, ille cui non creditur' 59, 9.

descreissens p. prs. 'dissipare, diminuere' 47, 25 -regutz p. prt. 59, 35.

desdejunar 'frangere jejunium' 30, 21.

desela 3 s. prs. i. 'sellam tollere' 62, 12.

desertz 'desertum' 49, 19,

deservir 'serviendo offendere' 37, 33.

desfazens p. prs. 'destruere' 47, 29 -fahtz p. prt. 44, 26.

desfiar 'diffidere vel minari' 31, 13 -ia 3 s. prs. i. 65, 25.

desflibar, desfiblar 'pallium deponere' 30, 17.

desfica 3 s. prs. i. 'evellere' 65, 35.

desfila 3 s. prs. i. 'extrahere filum' 62, 43.

desgitar 'ejicere' 29, 40.

deshonors, desonors 'dedecus' 56, 24.

desirar 'desiderare, optare' 30, 6; 89, 41 -ira 3 s. prs. i. 11, 11; 61, 20.

desires Subst. n. s. m. 4, 26.

desirs 'desiderium' 52, 9.

deslei ℬ 89, 4.

desleials 'injustus' 40, 7.

deslia 3 s. prs. i. 'solvere' 65, 20.

desmalha 3 s. prs. i. 'spoliare' 63, 46.

desmandar 'mandata revocare, mandare contra mandatum' 29, 44 -ns 2 s. prs. c. 42, 9.

desmentir 'dicere mentiris' 37, 43.

desmesura 1) 3 s. prs. i. 'facere contra mensuram' 60, 3 2) superfluitas 60, 2.

desnatura ℬ disnatura 𝔄 3 s. prs. i. 'facere contra naturam' 60, 34.

desola 3 s. prs. i. 'dissuere soleas' 63, 15.

desossa 'carnes ab ossibus removere' 65, 45.

desparelha 3 s. prs. i. 'dispares facere, paria dividere' 64, 8 -lhz 2 s. prs. c. 46, 36 s. aparelha.

despendre 'a suspendio diponere (liberare), expendere' 35, 46 -ns 2 s. prs. i. 47, 26 -ndutz p. prt. 59, 17, 19.

despehtz 'dispectus' 50, 18 s. respehtz.

desplaçer, -zer 'displicere' 35, 30.

despolhar 'ex(de)spoliare' 29, 41 -lha

3 s. prs. i. 64, 6 -lhz 2 s. prs. c. 54, 43 -lhatz p. prt. 39, 32.

desponre 'de(dis)ponere 36, 13 -os 3 s. prt. 23, 3.

despulçelar, -pouzelar 'corrumpere virginem' 30, 4 -puzela 3 s. prs. i. 62, 8.

desroilha 3 s. prs. i. 'auferre rubiginem' 64, 34.

dessala, desa- 3 s. prs. i. 'salem tollere' 62, 37.

destendre 'arcum vel balistam laxare, distendere' 35, 21 -ns 2 s. prs. i. 47, 28 -ndutz p. prt. 59, 26.

destenher 'tincturam removere' 35, 46.

destolha 3 s. prs. c. 'deruere' 64, 9.

destorbar 'in aliquo facto se opponere' 29, 34.

destorbiers 'turbatio' 48, 24.

destors 3 s. prt. 'distorquere' 23, 10.

destrenher 'constringere' 35, 2 -egnes, -egnetz 2 pl. prs. i. 77, 19 -eis 3 s. prt. i. 21, 39 -ehtz p. prt. 51, 14 destreit obl. 25, 1.

destriers 'destrarius' 2, 43; 49, 26 -ier obl. s. 2, 44.

destrics ('briga con travallio') 89, 38.

destrigar 'occasionem more dare, impedire' 29, 36 -iga 3 s. prs. i. 65, 7.

destruis 3 s. prt. 'destruere' 22, 32 s. construction.

desvestitz 'qui reddit investitionem unde fuit investitus' 53, 25.

desviar 'deviare' 30, 9.

desvoutz 'extentus, ad filum pertinet' 57, 29.

determinazon Subst. 16, 33.

detirar 'valde detraere (trahere') 30, 19.

detrossa 3 s. prs. i. 'sarcinam [tollere'] 66, 8.

detz 'digitus' 50, 27.

deus 'deus' 3, 35; 6, 18; 51, 21 dieus ℭ 16, 1; 20, 25; ℬ ℭ 69, 22.

deveires ℬ = devencires ℭ Subst. n. s. 80, 27.

develha ℬ 64, 1.

dever 'debere' 11, 39; deu 3 s. prs. i. 3, 31; 67, 26; 70, 21; ℭ = pot ℬ

82, 17; 83, 34; 85, 34 deu on dir ℭ
= ditz hom 𝔅 80, 12, 17; 81, 13 dieu
ℭ 68, 10; 70, 2 devez 2 pl. prs. i. 𝔄
4, 27; 5, 41 devetz 𝔅 38, 26; 39, 27;
78, 33; 80, 3 ℭ 4, 46; 5, 37 deves ℭ
3, 16, 31 deves 𝔅 devetz ℭ 67, 14;
73, 20; 74, 9 u. s. w. si devon 3 pl. prs.
i. 84, 7 dec 3 s. prt. 21, 32 devia 3 s.
imperf. ℭ 83, 35; 84, 18 degra o devria
3 s. cond. i. 14, 43 degra 19, 32;
67, 29; 83, 17, 24 degran 3 pl. cond.
ℭ 84, 32 degut p. prt. obl. 24, 40
devers 1) Subst. 'debere' 48, 35 2) Adj.
ℭ 6, 45.
devertucs 'apostema ex(in)trinseca'
58, 19.
deves, defes 'locus defensus' 7, 15;
50, 12; 89, 46.
devinalhz 'divinaculum' 41, 33.
devinar 'divinare' 29, 30.
devire o devir 'dividere' 36, 23; 89, 45
-izon 3 pl. prs. i. ℭ 71, 18 devis p.
prt. 52, 45.
devis 'divinus' 52, 44.
devora 3 s. prs. i. 'devorare' 61, 42.
dia 'dies' 65, 26; 68, 17 (jorns 𝔅).
dicios; obl. -cion ℭ 38, 8, 9, 12 'dictio';
-tios, -tions 𝔄 3, 32, 34.
dictar 'dictare' 30, 23.
diminutius Adj. obl. pl. m. 'deminuti-
vus' 50, 46.
diniers 'denarius' 48, 22.
dire 'dicere' 2, 15, 20; 82, 7; 𝔅 68, 19;
ℭ 67, 20 dir 9, 15, 21; 12, 7; 67, 13;
73, 32; 74, 4 dic 1 s. prs. i. 5, 8; 9, 14,
: 19; 70, 8; 71, 3 dig 𝔅 68, 2, 8 diçi o
˙ dic 12, 28; 19, 27 dis o dizes 2 s.
prs. i. 𝔄 19, 27 ditz, diz 3 s. prs. i.
1, 4; 18, 35; 19, 28; 53, 7; 78, 16, 27;
82, 18 dis 𝔅 ditz, diz ℭ 74, 37; 75, 32,
34, 36, 38, 46; 81, 34; 86, 9 dizon 3
pl. prs. i. 70, 40, 45; 87, 3 si (se) dizon
pass. 77, 40; 78, 30 se diçen 𝔄 2, 7
dissi, dissist 1. 2. s. prt. 20, 34 dis
3 s. prt. 𝔄 ℭ 20, 42; 22, 26; dieis 𝔅
diz ℭ 75, 31; 83, 18; 84, 21, 26, 28, 43;

85, 4, 9; 87, 11, 14 dissem, dissez
dissen vel disson pl. prt. 21, 19.
dizia 3 s. impf. i. 72, 16; 74, 33, 37.
dizion 3 pl. impf. i. 68, 44 dirai 1 s.
fut. 3, 34; 68, 36 dira, diran 3 s.
pl. fut. 67, 29; 83, 32 dissera,
diceras, disseras, disera dissera, di-
seram disseram, diceratz disseratz,
diceren; diria, ias, ia, iam, iatz, ien
cond. 14, 1—7; 74, 39; 84, 1; 85, 14
diga 1 s. prs. c. 26, 15; 77, 22 digas
2 s. prs. c. 25, 10 diga 3 s. prs. c.
25, 11; 65, 12 digan, digatz digon
pl. prs. c. 25, 13—16 disenz p. prs. 𝔅
83, 34 dihtz p. prt. 53, 5 ditz 9, 13;
16, 38; 39, 19 dit neutr. 3, 45; 4, 3,
32; 15, 9; 25, 32; 27, 32, 36 dig 𝔅 ℭ
10, 15; 23, 36; 78, 4; 83, 27; 87, 24
dich 𝔅 74, 35 dit obl. s. m. 5, 28;
24, 43; 39, 26; ℭ 74, 6 dig 𝔅 ℭ 73, 28;
81, 44; 87, 27 dit n. pl. m. ℭ 5, 13;
67, 17 dig 𝔅 67, 17 ditz obl. pl. m.
𝔅 84, 33 ℭ 86, 21 dit (nach aver
mit vorherg. Obj.) 4, 28; 6, 41; 8, 41;
19, 31 dig ℭ 11, 21; 𝔅 86, 21 dich
74, 1 dicha s. f. 68, 30; 80, 2; pl. f.
dichas 85, 26, 27, 39; 87, 20 s. beneçir,
es-, escon-, mal-, mas-, sobre-.
disjunctivas 𝔄 39, 42.
disnar 'prandere' 30, 22; 39, 35.
disnars 'prandium' 43, 22.
dispers, despers 'dispersus' 8, 11.
dissipar 'dissipare' 30, 24.
dit Subst. obl. s. m. ℭ 68, 6 dig 𝔅 68, 7
ℭ 68, 9.
divers Adj. n. pl. m. 19, 24; 20, 42.
doblar 'duplicare' 30, 28 se d- inf. 21, 2
se -la 3 s. prs. i. 12, 6, 25.
dohtz 'doctus' 55, 21.
dolar 'dolare' 30, 29 -la 3 s. prs. i. 63, 9.
dolc 3 s. prt. 'dolere' 23, 1 -lha 3 s.
prs. c. 64, 10 -lens p. prs. 47, 27, 44.
dolha 'foramen quo asta inferit' 64, 23.
dolhz 'dolium vel foramen dolii' 55, 10.
domna 𝔄 2, 16 -na 𝔄 -nna ℭ 2, 18, 26
-mpna ℭ 2, 17; 5, 20, 45 -mpna 𝔅

-mna ℭ 75, 33, 35; 76, 30; 77, 19; 83, 21; -npna 75, 31, 44; 76, 40 -nna ℬ 78, 41; 79, 22 midons ℬ sidonz ℭ obl. s. 79, 24; 86, 43 (sa -mpna ℬ) -nas n. pl. 𝔄 2, 21 -mpnas ℬ -nnas ℭ 79, 26.

domneiar 'cum dominabus loqui de amore' 30, 26 (s. 51, 11).

doms 1) 'domus communis' 55 16 2) 'dominus' 55, 30 dons 55, 33.

don 'quorum, quarum, de quibus' 4, 28; 6, 27; 14, 19; 23, 40; 24, 12; 73, 5; 85, 45.

donar 'dare' 11, 35; 30, 25; 75, 29 se -et 3 s. prt. 69, 38 -ava 1 s. impf. i. 16, 16 -arai 1 s. f. 75, 43; 77, 15 (darai ℬ); donrai 76, 3, 10 -ar (dar ℬ) vos n'ai 73, 35; don 3 s. prs. c. 83, 22.

doncs (l'ora) 89, 42 s. a-.

donzela 'domicella' 62, 33.

doptar 'dubitare' 30, 30 ('temere') 89, 43 dopt ℭ dot ℬ 1 s. prs. i. 84, 27.

dorcs 'anfora' 56, 17.

dormir 'dormire' 12, 3, 14, 21 -ms 2 s. prs. i. 57, 11 -mi, -mist,' -mi s. prt. 20, 37, 43 -mira, -as, -a, -am, -az, -en; -miria, -ias, -ia, -iam, -iatz, -ien cond. 14, 22—30; 61, 34 -mis, -isses, -is, -issem, -issez, -issen o-isson impf. c. 26, 44—6 -mit p. prt. 24, 14; 26, 6 s. a-.

dorns 'mensura manus clause' 57, 15 s. a-.

doucors, douzors 'dulcor' 56, 28.

doulz, douç 'dulcis' 8, 21 doutz 57, 44.

dracs 'draco' 40, 19.

draps 'pannus' 40, 9.

drehtz 1) 'jus' 51, 3 2) 'rectus' 51, 3 -eig ℬ -eit ℭ n. pl. m. 86, 6 -eita s. f. ℭ 5, 7 -echa ℬ ℭ 70, 4, 14, 28; -eccha ℬ 75, 16, 26, 28; 77, 9 -eicha ℬ 67, 5, 11 -eg ℬ -eit ℭ Adv. 86, 20 s. a-.

dreitura 'justitia' 6, 15; 60, 17 s. a-.

drogomans 'interpres' 42, 13.

drutz 'procus, qui intendit in dominabus' 59, 27.

ducs 1) 'dux' 58, 5 duc n. pl. 68, 14 2) 'quidam avis' 58, 5.

dui Zahlw. n. m. 79, 3; 74, 30 doscent 79, 7 dos obl. m. 73, 15, 46; 74, 14, 29 ducentz 79, 12 doas f. 1, 15; 2, 31; 76, 28; 80, 2; 82, 27 duas ℬ 77, 22.

durar 'durare' 30, 31 -ra 3 s. prs. i. 60, 7 s. en-.

durs 'durus' 59, 7; dura f. 60, 6.

E Cop. 1) e vor Cons. 𝔄ℬℭ 1, 10, 17; 2, 4, 37; 23, 29, 32; 39, 25, 37; 68, 13; 70, 21; 72, 23; 86, 18; 87, 4; mit enklit. Art. dem ein cons. anl. Wort folgt m. s.: el 3, 21; 16, 5; 21, 25; 73, 16; 85, 12 [aber e l'emperatius 25, 14 et (e) l'acusatius, l'ablatius 75, 17, 21 et l'autres 83, 12]; m. pl. n. ℬ 68, 27 (e li ℭ); 75, 24 [aber e (et) li 3, 20; 75, 20; 77, 11 e l'autre 𝔄 21, 12 e li autre ℭ 21, 12; 80, 28 et (e) li auzidor 69, 10]; obl. pl. els entendedors 82, 38; mit enklit. Pers. pron. el mostri 9, 20. 2) e höchst selten vor Vocalen: 𝔄 2, 12, 23, 26; 𝔄 ℬ 39, 35. 3) et vor Voc. 𝔄ℬℭ 6, 22, 25; 11, 41; 75, 36; 77, 3, 5, 19; 84, 21, 45; 85, 7 4) et vor Cons. bes. in ℬ, u. Donat. ℭ; 𝔄ℭ 10, 39; 14, 31 20, 1; ℭ 3, 15; 4, 26, 46 u. s. w.; 74, 26, 27; 77, 33; 82, 15; 87, 15 ℬ ℭ 67, 4; 70, 34; 71, 11, 32; 72, 21; 75, 10; 82, 4 ℬ 67, 7, 15; 68, 16, 27, 33 u. s. w. 5) e ℬ o ℭ 71, 32; e ℭ, o ℬ 70, 7; 78, 12; e ℭ ni ℬ 69, 1; et ℭ mas 𝔄 6, 8; e 𝔄 mas ℭ 8, 43; e ℭ pero ℬ 67, 12 et 𝔄 sitot ℭ 16, 14 et si 'quamvis' 22, 19.

ec estreit Endung 21, 30.

ecs larg, estreit 45, 9, 26.

effredar 'timorem immittere' 30, 7.

effreis 89, 44.

ega 1) Endung 65, 38 2) 'equa' 65, 40; 89, 39.

egalhz 2 s. prs. c. 'equare' 41, 34.

egals 'equalis' 40, 5 -lmen Adv. 8, 44
-lment ℭ 68, 33 s. adagar.

ehtz larg, estreit 50, 14; 51, 1.

eicitz, eis s. issir.

eira Endung 61, 24.

eis 1) larg estreit 45, 39; 46, 1 2) 'ipse'
46, 13 eu, tu, el, eis 9, 10 a si eus
𝔄 13, 19 aquela eissa (meteisma)
22, 22 eissamen Adv. ℭ 10, 18; 24, 32;
74, 19; 79, 1 -mentz 68, 37 -men o
-menz 𝔅 82, 11 isamen ('semilian-
temente') 90, 38 eissemen, esscemen
𝔄 5, 40; 24, 32 s met-, n-, esteus.

eisemple obl. s. 𝔅 = semblan ℭ 73, 36.

eissart 'proscindere vomere' 89, 46
essartz 2 s. prs. c. 43, 8.

el Pron. 1) beim Verb. n. s. m. 𝔄 3, 40;
5, 28; 𝔄 𝔅 39, 35; 𝔅 85, 4; ℭ 3, 11;
10, 43; 69, 2; 83, 11; 85, 4; 86, 45;
87, 29 li dat. m. 69, 6; 70, 16; 86, 22
lo acc. s. m. 3, 23; 70, 20 l' vor Voc.
5, 29; 68, 42, 45; 69, 44 l enklit. vor
Cons. 3, 21; 9, 19; 67, 10; 68, 10; 69, 8,
38 (aber 3, 13; 69, 7, 8); la acc. f.
70, 22, 29; 84, 21; 86, 23 l' vor
Voc. 68, 31; 85, 38; l enklit. vor
Cons. nur 83, 22; ill n. pl. m. ℭ
(s. cel) il ℭ 74, 39 elh 𝔄 ill ℭ
22, 19 ilh 𝔄 5, 33 los acc. pl.
m. 41, 4; 68, 43; 69, 27; 79, 10 lz
enklit. 68, 43 las acc. pl. f. 70, 43;
71, 43; 72, 25; 73, 13 2) sonst n. s.
m. 5, 32; 9, 3, 26 el meteismes 9, 7,
9, 10; 46, 14 els 81, 14 lui obl. s. m.
2, 11; 10, 10; 11, 16; 81, 16 il n. pl.
m. ℭ 9, 26 ill ℭ 10, 16 𝔅 ℭ 81, 18
els obl. pl. m. ℭ 10, 17; 81, 21 lor
gen. pl. 4, 30; 5, 15; 11, 37; 15, 17;
24, 30 (sos 𝔄); 70, 10; 68, 17; 69, 21
lur ℭ 70, 18; 81, 7 lors 𝔅 70, 24;
81, 21; ℭ 75, 8 lor (lurs) mezeis 68, 46
ella n. s. f. 81, 27 lei obl. s. f. ℭ
81, 30 ellas pl. f. 70, 11; 81, 33 s. aqu-.

ela larg estreit 62, 40, 26.

elha estreit, larg 63, 39; 64, 23.

elhz larg, estreit 46, 26, 30.

elix ('gillio blanco') 89, 37.

els larg, estreit 46, 17, 32.

elz larg 46, 38.

embargar, en- 'impedire' 30, 46; 89, 42
barcs o -rgues 2 s. prs. c. 43, 42;
60, 32 s. enbarcs.

emblar 'furari' 30, 37 -atz p. prt. 44, 32.

embotar 'utrem implere' 30, 20.

embroncs ('hom capo chino com mal
viso') 89, 25.

emparar ('retenere') 89, 10 ℭ 5, 27.

empegir ('embiensiere') 89, 6.

empenher, en- 'impingere vel pellere'
24, 28; 35, 41 enpenh 1 s. prs. i.
19, 41 empeis 3 s. prt. 21, 38 enpeinht
p. prt. 25, 4.

emperaire ℭ en- 𝔄 'imperator' 4, 11
-aires 𝔅 ℭ 80, 24, 31 -ador obl. s.;
n. pl. 68, 13; 80, 37 -adors obl. pl.
80, 40 s. ademprar.

emperairis 𝔅 -ritz ℭ 77, 41.

emperatius 𝔄 25, 15; im- 11, 3, 8; 13, 18
emperatiu obl. 13, 33; 25, 14 en-, im-
25, 10 im-, imperaziu 25, 27.

emperials 'imperialis' 40, 12.

ems larg, estreit 47, 4, 7.

en 1) Titel vor cons. anlautenden
männlichen Eigennamen. 67, 3; 75,
30, 34, 38; 77, 16; 84, 20; 85, 9; 87, 11
vor voc. anlaut.: n 77, 18; 79, 31.
Das f. dazu ist: na 1, 32; 5, 19 2) Pron.
zwischen Cons. 5, 30; 27, 31; 67, 14,
15, 26; 82, 37; 85, 8; nach Voc. 84, 20
(ne ℭ); m'en, s'en 84, 13; 86, 44; 87, 28
ren en 87, 26; vor Voc. li auzidor n'an
69, 10, 33; 75, 6; 82, 8 n'i a 72, 34;
77, 20, 35; 80, 29. 3) Praep. 'in' 1, 4,
13; 6, 22; 8, 42; 9, 1; 67, 13; 76, 22,
30, 32, 34, 38, 40, 43, 45; 82, 31; 83, 37;
87, 21. Nebenformen: a) in, nur im
Donat vor Endungen, lat. Schreibart
21, 14; 22, 22, 33 u. s. w. b) em, selten:
em plural 3, 23; 74, 36, 39 c) e, vor
Consonanten a) 𝔅 73, 23; ℭ 69, 33; 74,
30; 75, 8. Vielleicht fehlt hier nur der
Abkürzungsstrich. β) mit dem männl.

inklin. Art. des Sing.: el 2, 18; 4, 5;
5, 42, 73, 14; 74, 42; 79, 17, 29 [aber
en lo ℭ 3, 28; 9, 28; 10, 24, 25, 26;
13, 22; 17, 11; 73, 30; 76, 15, 18; 77, 1]
bei nicht inklin. männl. Art. (also
vor Voc.) steht regelrecht en 10, 19;
13, 33; 74, 19; 79, 43; 80, 10, 39; 84, 19
[aber el 13, 13, 36; 73, 19; 74, 21;
79, 43]. Ebenso vor la, welches nie in-
kliniert 3, 20; 12, 7; 82, 22; 87, 21, 35
γ) mit männl. inklin. Art. des Plur.
els 2, 6; 3, 38: 10, 20; 78, 15; 81, 7
[aber ℭ en los 10, 33; 76, 41; 79, 9;
81, 4, 29]. Der weibl. Art. inklin.
nicht: en las 3, 33. 4) Vor Adv. enaisi s.
aici; enan, enreire s. de; encon-
tra 83, 15 enfora 𝕭 73, 28 -as ℭ 74, 1
enperso 𝕭 75, 6 ensems 'simul' 2, 12,
24; 39, 35; 47, 10; 68, 24; -sens,
-sems 11, 13 -semps ℭ 69, 39 essems
𝔄 assems 𝕭 ensems ℭ 38, 45 entorn
86, 17 enveiron ℭ 70, 11 enves ℭ
vas 𝕭 86, 42.

enair ('comenzar batallia') 89, 32 s.
endir.

enalbar, enarbrar 'erigere duos pedes
et in duobus sustentari' 30, 42.

enanchar, enanzar 'proficere in aliquo'
30, 1 enans 3 s. prs. c. 42, 1.

enans 'profectus' 42, 46; 77, 33.

enantir, ennantir 'ante mittere' 37, 6.

enarcs 2 s. prs. c. 'flectere vel curvare
onus' 43, 37.

enastar 'in ligno ad astam ponere' 30, 43.

enbarcs 'impedimentum' 43, 41 s. em-
bargar.

enbartz 2 s. prs. c. 'luto inficere' 43, 4.

enborsar 'in bursam mittere' 30, 41.

enbriar, crescere, proficere' 30, 37 embria
3 s. prs. i. 65, 16; 89, 45,

enbutz 'illud cum quo mittitur vinum
vel aqua in vase, imbutus' 59, 36.

enc estreit Endung 21, 42.

encans 2 s. prs. c. 'incantare' 42, 32.

encar s. ancara.

encautz 'fuga' 7, 42 encaltz 41, 46.

enchauzar, encausar 'fugare' 30, 26 en-
caltz 3 s. prs. c. 41, 1.

encecs 2 s. prs. i. 'exsequi' 45, 20.

encega 3 s. prs. i. 'excecare' 65, 46.

encendre 'adustionem pati, incendere,
adurere' 35, 16 -es 2 s. prs. i. 50, 11
-endet 3 s. prt. 22, 16 -endens p. prs.
47, 34 -ens, -es p. prt. 7, 14; 50, 10.

enclaus 3 s. prt. i.; p. prt. 'includere'
44, 6.

enclavar 'clavum in pedem figere'
30, 27.

encolpar 'inculpare' 30, 10.

encombriers 'impedimentum' 48, 23 s.
descombrar.

endeclinabel adj. n. pl. m. 3, 25;
10, 23.

endicatius 𝔄 indicatius ℭ 11, 3 obl. en-
decatiu 𝔄 indicatiu ℭ 20, 10 endi-
catiu 𝕭 83, 40 ℭ 82, 41 indiaziu ℭ
12, 6.

endir 'inmitere' 𝔄, 'inire' 𝕭 36, 41 s.
enair.

endura 'jejunium' 60, 8.

endurar 'jeunare' 30, 45; 89, 41 -rs 2 s.
prs. c. 59, 8.

enebriar 'inebriare' 30, 15 s. eniuragar.

enemics 'inimicus' 51, 5.

enemiga 'inimica' 65, 9.

enfans 𝕭 -fes ℭ n. s. 80, 8 -fant 𝕭
-fan ℭ obl. s., n. pl. 80, 13 -fanz 𝕭
-fantz ℭ 80, 18.

enfeigner 24, 30 enfeint p. prt. 24, 33.

enferns 𝔄 'infernum' 49, 2 enfertz 90, 2.

enfinitius 𝔄 19, 19 ℭ 20, 44; infinitius
11, 4, 17, 28 u. s. w. enfinitiu 𝔄 15, 17;
16, 31, 45; infinitiu 11, 37 u. s. w.
enfenitiu obl. ℭ 78, 30.

enflar 'inflare' 30, 36.

enfoletir 'stultum facere' 36, 43.

enforcs 1) 'bivium' 2) 2 s. prs. c.
'evellere' 56, 11.

enffrei ('paido o questione') 89, 9.

enfrus 'homo insatiabilis' 60, 17.

enga Endung 64, 32.

enganar 'fallere, decipere, 30, 42 -anan 𝕭,

-anno ℭ 3 pl. prs. i. 68, 45 -gans
2 s. prs. c. 42, 41 -anatz p. prt. 39, 32
-anat pl. n. m. 68, 36; 69, 9, 17.

engans 1) 'dolus' 42, 40 2) ('egnallanza') ?
89, 38.

engolir 'avide sumere' 37, 33.

engorcs 2 s. prs. c. 'ingurgare, ingur-
gitare' 56, 14.

engres 77, 30 ęngris ('recrescevole')
89, 21.

engresisc 72, 1.

enics 'iniquus' 51, 6 enic ('nequitoso')
89, 11, 24 eniga f. 65, 8.

eniuragar 'lolio inficere' 31, 3 s. enebriar.

enlahtz 'impedimentum' 44, 29.

enlumenar 'illuminare' 31, 1.

enpahtz 2 s. prs. c. 'impedire' 44, 31.

enpaubreçhir, -ezir 'ad (in) pauperiem
venire' 36, 45.

enpenhar 'pignore mittere' 30, 11.

enprendre 'disponere' 35, 38 empres p.
prt. 7, 23.

enqueira 3 s. prs. c. 'inquirere' 61, 4;
85, 37 -quis 3 s. prt. 22, 28.

enrabiar 'in rabiem venire' 30, 45.

enraucs 2 s. prs. c. 'raucus fieri' 43, 41.

enribaudir 'more rabaldorum vivere'
36, 38.

enriquir 'ditare' 36, 44 -quic ℬ -chic ℭ
3 s. prt. 85, 11.

ens estreit 47, 17.

ensachar, -car 'in saccum mittere' 30, 39
-cs 2 s. prs. c. 40, 26.

ensais s. assaiar.

ensanglentar 'sanguine polluere' 30, 22.

ensalvatgir 'silvestrem facere' 36, 37.

ensegnament obl. s. 69, 6.

ensenar 𝔄 -nhar ℬℭ 11, 30; 30, 4 'docere';
-ennar ℬ -eignar ℭ 70, 28 -enhat p.
prt. 67, 9.

entais 'in luto mittas' 41, 32.

entalha 3 s. prs. i. 'sculpere' 63, 18
-lhz 2 s. prs. c. 41, 31.

entalhz 'scultura' 41, 30.

entamenar 'panis partem vel panni
vel alicuius rei auferre' 30, 32.

entaular 'ludum ordinare, fraudulenter
ad se trahere' 34, 19.

enteigner ℭ 24, 31 -eint p. prt. 24, 32.

entendeires 80, 26, 32 -dedor obl. s., n.
pl. 80, 37 -dedors obl. pl. 80, 41; 82, 38.

entendement obl. s. ℬ 72, 4; 75, 7 -de-
men ℬ 85, 43 -diment ℬ 68, 17; 72, 28
antendiment ℬ 72, 24 entendimen ℭ
74, 12; 76, 26; -demenz ℬ obl. pl.
73, 27, 45.

entendre 'intelligere' 5, 41; 68, 19;
69, 15; 70, 2; 71, 48; se en- inf. pass.
5, 3, 6, 18 -en 1 s. prs. i. 68, 3 -ent 69, 27;
3 s. 71, 15 -endon 3 pl. 68, 40, 42;
-endra 3 s. fut. 69, 26, 44 -endran
3 pl. 68, 42; -enda 3 s. prs. c. 69, 44;
71, 15; 87, 20 -endatz 𝔄ℭ -endas ℬ
2 pl. 13, 17; 20, 11; 70, 10 -endesson
3 pl. impf. c. 68, 45 -endenz p. prs.
67, 26; 69, 20, -endentz ℭ 69, 27, 34,
40 -endut p. prt. 25, 40.

entiers 'integer' 49, 38 -eira f. 61, 29
-eiramen Adv. 22, 17.

entravar 'duos pedes equi ligare' 34, 25.

entraversar 'in oblicum se opponere'
34, 37.

entre Praep. 70, 11; 75, 32 entretan
'interea' 39, 44.

entremetre 'intromittere' 36, 35 -emet,
-amet 1 s. prs. c. 16, 45.

entrevar 'treugas facere' 34, 7.

entro ℬ 81, 44 entro (tro) a 79, 5.

enueitz ℬ enugz ℌ 69, 21.

entruandir 'mores trutani habere' 36, 36.

enumbrar 'propter umbram timere vel
sensum amittere' 30, 13.

envaçir, envazir 'invadere' 37, 7.

enveios 'invidus' 7, 2 s. eviar.

envers 'inversus' 6, 45; 48, 16; 77, 32.

envestir 'investire' 37, 43 -itz p. prt.
53, 27.

enviar 'trasmittere' 30, 5.

envillanir, -ilanir 'pro rustico habere,
37, 1.

eps estreit 48, 1.

er 𝔄ℬ her ℭ 'heri' 38, 34 s. autr-.

era 1) larg, estreit 61,6, 18 2) s. ara.

erc Endung 22,33.

ereup 3 s. prt. 'convalescere, eripere' 21,34 -butz p. prt. 59,3 -but ('guarito') 89,7.

erms 1) Endung 49,11 2) 'incultus' 49,13 s. ad-.

erns, erps Endungen 49,42, 7.

errada Subst. f. 67, 21.

errar 'errare' 30,38 -aus 42,27.

error 67,16; 69,23.

ers larg, estreit 22, 37, 38; 48, 9, 29

ertz larg, estreit 49,16,31.

es estreit 7, 29; 15, 12; 21, 46; 49, 44 larg 49, 38.

esbaida ('sbigotita o desmarita') 89,22.

esbaudir 'valde letari' 36,40.

esblandir ('losengare') 89,26.

esbudelar 'intestina de ventre exire, trahere' 30,34.

esca 1) Endung 65,11 2) 'illud cum quo ignis accenditur vel esca cara cani' 65,22 s. ad-.

escaçer, -zer 'competere, contingere, ('convenire') 35,27 -cai, -chai 3 s. prs. i. 75,31; 89, 19 s'- 91,6 -çez 3 s. prt. 21,27 -zut B -zegutz C p. prt. 86, 46.

escaes 'ligneus ludus' 40,20.

escaira 'quadrum distrue' 65,33.

escala 1) 'scala' 62,33 2) 3 s. prs. i. 'ordinare exercitum' 62,34.

eschalha, esca- 3 s. prs. i. 'frangere' 63,19.

escalbz 'frustum teste' 41,18.

escamels 'scabellum' 46, 30.

escampar, escapar 'evadere' 30,16.

escaravahtz 'scarabeus cornutus' 44, 38.

escaritz 'solus' 52,40.

escarnir 'deridere' 37, 3 -itz p. prt. 52,41; 89.20.

escarnire 'derisor' 4,22 s. esquerns.

escars 'parcus' 43,15.

escahtz 'particula panni' 44,22.

escavelz 'alabrum' 46, 5.

escernir 'perficere' 37, 10 esciernitz ('ensegnato') 89,27.

eschovir s. estremir.

esclaira 3 s. prs. i. 'clarescere' 65, 34.

escletz 'purus' 50, 34.

escodre, escondre 'excutere granum' 24, 26; 36, 1 escos 3 s. prt. 23,4 p. prt. 24,28 -ossa f. 66, 9 s. res-, secodre.

escofir 'sconficere' 36,34.

escoissar, -isar 'per coxas dividere' 30,17.

escoissendre, escosc- 'per conis scindere, pannos scindere' 35,28.

escola 'scola' 63,10.

escola 3 s. prs. i. 'exhaurire' 63, 29 -ls 2 s. prs. c. 54,2.

escolhar 'castrare' 30,46.

escolhz 'color' 54,37.

escoloritz 'palidus' 52,28.

escometre 'provocare' 36,40 -mes p. prt. 7,21.

escondir ('disdir o ascondere') 'denegare' 89,40 -ditz 3 s. prs. i. 52,31.

escondre 'abscondere' 24,4; 25, 23 es- ascons 2 s. prs. i. 55,9; -escos 3 s. prt. 23,5 -ndet 22,15 escon imperat. 25,24 -ndens p. prs. 47,35 -ns B p. prt. 55,9 -ndut 24,4.

esconprendre 'simul accendere vel valde, incendere' 35, 40 -mprens 2 s. prs. i. 47,23 -nprendens p. prs. 47, 36.

esconsira, escos- 3 s. prs. i. 'considerare' 61, 26.

escoriar, -rtagar 'excoriare' 30, 19 -riatz 2 pl. impt. 44,17 -riatz p. prt. 44,16.

escotz 1) 'pretium pro prandio' 58, 5 2) 'lignum parvum acutum' 58,4.

escoutas 2 pl. prs. i.; -ares 2 pl. f. 71, 14 -atz p. prt. 69,24.

escracar 'tussiendo sputum emittere, spuere' 30,29 -escarcs 2 s. prs. c. 40, 25.

escremire 'cautus' 4, 23.

escrimir 'cum ense ludere' 37,4.

escrir, -ire 'scribere' 11,43; 21,4; 36,18 -iu -ivi, -ius -ives, -i -iu (-ive) s. prs. i. 11, 7; 19, 24—26, -issi, -issist 1 2 s. prt. 20, 35 -is 3 s. prt. 22, 26; 20,43 -iva, -as, -a, -am, -atz,

-an, -on prs. c. 20,25—8 -ihtz p. prt.
n. m. 53,8 -it obl. 24,42; 26,6.
escrivas 'scriba' 45,34.
escudiers 'scutifer' 48, 1.
escupir 'spernere, spuere' 37,5.
escums 2 s. prs. c. 'spumam auferre'
58, 45.
escurs 'obscurus' 59,11 -ra f. 60,25.
escuz Subst. n. s. 74,35 -ut obl. s. 74,
40; n. pl. 75,1.
esdemetre 'assaltum facere' 36,38; ('as-
salir') 89,34.
esditz 3 s. prs. i. 'negare' 52,30 -iga
3 s. prs. c. 65,13 s. escondire.
esfoira 3 s. prs. i. 'ventris polluere
fluxu' 66,33.
esforchar -rzar 'vires colligere' 30,8.
esfortz 'conamen' 57,1.
esganda ('aventura') 89,22 s. gandir.
esgara 3 s. prs. i. 'aspicere' 61,1 -rs
2 s. prs. c. 43,20.
esgardament B -en C 77,36.
esgardar 80, 20; 82, 17; 85, 34; 86, 21
-rs 2 s. prs. c. 43,20 -rd B -r C 3 s.
69,40; 85, 38 -rdada p. prt. f. s. 86,15.
esgars 'aspectus' 43,19 ('provedemento')
89,31.
esghenchir ('schifàre') 89,35.
esglais 2 s. prs. c. 'tiuere' 41,14.
esglais 'timor' 41,15 -ahtz 'subitaneus
timor' 44,46 -ai ('schianto o dollia')
89,13; ('angosscia') 89,23 (s. Abweich.
zu 44, 46).
esgola 'foramen facere in veste unde
caput intrat' 3 s. prs. i. 63,26.
eslais 1) 'cursus subitaneus' 41, 21
2) 3 s. prs. c. 41,22.
eslans 2 s. prs. c. 'subito jacere' 42,45.
eslire, eslir 'eligere' 36,28; 89,33.
esmaiar 'timore deficere, desperare'
30,3 -ais 2 s. prs. c. 41, 24.
esmais 'desperatio facilis' 41, 24 -ai
('esmarimento') 89, 30.
esmancs 'auferre manum' 2 s. prs. c. 42,45.
esmendar 'emendare' 30, 25.

esmerar 'depurare' 30,44 -era 3 s. prs.
i. 61, 9.
esmogutz 'commotus' 59,23.
esmoutz 'cladius ad molam ductus'
57,32.
espatlutz, -alhutz 'habens magnos hu-
meros' 59,13.
espars 3 s. prt., p. prt. 'spargere' 22,41;
43, 27, 28.
especials 'specialis' 41,1.
espelhz 'speculum' 46,44.
espelir 'avem de ovo exire' 36,42 -litz,
-ritz p. prt. 53,11.
esperar 'sperare' 30,36 -rs 2 s. prs. c.
48,36.
esperdutz 'stupefactus' 59,32.
esperitz 'spiritus' 52,29.
esperonar 'calcaribus equum urgere'
30,39.
esperoniers 'qui facit calcaria' 49,33.
espers 'spes' 48,36.
espertz 'propinquus' 49,23.
espiar 'inquirere' 30, 34.
espics 'spica' 51,13.
esplehtz 1) supelectile vel usufructus'
51, 6 2) 'habens usumfructum' 51,7.
esprendre 'accendere' 35,39.
esquerns 'derisio' 49,45.
esquila 'parva campana' 63,1.
esquins 'scindere' 3 s. prs. c. 51,46.
esquiragaita 'excubie' 6,5.
esquivar, -iar 'devitare' 30,35.
esquius 'a vitando dictus; homo au-
sterus, delicatus' 53,43 -qiu 'inop-
portunum' 5, 27.
essaiar s. assaiar.
essartz 'novale' 43,7 s. eisartar.
essauchar, essauzar 'probare' 30,6.
essaurar 'ad auram exire, ad aerem
ponere' 30, 21 -ra 3 s. prs. i, 62, 18.
essemblar, esemp- 'exemplare' 30,31.
esser 'esse' 1, 12, 23; 83,31; 84, 24 sui
1. s. prs. i. 9,15; 10, 42; 82, 21; 86,46
(son C) es 2 s. 9,17; C 17,17; est A
17, 7; B 82, 25; iest B 82, 22;
es 3 s. 1, 5, 8, 17; 25, 44; 69,1;

70,4; 74,33; 89,17 em 𝔄 sem ℭ 1 pl.
17, 7, 12 em 𝔅 82,24 etz 𝔄 est ℭ 2 pl.
17,8 sun 𝔄 son 𝔅ℭ 3 pl. 2, 13, 38;
9,22; 84,31, 38; sun ℭ 38,32; 71,29;
82,40; zon ℭ 1,15; -era, -as, -a, -am,
-atz, -en -on impf. i. 𝔄 17, 13—5 fui,
fust 1. 2 s. prt. 17, 15, 16; fo 3 s.
prt. 𝔄 3,45; 4,8; 17,17; ℭ 25,33 fon
ℭ 4, 8; 25, 32; 84,23; 𝔅 83,14, 20
fom, foz (fos), foren -on pl. prt. 17,
17—8; serai, -as, -a, -em, -etz (es),
-an, -au fut. 17, 37—9 er 3 s. fut.
89, 18; seria vel fora -as, -a, -am,
atz (as), serien foron cond. 18,
3—7; 20, 14; 16, 16; 74, 35 fora
15, 14; 62, 5 15, 22, 29 for' 77,17
foron 75, 41 sia, -as, -a, -am,
-atz -as, -en -on -an prs. c. 18,
26—9; 17, 44—6 sion 𝔄 6, 17; 7, 6,
11, 39; 𝔅 86, 35 sian 𝔅 ℭ 78, 36 fos
-ses, -s, -sem, -setz -ses, -sen -son
impf. c.18, 13—22, 38—40; 2, 7; 83,37
estat p. prt. 17, 25; 18, 46; 19,13
istat 𝔅 69,35.
essilha, esi- 3 s. prs. i. 'in exilium
mittere' 64, 36 essilliatz ('descaciato')
89, 24.
essugar 'siccare' 30,41.
estable obl. s. 82,45; 83,4.
estacs 2 s. prs. c. 'ligare' 40, 27 esta(n)cs
o esta(n)ques 60,33.
estanca 3 s. prs. i. 'retinere aquam,
claudere' 61,45 estancs 2 s. prs. c.
43, 3.
estancs 'stagnum aquarum' 43,4.
estandartz 'vexillum magnum' 43, 13.
estar 'stare' 30,33 star ℭ 5,22; 11,17
estau 1 s. prs. c. 72, 10; 73,4 ben
estai 3 s. 68, 3, 10 (𝔅 s'estai, ista).
estas obl. pl. f. ℭ (𝔅 aquellas) 70, 9
estasen ℭ 68, 44 s. aquest.
estela 'stella' 62,32.
estendre 'estendere' 35,20 -eis 3 s. prt.
21, 41 -tendutz p. prt. 59,27.
entenher 'extinguere' 35,39.
esterns 'vestigium' 49,1.

esters 3 s. prt. i. 'extergere 22,37; 90,1.
esters aiço 'preterea' 𝔄 39, 44 -iers
('oltra o altrimenti o contra') 89, 23
𝔅 74,2; 76,16; 77,25; ℭ 78,10; 80,4
per estiers ℭ 76,16, 77,25; astier qe
Conj. ℭ 10,19 (vgl. 16,5, 24).
esteus pron. eu, tu, el esteus 9, 8, 9.
estivals 'estivalis' 40, 20.
estoiar 'reponere' 30,38.
estores 2 s. prs. c. 'evellere' 56, 11.
estortz 1) 3 s. prs. i. 'liberare' 57,15
2) 'liberatus a periculo aliquo' 57,13,
'denodatus ab vinctura aliqua '57, 16
('campato') 89, 12.
estoutz 'de facili irascens vel stultus'
57,45.
estrac 1 s. prs. i. (refl.) 83,5 -ai 3 s.
82,32, 40, 46; 83,38.
estranh 𝔄, -ain ℭ neutr. s. 'alienum'
5,28: estrainz ℭ 75,13.
estreit p. prt. von estrenher 24, 36; 25,1;
in a estreit 13,14 as 45,38 ec 21,30
ecs 45,26 ehtz 51, 1 eis 46, 1 elhz 46,
30 els 46, 31 ems 47, 7 enc 21, 42
ens 47, 17 eps 48,1 ers 8,13; 22,38;
48,29 ertz 49, 31 es 7,29; 15, 12; 21,
46; 49, 44 etz 50,24 oc 22,42 ocs
54,11 olhz 55,1 ols 54,39 olz 54, 19
oms 55, 18 onhz 55, 27 ons 55,37 ops
53,20 orbs 57,45 orcs 56,4 orns 57,
13 ors 56,41 ortz 57,27 os 23,4 otz
58, 19 outz 57, 37 ums 58, 37 ela
62,26 elha 63,39 era 61, 18 ola 63,22
olha 64,21 ora 61,44 ossa 66,1 ura
60, 10.
estrelha 'ferrum, instrumentum pro-
prium equos tergendos' 64, 17, 20.
estremir, eschovir 'tremefacere' 37,8.
estrenher 'stringere' 24,34; 35, 1 -enh
1 s. prs. i. 19,40 -eis 3 s. prt. 21,39
-enga 3 s. prs. c. 64, 38 -ehtz p. prt.
51, 13 s. estreit.
estrons 'stercus' 55,46.
estrucill ('amastramento o portamento')
89, 15.

esvelha 3 s. prs. i. 'evigilare' 63, 46.

et 1) Endung: larg 22, 4 2) s. e.

ethz s. chtz.

etz estreit 50, 24.

en 𝔄𝕮 9, 5, 14; 11, 11; 𝔄𝔅𝕮 38, 7, 30; 39, 35; 𝔅𝕮 86, 20; 𝔅 67, 6 ieu 𝔅 67, 3; 69, 18; 70, 8; 76, 1; 78, 3, 5, 6; 83, 16; 84, 21; 85, 15, 19; 86, 11; ieu 𝔅𝕮 67, 18, 22; 71, 3, 23; 73, 27; 74, 6; 75, 35; 85, 32 ie 𝔅 74, 1; 83, 28 me obl. abs. 9, 31; 39, 2; 87, 5, 37 mi 𝔄 11, 36; 𝔅𝕮 84, 23; vor conson. anl. Verben: mi 74, 43, 44; 78, 3 me 𝔅 78, 6, 22; m, welches sich anlehnt an: no 9, 17, 21; 17, 1 (aber no mi 9, 15) 75, 39; 84, 28 (𝕮 no mi); qe 84, 15; 83, 22 ni 83, 23 si 77, 18 ara 76, 13 (ar me 𝔅); vor vocal. Anl. m' 2, 9, 10; 5, 26; 73, 32; 74, 41; 11, 8; 16, 45; 67, 26; 71, 13; 83, 5; 84, 11, 13; 86, 41 mi 𝕮𝔖 67, 12.

ens Endung 23, 11; 51, 17 s. eis, vos

eviar ('envidiare') 89, 43 s. enveios.

expletivas 𝔄 39, 41.

fabregar 'fabricare' 31, 8.

fadetz 'faduus' 50, 37.

fadics 90, 14.

fadiar 'repulsam pati' 31, 5.

faduiar, fadeiar 'stultitiam facere' 31, 7.

faiditz ('sbandito') 90, 5.

fais 'onus' 8, 5; 41, 10.

faison 𝔅 -zos 𝕮 76, 35.

fait Subst. obl. s. 11, 5 fag n. pl. 76, 9.

faiturar 'maleficiare' 31, 6.

falha 1) 'facula' 𝔄 63, 27 2) 'quidam ludus tabularum' 63, 29 3) Fehler 63, 31 (?) falla 𝔅 83, 14, 20.

fallimen 𝔅 faill- 𝕮 84, 11 faillimentz 𝔅 67, 24.

falhir 'delinquere', einen Fehler begehen 37, 11 faill 3 s. prs. i. 25, 16 fallon 3 pl. 𝔅 87. 6 falli, failli 𝔅 faillic 𝕮 83, 20; 84, 10, 42; 87, 33 falha 3 s. prs. c. 63, 28 falitz, fallitz 'qui deliquit vel fallit' 53, 21 fallit 𝔅 faillit

𝕮 an f- 82, 31, 36; 87, 7 son f- 84, 35; 85, 21.

fals 'falsus' 1, 29; 7, 39; 77, 31 -sa f. 2, 1 -sas pl. 83, 37.

falsartz 'gladius brevis et acutus' 43, 16.

falsura 'falsitas' 60, 16.

falz 'pro falce' 7, 41.

fams 'fames' 42, 16 s. a-.

fancs 'lutum' 42, 46 s. a-.

far 'facere' 10, 40; 31, 4; 67, 6, 7, 31; 69, 19, 46; 70, 22, 31; 87, 37 faire 𝕮 13, 32; 87, 35; 1 s. prs. i. fatz 𝔄 fas 𝔅 faz 𝕮 10, 42; 41, 40; 67, 21; 78, 3, 6 fas 2 s. 𝕮 11, 7 fai 𝔄 fa 𝕮 3 s. 11, 6; 3, 9, 11 fai 𝔅𝕮 69, 14; 78, 22; 𝕮 69, 13; 73, 21; 74, 22 fa 𝔅𝕮 73, 40; 𝔅 72, 2 fan 3 pl. 𝕮 4, 33; 6, 34; 10, 24; 𝔅 70, 22; 73, 21 fezi, -çi, -zist, -çist 1. 2. s, prt. 20, 38 fes 3 s. 50, 4; 69, 22; 74, 34, 39 fetz 𝔄 20, 43 feron 3 pl. 𝔅 74, 43 feiron 𝕮 74, 46 faran 3 pl. fut. 68, 41 fassa 1 s. prs. c. 𝔅 69, 20 faza 3 s. 𝕮 25, 27 fezam 1 pl. 𝕮 13, 35 p. prs. fazens 47, 28 p. prt. fahtz 𝔄 44, 23 faitz 𝕮 1, 2 fait obl. 2, 9; 23, 23 fag 𝕮 85, 22 s. afars, desfazens, escofir, perfaitz, refahtz.

fars 1) 'farcitus' 7, 43 2) 'farsura' 43, 16; 7, 43.

fatz 1) 'fadnus' 44, 38 2) 'facies' 44, 39.

feira 'nundine' 61, 26.

fels 1) 'fel' 46, 27 2) 79, 32 -lon obl. 79, 39.

femel 𝕮 feme 𝔄 obl. s. m. 'femininum' 2, 12, 23 s. Diez E. W. IIᶜ feme.

femenils 'feminilis' 51, 26 -inil obl. s. f. 72, 29 -inils obl. pl. f. 1, 31.

feminis 'femininus' 1, 25, 30 -enis 𝕮 73, 39; 81, 2 -inins 𝔅 73, 22; 𝕮 78, 20 -ini obl. s. 6, 29 n. pl. 5, 43 -inin obl. s. 𝔅 72, 29, 38; 𝔅𝕮 76, 26; n. pl. 𝔅 78, 39; 81, 2 -enin obl. s. 𝔅 72, 37 n. pl. 𝕮 3, 24 𝔅 78, 31; -inis obl. pl. 4, 3; 𝕮 -enis 73, 37 -inis 𝕮 81, 24 feminins 𝔅 73, 42; 81, 24 -inina f. s. 𝔅 72, 45 𝕮 78, 40- ininas f. pl. 72, 20, 26; 73, 26, 44; 76, 28; 79, 14, 20 -eninas 𝕮 72, 20.

forçhar, -zar 'vim facere' 31, 22 s. es-.

forcs 1) 'furca vel bivium' 2) 2 s. prs.
c. 'furca destruere' 56,8 s. en-.

formar 'formare' 31, 10 -atz p. prt.
25,44 -at n. pl. 25,46.

formas obl. pl. 'forma' 10,39.

formiers 'formarius' 48,7.

forniers 'fornarius' 48,8.

fornir 'necessaria dare' 37, 19; 90, 8
fornitz p. prt. 'formatus vel habens
necessaria' 52, 42

forns 'furnus' 57,22.

fors 'foras' 56,33 traire f- 'excipere'
4,2, 10, 38; 5,30 f- tan que 'excepto
quod' 27, 37 for 'excepto' 41,5 fors
de 'extra' 14,32.

forsar ('sopralar') 90, 12 -rs 3 s. prs.
c. (?) 56,33.

fortz m. f. 'fortis' 56,46; 71,45; 72,31
78, 35, 40, 41 -t obl. 68, 6 -t Adv.
68, 7, 42; 71, 5, 7 -tmen 11, 14 s.
con-, -contra-.

fortraire 'furtim subripere' 35,37 -ahtz
'sublatus' 44, 45.

fotcire 'qui frequenter concubit' 4, 17.

fotre 'coire' 24,5 fotz 2 s. prs. i. 58,37
-tet 3 s. prt. 22, 15 -tes 1 s. impf.
c. 26, 33 -tut p. prt. obl. 24, 9; 27,28.

fos 3 s. prt. 'fodere' 23, 2.

fossa 'cavea' 65,39.

foudat obl. s. 83,23.

fraing ('speçzare') 'frangere' 3 s. prs.
i. 90, 13 -is 3 s. prt. 23,15 s. a-, re-, so-.

francs 'liber vel curialis' 3, 35 'man-
suetus' 42,42 -ch' f. 75,45 -chamen
𝔄 -camen 𝔅 38, 24 s. a-.

freiçir 'frigescere' 37, 15 -sitz 'refri-
geratus' 53,10.

freidors 'frigiditas' 56,11.

fremir 'fremere' 37,13.

fres 'frenum' 50,23.

fresca 'recens' 65,16.

frehtz 'frigus vel frigidus' 51,2.

frire 'frigere' 36, 29 -ihtz p. prt. 53, 4
s. a-, re-,

fronçhir, -zir 'rugas facere' 37,21.

fronir 'inventare' 37,20.

frons 'frons' 55,1.

frouire ('envechiare') 90,10.

fugiditz 'fugitivus' 52,39.

fugir 'fugere' 37, 24 fui 3 s. prs. i.
75,39 fugitz 'fuga lapsus' 52,38.

fumiers 'fumarius' 48,28.

fums 'fumus' 58, 38.

fus 'instrumentum nendi' 8, 38 'lignum
cum quo femine filant' 60,11.

futurs 26,11 -ur obl. s. 11,24; 13, 5.

gabotz s. cabotz.

gabs 1) 'laus' 2) 2 s. prs. c. 'jactare' 40, 2.

gacge ('pengno') 90,21.

gadanhar, gasanhar 'lucrari' 31,33.

gaillardias s. gallia-.

gaire 𝔊 16,45 Adv.

gais 1) 'letus' 41, 11; 72,23; 78, 6 gai
obl. m. s. 78,3 gaia f. 6,1; 72, 27
2) 'avis quedam varia' 41,16.

gaita 'speculator' 𝔄 6, 4.

gaitar 'vigilare' 31,34 s. gatan.

galengaus 'g. speciei, galenga' 44, 17.

galiotz 'pirata' 58,15.

galliar 'fallere' 31,41 gal- ('engannare')
90, 16.

galliardias, gailla- obl. pl. 68,34.

galobs 'medium inter currere et trotare'
53, 16.

galopar 'inter trotare et currere, saltus
parvos facere' 31,26 s. Diez E. W. I.

galz 'gallus' 41, 8.

gandir 'declinare cum fuga' 37, 26
('fugire humiliado') 90, 17 ('cansarsi')
90,20 -ditz 'declinans timore' 52, 18
s. esganda.

gans 'chirotheca' 42,42.

garan ('sexta') 90,18.

garar 'custodire, respicere' 31, 25 -ro
3 s. prs. i. 10,46 -rens p. prs. 47,16
s. es-, re-.

garda obl. s. 69,38.

gardar 'custodire, respicere' 31,23; 86,21
30 -as 2 pl. impt. 85, 21 s. es-, re-.

garir 'sanare' 37, 28 -itz 'curatus, 52,15.

garnitz 'munitus' 52, 16.

gartz, -rs 'vilis homo' 43,11; 79, 32
-rson, -rzon 79, 39 -rsa, -rza 79,22
-rsona, -rzona 79,25 -rsonas, -rzonas
79,27.

gasanhar s. gadanhar.

gastar 'devastare' 31,29 s. de-.

gatan ('guardando') 90,19 s. gaitar.

gauç, gauzir s. jais, jauzir.

geis 'genus petre mollis' 45,46.

gelar 'congelare' 31,35.

gels 'gelu' 46,28.

gems 77, 31.

generals 'generalis' 40, 22; n. s. f. 12,20;
60, 37 -lmen Adv. 13, 40; 20, 11;
25,20 -lment 'largo modo' C 1,10.

genitius 2,39; 75,17, 21 -etius C 77,12
-itiu BC 74,18; 80,33 -etiu C 77,4;
80, 9.

genolhz 'genu' 55, 6.

genre obl. s. B 71, 31, 40 genres B
geners C obl. pl. 71,10 genus 1, 14,
24; 39,22; C 71,31 generis 6,29.

gens 1) Leute 68,22 -z 68,12; 70,17;
85,35 -t 75,32 2) 'pulcher, pulchra'
47, 38 -z 75, 33 -t C 87, 22 gien
('avinente') 90, 22 gen Adv. 84, 11,
45 gent B 84,45 -çer,-ser 'pulchrior'
4,44 ('bellissema') 90,28 -sers, -gers
81,3 -sor, zor 81, 6.

gentil n. pl. m. 76,9.

gergons, -z 'gregonum, vulgare truta-
norum 8,23; 55, 3.

ges Adv. 68, 42; 69, 18, 41; 84, 22;
87, 18, 22.

gies ('gia') 90,26.

giquir, ge- 'relinquere' 37,34 -itz 'di-
missus' 52,20.

gira 3 s. prs. i. 'volvere' 61, 24 s. re-.

giscla 66, 5.

gisclar ('piovere con vento') 'pluere
simul et ventare' 90,24 -la 3 s. prs.
i. 66,6 s. cisclar.

gitar 'jacere, jactare' 31, 39 jettan,
geton 3 pl. prs. i. 70, 23 s. des-,
trans-.

glaçar, -zar 'gelu constringere' 31,42.

glais 'quedam herba, fina cane (? gla-
pissement Roch. s. glatz) gladius' 41,12.

glans 'glans, glandis' 42, 39.

glatir 'in venatione latrare' 37, 27;
90,30 -tz 2 s. prs. i. 44,37.

glatz 1) 'vox canis venantis' 44, 36
2) -tz, -s, -z 'glacies' 7, 46; 44,35;
77,29.

glaucs 'glaucus' 43,36.

gles 'glis, animal' 7,20; 50,24.

globs 'plenum os alicuius liquoris' 53,27.

glosa 'glosa' 66,16.

glotir 'glutire' 37,30.

glotoneiar 'ingluviem facere' 31,45.

glotz 'gulosus' 58,27; 79,32 -ton 79, 39
s. clotz.

glutz 'glutinum' 59,30.

gobla s. cobla.

gola 'gula' 63, 24 s. a-, es-.

goliartz 'ardens in gula' 43, 10.

golir 'devorare' 37, 32 s. en-.

gondir s. grondir.

gorcs 'gurges' 56,13 s. en-.

gortz 'rigidus infirmitate, rigida firmi-
tate' 57,36.

gotar 'stillare' 31,44 s. de-.

governar 'gubernare' 31,43.

goza ('cagnola') 90, 25.

graçir, -zir 'gratias agere' 37, 25 -sir
90,15 -sisc 1 s. prs. i. 72,1, 33 s. -ziz.

gramatica 'grammatica' 1,4; 2,6; 4, 6;
11,34; 16,15; 71,7, 16; 73,21, 37,40.

grams 'tristis' 42,15.

graniers 'horreum' 48,36.

grans 'magnus, grandis' 2,8, 9; 42,38
-n obl. s. 83,2, 7, 29; 85, 33, 39;
87, 26, 30 -nt 69, 23; 85, 41; n. pl.
68, 16; -ndas pl. f. C 73, 28, 29.

graps 'manus curva' 40, 8.

gras 1) 'granum' 45, 23 2) 'pinguis,
grassus' 7,34; 45,7 -ssa 66,24.

gratar 'scalpere' 31,32 -tz 2 s. prs. c.
44,41.

grauca 'terra sterilis' 65,9.

grazals 'catinum' 40,4.

grazieires 80,32 gras- 80,25.

graziz 'graciosus' 52, 17 s. graçir.

grenar, glenar 'spicam post messores colligere' 31, 37.

grens 'barba' 47, 39.

greps 'parvus' 48, 5.

greus 'gravis' 51, 25 greu 'grave' 5, 27 -ieu ℭ 68, 5, 20 -euger, -euçer 'gravior' 4, 45.

greviar, greivar 'gravare' 31, 36.

griazina 83, 1.

gris 'color' 8, 15; 52, 24; 77, 29.

grius 'quedam avis' 53, 41.

grobs, -ps 'nexus, nodus' 53, 22.

grocs, crocs 'ferrum curvum' 53, 43.

grola 'solea vetus' 63, 32.

grondir 'murmurare' 37, 31.

gronhz 'rostrum animalis' 55, 41.

gronire 'quod frequenter grunnit' 4, 24.

grossa 'grossa' 65, 40.

grus 'granulum uve' 60, 5.

grutz 'farrum' 59, 29.

guers 'strabo, guerzus' 8, 10; 48, 13.

guidar 'guidare conductum' 31, 40.

guila 'deceptio' 62, 42.

guiren ℭ 85, 8.

guisa ℬ 82, 18 -za 79, 6; 81, 35; 83, 39 -sas ℬ 71, 1; 80, 2.

guit ('guida') 90, 27.

gurpir 'relinquere' 37, 35; 90, 23 -pitz 52, 19.

guza ('caligine') 90, 29.

hom 'homo' 16, 17; 69, 35; 70, 1; 73, 29, 40; 74, 4; 78, 27; om 1, 3, 23; 11, 6, 9; 13, 18; 20, 15; 74, 25, 33; 78, 15 on 67, 10; 68, 10; 81, 11, 46; 83, 39; homs ℭ 3, 16; 5, 20; 68, 7; ℬ 69, 38; 72, 17; 73, 6, 9; ℬℭ 80, 8 home obl. s. 69, 25; 85, 14, 17 n. pl. 67, 28; 70, 40; 80, 13 homes obl. pl. 68, 2; 80, 18 omes 67, 4; 77, 33, 36; 83, 32.

hoigner s. onher.

honors 'honor' 56, 23 des-, onrar.

humils 'humilis' 51, 23.

hueimais 74, 9; 82, 19 uei- ℬ 86, 46 oi- ℬℭ 79, 29 ℭ 76, 23; 77, 17.

i Adv. 67, 12, 21, 29; 68, 2; 71, 24; 77, 26, 37, 44; 84, 42 hi ℭ 76, 17.

ia, ibs, ica Endungen 65, 15; 51, 33; 65, 31.

icels, ieu, il s. cel, eu, el.

ics, ielz, iers, ihtz, iga Endungen 51, 39; 46, 26; 48, 45; 53, 1; 65, 4.

ila 1) Endung 62, 36 2) 'insula' 62, 38.

ilha 1) Endung 64, 27 2) 'ilia' 64, 41.

ils Endung 51, 17.

implir 'implere' 37, 40 -itz 'impletus' 52, 35.

ims Endung 51, 34.

inçatar, izalar 'ad boves pertinet, propter muscam fugere' 31, 2.

infernals 'infernale' 40, 33 s. enferns.

ins 1) Endung 51, 44 2) 'intus' 52, 2.

interjectios 'interjectio' 1, 7 -tio obl. 71, 22, 37 -tiu ℬ -tion ℭ 82, 5, 16.

interogativa ℬ -azion ℭ 39, 7.

intrar 'intrare' 31, 1.

ips Endung 51, 33.

ira 1) Endung 61, 14 2) 'ira' 61, 15 s. ad-.

irs, is Endungen 52, 5; 22, 25; 52, 17.

isclu 1) Endung 66, 4 2) 66, 8 ('clama') 90, 43.

isnelz 'velox' 46, 11.

issir 'exire' 37, 39 eis 3 s. prs. i. 45, 41 issitz 3 s. prt. 53, 13 eiciz ℬ 70, 15 issitz p. prt. ℭ 70, 15.

itz, ius Endungen 52, 14; 53, 33.

ivernals 'icmalis' 40, 19 s. yverns.

izalar s. inçatar.

ja 'jam' 38, 37; 68, 29; 74, 7; 82, 29; 83, 21; 85, 27.

jaians 'gigans' 42, 14.

jais 'gaudium' 41, 29 gauç, -gz 2, 4; ℭ 3, 20 jaus ('alegrecza') 90, 37 joi obl. 84, 28; 87, 30.

jangloill, giangoil ('hom gridatore e biescio vavelatore') 90, 44.

jasse ('lo tempo que de venire') 90, 39 jase 89, 33.

japs 'vox canis' 40, 13.

jatz 1) 3 s. prs. i. 'jacere' 44,43 jaçens
  p. prs. 47,45 2) 'lectus fere' 7, 46; 44,42
jauzieires ℬ -ires ℭ 80, 26 -idor ℬ
  80,37 -idors ℬ 80,40.
jauzir 'emolumentum habere' 37, 36
  gauzir ('rallegrarsi') 89, 21 gaudir
  ('gaudere') 90,31 joir ('menar gioia')
  90, 1 jauzens 'gaudens' 47,6.
jesca ℬ 65, 14.
jocs 'jocus, ludus' 53, 34 'ludus ligneus'
  54,4.
jogar 'ludere' 31,5.
joglars 'joculator vel mimus' 43,29.
joios ℬ 77,28 s. jais.
jonher, joigner 'jungere' 24,18 jois 3 s.
  prt. 22,45 joint p. prt. obl. 24, 19
  jonht 24,46.
jornals 'campus unius diei' 40, 29.
jorns obl. pl. 68, 17, 32 s. ajornar.
jos 'subtus' 39,14; 83,11 jus 'deorsum'
  60,9.
jostar ('adunare due cose a lato') 90,41
  s. a-.
jovenils 'juvenilis' 51,29.
jovenir 'juvenescere' 37,37 s. re-.
juçiar, jutiar 'judicare' 31,6 -çiatz p.
  prt. 44,15.
jurar 'jurare' 31,4 -ra 3 s. prs. i. 60,
  45; 90,2 s. con-, per-.
justa 𝔄 josta ℬℭ 'juxta' 38,4.
justiciar, -ziar 'justitiam exibere, exi-
  gere' 31,7.

laborar 'laborare' 31,14 -ra 3 s. prs. i.
  62, 2.
labors 'labor' 56, 42 labor ('fatiga') 90, 7.
lahtz 'turpis' 44,28 s. en-.
lai 'illuc' 39,12; 69,24; 86,42 lai on
  'ubi' 4,8; 18,34; 25,33 delai 39,10;
  86,41.
laics 'laicus' 40,35.
lairar, latrar 'latrare' 31, 11 laira 3 s.
  prs. i. 65,30.
laires 79,31 lairon 79,39 lairons 79,46.
lais 'dulcis cantus' 8, 5; 41, 20.
laissar, lassar 'dimittere' 11,34 ; 31,12

lais 1 s. prs. i. 67, 21 3 s. prs. c.
  41, 20 lais o laisses 2 s. prs. c. 60,36
  s. es-.
lams 'fulgur' 42, 18.
landa ('pianura') 90, 9.
lans 1) 'jactus' 42, 44 lanz 7,42 2) 2 s.
  prs. c. 'icere' 42,43 s. es-.
laps 'gremium' 40, 12.
larcs 'largus' 43,43 larg obl. s.: in as
  7, 5; 45, 1 ecs 45,9 eis 45, 39 ehtz
  50,13 elhz 46,26 els 46,17 elz 46,38
  ems 47,4 ers 8, 10; 22,37 ertz 49, 16
  es 7, 30; 49, 38 et 22, 4 ocs 53, 33
  ohtz 55, 13 olbs 53, 29 olc 22,45 olhz
  54, 27 ols 23, 6; 54, 18 olz 54, 9 oms
  55, 13 ons 55, 32 ops 53, 13 orbs 57, 41
  orcs 55,45 orms 57, 9 orns 57, 1 ors
  8, 28; 23, 9; 56, 27 ortz 56, 37 os 23, 2
  otz 58, 1 outz 57, 24 ela 62, 40 elha
  64, 23 era 61, 6 ola 63, 4 olha 64, 1
  ora 61, 37 osa 66, 11 ossa 65, 38 ura
  60, 40 -gamen Adv. 1, 10; 82, 9
  -gamenz 82, 10 s. alargar.
las 'lassus' 7,35 'fatigatus' 45, 8 ; 77,29
  lassa f. 66,25.
lassar 'fatigare' 31, 13 lassa 66, 23.
latinar 'latine loqui' 31, 15.
latis 'latinus' 52,27.
latrar s. lairar.
latz 'nexus, nodus' 7, 45.
lauçar, lauzar 'laudare' 31, 9; 69, 8, 12
  lauzaran 3 pl. f. 69,6 laus 2 s. prs.
  c. 44,9.
laupartz 'leopardus' 43, 18.
laura 'color laureus' 62, 13.
laurs 'laurus' 44, 24.
lars 'laus, stagnum' 8, 3.
lausenga 'adulatio, verbum bilinguis'
  64,34.
lausengiers 'bilinguis' 48, 4.
lauzor 76, 33, 44.
lavar 'lavare' 31, 10.
leal, lial 85,46; 86,5 liau 86,2.
lebreira 'canis leporina' 61, 39.
lebriers 'canis capiens lepores' 49, 3.
lec 3 s. prt. 'licere' 21,31 s. liçers.

lecar 'lingere, lecare' 31,18 lecs 2. s.
prs. c. 'lambere' 45,36.

lecs 'lecator' 45, 29.

lega 'leuga' 65,39.

legatz 'legatus' 44,14.

legeria ('lieve core o biesca volunta')
90, 5.

legir 'legere' 25, 24 lesir 90,4 lesquera
lesqera 1 s. cond. 61, 10 leg, lega
Imperat. 25, 24, 27 legit p. prt. 24,
42 s. eslire.

legors 'otium' 56,22 legor ('ascio') 90,8.

lehtz 1) 'lectus' 50, 14   2) 'lex' 51, 5
s. leis.

leials 'justus' 40,6 s. des-.

leis 1) 'lex' 46,3   2) 'luxus nûs'? 45,44.

lenga 'lingua' 64, 33; 70, 18, 19, 25,
38.

lengages ℬ 70, 24 lengage 70, 35 lingage
ℬ obl. s. lengatges ℭ obl. pl. 70, 5.

lenhiers 'congeries lignorum 49,19.

lens 'lens juxta labia' 47,41.

les 'lenis' 50,22 s. lis.

lesca 'particula panis' 65, 13.

lesir s. legir.

letras 'literae' 3,42.

leus 'levis' 51, 26 leu Adv. ℬ 82, 17 de
leu 83,31 leumens 67,13 leuger 'le-
vior' 4,45.

levar 'levare' 31,17.

leviar 'alleviare' 31,16.

lia 3 s. prs. i. 'ligare' 65, 19 s. des-.

libre Subst. obl. s. 67, 7; 69, 28, 41, 44;
70, 26; 86, 18; 87,29.

liçers 'licentia' 48,43 s. lec.

lins 'lignum maris' 52,3.

lipsar 'polire' 31, 22.

lis 'lenis' 8,31; 52,29; 77, 29 s. les.

listrar, listar 'per virgas ornare' 31,19.

livrar 'dare, lucrari' (?) 31, 20, 23 (?)
s. de-.

lo art. n. s. m. vor Cons. 1, 17; 2, 5;
12, 5; 25, 40; 27, 35; 74, 25; 75,
37; 80,41 obl. s. m. vor Cons. 2,45;
3, 32; 38, 5; 42, 32; 67, 30; 68, 26;

75,3; 87,7; obl. s. neutr. vor Cons.
12, 30; 82, 36 le n. s. m. vor Cons.
(franz. Schreibung) ℬ 1,1; 2,42; 78,20;
ℭ 69,37; 73,22; 74,33,34; 75,21; 78,23,
40 li n. pl. m. vor Cons. 2, 13; 3, 24;
5, 1, 42; 6, 20, 23; 10, 28; 19, 22;
75,1, 16; 76,5; 78,29, 31; 86,4 vor
Voc. 3, 20, 22; 4, 33; 5, 40; 7, 1;
10,24; 14,8; 38,17, 27; 68,39; 69,10;
75,1; 78,7, 34; 80,43; 84,7 n. s. f.
78, 41; 83, 14, 19 los n. pl. m. ℬ
74,43,44; ℭ 78,24 los obl. pl. m. 4, 34;
5, 24; 6, 8, 22; 69, 19; 77, 38; 81, 4,
32 les ℭ 77, 26 la s. f. vor Cons.
12,10; 25,15; 70,30; 83,33; 3, 45;
9, 20; 16, 14; 60,38; 75, 26; 82, 20;
83, 16; vor Voc. ℭ 25, 21 las pl. f.
39,36; 50,42; 72, 19, 21, 26, 31; 1, 3,
11; 3, 32, 33; 27,35; 69, 11; 86, 46
l vor Vocalen n. s. m. 3, 1, 3; 38,44;
74,23, 26, 35, 40; n. s. neutr. 71, 27,
42 obl. s. m. 9, 20; 14, 21; 39, 34
n. pl. m. 6, 16; 39, 1; 70, 12; 73,35;
80, 28 s. f. 82, 28 l enklit. vor Conson.
(s. de, a, c, en) qel n. s. m. 5, 37;
74,35 obl. s. m. 12,30 nil n. s. m.
ℭ 75, 26 sil n. pl. m. 76,9 sobrel obl.
s. m. 75,9, 10 ls obl. pl. (s. de, a, e, en.)
lz in: delz 50, 44 s in: des 27,33. Die
Verdoppelung des l in della, dell',
welche ℭ 9,46; 19,22; 70,15; 83,41
bietet, ist italienisch. Zu beachten
ist der Gebrauch des Artikel in ℬ:
Bernartz del Ventcdor, G. del Bor-
neill, wo ℭ nur 'de' setzt, umgekehrt
bietet ℭ: la maneira del trobar 67,5
gegen de ℬ (vgl. de ℬℭ 68,35).

lobs 'lupus' 53, 26.

locs 1) 2 s. prs. c. 'conducere' 54, 5
2) 'locus' 54, 3 luecz ℭ 69, 14 loc
𝔄 luec ℭ obl. s. 1, 21, 9, 1, 13; 11, 14;
15, 20; 16,46; 39,9; 19,19; 39,9; luec
ℬℭ 69, 32; 84,27; 86,8 luoc ℬ 75, 32,
36 loc ℬ 68, 21 locs obl. pl. 𝔄 3, 39;
4, 6 luccs ℬℭ 82, 18; 86, 20 luocs
ℬ 81, 35 lueses 74,42.

loguiers 'merces' 49,36.

loncs obl. pl. m. 81,7 -gas 82,7 -ga 'prolixa' 23,23 -g obl. s. m. 12,30 -jamentz, -jamen ℭ 82,9.

lonhz 2 s. prs. c. 'prolongare' 55, 43 s. alongar.

lortz 'parum (rarum) audiens' 57,35.

lotz 'lentus' 58, 7.

luitar 𝔅 'luctari' 31, 24.

lums 'lumen' 58, 39 s. alhums, enlumenar.

lus 'dies lune' 𝔄 'lumen' 𝔅 59,45.

lutz 'lux' 59,31 luz 77,31.

luzer, -zir 'lucere' 83,13 -tz 3 s. prs. i. 59,32 -çens p. prs. 47,35.

maçeliers 'macellarius' 49,30.

maçelz 'macellum' 46,6.

maçerar, -zerar 'macerare, ad panificationem pertinet' 31, 29.-

machar, matar 'mactare' 32,5.

macips 'puer parvus' 51, 34.

madurar 'maturare' 32, 4.

maestre 𝔄 -istre ℭ 'magister' 4, 38; 6, 19 -istres 𝔅 -iestres, -estres ℭ 69,36, 42.

magorns 'tibia sine pede' 57,6.

maials 'maialis' 40, 18.

maier 'major' 4,42; ℭ 68, 26 -iers ℭ -ires 𝔅 81,2 -ior obl. s. 20,33; 23,27, 31; 69,3; 70, 36; 75, 7; 81,5 -iors obl. pl. 68, 46; 69, 11 maormen 𝔄 maiormen ℭ 'maxime' 39, 17 -is 'magis, plus' 39, 16; 41, 23; 85,1; 90, 14 -is, -i 82,9 val -is 70,31,33 -is metre 67,30; 68, 8, 11 -is d'entendemen 𝔅 85, 43 dels autres -is 85, 27 -is qe 69,32 s. ancmais.

mainera, maneira 1) f. s. 'ad manum cito veniens' 61,43 2) 'modus' 61,43; manera 𝔄 6,42 -iera 𝔅 -neira ℭ 67,6; 72,31; 82,13; 85,18; 84,37 (ℭ natura); 83, 39 (𝔅 guiza) -neras, -ineras 𝔄 -nieras 𝔅 -neiras ℭ obl. pl. 1, 24; 6, 40; 71,25; 72,19; 76,29; 80,23.

mairolhz, mairohlz 'marubium, herba est' 55,8.

mais 'mensis' 41, 23; 90, 14.

maissela 'maxilla' 62,45.

mala 'mantica' 62,32.

malastrucs 'infortunium passus' 58, 15.

malaus 'infirmus' 44, 12.

malazant obl. s. m. 69,5 ℭ.

maldizens 'maledicens' 47,40 maldihtz 'maledicus, maledictus' 53, 9.

malevar, mallevar 'fide jubere' 31, 32.

malha 1) 'hamus lorice' 63,45; 2) macula in oculo' 63, 2; 3) 3 s. prs. i. 'hamos in lorica facere' 63,1; 4) 3 s. prs. i. 'maleo percutere' 63,3.

malhz 'maleus' 41,23 s. desmalha.

mals 1) 'malum' 2,10 obl. 5,28; 75,39; 83,28 n. pl. 68, 27 2) 'malus' 1,29; 5,-5; 40, 8 -l neutr. 5, 26; 73, 33; 74,43 -ls obl. pl. m. 75,32 -la 2,1; 62, 31 -l Adv. -l far 70,22; 83,27; 85, 13; 87, 24 -l dig 68, 30; 87, 20 -l continuadas 86, 37 -lamen 38, 8, 13, 17, 23 -lamen, -lamenz 38, 31

malvag, -ais 𝔅 69,5; 76, 20; -atz 𝔅ℭ 85, 22 -asas 𝔅 -azas ℭ pl. f. 85,25; 87, 25.

mamela 'mamma' 62,46.

man 1) 'mane' 38,43 2) s. mas.

manca 'mulier amissa' 65, 1·

mancs 'mancus' 42, 44 s. es-.

mandamenz ('comandamento') 90,11.

mandar 'mandare' 31, 27 mans 2 s. prs. c. 42,5 s. co-, de-, des-.

mandoliers 'amigdalus' 49,11.

manduirar, mandurar 'manduram sonare' 28, 24.

maniar 'manducare' 31, 25.

mans 1) 'suavis' 42, 6 2) 'mandatum' 42,4.

mantela 3 s. prs. i. 'velare' 62,14.

mantelz 'mantellus' 46,21.

mant 𝔅 maint ℭ n. pl. m. 67, 15, 28; 70, 40; 82,28 -ntz, -intz obl. pl. m. 77,20, 35 -ntas, -intas pl. f. 68, 37; 76, 31, 34.

mantener 'patrocinium dare, fovere'
35, 24 -ner, -nir 87, 5, 30 -enc 3. s.
prt. 21, 44 -nens p. prs. 47, 4.

marcs 'marcha' 43,45 obl. pl. 16,16; 20,14.

maridar 'maritare' 31,28.

marques 'marchio' 7, 18; 50, 14.

marquesas 'quilibet de marchia' 45,43.

marrir 'tristari' 37, 41.

mars 'mare' 43,23.

martz 1) 'mensis'; 2) 'dies martis' 7, 44;
43, 17.

mas 1) 'manus' 45, 27 obl. man 9,20
2) 'mansus rusticorum' 7, 36; 45, 11
s. mazos 3) 'sed, tamen, et' 2, 5;
3,28; 39,44; 70,14, 32; 75,23, 27;
84,9; 86,4 'nisi' 4, 3; 6,39; 72,25,
30; 74,5; 87,17.

mascarar 'carbone tingere' 31,33.

mascle obl. s. 'masculinus' 2, 12, 23;
C 72,24, 36 -las obl. pl. 1,27.

masculis -lins, 'masculinus' 1,25; 3,17;
73,22; 80,42; 81,2 -lin obl. s. m. 74,13
n. pl. m. 78, 29 -li 2,8 -olin 81,39 -ulis
obl. pl. m. 4, 4 -lins 73, 36; 81,23
-lina s. f. 73,2; 76,17 -linas 72,20,
22; 73,25, 44; 76,22; 79,14.

masdir, mesdir 'dicere malum de ali-
quo' 37,44.

massa 'nimis alicuius rei' 66, 28 s. a-.

massautz ('grida d'auselli') 90,20.

matar 'matare' 31, 26 s. machar.

matis 'mane' 52,41 -ti B -ltin C 38,39.

matz 'victus ad scachos' 44,44.

mauca 'venter grossus' 65,7.

maurs 'niger' 44, 28 -ra 'nigra' 62, 14.

maz(os) C 80,8 |-zon C 80,15 -izon C
82,46 s. mas 2).

mechinar, mez- 'medicinam dare' 31,38.

meçola, mez- 'mudulla' 63,36.

mehtz 1) 'medius' 50,17.

meis 3 s. prs. i. 'miscere' 46,9 mesquet
3 s. prt. 22,8 mesca 3 s. prs. c. 'pro-
pinare' 65,19 s. mesclar.

meitadar 'medium facere unius coloris,
medium alii' 32,2.

melher, meillier 'melior' 4, 41 miellers,
meillers 81,3 melhor, meillor obl. s.

81, 6 melhors obl. pl. m. 85,23 melhz,
meils 'melius' 8, 8 mielhz A 12, 29
mielz 46,28; 67, 8, 9 miels C 70, 20.

melhurar 'meliorare' 31, 36 meilhorar
B 68, 4 meillurar C 68,8 melhur B
meillur C 1 s. prs. i. 86,9, 11 melura,
melhura 3 s. prs. i. 60,12.

mels 'mel' 46, 26.

memoria 68, 27.

menaçar, -zar 'minari' 31,35.

menar 'minare, ducere' 31, 34; 76, 21
-na 3 s. prs. i. 81, 46 2 s. imperat.
2,44 -nat p. prt. 75,9; 86,4 s. a-,

menbrar 'recordari' 31,43 s. remembrar.

mençoigniers 'mendax' 49,25.

mendics 'mendicus' 51, 3; -iga f. s. 65,11.

mendigar 'mendicare' 31,40.

menre 'minor' 4,43; 90,22 -nres 81,2
-nor obl. s. 81,5 -ns 'minus' B 39, 16
-nz 85, 40 almenbz A 3, 41 almenz,
almeinz 69, 8.

mentac 3 s. prt. 'nominare' 22,23 -aguda
p. prt. 84,14 -abut ('mentovato') 90,18.

mentir 'mentiri' 37,42 mens 2 s. prs.
i. 47,19 s. des-.

mentires 80,26.

mentre 'dum' 38,38.

menutz 'minutus' 59, 42.

meraveilhar 'mirari' 31,46 -ellar, -illar
67,14 -elh B -ill C 3 s. prs. c. 83,22.

mercadar, mergadar 'mercari' 31,45.

merir 'mereri' 37, 1 meira 3 s. prs. c.
61,12 mere ('convene') 90,16.

mertz 'mercimonia ad vendenda' 49,29.

mes 'mensis' 7,15; 50,7,

mescaps 'prelium paucorum contra mul-
tos' 7, 37.

mesclar 'litigare' 32,1 vermischen 87,9.
s. meis.

mescrei -res -re s. prs. i. 82, 33; 83,43,
46; 84,27, 30, 35.

meselz 'leprosus' 46,45.

mesgabar, -cabar 'infortunio amittere'
31,41; 90,19 s. acabar.

mespoliers 'vespo vel esculus' 49,21.

mesprendre 'delinquere' 35, 35 -res
3 s. prt., p. prt. 50,17.

mesquis 'miser' 52,34.

messagiers, -aigiers 75,35.

messurar, mesu- 'mensurare' 31,37.

mestiers 1) 'mestarium' 48,18 2) 'Bedürfnis' 70,16; 82,8; 86,22.

mesura 'mensura' 6,15; 60,1 s. a-, des-.

meteis 'ipse' 𝔄 46,14 ℭ 68,46; 85,25 -zeis 𝔅 77,46; 90,13 -seis 𝔅 84,23; 85,3 -teus 9,33 ℭ 86,31 -zeisa, -zeissa 83,39 -çeismes 9,7 -zeimes ℭ 9,6; s. f. -tesma ℭ 10,31 -çeisma, -zeisma 7,11 -esma 6,2 se -teus, -zeis 9,33; 85,3.

metre 'mittere' 23,42; 24,2, 22; 36,33; 67,30; 68,5, 8, 11 -tetz, tez 𝔄 -teis, -teiz ℭ 2 pl. prs. i. 18,34; 19,11 -ton 3 pl. prs. i. 68,16 mes 3 s. prt. 21,46; 50,8; 83,9; 84,17 p. prt. 24, 26, 44; 68, 28, 31 mis 52,32. metta, meta 3 s. prs. c. 86,23 meten p. prs. 84, 13 s. co-, entre-, esde-, pro-, re-, so-, sotz-, trametre.

meus 'meus' 9,10; 10,30; 51,24 mieus 𝔅 72,10; 81,37 obl. pl. 83,7 s. f. mieua 𝔅 meua ℭ 81,40; mia 65,22; 84, 16, 22.

mezalha, mes- 'obulum' 63,26.

mezeis s. meteis.

mezoigneira, -ongeira 'mendax mulier' 61,45.

mia, amia 'amica' 65,27.

mil 'mille' 16,16; 20,14.

mirar 'in speculo inspicere, aspicere, speculari' 32,6 -ra 3 s. prs. i. 61,16 -rs 2 s. prs. c. 52,14 s. re-.

miralhz 'speculum' 41,19.

miravilha, mer- 'mirum, mirabile' 64, 30.

mocs 'sanies naris' 54,16.

mohtz 'modius' 55,16.

molhz 2 s. prs. c. 'umectare, aqua perfundere' 54, 41 -olha 2 s. imperat. 64,3 s. re-.

molhz 'illud ubi rota figitur' 54, 39.

moliniers 'molinarius' 48,9.

molis 'molendinum' 52,31.

molz 1) 'mollis' 𝔅 2) 2 s. prs. i. 'molere' 54, 13 -la 3 s. prs. c. 63,8 -lc 3 s. prt. 23, 1 moutz p. prt. 57, 20, 42 s. es-.

monestar 'monere' 32,12.

monestiers 'monasterium' 48, 17.

mongils 'monachalis' 51,32.

mons 'mons, acervus' 55,42 s. amon.

mont obl. s. 69,1 -nd ℭ 68, 28; 73,24 -n ℭ 69, 12; 71,18; 73, 44; 𝔅 67,24; 74, 10, 32; 𝔅ℭ 69,19.

montagna, -taigna 68,25.

montar 'ascendere' 32, 11.

mora 'morum' 62,4.

moralha 'id quod pendet in vecte' 63,13 s. demora.

mordens 'mordens' 47,1.

moriers 'morus' 49,20.

morir 'mori' 37,3 moric 3 s. prt. 85,11 muric 84,42 mortz p. prt. 57,25.

morns 'subtristis' 𝔄 'substrictus' 𝔅 57, 19 morn ('pensoso') 90,17.

mors 1) 'morsus' 8, 27; 56, 30, 39 2) 3 s. prt. 'mordere' 56,38.

mortals 'mortalis' 40,24.

mortz 'mors' 57,24 -rt obl. s. 85,12.

mos 'meus' 16,17; 81,14 mo obl. s. m. 18,3, 12, 35 mon 69,43; 74,30; 82, 45; 84,22 mei n. pl. m. 87,21 miei 81,19 mos obl. pl. m. 81,22 ma s. f. 81,29, 31; 83,21 mas pl. f. 81, 34.

moscar 'muscas abicere' 32,8.

moscidar 'cum maribus insufflare' 32,9.

mossa 'sarcina que in vetere arbore nascitur super corticem' 66,4.

mostrar 'monstrare' 32,7 -tri 1 s. prs. i. 9,20 -tron 3 pl. prs. i. 71,31 -tran 87,23 s. de-.

motir 'mutire' 37,2.

motz 1) 'verbum, dictio' 58,28 -t obl. s. 39, 34; 42, 33; 68, 30; 87, 28 -tz obl. pl. 83, 36; 2) mot, motz obl. s. 'modus' 86,26 obl. pl. 11,20; 71,12.

mout 'multum' 19,24; 20,42; 74,41 n.

pl. 6,32 moutz obl. pl. 50,11; 57,41
motz 74,42; 80,29 moutas obl. pl. f.
68,23.

moutz 3 s. prs. i. 'mulgere lac' 57,42

mols 3 s. prt.; p. prt. 54,5, 4.

movre 'movere' 35,6 mous 2 s. prs. i.
56,24 moc 3 s. prt. 21,25 mogra,
movria 1 s. cond. 15,2 mogutz p.
prt. 59,22 s. es-.

movemenz 68,33.

moyols, moiols 'scyfus vitreus' 54,30.

mudon 3 pl. prs. i. 'se mutare' 7,6;
8,42 -den 24,17 -dat p. prt. 24,9.

mula 'mulla' 63,40.

muls 'mulus' 58,31.

mundas 'mundanus' 45,33.

mura 3 s. prs. i. 'facere murum' 60,32.

murs 'murus' 59,10.

mutz 'mutus' 59,36.

n, na s. en 1), 2).

nadals 'natale' 40,17 -daus 44, 13.

nadar 'natare' 32,15.

nafrar, naffrar 'vulnerare' 32,16 -firat
('ferito') 90,26.

nais 3 s. prs. i. 'nasci' 41,17 natz p.
prt. 44,45.

naps 'scyfus' 40,4 s. moyols.

nas 1) 'nasus' 7,8; 45,12; 77,30 2) 'ma-
nus' 45,26.

natura 'natura' 60, 33; 70,23; 71,7;
83,37; 84,38 s. des-.

naturals Adj. n. s. f. 70, 4 'natural' obl.
s. f. 70, 14 -lmenz ℬ -lmen ℭ Adv.
71,10.

naucs 'illud quod porci comedunt' 43,37.

naus 'navis' 44,15.

naveiar 'navigare' 32,14.

neblar 'nebula perire' 32,18.

nebotz s. botz.

necs 'impeditus lingue' 45, 14.

negar 'aquis suffocare' 32,17.

negus 'nullus 60,8 -uns 69,35; 87,20
-un obl. s. m. 68,5, 21; 74,8 -una
s. f. 70, 3, 38; 74, 3; 86, 22 -unas
pl. f. 87,10 (meist im negativen Satz,

doch auch im posit. = irgendein
68,5, 21) vgl. nuls.

neis 'etiam' 39,43; 46,12 neg ℬ neus
ℭ neys ℌ 68,25.

neleig ('pero') 90,24.

nelehtz 'culpa' 51,10.

nems 'nimis' 47,11.

neutris -trus 1,25; 2,2; 73,23, 39 -tres
ℭ 74,45 -tri obl. s. 2,24; 74,5 -tre
ℭ 73,30; 75,4 -triu ℬ 73,41 -triu ℬ
-tras ℭ n. pl. 74,2 -tris obl. pl. 2,6;
5,25 -tras ℭ 71,43.

nevar, ni- 'ningere' 32,19.

ni 'neque, nec' 2,3; 3,1; 7,6; 11,18;
39,43; 69,20; 83,33; 85,28; 86,24,
35, 44; 87, 21 (vgl. ę non ℭ 85, 29)
Cop. im negativen Satz: 67,26; 69,
34, 41; 70,41; 71,38; 75,26; 83,37
Cop. im positiven Satz: 67,5; 68, 6,
10, 21, 30, 38; 69, 1, 24, 34, 42, 45;
70,2; 71,8; 83,23; 85,23; 86,14 ni
ni 8,42; 71,27, 40; 86,25, 27, 36.

no 'non' vor Cons.: 2,2, 5, 46; 3,21,
22; 5,36; 9, 15,17, 21; 11, 15; 26,14;
67, 13; 68, 42, 45; 69,38; 70, 44;
72,3; 75, 39; 83, 21; 84, 28; 85, 26
vor Voc.: 1, 17; 68, 7; 85, 29 non
vor Voc.: 9,32; 13,18; 16,45; 19,19;
67,23; 68,23, 40; 69,15, 16; 77,9;
83,34; vor Cons. 1,22; 5, 3; 68,29;
69,18, 22, 25, 30; 75,37; 83,13; 84,
23; 85, 3, 32 se (si) no (non) 'nisi'
3,2; 16,46; 38, 7.

noc 3 s. prt. 'nocere' 21,24 notz 3 s.
prs. i. 58,17 nogra o noçeria 1 s.
cond. 15,4.

nocalens 'improvidus' 47,21.

noela 'novella, novum verbum' 62,42,43.

noguiers 'arbor nucis' 49, 12.

noirir 'nutrire' 37,4 -ri 1 s. prt. 84,36
-ric 3 s. prt. 84,41; 85, 13 -ritz p.
prt. 53, 14.

noirims 'nutrimentum' 51,41.

noms 'nomen' 5, 37; 55, 22; 71, 18;
77,33 -m 1,8, 17, 20; obl. s. 1,13;
5, 11; 39, 22; 71,34; 72, 13; 73, 11, 14;

78,20; 87,7 -me 1,5, 18; 39,20,26;
86,9 -men B 74,11; 81,43 -m n. pl.
5,1, 16; 6,20; 7,24; 45,4, 40; 50,28;
52,4; 78,37 -ms 1,12; G 78,24 -ms
obl. pl. 10,31; 50,46 -menz B -mes
G 80,22.

nomar, nomnar 'nominare' 32,22.

nombrar 'numerare' 32,21 s. numbres.

nominatius 2,38; 4,28; 74,17, 22, 24,
25 -tiu obl. s. 2, 19; 3,2, 32 u.s.w.
74, 6; 75,10 u. s. w. -tio 42,30 -tiu
n. pl. 75,3, 5, 24, 41; 77,7 -tius obl.
pl. 76,4.

nonperfeit 'non perfectum' 11,22.

nonvisibil adj. obl. s. f. 72,13.

nora 'nurus' 61,38.

nos 9,34; 20,7; 25,18; 26,34.

nostre 'noster' 5, 35; 9, 12, 27; 10,22
-res 81, 38 -re obl. s. m. 70, 4, 35
n. pl. m. 74,46.

notar 'notare' 32,20.

notz 'nux' 8,32 notz, nutz 58,36.

nous 'novus' 56, 21 s. re-.

novas Subst. pl. 82,46; 83, 2.

noveliers 'qui libenter recitat nova'
48,37.

novella Adj. s. f. 'novus' 11,35 de no-
vel Adv. 74,42 s. renoclar.

nualha 'inertia' 63,7. nuailha ('pegreza')
90, 25 s. a-.

nualhos ('hom con debole pensero e
varo') 90, 28 nuolhos ('hom recre-
scievole) 90,27; vgl. Boethius 30.

nuls 'nullus', Subst. 9,32; 69,38; 85,2
vgl. negus.

numbres 'numerus' 2, 28 -re obl. s.
1,14 nombre 39,25 -res obl. pl. 73,15;
74,15; 79,5.

nutz 'nudus' 59,37.

o 1) 'vel, sive' 1, 10, 15; 36,19; 39,42;
67,21, 24; 68,4, 18, 19, 22, 24, 27
u. s. w. o .. o 5,1 2) pron. dem.
neutr. 67,31; 68,41; 69,25; 71,13;
83,18; 85,22; 86,3 s. pero, ogan, zo.

obezir 'obedire' 37,5.

oblidar 'oblivicere' 32,36 oblir ('de-
mentecare' 90,33.

oblios n. s. G 74,23, 26 -iq' n. pl. 71,21.

oblit obl. s. 67,22.

obrar 'operari' 32,24.

obrir 'aperire' 37.6 ubri o uberc 3. s.
prt. 22,34.

obs 1) 'opus' 53, 14 ops A 8,20 BG
87,1 ('opo o besognoso') 90,31.

obtatius op- n. s. 11,10 -tiu obl. s. 13,
36; 14,38; 15,9,12,44; 16,21 ottatiu
n. pl. 14,8 G.

oc Endung 22,42.

ocaisonar,-ssonar 'occasiones inquerere,
o. querere 32, 31 uchaizonar G (ra-
sonar B) 67, 26.

ochaison 76,36 ucaison 76,46.

ocs 1) larg, estreit 53,33; 54, 11 2) 'etiam'
53,38 oc, hoc, hocs ('si') 90,34, 35.

odorar 'odorare' 32,30 -ra 3 s. prs. i.
62,9.

odors 'odor' 56,21.

ofegar 'suffocare' 31,21.

offitials 'officialis' 40,28.

ofrir, off- 'offerre' offrens p. prs. 47,42
offertz p. prt. 49, 20.

ogan 'hoc anno' 38,39.

ohtz oitz larg 55,13.

oi 'hodie' 38,34 s. hueimais.

oinh s. onher.

oira Endung 66,30.

ois Endung 22,44.

oit 'octo' 1,3 og 71,16.

ola 1) larg, estreit 63,4, 22 2) 'olla' 63,37.

olbs larg 53,29.

olc Endung 22,45.

olens 'olens' 47,7.

olha larg, estreit 64,1, 21.

olhz, oilhz 1) larg, estreit 54,27; 55,1
2) 'oculus' 54, 28 oilh, oill obl. s.
9,20 oil n. pl. 76,6.

oliers 'figulus' 48,34.

oliuers 'oliva' 49,4.

ols larg, estreit 23,6; 51,19, 40.

olz larg, estreit 54,9, 19.

ombriva ('ombrosa') 90,33.

omnis 'omne' 1,26; 2,22; 73,23.

oms larg, estreit 55, 13, 18.

on 1) Endung 76,34, 45 2) 'ubi' 3, 39, 45; 23,31; 83, 18; 84,18, 34; 85,1, 4, 38; 87, 16 lai on 18,34; 25,33.

onceiar, onzeiar 'uncias' (-am) 'pedum curvare' 32,28.

ondeiar 'undis tumescere' 32, 27.

onher, hoigner 'ungere' 24,19 onhz, onz 2 s. prs. i. 55,29 p. prt. 55,28 oinht p. prt. obl. s. 24,45 oinh ℭ 2 s. imperat. 25,19 ois 3 s. prt. 22,44.

onhz estreit 55, 27.

onrar 'honorare' 32,25 onora 3 s. prs. i. 62,7 onrat, honrat p. prt. 73, 33.

ons, ops, ora larg, estreit 55, 32, 37; 53,13, 20; 61,37, 44 or 76,32.

orar 'orare' 32, 26 ora 2 s. imperat. 61,45 s. ad-.

orbs 1) larg, estreit 57,41, 45 2) 'orbus' 57,43.

orcs 1) larg, estreit 55,45; 56,4 2) 'quedam herba' 56, 1.

ordinativas 39,37.

ordre obl. s. 'ordo' 27,37.

organar 'organizare' 28,26.

orgolha 3 s. prs. 'superbire' 64,13.

orientals 'orientalis' 40,30.

orms larg 57, 9.

orns larg, estreit 57, 1, 13.

ors 1) larg, estreit 23, 9; 56, 27, 41 2) 'ursus' 8, 29, 31; 56, 6; 77, 29 3) 'ora panni' 56,29.

ortz 1) larg, estreit 56, 37; 57, 27 2) 'hortus' 56,38.

os larg, estreit 23, 2, 4.

osa 1) larg 66,11 2) 'ocrea de coria' 66, 15.

oscar 'ebeditare' 32,33.

ossa 1) larg, estreit 65,38; 66,1 2) 'collectio ossium' 65,44 s. des-.

ostalar 'ospitari, in ospitium intrare' 28, 9; 32, 35; 90,35.

ostar 'removere' 32,34; 68,11 ('togliere') 90,32.

otracniament, outracniamen obl. s. 69,16.

otz larg, estreit 58,1, 19.

ous 1) larg o estreit 56,16 2) 'ovum' 56,19.

outra ℭ ultra ℌ Praep. 71,23.

outriar s. autreiar.

outz larg, estreit 57, 24, 38.

ovelha 'ovis' 64, 3.

overtz 'apertus' 49,22 s. covertz, apertz.

pac 3 s. prt. 'pavere' 22, 23.

padela 'patella (patena), sartago' 62, 23.

pagar 'pecuniam solvere' 32,41 -gatz 2 pl. imperat. 44, 13 p. prt. 44, 12; 78, 4, 7.

pahtz 1) 'stultus' 2) 'pactum' 44,30 s. en-.

pais Subst. 77,34.

pais 3 s. prs. i. 'pasci' 41, 18 pagra o passeria cond. 14, 45.

pala 'pala ad extraendum panem' 62, 24.

palha 'palea' 63,14.

palhers 'acervus pallarii' 48, 27.

palhucs 'parva palea' 58, 17.

palms 'palmus' 41, 44.

pals 'palium' 40, 9.

palus 'palus, dis' 60, 14.

palveçir, -zir 'pallescere' 37, 10.

panatiers paniers 'qui dat panem ad mensam' 48, 14.

panelz 'parvus panis vel banda' 46, 4.

paniers 'canistrum' 48,13.

pans 'pars, pannus, gremium' 42, 36.

panteiar 'sopinare' 𝔄 'sompniare' 𝔅 32,5.

paors 'timor' 56,26.

paorucs, paurucs 'timidus' 58,16.

papa 'papa' 6, 6, 7.

paradis 'paradisus' 8,15; 52, 25.

parage ('gientilecza') 90,40.

parar 'parare' 32, 38 -ra 3 s. prs. i. 60,43 s. am-, re-, comparatio.

paraula 'sermo' 23, 24; 74,3; 76, 17; 77, 22; 78, 18 -las pl. 72,18; 73,43; 74, 10, 32, 45; 76, 22, 28; 81, 11; 85, 26; 86,32; 87, 6 u. s. w. paraola 𝔅 69,22; -las 𝔅 70,42, 45; 71,17, 24; 72, 42; 73,11, 24; 87, 17.

parec 3 s. prt. 'apparere' 21,28 -rut p. prt. 5, 28 s. a-.

parens 'consanguineus' 47,11.

parladura 70, 3, 13, 15, 21, 30, 37; 71,9; 77,39; 78,2, 8; 85,37; 86,15 -as pl. 70,27; 77, 10; 86,36.

parlar 'loqui' 32, 40; 69, 24; 81, 10; 85,35 -la 3 s. prs. i. 2, 29 refl. 71,10 -lon 3 pl. prs. i. 70, 27 -larai 1 s. fut. 70,8, 39; 73, 10; 76,24; 79,16; 82,3, 19, 37 -lat p. prt. 79, 13.

parliers 'loquax' 48,3.

pars 'par' 43, 26 s. a-, desparelha.

partecips ℭ 71,18 -ticep, -ticipiu, -ticipuis 39,18 -ticip obl. s. 1,6; 71,35; 82,1 n. pl. 2,13; 6,23; 39,27 -ticipi ℭ 78,37.

partida Subst. f. 69, 29.

partir 'partire' 37,8; s'en p. 86,44 -tz 2 s. prs. i. 43,21 -ti, -tic 1. 3 s. prt. 84,36, 41 -tiria cond. 86,44 s. de-.

partz 'pars' 2,36; 43,20 -t obl. 20,33; 23,28, 31; 39,20; 60,38; 86,26 -tz pl. 1,3; 71,17.

parven ('parere') 91, 3.

pas 1) 'passus' 7, 8; 45, 13 s. trans- 2) 'panis' 45,28 pan obl. 11,10; 70,41.

passar 'transire' 32, 42 -sa 3 s. prs. i. 66,26 pas 3 s. prs. c. 45, 14 s. trans-.

passeiar 'passus magnos facere' 32,39.

passius 'passivum' 27,35 -iu obl. 17,1; 19,19.

pastar, compastar 'farinam cum aqua miscere' 32,45.

pastre, paistre 'pastor' 4,40; 91,9 pastres 80,7 -tor obl. 80,14 n. pl. 68,25.

pastura 1) 'pascua' 60,20 2) 3 s. prs. i. 'pasci' 60,21.

pasturellas -orellas pl. f. 70,32.

patz 'pax' 8,1.

paucs 'parvus' 43,38 -c obl. 84, 45 n. pl. 67,4; 68,16; Adv. 16,46 -ca f. 65,5 per pauc 84,28.

paus 'pavo' 44,14; 79,35.

pausar 'requiescere, imponere, ponere' 32,44 -sa, -za 3 s. prs. i. 11, 17 -set,

-zet 3 s. prt. 1,12; 74,44; 87,28, 37 -zarai fut. 75,7 -satz, -zatz p. prt. 9,1, 13; 20, 13 -sat, -zat 5, 25; 87,7 -zada 38,11 s. repaus.

peçeiar, penzeiar 'minutatim frangere' 32,14.

pechar, pecar 'peccare' 32, 13.

pecs 'insipiens' 45, 15; 68, 44 pega f. 65,41; 91,1.

pectenar, petenar 'pectenare' 32,26.

peçugar, pezucar 'cum digitis duobus aliquid stringere' 32,21.

pegnorar s. penhurar.

pehtz 1) 'pectus' 50, 20 2) 'peius' 50, 21.

peier 'pejor' 4,41 peiers, piegers 81,4 peior obl. 81,7 peiur 86, 9.

peintura 'pictura' 60,26.

peirés obl. s. peiron, obl. pl. peirons 79,31, 38, 45.

peis 'piscis' 46,4.

peitrals 'pectorale' 40,27.

peitz 2 s. imperat. 25,19.

peiurar, -orar 'pejorare, pejor effici' 32,9 -ur 1 s. prs. i. 86,12 -ura 3 s. prs. i. 60,14.

pelar 'depilare, pilos auferre' 32, 10 -la 3 s. prs. i. 62,30.

pelha 'vetus pannus' 64,12.

pels 'pilus' 46,34.

pelutz 'pilosus' 59,41.

pels 'pellis' 46,23.

pena obl. f. 83,16.

penar 'penam sustinere' 32,6.

penartz 'fasannus avis' 43,14.

pencheire 'pictor' 4,16.

pendelha 3 s. prs. i. 'frequenter pendere' 64, 10.

pendre 1) 'pendere (media correpta vel producta' 24, 1; 35,43 pens 2 s. prs. i. 47,24 -det 3 s. prt. 22, 11 -dutz p. prt. 'suspensus' 59, 16 s. sos-.

penedens 'penitens' 47, 14.

penher, peigner, pinher 'pingere' 24,27; 35, 40 penh 1 s. prs. i. 19, 39 peis

3 s. prt. 21,37; 46,5 penhens p. prs. 47,42 peinht p. prt. 25,2.

penhurar, pegnorar 'pignus auferre' 32,7 s. enpenhar.

pensamen n. pl. m. 87,21.

pensar 'meditare' 32,20; 67,24; 80,20 pens 1 s. prs. i. 47,25.

pentir 'penitere' 37,12.

per 'per' 8, 44; 12, 22; 17,3; 70, 34; 71, 10; 75,3, 19, 22; 77, 38; 78, 4; 86, 20 per se 1, 17; 5, 2; 11, 17; durch, von: 68,27; 75, 25, 28; 83,28; 85,11; 87,25; mittelst: 2, 41; 80,4; 85,20; in Folge von, aus: 18,3,12,35; 67,22, 24; 69,6, 16; 74,37; 78,1, 8; 84,14; wegen: 1,2; 70,15, 16; 73, 29; 86,43; 87,17; vor Inf.: 67,7; 70, 26, 28, 33;- 74, 2; 82, 37; 85, 43; für, als: 68,44; 77,23; 78,4, 6, 27,30; 85,8; zu: 20,33; 23,27, 31; 60,38; anstatt: 87, 4, 5, 13, 14, 29; per aisso 74,44 (s. aicho) per zo 'ideo' 5,13; 9, 13, 22; 23,23; 38, 18; 70,22; 75,6; 82,26 per so qar 67,3; 70,42; 75, 12; 77, 7; 80, 1; 82, 34; 85, 32 per ço qe 1,8; 75,23; 81, 9 en per so qe 75,6 per aqui 86,30 per estiers (§ 76,16; 77,25 per pauc 84,28 per temps 'tempestive' 47, 15 per tot 'semper, plane' 4,9; 17, 3.

pera 'pirum' 61,20.

percebre 'percipere' 35,9 s. a-, recebre.

percola 3 s. prs. i. 'valde amplecti' 63,13.

perdet 3 s. prt. 'perdere' 22, 9 -dutz p. prt. 59,46 -dut 26,3; 86,41 s. es-.

perfaitz 'perfectus' 69,36, 42 obl. -feit 11,22; 12, 31, 37, 44 -fag ℬ 84, 38 -fetta f. (§ 5, 17, 22.

periers 'pirus' 49,7.

perilhar 'periclitari' 32,18.

perilhos ('pericoloso') 91,8.

perir 'perire' 37,13 -itz p. prt. 39,32; 53, 6 s. transitz.

perjurar 'perjurare, dejerare' 32,33 -ra 3 s. prs. i. 60,46 -rs 2 s. prs. c. 59, 14.

perjurs 'perjurus' 59, 14.

pero 'tamen' 3, 31, 45; 14, 18; 16, 11; 67,12; 69,22; 83,8; 87,26.

perponhz 'grossa et valde puncta vestis ad armandum' 55,36.

perque 'unde' 11,35; 67,17, 25; 68,8; 69,23, 26; 70,7, 25, 38; 71,2; 84,42 'cur' 39,7; 68,38.

pers 'genus panni' 48,21.

persegre 'persequi' 36,8 -secs 2 s. prs. i. 45,22 -sega 3 s. prs. c. 65,1 -seguet 3 s. prt. 22,6.

persona 'persona' 9, 46; 12, 7; 13,17; 71.40; 82, 20 u. s. w. -nas pl. 25, 40; 50,42; 83,38.

pertener 'pertinere' 35,23 -te, ten 3 s. prs. i. 1, 30; 2, 3, 23 -tenen, -tenon 38,15 s. a-.

pertrahtz 'apparatus alicuius operis' 44,43.

pertraire 'ad aliquod opus necessaria facere, valde trahere' 35 34 -trais 3 s. prt. 23,20.

pertus 'foramen' 8,35; 60, 15.

pertusar 'perforare' 32,27.

pervers 'perversus' 6, 45; 48, 19.

pes 1) 'pondus' 7,11; 49,45 s. contra- 2) 'pes' 49,39.

pesans 'gravis' 42,25.

pesar, penzar 'ponderare, moleste ferre' 32, 24.

peschar, -car 'piscari' 32, 12 -ca 3 s. prs. i. 65,20.

pesquiers 'locus ubi pisces mittuntur' 48,41.

pesucs 'onerosus' 58,21.

petaçar, -zar 'reficere venta' 32,16.

petiers 'qui frequenter bumbicinat' 49, 39 -teira f. 61,11.

petz 'bombus' 50,28.

petitas 73, 28.

pezolhz 'pediculus' 55,7.

pezucs 'strictura facta cum duobus digitis' 58,9 s. peçugar.

picar 'picare, percutere' 32,37 -ca 3 s. prs. i. 65,32 -s 2 s. prs. c. 51,46.

pics 1) 'avis perforans lignum rostro' 51,44 2) 'varius' 51,45.

pifartz 'grossus' 43,12.

pila 'lapis cavus, pes pontis, terit' 62,39 s. a-.

pis 'pinus' 52,37.

pissar 'mingere' 32,36.

pistar 'terere' 32,38.

pius 'pius' 53,39.

plaçeiar 'per plateas ire' 32,3.

placher, -zer 'placere' 35,29 -tz, -z 3 s. prs. i. 11,36 -c 3 s. prt. 22,22 -ugues 3 s. impf. c. 77,17 -gra o -iria cond. 14,44 s. des-.

plahtz 'causa inter hostes' 44,34.

plaideiar 'causari' 32,1.

plais 1) 'nemus plicatum' 41,28 2) 3 s. prt. 'plangere' 23,14 s. conplais.

plana Adj. f. 69,21.

plantar 'plantare' 32,2.

plasens, -zens, -gens, -çens, -isens, -senz, -seatz, -zentz Adj. 'placens' 2,25,26, 27; 39,30; 71,46; 72,32; 78, 35, 41.

plazenteira, plas- 'placens mulier' 61,1.

plecs 'plica' 45,32.

plegar 'plicare' 32,34 plecs 2 s. prs. c. 45,34.

plehtz 'plica' 51,8 s. a-, es-.

pleneiramen 'plenius' 15,10; 25,33 plus -cramen 26,9.

plevir 'jurare vel confidere' 37,14; 90,41.

plivenca ('credenza') 91,4.

ploms 'plumbum' 55,24.

plorar 'flere' 33,3 -ri, -r 1 s. prs. i. 12,9 -ra 3 s. prs. i. 62,3.

ploure, -ire 'pluere' 36,20 -ous 2 s. prs. i. 56,25 -oc 3 s. prt. 21,26.

plovinar 'frequenter pluere' 33,5.

pluralitat obl. s. 71,30, 39.

plurals 'pluralis' 2, 29; 3, 21; 74, 22 -l obl. 2,19; 4,5; 42,30, 32; 73,16; 75, 11; 80, 12, 36 -l n. pl. 75, 2, 4, 20. 27; 77, 11 -ls obl. pl. 76, 4, 11, 20, 42; 77,27, 39.

plus 'plus' 8,33; 26,9; 39,15; 60,18; 67,13, 19; 75,13; 76,18; 77,8, 40;

81,35 lo plus 12, 30; 82, 31, 36; 86,6.

plusors obl. obl. 'plures' 2,31.

podar 'bene putare vineas' 32,45.

poder 'posse' 14,33; 24,6 pos 1 s. prs. i. 2,14; 12,8; 38,30 posc 2,24 puesc 87,22 pot 3 s. prs. i. 1,23; 3,1; 5,6; 13,19; 67,21; 72,36; 73,29; 77,23, 45; 78,1 potz 58,11; 82,7 (?) po ꝑ 82,6, 16; 83,31, 35; 85,40, 45; 86,1; 87,1 -des 2 pl. prs. i. 41,4; 71,42; 72,14; 85,19 -detz ꝶ 79,28; 85,21 -den 3 pl. prs. i. 1, 12; 21,2; 22,29; 38,28 -don ꝶ 4,45; 5, 3, 18; 13,32 poon ꝶ 75,3 puesca s. prs. c. 69,19, 24, 27; 74,4 poc 3 s. prt. 21,24 -dia inupf. i. ꝶ 83, 33; 86, 44 -gues 3 s. impf. c. 68,7 -retz 2 pl. fut. 71,13 -ires ꝶ 69,39 -ria, -rria, cond. 14 42; 67,13, 19; 77,21; 87,28 -ira ꝶ 89,45 -iria ꝶ 85, 28; -gra 14, 42; 83, 32 -gut p. prt. 24,38; 26,5.

podera ('soperchia o sopresta') 91,5 s. ap-.

poders 'posse nominaliter positum' 48,32.

pohtz 'podium vel mons' 55, 22.

poiar 'ascendere' 33,1 pueg 1 s. prs. i. 74,30 poia 'sale o cresscie' 91,7.

poirir 'putrescere' 37, 16 -ritz p. prt 53, 19.

pois s. ponher, pos.

polgar ('l'oncia del deto grosso') 91,10.

poliers 'pullarius' 49,23.

polir 'polire' 37, 15 -itz p. prt. 53, 18.

pols 1) 'pulvis' 54,43 2) 'pulsus' 8,20; 54,42.

polsar 'valde anhelare, pulsare' 33,8 pols 3 s. prs. c. 54,44.

polz 1) 'pulices' 54,22 2) 'pullus' 54,23.

poma 72,9, 44; 76, 31, 40.

pomelar 'pomum in aerem proicere' 33,6.

pomelz 'parvum pomum' 46,2.

pomiers 'pomus' 49,8.

poms 'pomum tentorii' 55,27.

ponçeiar, ponzeiar 'ponere beneficia aliis' 32, 43.

ponher, poigner 'pungere' 24,18 ponhz 2 s. prs. i. 55,35 pois 3 s. prt. 22,44 p. prt. 55,34 point 24,19 poinht 24,45 s. perponhz.

ponhtar, pontar 'punctare' 33,9.

ponhz 'manus clausa' 55,33.

ponre 'ovum facere' 36,11 s. a-, des-.

pons 'pons, tis' 55,45.

ponzilar, -gilar 'ad diruendum murum ligna ponere vel diruere murum cum ligno, ponere ligna supra muro' 32,40 -zilha 3 s. prs. i. 64,39.

porcelz 'porcellus' 46,44.

porcs 'porcus' 55,46.

porquiers 'custos porcorum' 48,6.

pors, porus 56,31.

portar 'portare' 32,39; 72,4 -tan 3 pl. prs. i.5, 4, 17,22 -tz 2 s. prs. c. 57,20 -taran Œ 3 pl. f. 5, 7 s. a- deportz.

portelz 'parva porta' 46,7.

portz 'portus' 57,19.

pos conj. 68, 9, 22, 30; 69,22; 75,39; 85,19 pois ℬ 67,26; pueis Œ 5,29; pois Adv. Œ 68,31; 76,10; 87,3.

potz 1) 'labium' 58,9 2) 'puteus' 8,33; 58,31.

poutz 'pultes, esca de farina' 8,22.

praticar 'practicare' 32,4.

pratz 'pratum' 44,46.

preçar, -zar 'apreciare' 32,3? s. presans.

preçicar, presicar 'predicare' 32,28.

pregar 'precari' 32,31 prec 1 s. prs. i. 83,22.

prendre 'capere, prendere, apprehendere' 15,19; 23,43; 35,32 pendre Œ 15,19 prens 2 s. prs. i. 47,20 pren 3 s. prs. i. 39,20 2 s. imperat. 25,19 pres 3 s. prt. 22,1; 50,16 prendes, -esses, -essem, -esses, -essen impf. c. 26,32 prendens p. prs. 47,12 pres p. prt. 7,22,24; 25, 44; 50,15; 77,30 prendut 27, 29 s. antre-, ap-, com-, en-, es-, mes-, re-, sobre-, sor-, sotz-.

prendreire 'qui libenter accipit' 4, 18.

preons 'profundus' 55, 11 preon ('profondo') 90,45.

prepositios 'prepositio' 1,7 -tio obl. 71, 21, 87 -tiu ℬ -tion Œ 82, 5, 15 pres 'prope' 49,42 s. a-.

presans, -zans, -sanz, -santz, -zanz 'laudabilis, appreciatus pretio dignus, 2, 15; 6,26; 39,29; 42,26; 76,2.

prescentar, -sentar 'presentare' 32, 29.

presens, -zens, -senz 'presens' 12, 5; 16,5; 18,33; 25,31 -sen, -zen, -scen, -sent, -zent obl. 11, 22; 12, 15, 25; 15,9; 16,31; 19,45; 25,7, 11; 82,40; 83,41; 84,38.

presenteira 'mulier audaciter loquens' 61, 9.

presir ('predecare') 90,44.

prestar 'mutuare' 32, 35.

prestre, -res 'presbyter' 4,39; 80,7.

preteritz 'preteritum' 16, 11 -it obl. 11,22; 12,31,37,44; 16,11 n.pl.25,45.

preus 3 s. prt. 'premere' 23, 12.

preveire 80,14 preveires 80,18.

primiers 'primus' 86,4 -ier obl. 83,14 -iera f. s. 82,23; 83,2; 85, 6 -era ℵ 27, 36 -ieras f. pl. 86,40 -icrament, -ieramen ℬ -eiramen Œ Adv. 70, 2; 79,19 -eramen ℬ 70,39 premeira ℵ 5, 39 -iera ℬ 82, 20 -ieramentz ℬ 73,10 prumeira Œ 27, 36 s. aprimairar.

primitius 1, 16 -tiva 1,15.

prims 'acutus, subtilis, primus' 51,39; 67, 26; 68,2; 69, 34; 86, 13 prim ('sotile') 90,43; prims obl. pl. 77, 37 -ma f. s. 6,3, 13; 12, 7; 28,2; 83,10, 18 u. s. w. -mamenz, -mamentz ℬ -mamen Œ Adv. 68, 6; 71, 8; 85, 25 s. aprimar.

princeps 68, 13.

princols 'primum vinum' 54,1.

priorils 'ad priorem pertinet' 51,30.

privat Adj. obl. m. 68,21 -ada 71, 5.

proar, prohar 'probare' 33, 4.

prometre 'promittere' 36,34.

pronoms Œ 8, 46; 9, 29 -nome 1, 5; -nome obl. 81,11; 82, 1 -nom 71,34; 81, 36; -nom n. pl. 9, 45; 10,22 -noms obl. pl. 5, 31.

propheta 6,4, 6.
propres, -ris 'proprius' 77,33 -ri obl.
s. m. 9, 1, 14 -ria f. s. 1,9 -rias f.
pl. 86,33 -riamenz B -riamen C 71,2.
proprietat obl. s. 86,23.
pros 'probus' 3,36; 5,5, 9; 7,3; 75,45
('assai o prodomo') 90,42.
prosa 'prosa' 66,17.
pruir 'scalpere' 37,18 s. Diez E. W. I
prudere.
pruniers 'arbor faciens brinas' 49,9.
pudir 'fetere' 37,17 putz 2 s. prs. i.
59,38 -dens p. prs. 47,8.
pudors 'fetor' 56,8.
puicela, punzella 'virgo, puella' 62,6
s. despulçelar.
purgar 'purgare' 33,11.
purs 'purus' 59,9 -ra f. 60,31, 42.
pustela 'morbus, fistule' 62, 21.

quais 'quasi' 39,40; 68,27.
qualitat obl. s. 'qualitas' 1,10; 38,23.
qals Pron. inter. 67,8 cals B 75, 37, 40
qal obl. s. m. 86,8 dels quals 'quorum'
5,44 a las quals 'quibus' 1,11 qalqe
78,38; 81,1 calqe .. que B 78,36.
quan, qan 'quando' 2,29; 4,1; 5,25;
6, 10; 39,43; C 68,39; 74,41; 87,29
qant B 68,40; 69,5; 78,27; C 69,13;
70,8; 77,45; 83,11 can B 83,11;
84,44; C 20,12; 86,10 cant B 70,14,
22; 72.2; 74,24; 78,20; 84,22; 85,35.
quar, qar, car 'quia' 5,41; 9,23; 11,5,
11; 13,17; 17,3; 23,25; 38,4; 39,44;
67,14, 16, 22; 70,45; 73,32 que, qe
1,22; 2,14, 20, 24; 4,3; 9,14; 12,7;
13,18; 38,30; 85,2, 10; B 68,5, 43;
69,37; 76,1; 80,29; 83, 27,33; 87,6;
C 74,25; 82,28 s. per.
quarar 'quadrare' 33, 13 quaira 3 s.
prs. i. 65,32.
quartar 'quartam partem tollere' 33,17.
quarz, -rtz 'quartus' 21,25; 43,29 -rt
obl. s. m. 67,30 -rta obl. s. f. 12, 4;
19,23.
qascuna s. cascus.

quatre, qa- 'quatuor' 11,25; 74, 20;
75,13; 86,40 ca- B 75,20 quat- B
77,11 quattrecent C 79,7, 12.
quazerns 'quaternio' 49,46.
que, qe 1) 'quam' bei Comp. 11, 23;
12, 30, 44; 23,26; 69,4; 70,21, 37;
75, 15; 77, 10 2) s. quar 3) 'quod'
Conjunction mit Ind. 4, 27; 39,44;
67,4; 68,2, 9; 70,3, 41; 73,14, 20;
77, 25; 78,10; 80,20; 83,31; 85,20;
86,10,42; 68,18,20; 84,16; 86,43 che
C 67, 28. mit Conj. a) bei negat.
Hauptsatz: 69,18, 27, 35, 42 b) bei
neg. Nebensatz: 68,7, 23, 31, 44;
69, 25; 86, 22, 34 c) bei positivem
Haupt- uud Nebensatz: 5,28; 11,36;
14,9; 15,14; 16,1; 68,41, 43; 70, 9,
18; 78,10; 83,22; 86,18, 32. 4) Re-
lativ n. s. m. 1, 17, 20, 22, 26; 4,9,
31; 11,6; 69,25; B 69,40; 71, 15;
84,21; 86, 13; 87,20 (qi, qui 69,44;
71,3; 73,31; 78,2, 39; 82,44; 83,28;
84, 1; 85, 14; 86,11; A 5, 32) obl. s.
m. 67, 18; 68, 26; 79, 30; 81, 13;
(de cui 5, 7) n. pl. m. 3, 24; 5, 36;
7,30; 11,37, 42; 12,1; 68,3; 69,15;
74, 17; 75, 25, 28; 76, 13; 78,31;
83, 32; 87, 3 (qi C 69, 4; 74, 1, 19;
75,14; 77, 9, 35; 80,19, 43; 85,37);
obl. pl. m. 4,28; 6,40; 8,41; 11,21;
19, 31; 74, 1; 77, 21; 86, 20 (de cui
68, 3 s. don) n. s. f. 2, 36; 83, 15, 20;
84,10, 13, 15; obl. s. f. 74,4; 78, 19;
83,16; 87,34; n. pl. f. 70, 11; 72,12,
45; 76,29; 77,43; 79,17 (qi C 70,17;
71,29; 74, 11; 76,46; 83, 36); obl.
pl. f. 1, 3; 3, 34, 42; 67, 13; 74,12;
76, 25; 77, 44; 82, 31 (s. don);
neut. n. 69,13; neutr. obl. 11, 18;
69,2, 32; 70,45; 71,23; 81,44; 83,1,
6; 85,22; 87,24 s. esters, fors, per, per-
que, segon. 5) Interrog. 11,7 s. perque.
quecs 'quisque' 45,30 quec ('ciascuno,
tutto') 89, 25; 91,13.
queiz ('queto') 91,14.
querela 91,15.

querer, querre 'querere' 36, 14 ques, qes 3 s. prt. 22, 3 s. con-, en-, re-.
quetz 'parum loquens' 50, 33.
qui s. que, aqui.
quins 'quintus' 51, 45 -nta f. s. 86, 45.
quintar 'quintam partem tollere' 33, 15.
quitar 'inmunem reddere' 33, 14.
quom c. com.

racims 'racemus' 51, 38.
racionals 39, 43.
raçonar, raz- 'rationem reddere' 33, 22; 67, 26.
raços, -zons pl. 'ratio' 11, 13; 86, 36 -sos 67, 1 -sons, -zos 86, 32; 87, 26 -son, -zon obl. s. 72, 14; 73, 30; 84, 8 -izo Œ 1, 2.
radeire 'qui radit barbas' 4, 14.
raidar, raiar 'radiare' 33, 30.
rainiers 'miles qui non habet nisi unum roncinum' 49, 1.
rainartz 'vulpes' 43, 23.
raire 'radere' 36, 10 ras 3 s. prt.; p. prt. 7, 9; 45, 9; 77, 29.
rais 'radius' 41, 27 rahtz 44, 32.
ramel obl. s. 74, 42.
rancs 1) 'claudus' 43, 5 2) saxum eminens super aquas' 43, 6.
rancura 'querimonia' 60, 43.
rancurar 'conqueri' 33, 21 -ra 3 s. prs. i. 60, 44 -rs 2 s. prs. c. 59, 15.
ranqueirar 'claudicare' 33, 31.
ranpoinar 'dicere verba contraria derisorie' 33, 24.
rara f. s. 'raras' 60, 41.
rasclar 'ligno radare' 𝔄, 'cum ligno radere' 𝔅 33, 28.
rasors 'rasor, de rado, is' 56, 12.
raspalhz 'quod remanet de palea' 41, 37 s. resp-.
ratge ('rabia') 91, 20 s. enrabiar.
rauba Subst. s. 82, 46.
raubar 'rapinam exercere, spoliare' 33, 20 -batz p. prt. 44, 1.
raubir 'rapere' 37, 19 -bitz p. prt. 53, 8.

raucs 'raucus' 43, 40, raus Œ 8, 4 -ca f. 65, 8 s. en-.
rauquezir 'raucum facere' 37, 20.
raus 'arundo' 8, 4; 44, 18.
raustir 'assare' 37, 22.
rautar 'subito de manu auferre (-ri')33,26
re ('cosa') 91, 21.
reborcs 'obtusus vel hebes' 56, 6.
recaliva ('recade') 91, 23.
recebre 'recipere' 35, 11 -eubutz p. prt. 59, 2 s. per-.
reclams 1) 'querela' 42, 7 2) 'caro ad revocandam accipitrem' 42, 8.
reclus 'reclusus' 8, 34; 60, 6; 77, 31.
recobrir 'iterum operiri' 36, 28.
recohtz 'recoctus' 55, 18.
recolhir, -ulhir 'fovere 𝔅 recolligere, patrocinari' 36, 32 -olhz 2 s. prs. i. 54, 36 -olha 3 s. prs. c. 64, 12.
reconoisser 'recognoscere' 70, 26 -noc 3 s. prt. 22, 43 -nogutz p. prt. 59, 33 -noguda f. 70, 21; 85, 37; 86, 15.
recrei 1 s. prs. i. 'a bono opere cessare' 84, 30 -cre 3 s. prs. i. 82, 33; 84, 29. 30 -creutz p. prt. 59, 11.
recula 3 s. prs. i. 'retrogradi' 63, 41.
refahtz 'iterum factus vel impinguatus' 44, 24.
refudar 'refutare' 33, 33.
refrais 3 s. prt. 'refrangere, consolari' 23, 15.
refrims ('retentir o resono') 91, 22.
refrire 'resonare' 36, 30.
regara 3 s. prs. i. 'respicere' 61, 2.
regardar 'respicere' 33, 34.
regira 3 s. prs. i. 'revolvere' 61, 25.
regla 'regula' 3, 45; 4, 36; 6, 2; 7, 10; 11, 35; 12, 21; 14, 32; 22, 22; 25, 17.
regotz 'recurvitas capillorum' 58, 13.
reials 'regalis' 40, 13.
reire s. aqui.
reis 'rex' 2, 41; 3, 35; 46, 11; 72, 16 rei obl. s. 2, 43, 45; 85, 12; n. pl. 68, 14.
rejovenir 'rejuvenescere' 37, 38.
relha 'ferrum aratri' 64, 13.
remandar 'remandare' 33, 39.
remanon 3 pl. prs. i. 69, 17; 77, 36.

remembransa, -za 68,28, 32; 75,6.

remembrar 'recordari' 33,42.

remes 3 s. prt. 'remittere' 22,1.

remirar 'valde respicere, iterum speculari' 33, 35 -ira 3 s. prs. i. 61, 17 -irs 2 s. prs. c. 52, 15.

remolha 3 s. prs. i. 'ad humiditatem venire' 64, 5.

ren subst. obl. 67, 20, 29; 68, 9, 40; 70, 8; 86, 43; 87,26 re ℭ 68, 28.

renc ('schiera') 91, 19 s. deirengar.

rens 2 s. prs. i. 'reddere' 47,30 rendut p. prt. 27, 31.

renoelar 'renovare' 33,37 -novela 3 s. prs. i. 62, 44.

renous 'renovus' 56,22.

repaira 3 s. prs. i. 'repatriare' 65,35.

reparar 'reparare' 33,36; 32,38.

repaus ℭ 77,32.

reprens 2 s. prs. i. 'reprehendere' 47,22 -en 2 s. imperat. 25, 19 -es 3 s. prt. 22, 3; 50, 18 p. prt. 7, 23 -endens p. prs. 47, 13.

reques 3 s. prt. 'requirere' 22, 4 -queira 3 s. prs. c. 61, 5.

rescos ('rescosso') 91,24 -ossa 'excussa' 66, 10.

se resemblan 3 pl. prs. i. 74,19.

resons ('grande nomenanza') 91, 17.

resors 3 s. prs. i. 'deresurgere, resurgere' 8,30 3 s. prt. 56, 35 p. prt. 56, 34.

respalhz 2 s. prs. c. 'colligere residuum de paleas' 41,39 s. ra-.

respehtz 'inducie vel expectatum' 50,19 -peig ('aver ben per bene') 91, 28 s. despehtz.

respirar 'respirare' 33,40 s. sospirar.

resplandens 'resplendens' 47,39.

respondre 'respondere' 24, 3; 35, 13; 83, 35; 87, 30 -det 3 s. prt. 22,8, 20.

restaig ('consola') 91,25.

restaurar 'restaurare' 33, 32 -ra 3 s. prs. i. 62,19.

retalha 3 s. prs. i. 'iterum secare, sectare' 63, 17 -lhz 2 s. prs. c. 41, 29.

retalhz 'parva pars panni' 41,28.

retener, -ir 'retinere, recipere' 35, 21; 87, 6 -te, -ten 3 s. prs. i. 39, 22 -tengutz p. prt. 39, 31.

retorns 2 s. prs. c. 'redire' 57,21.

retortz 3 s. prs. i. 'iterum torquere, ad filum pertinet' 57, 10 p. prt. 57, 12.

retraire 'referre, narrare' 35, 36 ('diciare una nova') 91,26 -trac, tras -trai s. prs. i. 82, 40, 45; 83, 1, 23—7, 33 -trais 3 s. prt. 23, 18.

retrahtz 'turpis recordatio beneficii' 44, 39.

retromas [= retroensas] Subst. ℭ 70,32.

revelar 'rebellare' 33,38 -la 3 s. prs. i. 62, 16.

revelhar 'excitare' 33,41 -lha 3 s. prs. i. 63, 45; 64, 2.

revendre 'iterum vendere' 35, 27.

revenir 'melliorare' 37, 37; 91, 27 revengutz p. prt. 59, 31.

revers 'reversus' 6, 45; 48,20.

revestir 'iterum vestire' 37, 42.

revira 3 s. prs. i. 'revolvere' 61, 23.

revols 3 s. prt. 'revolvere' 23, 8 -voutz p. prt. 57, 28.

ribar 'repercutere clavos' 33,44 s. de-.

ribeira 'planicies super aquas' 61, 33 s. de-.

ricors 'divitie' 56, 27.

rics 'dives' 20, 16; 51, 10; 72, 17 -ca f. 65, 36 s. enriquir.

rima Subst. 68, 31; 70, 16; 83, 33; 86, 22 -as pl. 83, 36; 85, 46.

rimar 'rimos facere' 33, 43.

rips 'acumen clavi' 51,36.

rire 'ridere' 36,31 -ria 3 s. prs. c. 65, 28 ris 3 s. prt. 22, 27 p. prt. 8, 18; 52, 39; 77, 28 s. sumris.

rius 'rivus' 53, 37.

robis 'lapis' 52, 19.

rocegar 'trahere cum equis' 33, 12.

rocs 'ludus ligneus, rochus' 54, 6 s. dei-.

rodar 'in circuitu ire' 33, 46.

rofiols 'cibus de pasta et de ovis' 54, 37.

roflar 'dormiendo (turpiter) insufflare' 33, 3.

rogeiar, rojeiar 'groco rubescere vel nitescere' 33, 9.

roïlha 'rubigo' 64, 32.

roïlhar 'rubigine inficere, r. ungi' 33, 8 -ha 3 s. prs. i. 64, 32 s. des-.

roiols 'genus piscis' 54, 38.

roizir, rotzir 'rubescere' 37, 23.

rolhz 'lignum cum quo furnus tergitur' 54, 44.

romans, -nz, -ntz 1) Subst. s. 86, 31 pl. 70, 31 2) substantivisch gebrauchtes Adj. 73, 23, 39, 42, 46; 77, 32.

roneus 'peregrinus' 51, 27.

romiar 'ruminare' 33, 1.

roms 1) 'genus piscis' 55, 25 2) 2 s. prs. i. 'rumpere' 55, 26 romputz p. prt. 59, 39 rotz p. prt. 58, 30.

ronchar, -car 'dormiendo cum gula barrire' 33, 5.

roncis 'roncinum' 52, 23.

rons 1) 'ruga' 55, 4 2) 2 s. prs. c. 'rugas facere' 55, 5.

ros 3 s. prt. 'segetem tondere' 23, 5.

rosa 'rosa' 66, 14.

rosiers 'rosetum' 49, 17.

rosiols s. rofiols.

rossa 'rubida' 66, 3.

rosseiar 'rubescere' 33, 7.

rossinols, -nhols 'filomena' 54, 21.

rotar, ructar 'eructare' 33, 2.

rotiers 'eructuator' 49, 41.

rotz 1) 'eructuatio' 58, 8 2) s. roms.

s Endung 76, 32; 78, 20.

sabatos ('calzari') 91, 12.

saber 'scire, sapere' 4, 27; 14, 34; 24, 7; 35, 18; 67, 8; 70, 3; 71, 6, 16; 76, 16; zo (so) es a s- 'videlicet' 𝔄 39, 41; 𝔅 ℭ 78, 10; 𝔅 (ℭ zo es) 71, 1, 18; 73, 16, 21; 74, 17, 21; 76, 20; 78, 35 cu sai, tu saps, cel sap s. prs. i. 19, 36 sai 72, 10; 75, 37 saps 40, 7 sap 69, 2, 12; 74, 35, 39; 78, 23 sabon 3 pl. prs. i. 70, 29, 45; 74, 44 sapchatz 2 pl. prs. c. 78, 10 2 pl. imperat. 78, 45 sapchas 2 s. imperat. 25, 14 saup

3 s. prt. 21, 35 saubes 3 s. impf. c. 68, 7 sabra 3 s. fut. 85, 23 sabria 3 s. cond. 85, 28 sabrian 3 pl. cond. 67, 30; 68, 4 sabens p. prs. 47, 36 saubutz p. prt. 59, 1 saubut 24, 37 saubuda f. 67, 5 sabut 24, 11; 26, 1.

sabers Subst. 48, 31; 69, 30, 37 -er obl. 68, 6, 35; 76, 13; 85, 39 n. pl. 67, 15.

saborar 'saporare' 33, 16.

sabors 'sapor' 56, 10.

sabtiers 'calciamenta faciens' 48, 35.

saçhir, -tzir 'capere contra jus' 37, 24 -isir, -sir 89, 16; 91, 3 -zitz 'occupatus' 52, 34 -zit ('preso') 89, 13 -izit ('asalito') 91, 10.

sacrar, sagrar 'sacrare' 33, 25.

sacrifiar 'sacrificare' 33, 26.

sacs 'saccus' 40, 22 s. ensachar.

sadolar 'satiare, saturare' 33, 15 -la 3 s. prs. i. 63, 23, 31.

safirs 'safirus' 52, 11.

sagetar 'sagittare' 33, 22; 34, 13.

sai, sain s. zai, sans.

sairar, sarrar 'claudere, firmaro hostium' 33, 18.

sala 1) 'aula' 62, 23 2) 3 s. prs. i. 'salem mittere' 62, 36 s. de-.

saleira 'ubi sal reponitur' 61, 42.

salhir 'salire' 37, 25 -hz 2 s. prs. i. 41, 35 -ha 3 s. prs. c. 63, 22 -hitz p. prt. 53, 23 s. tras-.

salms 'salmus' 41, 43.

sals 1) 'salvus' 2) 'sal' 40, 11.

saludar 'salutare' 33, 21 -utz 2. s. prs. c. 59, 34.

salutz 'salus' 59, 33 'sanitas' 59, 35 -uz ℭ 6, 34.

salvar 'salvare' 33, 20.

salvatge Adj. n. pl. 77, 8 s. ensalvatgir.

sambucs 'quidam arbor sterilis, sambucus' 58, 43 s. saucs.

samitz 'examitum, pannus sericus' 53, 15.

sanar 'sanare' 33, 17.

sancs 1) 'sanguis' 42, 40 2) 'sinistrarius' 42, 41 -ca 'manu sinistra' 65, 2.

sanglentar 'sanguine polluere' 33, 23
s. en-.
sans 'sanctus' 42,17 sain B saint C obl.
s. m. 75, 34 sanc, san 8, 16 sang
52, 36.
santatz 'sanitas' 6,31.
sarazinas Adj. f. pl. 68, 13.
sarçir, -zir 'sarcire' 37,30.
sarralha, sera- 'illud ubi clavis mittitur'
63,11 s. desarrar.
sas 'sanus' 45, 31.
saucs 'quidam arbor sterilis' 58, 46
sauc ('saubuco') 91 5 s. sambucs.
saüls 'salvus' 58,35.
saumatiers 'custos saumarii' 48, 12.
saumiers 'mulus vel asinus vel jumen-
tum ferens onus' 48,10.
saurs 'color aureus, griseus' 44,23 -ra
f. 62,15.
sautar 'saltare' 33, 14 -te 3 s. prs. c.
13, 22 s. as-.
savais 'iners' 41, 30 ('salvatico') 91,38.
savieza 'sapientia' 6, 14.
sazitz s. saçhir.
sazos Subst. saison, sazon obl. 76, 35,
46; 77, 17.
sċupilcha ('spazatura') 91,16.
se A C; si B Pron.; aber: se B 68,43;
70,23; 71,10;87,21; si A 13,19;C 2,41;
70,42; 71,10; 75, 3. Vor Vocalen s'
(aber: a si eus A 13, 19 und wenn
das Refl. nach dem Verbum steht
76,41; 77,4; 79,10; 81,38, 41). Lehnt
sich an voraufgehende: ni, no, si
8, 42; 72, 25, 29; 83, 21; 87, 1 (aber
bleibt: 69, 38; 85, 29; 86, 44 ebenso
nach: qui 74,19; 86, 2). Ersetzt oft
das Pass. s. abreviar, ajostar, alon-
gar, aperte, atagnon, conoisser, con-
tenir, declina, demostrar, dire, doblar,
entendre, partir, resemblan, traire,
trebaillava, triar. Abundativ steht
es: 4,6; 68, 43; 70, 23; 72, 25, 29;
86, 2; 87,1. Nach Praep. 1, 17; 5, 2,
18; 11,17; 17,5; 87,21.
sebelitz 'sepultus' 52,44.

sebrar 'separare' 33, 36.
secar 'siccare' 33, 23 -catz 2 pl. imper.
44,5 p. prt. 44,4.
secher 'sedere' 14,36 sec 3 s. prt. 21,31
segra o seiria cond. 14,44 s. assezer.
secodre 'concutere' 36,3 s. escodre.
secs 'siccus' 45,33.
securs 'securus' 59, 3 segura f. 60, 28
s. assegurar.
segar 'resecare herbas' 33,31 -ga 3 s.
prs. i. 65, 42 secs 2 s. prs. c. 45,35
-gatz 2 pl. imperat. 41,3 p. prt. 44,2.
segner 'dominus' 6, 19 senhers B sei-
gners C 80, 7 sener 4, 40 senhor,
segnor n. pl. 76, 13; 80,12 segnors
obl. pl. 80, 17.
segon Praep. 69, 43 segon que Conj.
25,43; 69,33; 82, 7.
segons 'secundus' 55, 43 -gonda f. s.
13,17; 19,33; 22, 19; 23,29; 82,21;
87,22 -conda A 6,18; C 12,10; 19,22;
20, 1; B 82, 25 -gunda C 9,38 -gon-
das pl. 50, 42.
segre 'sequi' 36, 7; 67, 11 -cs 2 s. prs.
i. 45, 21 sec 3 s. prs. i. 2,5; 7, 10
-guen 3 pl. prs. i. 6,1; 10,30; 22,21
-ga 3 s. prs. c. 65,43 -guet 3 s. prt.
22, 5 -guidas p. prt. pl. f. 86,37 s.
con-, per-, encecs.
seis 'sex' 2, 38; 22, 29; 45, 45.
sel s. cel.
sela 'sella' 62,10.
selar 'sternere equum, sellam mittere'
33,30 -la 3 s. prs. i. 62,11 s. de-.
selha 'vas aquatile' 64,14.
seliers 'faciens sellas' 48, 20.
semblans 'similis' 3,32, 40; 16,12 sem-
blan n. pl. m. 22,30 senblan A 13,5
scenblan A 4,5; 15,20; 19,46; 26, 12
scenblans n. pl. f. A 23, 33; 25, 7
Subst. d'aquest scenblan (semblan)
21, 12; 23,36; 73, 35; 78,9; 80, 19;
84, 4; 79, 17; 80, 29; = eisemple
73, 36; 85, 9 semblantz, semblanz,
senblanz 75,43; 76,3,10; 77, 12 -faran
semblant, -an 68,41.

semblanza Subst. 75, 29; 77,1, 42 -zas
pl. 75, 7.
senblar, scmblar 'similare' 33, 34 scen-
blar ᴁ 3, 31 -la 3 s. prs. i. 4, 31;
19, 10 s. re-.
semelha 3 s. prs. i. 'similare, assimilare'
63, 41 -hz 2 s. prs. c. 47, 2.
seminar 'seminare' 33, 29.
semitaurs 'semitaurus' 44, 27.
sems 1) 'semis' 2) 2 s. prs. c. 'ninuere'
47, 9.
semtiers 'semita' 48, 30.
senescales 'seneschalcus' 41, 11.
senestriers 'sinistrarius' 49, 35.
sengna ('neente') 91, 13.
senhals 'signum' 40, 21.
senhar 'signare' 33, 27 s. en-.
senhoreiar 'dominari' 33, 32.
senhorils 'dominabilis' 51, 25.
senhorius 'dominium' 53, 42.
sens 1) 'sensus' 47, 2 sen obl. 69, 33;
76, 13 sens, senz obl. pl. 68, 46 2) s.
ses.
sentenza 5, 10, 17, 22 -ncia 5, 8 -ntia 5, 4.
sentir 'sentire' 12, 2; 37, 31 -thir ᴁ 20, 46
-ti, -s 1 s. prs. i. 12, 27 -s 2 s. prs.
i. 47, 17 -thiz p. prt. 52, 45 scentit
27, 17 s. consentire.
seps 'sepes' 48, 4.
sercar inf. 80, 3.
serps 'serpens' 49, 8.
sers 1) 'servus' 48, 11 obl. pl. 85, 11
2) 'sero' 48, 41.
servir 'servire' 25, 42 -rs 2 s. prs. i.
48, 12 -rvis 1. 3 s. -rvissem 1 pl.
impf. c. 26, 44 -rvit p. prt. 25, 43;
27, 29 s. de-.
ses 'sine' 1, 23; 69, 46; 72, 15; 76, 17;
84, 11 sens ᴁ 4, 46; ᴂ 85, 33 senes
ᴁ 5, 25.
sesca 'arundo secans' 65, 15.
setz 'sitis' 50, 30.
seus 'suus' 9, 11; 10, 30; 51, 23 sieus
81, 37; seu obl. s. m. 3, 33 sieu 83, 2;
86, 41 sei ᴁ n. pl. m. 76, 5 siei ᴂ
81, 19 seus obl. pl. m. 83, 10 sicua

ᴂ seua ᴁ s. f. 73, 12; 81, 40; 84, 43;
87, 20, 34 soas ᴁ pl. f. 5, 15.
si Adv. 67, 22. Im Nachsatz: 3, 40;
69, 28; Conj. si 5, 8; 38, 29; 39, 43;
67, 12, 20; 87, 1. Vor Voc.: s' 9, 19;
77, 16 si cum 'sicut' 1, 21, 28, 31;
39, 40; 69, 39 aici cum se 2, 7 si
(se) no 'nisi' 3, 2; 6, 39; 16, 46; 38, 7;
67, 31; 85, 28 sitot 'quamvis' 4, 6;
16, 14; 39, 42; 68, 3; 69, 26; 74, 37,
41 sivals 'saltem' 39, 41; ('almene')
89, 14 et si 'quamvis' 22, 19.
siblar 'sibilare' 33, 33.
sics 'ficus, morbus' (?) 51, 43.
significa -fia 3 s. prs. i. 'significare'
1, 9; 38, 23, 44 -fien, -fient, -fian 3 pl.
prs. i. 38, 33.
significazons ᴁ -fication ᴂ -ficatio ᴁ
38, 16; 39, 24 -fiazons obl. pl. 5, 15.
sillaba 25, 22 -bas obl. pl. 3, 41.
simpla 'simplex' 2, 33.
singulars 'singularis' Adj. 2, 28; 4, 29;
74, 17, 24, 38 -ar obl. s. 4, 9; 73, 31;
74, 7 u. s. w.; n. pl. 74, 35; 75, 1, 16,
24 -ars obl. pl. 4, 30; 77, 27, 38;
79, 23, 35 singlar ᴂ obl. s. 77, 8 n.
pl. 79, 21 Subst. singulars n. s. 73, 17
-ar obl. s. 9, 28; 12, 14; 74, 15; 82, 20;
83, 43; 84, 31 n. pl. 75, 41.
singularitat obl. s. 71, 31, 38.
sirventes 'cantio facta vituperio ali-
cujus' 7, 12 ser- ᴂ 70, 34.
so s. zo.
sohanar, soanar 'recusare, respuere'
33, 43 soans 2 s. prs. c. 42, 12.
soans 'repudium' 42, 11.
sobdar 'ex improviso prevenire' 34, 5.
sobradaurar 'deaurare' 29, 27 sobre-
daura 3 s. prs. i. 62, 17.
sobranceiar 'superbe se erigere' 34, 7.
sobranceria ('soperchianza') 89, 17.
sobrar 'superare' 34, 8.
sobrardimen Subst. obl. s. 84, 14.
sobre Praep. 72, 5; 75, 9, 12.
sobredit n. pl. 'supradicta' 7, 29; 22, 29
-ditz obl. pl. 15, 6.

sobreira 'exuperans, superbalis' 61, 35.
sobreprendre 'reprehendere vel subito prendere' 35,36.
socore, socorre 'succurrere, subvenire' 36, 6 -ors 3 s. prt. (?) 56, 1.
socors 'auxilium' 8, 28; 56,3.
soffrachos ('bisognoso') 91,9.
soflar 'cum naribus spirare' 33,41.
sofrais 3 s. prt. 'deesse, humiliare' 23,17 soffraing 3 s. prs. i. ('mancha') 91, 14.
sotfrir 'sustinere, pati' 21, 1 suffrir, sufrir 10,41 eu sofre 1 s. prs. i. 10,43 el sufre 3 s. prs. i. ℭ 10, 43 suffre ℬ 72, 2 suffren 3 pl. prs. i. 86, 6 sufri o soferc 3 s. prt. 22, 33 soffri, -is, -i, -im, -itz, -iren o -iron ℭ 21, 5 suffri 3 s. prt. 82,34; 84,36 sufrens, suffrens, soffrenz, suffrenz, -ntz p. prs. 39, 30; 47, 43; 71, 46; 72, 32; 78, 36.
sogautar, sug- 'super gulam percutere' 34, 1.
sogra ('socera') 91,15.
solachar, -azar 'verbis ludere' 33, 45.
solar 'soleas mittere, s. consuere' 33,46 -la 3 s. prs. i. 63,14 s. de-.
solatz, -az Subst. n. s. 87, 22 obl. s. 68, 26; 87, 30 solati ℭ 77,29.
solelhz 'sol' 46,37 -oill, -eill obl. s. 83, 13.
soletz 1) 'solus' 50,35 2) [= foletz?] 'faunus vel stultus' 50, 41.
solha 3 s. prs. i. 'polluere' 64, 26.
solhelar, -heiar 'ad solem calefacere, ad s. siccare, ad s. ponere' 34, 10 solelha 3 s. prs. i. 64, 4 solelhz 2 s. prs. c. 46, 38.
soliers 'solarium' 49, 24.
solorius 'solitarius' 53, 36.
sols 1) 'solum' 54, 29 2) 'solus' 54, 41 -la f. 63, 30 -l Adv. 'solummodo' 3,44; 11, 17; 67,30; 70,44 -lamen 1, 27,31; 2, 30; 4, 4; 12, 26 -lamenz ℬ 74,5 3) 2 s. prs. i. 'solere' 54, 29 4) 3 s. prt. 'solvere' 54, 29; 23,7 s. ab-.
solz 1) 'solidus denarius' 54, 14 2) 'solutus' 54.15; soutz 57,35 3) 'carnes

vel pisces in asceto' 54,20 soutz 8,22; 57, 40.
sometre inf. ℭ 24, 23.
somnelha 3 s. prs. i. 'frequenter somniari vel dormitare, somno seduci' 63,42 -hz 2 s. prs. c. 47, 1.
somnhar, sonar 'somniare' 33, 38.
soms 'somnium' 55,23 sons 'sopor' 55, 2.
sonalhz 'parvum tintinnabulum' 41,24.
sonar 'sonare' 33, 37 soni o so 1 s. prs. i. 12,9 s. resons.
sopar 'cenare' 33, 40; 91,2.
soptz ℬ 58, 35.
sor 'soror' 4, 43; 79, 22 seror obl. s. 79, 24 serors, sorors pl. 79,27.
sorbiers 'sorbarius vel corbellarius' 49,15.
sordeiar 'deteriorare' 34, 9 -deiaz ('pegiorato') 89,19.
sordeier 'deterior' 4, 42 -diers, -degier 81,4; -deior obl. s. 81,6; 89,20; 91,1.
sorpres p. prt. 7, 24.
sorsims ('ove nascie el fiore o sia lo ramo') 91, 7.
sortz 3 s. prs. i. 'surgere, suscitari, elevari' 57,39 sors 1 s. prs. i., 3 s. prt., p. prt. 8, 29; 56, 32, 33 sors ('alzato, directo') 89, 15; 91, 11 s. resors.
sortz 1) 'sors' 57, 7 2) 'surdus' 57, 33.
sos 'suus' 81,15; 86,34 son obl. s. m. 69, 7, 33; 86, 24 sos obl. pl. m. 6, 44; (24, 30;) 69, 46; 81, 22; 85, 11 sa s. f. 70, 23; 81, 28 s'amor 83, 22 si donz ℭ 86, 43 sas f. pl. 81, 35; 87, 19.
sospendutz, sus- 'suspensus' 59, 20.
sospirar 'suspirare' 33,44 -ra 3 s. prs. i. 61,19 -rs 2 s. prs. c. 52,13 s. respirar.
sospirs 'suspirium' 52, 10.
sostar 'inducias dare' 34, 3.
soste ℭ 3 s. prs. i. 'sustinere' 3, 9 -tenon 3 pl. prs. i. 71, 32, 41; 72, 15 -tenc 3 s. prt. 21,45 -tengutz p. prt. 59,29 -tengudas pl. f. 71, 33, 41.
sosteirar 'sepelire' 33, 42.
sotileza ℬ 85,41 -ezza 87,21 s. subtils.

sotz 1) 'subtus' 58, 34   2) 'locus ubi porci comedunt' 58, 32.

sotzmetre 'submittere' 36, 36 -mis p. prt. 52, 33.

sotzpres p. prt. 7, 24.

sotztraire 'subtrahere, subripere' 35, 38 sostrais 3 s. prt. 23, 20.

soudadeira 'mulier accipiens solidum' 61, 6 s. assoudar.

sovenir 'recordari' 37, 40 -vene 3 s. prt. 21, 43 -vinens p. prs. 47, 5, 46.

spars ℬ 77, 32.

species 1, 15; 38, 16.

stola 'stola' 63, 5.

streinh 2 s. imperat. 25, 20 s. con-, de-.

suar 'sudare' 34, 12.

suaus 'svavis' 44, 11.

substantia -cia 1, 9; 71, 33; 72, 45; 73, 2, 12; 78, 38.

substantiu obl. s., n. pl. 5, 12, 19; 72, 25, 30, 36; 78, 44 sustantiu 5, 2, 26 -substantius obl. pl. 2, 6; 72, 5; 81, 8 -iva Adj. f. s. 74, 3 -ivas f. pl. 71, 26, 29; 72, 7; 73, 25; 74, 13; 78, 26.

subtils 'subtilis' 51, 27   sotils 71, 46; 78, 35 sobtils ℭ 72, 32 s. asotilha.

sucs 'succus' 58, 13.

suffrires ℭ 80, 25 s. sofrir.

sugar 'sciugare' 34, 14 s. es-.

sumris 3 s. prt. 'subridere' 22, 27.

sumsitz 'mersus in mare vel aquis' 52, 43.

sus 'sursum' 39, 13; 60, 23.

tabors 'timpanum' 56, 43.

tabustar 'tumultuare' 34, 33.

tacs 'morbus porcorum' 40, 23.

tafurs 'homo parvi pretii' 59, 12 tafur 91, 23.

taing 3 s. prs. i. 'expedire' ('convene') 91, 20 tais 3 s. prt. 23, 21; 41, 33 s. atagnon, atenher.

tais 'animal taxus' 8, 6; 41, 31.

tala 'devastacio vel detrimentum' 62, 26.

talar 'vastare' 34, 31 -la 3 s. prs. i. 62, 29.

talens 'voluntas vel appetitus' 47, 43 len, -lan obl. s. 85, 46; 86, 5.

talha 'tributum' 63, 16.

talhar 'resecare, scindere ferro' 34, 32 -ha 3 s. prs. i. 63, 16 -hz 2 s. prs. c. 41, 27 -hatz 2 pl. imperat.; p. prt. 44, 6 s. en-, re-.

talhiers 'catinus in quo carnes ponuntur' 49, 27.

talhz 'secatura' 41, 26 s. en-, re-.

tals 'talis' 7, 37; 40, 10 tal obl. s. m. 67, 18; 82, 6 s. ai-, autre-.

tamboreçar, -zar 'timpanizare' 34, 27

tambureiar 'timpanare' 34, 29.

tams 'par' (?) 42, 19.

tan, tant Adj. obl. s. m. 'tantus' 69, 43; 87, 27 de tan cum 'quantum' 15, 8 fors tan que 'excepto quod' 27, 37 tans obl. pl. m. 42, 19 tantz 85, 20 tantas pl. f. 3, 43 tan, tant Adv. 'tam, tantum' 5, 29; 11, 33; 23, 23; 67, 17; 69, 36; 68, 6; 69, 23; 84, 21; 86, 42 s. ai-, entre-.

tanca 3 s. prs. i. 'firmare' 64, 44 s. estancs u. Rom. VI, 452.

tancs 'parvum lignum acutum' 43, 2.

tans 'tantes et cortex arborum ad corea paranda' 42, 20.

taps 'lutum' 40, 11.

tart 'sero' 38, 41.

tartalha, -ailha 3 s. prs. i. 'loqui frequenter et preciose' 63, 24; 91, 24.

tastar 'tangere vel gustare' 34, 34.

taular 'invictus manere, utrumque ludum ordinare vel fraudulenter se trahere' 34, 16 s. en-.

tauleiar 'tabulas parvas sonare' 34, 30.

taurs 'taurus' 44, 26.

taütz 'feretrum' 59, 42.

tavas 'musca pungens equos' 45, 30.

tavecs 'insultus' 45, 16.

taverniers 'caupo' 49, 34.

teira 'series' 61, 28 s. a-.

teiralhz 'temptorium' 41, 20.

tela 'tela' 62, 31.

telha, delha 'cortex tilic' 64, 15.

telhz 'arbor quedam' 46, 39.

teliers 'illud in quo tela texitur' 49, 29.

temerosamen Adv. 38, 25.

temprar 'temperare' 34, 4.

temptar 'temptare' 34, 5.

tems 2 s. prs. i. 'timere' 47, 14 teus 3 s. prt. 23, 11.

tems, temps 'tempus' 8, 9; 11, 22; 12, 14, 23, 26; 38, 33; 39, 23; 47, 13; 69, 14; 71, 11, 32, 40; 86, 27 per t- 'tempestive' 47, 15 toz t- 'semper' 13, 20 tost- ⅭG 68, 31 s. tins.

tençar, -zar 'litigare' 34, 3.

tendir 'tinnire' 37, 35.

tendre 'tendere' 11, 43; 15, 19; 23, 42; 35, 19 tens 2 s. prs. i. 47, 27 tendet 3 s. prt. 22, 10 -des, -desses, -des, -dessem, -dessez, -desson vel -desson impf. c. 15, 39—43 -dutz p. prt. 59, 24 -dut obl. 26, 3; 27, 12 s- a-, con-, des-, en-, es-.

tencire 'tenax' 4, 19.

tener 'tenere' 11, 38; 14, 33; 24, 7; 35, 20 -nh, -s o -nes, te s. prs. i. 19, 34, 35, 39 -ng, -ing 78, 3 -nc 78, 6 -ngui, -nguist 1. 2 s. prt. 20, 36 -ng 3 s. prt. 20, 43 -c, -nc 21, 31 -nes ⅭG 3 s. impf. c. 26, 36 -ngues 68, 44 -ngra o -nria 1 s. cond. 14, 41 -ngutz p. prt. 59, 28 -ngut 24, 39; 27, 26; 73, 33 -nsut ('tenuto') 91, 19 -nens p. prs. 47, 3 s. abs-, con-, -man-, per-, re-, sos-.

tenher 'tingere' 24, 29; 35, 45 -nga 3 s. prs. c. 64, 37 -ngam 1 pl. prs. c. 26, 23 -is 3 s. prt. 21, 36; 46, 7 -inht p. prt. 25, 3 s. des-, en-, es-.

tenso, tenzon Subst. obl. s. 67, 16.

terçar, -zar 'tertiam partem sumere' 34, 1.

terme obl. s. 'terminus' 11, 18.

terra s. f. 85, 36; 87, 16, 18 -as pl. 70, 9, 44; 77, 34; 86, 16 s. sosteirar.

terrenals 'terrenalis' 40, 35.

terriers 'terratorium' 48, 29.

tertres ('poggio') 91, 25.

tertz 2 s. impt. 'tergere' 49, 28 -rs 3 s. prt. 22, 37 s. esters.

tertz 'tertius' 49, 27 -rza f. 6, 23; 12, 1,

12; 82, 41; 83, 9, 42; 84, 31, 40; 85, 10 -rça ᴁ 19, 23 -rçha ᴁ 20, 1.

tesauriers 'tesaurarius' 49, 37.

tesaurs 'tesaurus' 44, 22.

tehtz 'tectum' 51, 12.

teus 'tuus' 9, 11; 10, 30; 51, 28 tieus ᴃ 72, 10; 81, 37 tieua ᴃ teua ⅭG 81, 40.

tins 'tempus' 52, 1 s. tems.

tira 3 s. prs. i. 'trahere' 61, 18 s. detirans 'tyrannus vel durus' 42, 24.

toalha 'mantile' 63, 32.

tocar 'tangere' 34, 17; 63, 10 -cs 2 s. prs. c. 54, 17.

tolhz 'genus piscis' 55, 3.

tolz 2 s. prs. i. 'auferre' 54, 12 -lha 3 s. prs. c. 64, 8 -lc 3 s. prt. 22, 46 toutz p. prt. 57, 34 s. des-.

tombar 'cadere' 34, 13 -ms 2 s. prs. ⁓ c. 55, 29 -mbe 3 s. prs. c. 13, 22.

toms 'casus' 55, 28.

tondeire 'tonsor' 4, 15 -res ⅭG 80, 27.

tondre 'tondere media producta' 36, 21 -det 3 s. prt. 22, 21.

tonelz 'parvum dolium' 46, 19.

torbar 'turbare' 34, 14 s. des-.

tornar ᴃ 'reverti' 69, 21 si torno 3 pl. prs. ⅭG 69, 20 -ns 2 s. prs. c. 57, 17 -nat p. prt. n. pl. m. 67, 16 s. re-.

tornada Subst. 87, 28.

torns 'instrumentum tornatile' 57, 17 s. con-.

tors 1) 'turris' 56, 17 2) 'pars piscis' 56, 32.

tortelz 'parvus panis' 46, 1.

tortitz 'tortitium, mulțe candele simul juncte' 53, 30.

tortz 1) 3 s. prs. i.; p. prt. 'torquere' 57, 9 -rs 3 s. prt. 23, 9; 56, 35 s. des-, es-, re-; 2) 'vis illata' 57, 8 'injustum' 11, 15 3) 'quedam avis' 57, 34.

tos Pr. poss. d. 2 prs. 80, 9; 81, 22.

tosa ᴃ 66, 13.

tosetz 'puerus' 50, 36.

tost 'cito' 38, 7, 13, 21.

tostar 'assare' 34, 15.

totz 'omnis vel totus' 58,29 totz hom
67, 25; 69, 44; 71, 3, 15; 82, 16; 85,
33; 86, 13 tot obl. s. m. 42, 32; 60, 38;
69, 39; 71, 23; 73, 20; 78, 13; 87, 18
tuit n. pl. m. 3, 22; 7, 4; 12, 1; 13, 5;
25, 45; 68, 27; 73, 35; 75, 41; 78, 34;
80, 28 tut 𝔄 4, 27; 6, 2, 20, 44; 8, 41;
11, 27; 13, 13; 15, 45; 19, 46; 38, 27;
𝔅 87, 6 tuc 𝔅 tuig 𝔊 84, 30; tug 𝔅
87, 3; tot 𝔅 68, 24; 70, 12; totz obl.
pl. n:. 4, 6, 30, 34; 6, 8, 22; 8, 44;
68, 16; 69, 27; 77, 38; 78, 46; 79, 25;
81, 15, 20, 32; 85, 7 toz 𝔄 12, 22; 𝔅
69, 18; 76, 19; 77, 3, 10, 26; 81, 35
tot 𝔅 79, 3, 4, 18, 23, 35; 80, 3 (vgl.
tut li autre 𝔅 obl. pl. m. 84, 7) tota
s. f. 69, 46; 71, 9; 82, 17 totas pl. f.
1, 11; 3, 32; 11, 16; 23, 27; 25, 32, 39;
50, 42; 68, 34; 70, 10; 71, 17; 76, 37;
77, 13; 84, 26, 37 toutas 𝔅 72, 11;
74, 10 totz 𝔊 72, 23, 28; 73, 23 per tot
'semper' 4, 9 'plane' 17, 3 s. sitot,
trastut.
trabs 'genus temporum' 40, 5.
trahir, taïr 'tradere' 37, 34 traï 𝔅 trahi
𝔊 1 s. prt. 82, 34; 84, 36; 85, 3, 6
traïc 𝔅 trahic 𝔊 3 s. prt. 84, 42;
85, 5 traïtz p. prt. 52, 46.
trainar 'ad caudam equorum trahere
[fraudulenter ad se trahere]' 34, 20.
traire 'traditor' 4, 20 trahires 𝔊 80, 26
trahidor𝔊 n. pl. 76, 6.
traire 'trahere, trahere cum arcu' 35, 32;
87, 2 trar, traire 𝔊 13, 33 traire fors
(s. fors) trac, tras, trai s. prs. i. 82, 42
trac 1 s. 83, 3, 17, 19, 26, 33 trai
1 s. 83, 16, 28 tras 2 s. 82, 45 trai
3 s. 82, 46; 83, 25, 38; 84, 15 trason
3 pl. prs. i. 71, 18 trais 3 s. prt.
23, 17 traga 1 s. prs. c. 69, 25 trairai
1 s. fut. 85, 8 tragam 1 pl. imperat.
𝔊 13, 35 trahtz p. prt. 44, 35 trait
'excepto' 3, 44; 4, 31; 24, 17, 20, 22,
26 s. a-, con-, es-, for-, per-, re-, sotz-.
trametre 'transmittere' 36, 37.
transgitatz 2 pl. imperat., p. prt. 'de-

cipere ad incantatores pertinet'
44, 9, 11.
transitz 'semimortuus' 53, 3·s. perir.
transpas 'momentum' 45, 16.
transpassar, traspassar 'pertransire' 32,
43 -passa 3 s. prs. i. 66, 27 -pas 3 s.
prs. c. 45, 15.
trasbucar 'ruere, precipitare' 34, 26 -cs
2 s. prs. c. 58, 3.
trasdossa, transdossa 'mantica vel quid-
quid portat homo in dorso equi' 65, 41.
trassalhir, trassalir 'transilire' 37, 26.
trastut 'omnes' 5, 43.
traucar 'perforare' 34, 35 ('fu:arc')
91, 22 -cs 2 s. prs. c. 43, 39.
traucs 'foramen' 43, 39.
traus 'trabes' 44, 10.
travar 'duos pedes equi ligare' 34, 23
s. en-.
travers 'obliquus' 48, 17; 6, 46; 77, 32.
traversar 'per transversum ire' 34, 36
s. en-.
traversiers 'qui in obliquum vadit' 48, 39.
trebalha 3 s. prs. i. 'laborare' 63, 6
-lhz 2 s. prs. c. 41, 25 se trebaillava
𝔊 3 s. impf. 85, 29.
trebalha 'labor' 63, 5.
trebailhz 'labor' 41, 21.
treblar 'turbare aquam vel aliquem
liquorem' 34, 45.
trebucs 'calige truncate' 58, 1.
trefaus 91, 26.
trega 'treuga' 65, 45.
trei 'tres' 79, 3 tres f. 5, 38; 38, 16;
82, 27, 35 trescentz 79, 12.
trelha 'vitis in altum elevata' 64, 21.
tremblar 'tremere' 34, 39.
trencar 'secare, resecare' 34, 42 -çatz
2 pl. impt., p. prt. 44, 8.
trepar 'manibus ludere' 34, 43 -ps 2 s.
prs. c. 48, 7.
treps 'ludus' 48, 6.
tresca 'corea intricata' 65, 25.
trescar 'coream intricatam facere' 34, 40
-ca 3 s. prs. i. 65, 26.
trevar 'frequentare' 34, 6 s. en-.
triar 'eligere, discernere' 34, 8; 91, 21

se t- 3, 1 tria 3 s. prs. i. 65, 18, 21
se tria 17, 3.
tribolar 'tribulare' 34, 11.
tribs 'tribus' 51, 35.
trichar 'fraudari' 34, 9.
trics 'intricatio' 51, 1 tric ('tricadore')
91, 18 s. des-.
triga 3 s. prs. i. 'moram facere' 65, 6
s. des-.
trissar 'terere' 34, 10.
tristors 'tristitia' 56, 30.
tritz 'minutus' 53, 4.
tro Praep. ℭ 79, 4 s. entro.
trobaires Subst. m. s. 68, 30; 83, 35
-bador obl. s. 69, 6 n. pl. 85, 38; 86, 4
-badors obl. pl. 77, 11; 82, 31, 37.
trobar 'invenire' 34, 16; 68, 18; 70, 1;
71, 8; 80, 2; 86, 14 trop, trob 1 s.
prs. i. 6, 39 -ba 3 s. prs. i. 1, 3, 4
-bam 1 pl. prs. i. 86, 3 trobas 𝔅
2 pl. prs. i. 80, 19 -bz, -bs 2 s. prs.
c. 53, 18 -be 3 s. prs. c. 69, 23 -bessen
3 pl. impf. c. 67, 31 -barai 1 s. f. 75, 7
-bara 3 s. f. 85, 25 -bares, -baretz
2 pl. f. 68, 5, 30; 74, 3, 8; 80, 1; 85, 1
-bat p. prt. 67, 9.
trobars Subst. inf. 68, 32 -bar 67, 1, 6,
11; 68, 17; 69, 45.
trolhar 'in torculari premere' 34, 22
-ha 3 s. prs. i. 64, 16.
trolhz 'torcular' 54, 35.
trombar 'tubas sonare' 34, 18.
tronar 'tonare' 34, 12.
trons 'hebetatus' 55, 44.
trossa 'sarcina' 66, 6.
trossar 'post se malam ligare, sarcinam
l-' 34, 21 -ssa 3 s. prs. i. 66, 7 s. de-.
trotar 'trotare' 34, 20 -taz 2 pl. prs. i.
13, 25 -ten 3 pl. prs. c. 13, 27.
trotiers 'cursor' 48, 2.
trotz 'inter passum et cursum' 58, 12.
trufar 'verba vana (varia) dicere vel
facere' 34, 24.
truans 'trutanus' 42, 18 s. entruandir.
trumbar, tro- 'tubis ereis sonare' 28, 28.
tu Pron. 'tu' 5, 32; 9, 3, 6, 10, 26; 39, 35;
72, 10; 82, 42 te obl. 9, 40; 16, 16; 38, 8.

ubri, ucaison s. obrir, ochaison, hueimais.
ucar 'voce sine verbis aliquem vocare'
35, 6 ucs 2 s. prs. c. 58, 41.
ucs 1) Endung 58, 39 2) ucs, uics 'cla-
mor sine verbis' 58, 40.
udolar 'ululare' 35, 4.
ueimais s. hueimais.
uf Endung 58, 23.
uffana ('simplicita o verdezza de senno')
91, 32.
uffaniers ('homo vaniglorioso') 91, 37.
uis, uls, ula Endungen 58, 30; 63, 39;
22, 32.
ultima ℭ 25, 21.
umas 'humanus' 45, 32.
umbralhz 'umbraculum' 41, 17 s. enum-
brar.
umors 'humor' 56, 15.
ums estreit 58, 37.
upar 'upare' 35, 5.
ura larg, estreit 60, 40, 10.
urcs, urs Endungen 59, 17, 1.
urtar 'frontem contra frontem ponere'
35, 10.
us 1) Endung 59, 44 2) 'unus' 59, 46;
60, 1 uns 𝔅, us ℭ 68, 46; 70, 14; 71, 42;
78, 45 un obl. s. m. 2, 3; 39, 24;
68, 24; 69, 32; 84, 12; 85, 14 una s. f.
16, 33; 69, 29; 76, 17; 79, 6; 82, 28;
84, 10, 43; 87, 1 las unas pl. f. 39, 36;
71, 25; 72, 19; 76, 29 s. alcun, cascus,
negus 3) 'usus' 8, 38; 60, 3; 74, 87;
77, 32, 39; 78, 1; 85, 41 4) 'hostium'
60, 2.
usar 'usitare' 35, 12; 85, 35.
usclar 'pilos comburere vel cixolare'
35, 8.
usquecs 'unus quisque' 45, 31.
utz Endung 59, 22.

vabors, vapors 'vapor' 56, 14.
vacs 'vacuus' 40, 24.
vairar 'variare' 34, 30 variar 86, 19
vaira 3 s. prs. i. 65, 31 varion 3 pl.
prs. i. 80, 44.
valeires 𝔅 voleires ℭ subst. n. s. 80, 27.

valens Adj. 5, 6, 9; 6, 27 -len obl. s. m. 84, 12.

valer 'valere' 35, 31 val 3 s. prs. i. 70, 30, 33 -ha 3 s. prs. c. 63, 21 -gra o -ria 1 s. cond. 15, 1 s. sivals.

validor ('homo valevole') 91, 36.

valors 'valor' 56, 13; obl. pl. 69, 11.

valvassor n. pl. 68, 15.

valz 'vallis' 41, 6 s. antre-, aval.

vanturar, vantar 'jactare se' 34, 28.

varar 'navem in pelago mittere' 34, 31.

vars 'varius' 43, 30.

vas 1) 'tumulus' 7, 8; 45, 10; 77, 30 2) 'vanus' 45, 36 3) Praep. 84, 15; 86, 42 ('verso') 91, 31.

vassalatge ('ardir, a vassalagio') 91, 29.

veçer vecher 𝔄 vezer 𝔄ℭ 'videre' 15, 35; 24, 20; 36. 17 vei 1 s. prs. i. 2, 46; 9, 16; 67, 14; 74, 42; 83, 11, 13; 84, 22 ve 87, 36 vez 2 s. prs. i. 84, 3 ve 3 s. prs. i. 84, 4 veectz ℭ 2 pl. prs. i. 38, 8 vi, vic 1. 3 s. prt. 82, 34; 85, 14, 16 vist p. prt. 24, 22; 67, 4.

vedar 'vetare' 34, 35.

a la vegada 'aliquando' 38, 37 a la vigada ℭ 20, 12 a la vengada 𝔄 16, 14.

veirolhs, verolhz 'vectes ostii' 55, 4.

vehtz 'veretrum' 50, 16.

vela 'velum' 62, 29.

velha s. vielhz.

velhar 'vigilare' 34, 36 -ha 3 s. prs. i. 63, 44 -hz 2 s. prs. c. 46, 43 s. de-, re-.

vellzir, velzir 'vilescere' 37, 44.

venals 'venalis' 40, 16.

vencher, vencer 'vincere' 35, 8 vens 3 s. prs. i. 47, 18 venz, ventz 84, 45 venquet 3 s. prt. 22, 5.

vendre 'vendere' 35, 26 -det 3 s. prt. 22, 14 s. re-.

vengar, -giar vel -jar 'vindicare' 34, 42.

venials 'venialis' 40, 31.

venir 'venire, derivari' 37, 36 -n 3 s. prs. i. 1, 20, 22; 38, 17, 20 -ne 3 s. prt. 21, 43 -ngra o -nria 1 s. cond. 15, 5 -ngutz p. prt. 2, 10, 42; 9, 15, 17; 74, 37 -nguz 𝔄 1, 18 ℭ 6, 34

-nguth 𝔄 9, 21; 59, 30 -ngut n. pl. m. 74, 42 s. a-, co-, re-, so- deveneires.

venirs subst. 78, 23.

ventalha 'pars lorice que ponitur ante faciem' 63, 33.

ventar 'ad ventum exponere' 34, 34.

ventrelhz 'ventriculum vel stomachus' 46, 45.

verbes 𝔄 -bs ℭ 'verbum' 10, 38; 25, 40; 38, 9; 71, 18 -be obl. s. 1, 18; 17, 4; 38, 5; 39, 21 -b 78, 19 -bi ℭ 82, 19, 30; -be 𝔄 -b ℭ n. pl. 11, 36; 13, 36; 19, 22; 28, 1; 86, 10 -bi ℭ 11, 24 -bes 11, 2; 27, 33 -bs 81, 9 s. ad-.

verbals Adj. obl. pl. m. 80, 22.

verçiers 'viridarium' 49, 6.

verdeiar 'virescere' 34, 44.

verdors 'viror' 56, 16.

vergar 'virgas facere' 35, 1.

verges Adj. 73, 7, 9.

vergoigna Subst. s. 69, 3, 46.

vergonhar 'erubescere' 34, 37.

vermelhz 'rubicundus' 46, 32 -ha f. 63, 40.

verms 'vermis' 49, 12.

verns 'arbor quidam' 49, 3.

vernhissar, -niar 'vernicare, arma prout picturas illustrare' 34, 38.

verolha 3 s. prs. i. 'vecte firmare' 64, 27.

verps 'lupus' 49, 9.

vers 1) 'ver' 48, 15 2) 'versus' 6, 43; 48. 14; 77, 33 s. ad-, con-, en-, per-, re-, tra-, devertues 3) 'verum' 48, 42 vera f. 61, 21 -amen Adv. 38, 6, 11; 39, 5.

versificar, versifiar 'versificare, -ri' 34, 45.

vertz 'viridis' 49, 32.

vescons 'vicecomes' 2, 35 -ms 55, 15; 80, 8 -nte, -mte obl. s., n. pl. 68, 14; 80, 13 -ntes obl. pl. 80, 17.

vescomtals 'ad vicecomitem 40, 15.

vespertinar 'in vespere parum gustare' 34, 40.

vestir 'vestire' 37, 41 -titz p. prt. 53, 24 s. des-, en-, re-.

vetz 1) 'vicium' 50,31 2) 'vicis' 50,32 vez, ves 'vice' 2, 37 ves ('fiata o volta') 91, 34 maintas vetz C 68, 37 totas ves C 11, 16.

veus me, vos 'ecce' 39,2.

vezis Subst. 75, 32 vezinas Adj. pl. f. 70,10.

totavia Adv. 82,17 s. des-, enviar.

vianans 'peregrinus' 42,16.

vidals 'vitalis' 40, 23.

vielhz 'senex' 46, 27 velha 'veterana' . 64, 24.

vila 'villa' 62, 37.

vilas 'vilicus vel indoctus' 45, 24 -ans 68,15 -an 85,46; 86,6 -a 86,2 s. envillanir.

vils Adj. 71, 46; 72,32; 77, 29; 78,35.

vims 'vimen' 51,37.

viola 'viola' 63, 16.

violiers 'violetum' 49,18.

virar 'volvere' 35,3; 41,4; 91,28 -ra 3 s. prs. i. 61, 22 s. re-.

vis 1) 'vinum' 52,42 vin obl. s. 11,10; 70, 41 s. avinaçar 2) 'visus, facies' 8, 19; 52,43.

visibil Adj. s. f. 72,12 s. non-.

visitar 'visitare' 35,2.

viular, violar 'vielare' 28, 19 -la 3 s. prs. i. 13, 16.

viure 'vivere' 11, 45; 15, 18; 35, 7.

vius 'vivus' 53,38.

vocatius 'vocativus' 2,39; 3,31; 74,17; 76,14 -iu obl. s. 6, 29; 73,31; 76,19; 78, 38 n. pl. 74,46; 75,1, 4, 24 -ius obl. pl. 75,11.

vohtz, vohz 'vacuus' 55,15 voitz, voihtz 55, 24.

vola 3 s. prs. i. 'volare' 63,17 vols 2 s. prs, c. 54, 22, 26.

volaires C Subst. n. s. 80, 24 -ador obl. s. 80, 35 -adors obl. pl. 80, 40.

volbs 'vulpis' 53, 31.

volenters 'libenter' 14, 22.

voler 'velle' 14,32; 35, 28 voilh A 1 s. prs. i. 4, 2; 5, 30; 11, 19 vuell B

voil C 4, 10; 16, 36; 76, 16; 78, 10 voill B 67,6 vuoil B 85,44 vuel B 77, 25 vueill B 69, 28 vol C 4, 37 vueil C 70,25 vols 2 s. prs. i. 54,22, 25 voles C 16,36 vol 3 s. prs. i. 3, 14, 20,22; 4, 9; 69,1; 70,1; 71,8; 86,2; 87, 1 volen A 3 pl. prs. i. 3, 21, 22 volon 3, 25; 5, 36; 10, 27; 68, 18; 69,8 volun C 3,29; A 6,9 vole 3 s. prt. 22, 46 volia 3 s. impf. i. 73,32; 78, 2, 21, 39 volha A voillia C 3 s. prs. c. 16, 1; 18, 26; 20, 25; 64, 7 vuelha B 86, 13 vuella B 71,3 vola A 19, 11 voillam, voilliaz C 1. 2 pl. prs. c. 26, 22 volgues 3 s. impf. c. 14, 9; 25, 39 volra 3 s. f. 74, 38; 85, 23 volran 3 pl. f. 67, 10 volria, volgra cond. 11,12; 14,38—41; 69,26.

volontos, boluntos Adj. 77,28.

vols 1) 'voluntas' 54, 22 vol obl. s. 18, 3, 13, 35 2) 3 s. prt. 'volvere' 23,8; 54, 22, 27 voutz p. prt. 57,27 s. revols.

volz 'ymago ligni' 54, 24 voutz 57, 39.

vorms 57,10.

vos Pron. 'vos' 9, 42; 26,15; 75,44; 80, 20 obl. 73, 36; 76, 1, 16; 86, 8. Lehnt sich einigemal an: araus, eraus 75,43; 76,10, 23; 79,16; 86,9 (Aber ara vos B 81,23; 82, 3) nous C 85,26; B 67, 13 (C non vos) queus C 6, 41 (Aber qieu vos 68, 8; 70, 8; 71, 23; 86, 17 qe vos 81, 44 ieu vos 73, 27; 74,6; 75,35; 85,19 dirai vos 68. 38; 77,10; 85,8 per so vos 82,26 autressi vos 68, 1).

vostre 'vester' 5, 35; 9, 12, 27; 75,33; 78,33 -ra f. 81,41.

vouals ('piu che cativo') 91, 35.

voutitz 'volubilis' 53, 17.

vulgars 'vulgare' 2, 5 -ar obl. s. 1, 4; 6,39; 11,33; 16,46; 19,20.

yverns 'iems' 49, 44 s. ivernals.

zai 𝔄𝔅 sai ℭ Adv. loci 39, 12.

zo 𝔄ℭ 'hoc' 3, 2; so 𝔅 69, 13 zo es 'vide-
licet 1,5; 2,36; 3,26; 77, 12 so es 𝔅
75, 17; 80, 31 (s. saber); a zo 11, 18
en so 𝔅 87, 24 per zo 5, 13; 9, 13, 22;
75, 6 per ço 𝔄 1, 8 perçho ℭ 23, 23

percho 38, 18 per so 𝔅 72, 35 (s. per,
aicho).

zoira 'vetus canis' 66, 2.

zocs 'per ligneus propter lutum' 54, 14.

zucs 'testa capitis' 58, 14.

Marburg. Universitats-Buchdruckerei. (R. Friedrich).

www.ingramcontent.com/pod-product-compliance
Lightning Source LLC
Chambersburg PA
CBHW021657210326
41599CB00013B/1449